普通高等教育“十一五”国家级规划教材
“十一五”国家重点图书出版规划项目

聚合物共混改性原理与应用

王国全　编著

中国轻工业出版社

图书在版编目（CIP）数据

聚合物共混改性原理与应用/王国全编著.— 北京：中国轻工业出版社，2024.2

普通高等教育“十一五”国家级规划教材

“十一五”国家重点图书出版规划项目

ISBN 978-7-5019-5741-5

Ⅰ.聚… Ⅱ.王… Ⅲ.高聚物-共聚改性-高等学校-教材 Ⅳ.TQ316.6

中国版本图书馆 CIP 数据核字（2006）第 140012 号

责任编辑：王 淳 李 红

文字编辑：宋 博　　责任终审：滕炎福　　封面设计：刘 鹏

版式设计：马金路　　责任校对：燕 杰　　责任监印：张 可

出版发行：中国轻工业出版社（北京鲁谷东街 5 号，邮编：100040）

印　　刷：三河市万龙印装有限公司

经　　销：各地新华书店

版　　次：2024 年 2 月第 1 版第 14 次印刷

开　　本：787×1092　1/16　印张：15.5

字　　数：374 千字

书　　号：ISBN 978-7-5019-5741-5　定价：48.00元

邮购电话：010 - 85119873

发行电话：010 - 85119832　010 - 85119912

网　　址：http://www.chlip.com.cn

Email：club@chlip.com.cn

240260J1C114ZBQ

前　　言

本书为普通高等教育“十一五”国家级规划教材、“十一五”国家重点图书。

聚合物共混是材料科学的一个研究领域，与材料科学研究的整体发展密切相关。关于聚合物共混的研究，已有百年的历史。时至今日，聚合物共混的基础研究与应用基础研究，仍然是高分子材料领域的研究热点，在新的共混体系和机理研究方面都在不断取得进展；而聚合物共混改性的方法仍然是高分子材料加工中一项重要的工业技术，其应用遍及各种塑料和橡胶制品之中。高分子材料工业中许多成功产品的开发，都是紧密依托于聚合物共混技术。近年来聚合物基纳米复合材料的开发，为聚合物共混研究注入了新的活力；而共混理论和应用技术，又推动了纳米复合材料的研究和工业化应用。

本书主要内容包括共混的基本概念、共混过程与调控、共混物的形态、共混体系相容热力学、共混物性能、共混改性在塑料及橡胶中的应用、共混方法在填充体系及纳米复合材料中的应用，并对共混设备做了简介。

本书在广泛总结国内外聚合物共混理论和应用成果的基础上，并且融入了作者多年来在聚合物共混领域的科研与教学经验编著而成。聚合物共混是与工业应用密切相连的研究领域。本书注重理论体系与实际应用的结合，并反映了共混应用研究的最新进展，特别是应用于纳米复合材料方面的研究进展。

为了方便阅读，每章开头都有“内容提要”，简述本章要点。为了进一步加深对内容的理解和掌握，各章均给出习题。

本书适合于作为材料科学专业本科生、研究生的教材，也适合于从事高分子材料生产、研究的企业及科研单位的技术人员阅读。

励杭泉教授和吴丝竹教授对全书进行了审阅。

编者

前言

[illegible]

[illegible]

[illegible]

[illegible]

[illegible]

[illegible]

目　录

第 1 章　绪论……（1）
1.1　聚合物共混发展概述……（1）
1.2　聚合物共混的优势……（2）
1.3　聚合物共混的应用与研究……（3）
参考文献……（3）

第 2 章　聚合物共混的基本概念……（4）
2.1　聚合物共混的定义……（4）
2.1.1　狭义的与广义的共混……（4）
2.1.2　与共混相关的多元体系范畴……（4）
2.2　共混改性的主要方法……（5）
2.3　组分含量的表示方法……（6）
2.4　关于共混物形态的基本概念……（6）
2.4.1　共混物形态的三种基本类型……（7）
2.4.2　聚合物共混物的形态学要素……（7）
2.4.3　分散相颗粒的平均粒径和粒径分布与性能的关系……（8）
2.4.4　共混物“均相”的判定……（8）
2.4.5　两相体系概念的扩展……（8）
2.5　关于相容性的基本概念……（9）
2.5.1　热力学相容性……（9）
2.5.2　溶混性……（9）
2.5.3　广义的相容性……（9）
2.5.4　广义相容性与热力学相容性的关系……（11）
2.5.5　关于相容性术语的补充说明……（11）
2.6　聚合物共混物的分类……（12）
2.7　共混理论体系与应用研究的基本框架……（13）
2.7.1　理论研究：共混物性能与共混过程-组成-形态-相容性的关系……（13）
2.7.2　应用研究：共混物性能与组成-过程-形态的关系……（14）
习题……（14）
参考文献……（14）

第 3 章　聚合物共混过程及其调控……（16）
3.1　混合的基本方式与基本过程……（16）
3.1.1　分布混合……（16）

3.1.2 分散混合 …………………………………………………………………………………………（16）
3.1.3 分布混合与分散混合的关系 ……………………………………………………………………（17）
3.1.4 分散混合机理 …………………………………………………………………………………（17）
3.1.5 流动场的形式：剪切流动与拉伸流动 ……………………………………………………………（18）
3.1.6 影响熔融共混过程的5个主要因素 ……………………………………………………………（19）
3.2 聚合物共混过程的理论模型 ………………………………………………………………………（20）
3.2.1 分散相粒子的运动与变形过程 …………………………………………………………………（20）
3.2.2 作用在分散相粒子上的外力和内力 ……………………………………………………………（26）
3.2.3 层流混合 ………………………………………………………………………………………（28）
3.2.4 分散相的平衡粒径 ………………………………………………………………………………（29）
3.2.5 小结 ……………………………………………………………………………………………（31）
3.3 共混过程的实验研究方法 …………………………………………………………………………（32）
3.3.1 流变学方法 ……………………………………………………………………………………（32）
3.3.2 形态学方法 ……………………………………………………………………………………（32）
3.3.3 对共混产物性能的评估 …………………………………………………………………………（32）
3.3.4 研究方法进展 …………………………………………………………………………………（32）
3.4 共混过程的调控方法 ………………………………………………………………………………（33）
3.4.1 共混组分熔体黏度及弹性的影响与调控 …………………………………………………………（33）
3.4.2 界面张力与相容剂 ………………………………………………………………………………（38）
3.4.3 共混时间 ………………………………………………………………………………………（38）
3.4.4 其它因素 ………………………………………………………………………………………（39）
习题 ……………………………………………………………………………………………………（39）
参考文献 ………………………………………………………………………………………………（40）

第4章 聚合物共混物的微观形态 ……………………………………………………………………（41）
4.1 共混物微观形态研究的基本目的和主要研究内容 ……………………………………………………（41）
4.1.1 共混物组成、共混过程、共混物性能与共混物形态的基本关系 ……………………………………（41）
4.1.2 形态研究指导聚合物共混材料的开发 …………………………………………………………（42）
4.1.3 共混物形态在机理研究中起重要作用 …………………………………………………………（42）
4.1.4 共混物形态研究的主要内容 ……………………………………………………………………（42）
4.2 共混物形态的观测研究方法 ………………………………………………………………………（43）
4.2.1 电子显微镜观测及其制样方法 …………………………………………………………………（43）
4.2.2 光学显微镜观测及其制样方法 …………………………………………………………………（45）
4.2.3 形态观测中应注意的问题 ………………………………………………………………………（45）
4.3 共混物形态的表征与研究 …………………………………………………………………………（46）
4.3.1 连续相和分散相的区分 …………………………………………………………………………（46）
4.3.2 分散相分散状况的定量表征 ……………………………………………………………………（47）
4.3.3 分散相粒子的形貌 ………………………………………………………………………………（49）
4.3.4 形态学要素与共混物性能的关系 ………………………………………………………………（49）

4.4　聚合物共混物形态的影响因素 …………………………………………（52）
4.4.1　影响连续相、分散相形成的因素 ………………………………………（52）
4.4.2　影响分散相粒径的因素 ……………………………………………（54）
4.4.3　影响分散相粒子形貌的因素 …………………………………………（60）
4.5　多组分共混体系的形态 ………………………………………………（61）
4.5.1　多种聚合物的共混体系 ………………………………………………（61）
4.5.2　含助剂的多组分体系 …………………………………………………（62）
4.5.3　多组分体系形态的影响因素与调控…………………………………（62）
4.6　共混物的结晶结构 ……………………………………………………（63）
4.6.1　结晶结构的基本类型 …………………………………………………（63）
4.6.2　结晶结构研究在共混研究中的意义…………………………………（64）
4.6.3　共混物结晶结构研究实例 ……………………………………………（64）
4.7　聚合物共混物形态测试技术进展 ………………………………………（65）
4.7.1　原子力显微镜 …………………………………………………………（65）
4.7.2　激光共聚焦扫描显微镜 ………………………………………………（66）
4.7.3　X射线光电子能谱 ……………………………………………………（68）
习题…………………………………………………………………………（68）
参考文献……………………………………………………………………（69）

第5章　共混物的相容热力学和相界面……………………………………（71）
5.1　共混物相容热力学 ……………………………………………………（71）
5.1.1　概述 ……………………………………………………………………（71）
5.1.2　热力学相容的必要条件 ………………………………………………（72）
5.1.3　相分离行为与均相结构稳定性的条件………………………………（72）
5.1.4　Flory-Huggins 模型与相关参数 ………………………………………（77）
5.1.5　状态方程理论 …………………………………………………………（79）
5.1.6　相容性的判定：二元相互作用模型与溶解度参数 …………………（79）
5.2　相容性的实验研究方法 ………………………………………………（85）
5.2.1　玻璃化转变温度法……………………………………………………（85）
5.2.2　绘制相图的方法 ………………………………………………………（85）
5.2.3　其它方法 ………………………………………………………………（86）
5.3　共混物的相界面 ………………………………………………………（86）
5.3.1　概述 ……………………………………………………………………（87）
5.3.2　表面张力与界面张力 …………………………………………………（87）
5.3.3　界面层与界面作用……………………………………………………（92）
5.3.4　相界面的研究方法……………………………………………………（94）
5.4　相容剂 …………………………………………………………………（95）
5.4.1　非反应性共聚物 ………………………………………………………（95）
5.4.2　反应性共聚物 …………………………………………………………（96）

5.4.3 原位聚合方法 …………………………………………………………………………………………（97）
习题……（97）
参考文献……………………………………………………………………………………………………（97）

第6章 聚合物共混物的性能……………………………………………………………………………（99）
6.1 共混物性能的影响因素 …………………………………………………………………………（99）
6.1.1 各组分的性能与配比 ……………………………………………………………………………（99）
6.1.2 共混物形态的影响…………………………………………………………………………………（100）
6.1.3 制样方法和条件的影响 …………………………………………………………………………（100）
6.1.4 测试方法与条件 …………………………………………………………………………………（100）
6.2 共混物性能的预测 ………………………………………………………………………………（101）
6.2.1 简单关系式：并联与串联 ………………………………………………………………………（101）
6.2.2 均相共混体系 ……………………………………………………………………………………（102）
6.2.3 “海-岛”结构两相体系…………………………………………………………………………（102）
6.2.4 “海-海”结构两相体系…………………………………………………………………………（104）
6.2.5 预测方法的适用性与局限性 ……………………………………………………………………（104）
6.3 共混物试样制备与测试 …………………………………………………………………………（104）
6.3.1 共混物试样制备 …………………………………………………………………………………（104）
6.3.2 实验结果的可比性和可再现性 …………………………………………………………………（105）
6.4 共混物熔体的流变性能 …………………………………………………………………………（106）
6.4.1 共混物熔体黏度与剪切速率的关系………………………………………………………………（107）
6.4.2 共混物熔体黏度与温度的关系 …………………………………………………………………（108）
6.4.3 共混物熔体黏度与共混组成的关系………………………………………………………………（108）
6.4.4 共混物熔体的黏弹性行为 ………………………………………………………………………（111）
6.4.5 共混物的动态流变性能 …………………………………………………………………………（111）
6.4.6 本体流动与单元流动 ……………………………………………………………………………（112）
6.5 共混物的力学性能 ………………………………………………………………………………（113）
6.5.1 塑料的韧性与增韧改性概述 ……………………………………………………………………（113）
6.5.2 弹性体增韧塑料的机理 …………………………………………………………………………（117）
6.5.3 结构形态因素对增韧效果的影响 ………………………………………………………………（119）
6.5.4 塑料增韧的定量分析 ……………………………………………………………………………（120）
6.5.5 弹性体增韧塑料实例 ……………………………………………………………………………（123）
6.5.6 非弹性体增韧 ……………………………………………………………………………………（124）
6.5.7 共混体系的其它力学性能 ………………………………………………………………………（127）
6.6 共混体系的其它性能 ……………………………………………………………………………（128）
6.6.1 耐老化性能 ………………………………………………………………………………………（128）
6.6.2 电性能 ……………………………………………………………………………………………（129）
6.6.3 光学性能 …………………………………………………………………………………………（129）
6.6.4 透气性 ……………………………………………………………………………………………（129）

6.6.5 阻隔性能 …………………………………………………………………………………… (130)
6.6.6 表面性能 …………………………………………………………………………………… (130)
习题……………………………………………………………………………………………… (130)
参考文献………………………………………………………………………………………… (131)

第 7 章 聚合物共混的应用…………………………………………………………………… (133)
7.1 聚合物共混应用体系的选取 ……………………………………………………………… (133)
7.1.1 相容性因素 ………………………………………………………………………………… (133)
7.1.2 结晶性因素 ………………………………………………………………………………… (134)
7.1.3 性能的改善或引入新性能 ………………………………………………………………… (134)
7.1.4 价格因素 …………………………………………………………………………………… (134)
7.2 通用塑料的共混改性 ……………………………………………………………………… (135)
7.2.1 聚氯乙烯（PVC）的共混改性 …………………………………………………………… (135)
7.2.2 聚丙烯（PP）的共混改性 ………………………………………………………………… (142
7.2.3 聚乙烯（PE）的共混改性 ………………………………………………………………… (14
7.2.4 聚苯乙烯（PS）及 ABS 的共混改性 ……………………………………………………… (149)
7.3 工程塑料的共混改性 ……………………………………………………………………… (150)
7.3.1 聚酰胺（PA）的共混改性 ………………………………………………………………… (150)
7.3.2 聚碳酸酯（PC）的共混改性 ……………………………………………………………… (153)
7.3.3 PET、PBT 的共混改性 ……………………………………………………………………… (155)
7.3.4 聚苯醚（PPO）的共混改性 ……………………………………………………………… (156)
7.3.5 聚甲醛（POM）的共混改性 ……………………………………………………………… (157)
7.3.6 高性能工程塑料的共混改性 ……………………………………………………………… (158)
7.4 橡胶的共混改性 …………………………………………………………………………… (160)
7.4.1 橡胶共混的基本知识 ……………………………………………………………………… (160)
7.4.2 通用橡胶的共混改性 ……………………………………………………………………… (162)
7.4.3 特种橡胶的共混改性 ……………………………………………………………………… (165)
7.4.4 共混型热塑性弹性体 ……………………………………………………………………… (166)
习题……………………………………………………………………………………………… (167)
参考文献………………………………………………………………………………………… (167)

第 8 章 聚合物填充体系与短纤维增强体系…………………………………………………… (171)
8.1 填充剂与增强纤维简介 …………………………………………………………………… (171)
8.1.1 填充剂的种类 ……………………………………………………………………………… (171)
8.1.2 无机填充剂 ………………………………………………………………………………… (171)
8.1.3 增强纤维及晶须 …………………………………………………………………………… (174)
8.1.4 天然材料填充剂 …………………………………………………………………………… (175)
8.2 填充剂及填充体系的性能 ………………………………………………………………… (175)
8.2.1 填充剂的基本特性 ………………………………………………………………………… (175)

8.2.2 填充剂对填充体系性能的影响 …………………………………………………… (177)
8.3 填充剂的表面改性 …………………………………………………………… (178)
8.3.1 表面改性剂的种类……………………………………………………………… (179)
8.3.2 表面改性的方法 ……………………………………………………………… (181)
8.3.3 表面改性工艺条件……………………………………………………………… (182)
8.4 聚合物填充体系的界面 ……………………………………………………… (182)
8.4.1 界面的形成与界面结构 ……………………………………………………… (182)
8.4.2 界面的作用及机理 …………………………………………………………… (183)
8.5 聚合物增强体系 ……………………………………………………………… (184)
8.5.1 短纤维增强热塑性塑料 ……………………………………………………… (184)
8.5.2 其它增强体系 ………………………………………………………………… (186)
8.6 聚合物填充阻燃体系 ………………………………………………………… (186)
8.6.1 阻燃剂的基本分类……………………………………………………………… (186)
8.6.2 填充型阻燃剂的主要品种 …………………………………………………… (187)
8.6.3 填充型阻燃剂的表面改性 …………………………………………………… (188)
8.6.4 填充型阻燃剂的协同效应 …………………………………………………… (188)
8.6.5 填充型阻燃剂在聚合物中的应用 …………………………………………… (189)
8.7 天然材料/聚合物复合体系……………………………………………………… (190)
8.7.1 概述 ……………………………………………………………………………… (190)
8.7.2 加工工艺概述 ………………………………………………………………… (191)
8.7.3 性能与应用 …………………………………………………………………… (191)
8.7.4 研究与开发概况 ……………………………………………………………… (191)
8.7.5 木塑复合材料 ………………………………………………………………… (192)
8.7.6 麻纤维复合材料 ……………………………………………………………… (194)
8.7.7 竹/塑复合材料 ……………………………………………………………… (195)
8.7.8 秸秆/塑料复合材料 ………………………………………………………… (195)
习题……………………………………………………………………………………… (196)
参考文献………………………………………………………………………………… (196)

第9章 无机纳米粒子/聚合物复合材料 ……………………………………………… (197)
9.1 无机纳米粒子及纳米复合材料的制备 ……………………………………… (197)
9.1.1 无机纳米粒子的制备方法简介 ……………………………………………… (197)
9.1.2 无机纳米粒子/聚合物复合材料的制备方法………………………………… (198)
9.2 无机纳米粒子/聚合物复合材料的性能……………………………………… (199)
9.2.1 力学性能 ……………………………………………………………………… (199)
9.2.2 其它性能 ……………………………………………………………………… (199)
9.3 无机纳米粒子在聚合物基体中的分散 ……………………………………… (200)
9.3.1 纳米粒子团聚与分散的基本原理 …………………………………………… (200)
9.3.2 表面改性 ……………………………………………………………………… (202)

9.3.3 纳米粒子的母料 …… (204)
9.4 无机纳米粒子/聚合物共混体系研究进展 …… (205)
9.4.1 纳米 $CaCO_3$/聚合物共混体系 …… (205)
9.4.2 蒙脱土/聚合物纳米复合材料 …… (213)
9.4.3 纳米 SiO_2/聚合物复合材料 …… (215)
9.4.4 其它无机纳米粒子/聚合物复合材料 …… (215)
9.5 无机纳米粒子增韧机理的研究进展 …… (216)
9.5.1 逾渗模型与无机刚性粒子增韧理论 …… (216)
9.5.2 微观力学机理的综合分析 …… (217)
9.5.3 无机刚性粒子团模型 …… (217)
9.5.4 沙袋结构增韧理论 …… (217)
9.5.5 无机纳米粒子与弹性体协同增韧 …… (218)
9.5.6 无机纳米粒子对结晶结构的影响 …… (218)
9.5.7 无机纳米粒子增韧机理小结 …… (218)
习题 …… (219)
参考文献 …… (219)

第 10 章 聚合物共混工艺与设备 …… (222)
10.1 共混工艺路线的设计 …… (222)
10.1.1 共混工艺概述 …… (222)
10.1.2 两阶共混分散历程 …… (223)
10.1.3 聚合物共混的其它方式 …… (224)
10.2 共混设备简介 …… (224)
10.2.1 概述 …… (224)
10.2.2 双螺杆挤出机的种类与特性 …… (225)
10.2.3 双螺杆挤出机的设备参数 …… (227)
10.2.4 双螺杆挤出机螺杆元件的特性与功能 …… (228)
10.2.5 双螺杆挤出机混合过程的表征 …… (230)
10.2.6 双螺杆挤出过程的阶段划分 …… (231)
10.3 挤出共混设备与工艺的调控 …… (232)
10.3.1 主变量与因变量 …… (232)
10.3.2 调控的基本内容 …… (232)
10.3.3 共混过程的要素在挤出过程中的体现 …… (234)
习题 …… (236)
参考文献 …… (236)

第1章 绪 论

聚合物共混是材料科学的一个研究领域，与材料科学研究的整体发展密切相关。关于聚合物共混的研究，已有百年的历史。共混的基础研究和应用研究一直受到密切关注，在新的共混体系开发应用和机理研究方面都取得了重大进展。

1.1 聚合物共混发展概述

聚合物的物理共混（主要方法是熔融共混）就是通常意义上的“混合”，是最具工业应用价值的共混方式。物理/化学共混中的反应共混（如反应挤出）则是以物理共混为主体，兼有化学反应，可以附属于物理共混。广义的共混还包括以聚合物为基体的无机填充体系，以及短纤维增强聚合物体系。

聚合物共混的研究发展，受到了冶金行业中合金制造的启示。在冶金行业中，利用合金的制造，开发出众多的金属材料；在高分子材料领域，也相应地利用共混的方法，制备出多种多样、性能各异的共混材料。

（1）发展简况

世界上最早的聚合物共混物出现于1912年[1]。

第一个工业化生产的聚合物共混物，是1942年投产的PVC/NBR共混物。1948年，高抗冲聚苯乙烯（HIPS）研制成功。

1960年，聚苯醚（PPO）与聚苯乙烯（PS）的共混体系研制成功。难于加工的PPO中加入PS，可以顺利地成型加工，且相容性良好，成为聚合物共混研究的又一成功范例，并于1965年实现工业化应用。

1964年，四氧化锇染色法在电子显微镜观测共混物形态中的应用，促进了共混物微观形态的研究，是聚合物共混研究中的一个突破性进展。

1975年，美国杜邦公司开发出超韧尼龙[2]，将尼龙与聚烯烃弹性体或橡胶共混，大幅度提高了冲击强度。这一成果具有重要意义，此后，对于聚碳酸酯（PC）、聚甲醛（POM）、聚酯（PET、PBT）等聚合物，也采用共混的方法，使冲击强度大幅度提高。

近年来，新材料不断出现，特别是以共混方法制备的纳米粒子/聚合物复合材料的深入开发与研究，使共混研究不断出现新的热点。

（2）理论概貌

聚合物共混的理论体系，包括共混过程、共混物形态和相容热力学等几大板块。其中，共混过程是形成共混物的途径，共混物微观形态是共混物的结构要素，相容热力学是共混的理论基础。而共混的终极目的，是获得具有预期性能的共混产物。于是，围绕着共混物性能这一核心，展开共混过程、共混物形态和相容热力学的研究与探讨，就构成了共混理论体系的基本框架。此外，共混物性能本身也有若干理论问题需要探索，譬如塑料增韧体系的增韧机理。在第2章介绍聚合物共混的基本概念之后，将在第3章介绍共混过程，第 4 章介绍共混物形态，第 5 章介绍相容热力学，在第 6 章介绍共混物性能时，探讨塑料增韧体系的增韧机理。

在共混理论发展的进程中，不同的学者，以各自不同的研究视角和理念对共混进行研究，构建了不同的理论模式。而他们研究的客体，是相同或相近的，都是聚合物共混体系。因而，尽管视角不同，却可以得到相近的结论，给人以殊途同归之感。但是，对于理论的叙述方式，又是各具千秋的。对这些相近的论述和结论进行归纳和整合，是共混理论研究的重要工作，也是本书致力的目标。

1.2 聚合物共混的优势

如前所述，聚合物共混的终极目的，是获得预期性能的共混物。从工业化应用的角度，考虑的因素还应该包括共混产物的性价比。

聚合物共混可以具有如下 3 种基本作用：

其一，通过聚合物共混，显著提高聚合物的性能。针对不同的用途，需要提高的性能也是不同的。例如，对于结构材料，主要是要提高力学性能。

其二，通过聚合物共混，在性能基本不变的前提下，降低材料的成本。这相当于提高了材料的性价比。

其三，通过聚合物共混，获取新的性能。例如，将橡胶与高吸水树脂共混，可制备遇水膨胀橡胶材料，获得普通橡胶所没有的遇水膨胀性能，可应用于防水密封材料。

在上述 3 种作用中，聚合物共混都展示出巨大的应用优势。共混的主要优势在于简便易行，可适应小的生产规模，也可形成大规模生产。

与共混相竞争的制备多组分聚合物材料的方法是共聚。共聚的方法，可生产出结构稳定的多组分聚合物材料。但是，共聚产品通常要有较大的规模，才能实现产业化。因要求较大的生产规模，共聚产品的品种多样化也受到限制。而共混方法既可进行大规模的工业化生产，也可进行小批量的生产，品种的设置灵活多样，具有竞争的优势。共混产品在品种开发上的灵活多样性，可以广泛地满足应用领域对聚合物材料的多种多样的性能需求，因而得到普遍采用。

共混与共聚之间，既有竞争关系，又相辅相成。共混可以为共聚产品开发提供思路。经过共混方法制备成的多组分聚合物材料，经使用证明有良好改性效果的，可以研制相应的共聚产品。而一些共聚产品，仍然可能需要进一步共混改性，以进一步提高其性能，或适应不同的性能需求。

釜内共混（又称釜内合金化）是近年来新问世的共混方法，是两种（或两种以上）聚合物同在一个聚合釜中完成其聚合过程，在聚合的同时也完成了共混。这种方法，得到的聚合产物也是共混产物，可以省去独立的共混工艺，有其优越性。釜内共混实际上是聚合方法与共混方法的结合。

共混方法的优势，还在于可为聚合物基新材料的研发与应用提供一个方便有效的运作平台。例如，在无机纳米粒子/聚合物复合材料研究中，原位聚合法、插层法和共混法，都有应用前景。其中，共混法最易于实现大规模工业化生产。

1.3 聚合物共混的应用与研究

（1）共混的工业应用

聚合物共混是一个颇具实用性的研究领域。时至今日，共混的方法仍然是高分子材料加工中一项重要的工业技术，其应用遍及各种塑料和橡胶制品之中。在塑料领域，诸多塑料品种是以共混改性料的形式应用的；在橡胶领域，橡胶-橡胶共混体系、橡胶-塑料共混体系和共混型热塑性弹性体也已得到广泛应用[3]。高分子材料工业中许多成功的产品，如塑料门窗异型材、汽车用塑料零部件（如保险杠）的生产，都是紧密依托于聚合物共混技术。

近年来，纳米复合材料的开发为聚合物共混研究注入了活力；而共混理论和应用技术，又推动了纳米复合材料的研究和工业化应用。

（2）共混的研究

共混的理论研究和应用基础研究都是很活跃的领域，每年有大量的论文发表。在理论研究方面，界面的表征与特性研究、共混体系分散过程的研究、聚合物共混对于性能的作用机理研究等，都是热点。而在应用基础研究方面，新型共混材料（特别是高性能材料）的研发，以及重要的助剂（如相容剂）的研究等，也颇受关注。

理论研究和应用基础研究的成果，促进了共混技术的工业化应用。但是，毋庸讳言，实验室研究与工业化应用之间是有一定距离的。近年来，在共混的应用基础研究中，采用的仪器装置在向工业设备靠拢，微型的双螺杆挤出机等都已经进入了实验室。这无疑缩短了实验室研究与工业应用的距离。

本书以共混理论体系为基础，同时注重共混理论的实际应用，力求促进聚合物共混基础研究与实际应用的结合。

可以预见，在今后，聚合物共混仍将是高分子材料科学最活跃的科研领域之一，而共混技术将继续在高分子材料的工业化应用中发挥重要作用。

参考文献

[1] [美] J. A. 曼森等. 聚合物共混物及复合材料. 汤华远等译. 北京：化学工业出版社，1983. 74
[2] 吴培熙，张留城. 聚合物共混改性. 北京：中国轻工业出版社，1998. 3
[3] 邓本诚，李俊山. 橡胶塑料共混改性. 北京：中国石化出版社，1996. 2

第2章　聚合物共混的基本概念

内容提要：介绍聚合物共混的基本定义、共混方法分类、共混物的形态学要素，以及对于聚合物共混理论至关重要的相容性概念。

2.1　聚合物共混的定义

本书专门探讨聚合物共混的理论与应用，但在对于聚合物共混进行探讨之前，首先应该对聚合物共混的涵义作出一个界定，以便进一步界定聚合物共混的研究领域。然而，作出这样一个界定并非轻而易举。因为，在这里存在多种学科的交叉和互相涵盖。

2.1.1　狭义的与广义的共混

广义的混合过程的目的，在于减少混合体系的非均匀性，或者说是增加混合体系的均匀性。为达到这一目的，要靠混合体系各组分间的物理运动来完成。

聚合物共混是聚合物体系中的混合，也要靠各组分间的物理运动来完成。于是，物理共混就成为最基本的共混方式。但是，化学反应在聚合物共混体系形成中的作用也不容忽视。在某些体系中，化学反应会伴随物理共混发生；在另一些体系中，化学反应对聚合物多相体系的形成起着决定性的作用。因而，形成了如下聚合物共混方式的分类和共混概念的定义。

首先，按宽泛的聚合物共混概念，共混改性应包括物理共混、化学共混和物理/化学共混三大类型。其中，物理共混（主要方法是熔融共混）就是通常意义上的“混合”。物理/化学共混是兼有物理混合和化学反应的过程，包括反应共混和共聚-共混。其中，反应共混（如反应挤出）是以物理共混为主体，兼有化学反应，可以附属于物理共混；共聚-共混则是以共聚为主体，兼有物理混合。而化学共混［譬如聚合物互穿网络（IPN）］则已超出通常意义上的“混合”的范畴，而应列入聚合物化学改性的范畴了。

由于物理共混，特别是物理共混中的熔融共混，有着更广泛的工业应用意义，因而，本书主要介绍物理共混（重点是熔融共混），以及附属于物理共混的反应共混。

如果将聚合物共混的涵义限定在物理共混的范畴之内，则可对聚合物共混作出如下定义：聚合物共混，是指两种或两种以上聚合物经混合制成宏观均匀物质的过程。共混的产物称为聚合物共混物。对这一聚合物共混的概念，还可以加以延伸，使聚合物共混的概念扩展到附属于物理共混的物理/化学共混的范畴。更广义的共混还包括以聚合物为基体的无机填充共混物。此外，聚合物共混的涵盖范围还可以进一步扩展到短纤维增强聚合物体系。

2.1.2　与共混相关的多元体系范畴

关于聚合物多元体系的范畴，有多种划分和界定。与共混体系相关的聚合物多元体系的范畴如下。

(1) 高分子合金

高分子合金也是聚合物多元体系中一个常用的术语。如绪论所述，聚合物共混改性的研究是受到冶金行业中合金制造的启示而发展起来的。高分子合金是指含多种组分的聚合物均相或多相体系，包括聚合物共混物和嵌段、接枝共聚物[1]。但在工业应用中，高分子合金常被特指聚合物共混物。而且，高分子合金材料一般为塑料材料，通常应具有较高的力学性能，可用作工程塑料。因而，在塑料工业上又常常直接称之为塑料合金。

(2) 复合材料

复合材料是由两个或两个以上独立的物理相组成的固体产物[2]，其组成包括基体和增强材料两部分。其中，增强材料可以是粒状、纤维状或片状的。由于基体材料的不同，复合材料可以划分为 3 大类：聚合物基复合材料、金属基复合材料和无机非金属基复合材料（如陶瓷基复合材料）。

在聚合物基复合材料中，以纤维增强塑料（特别是玻璃纤维增强塑料）用量最大，因而最受重视。纤维增强塑料可以分为连续纤维（长纤维）增强复合材料和短纤维增强复合材料。其中，短纤维增强复合材料采用的复合工艺与共混接近，可以借鉴共混过程的一些规律和方法。此外，起增强作用的粒子状物料（如一些无机粒子）与聚合物基体复合，也可制备复合材料，且可以借鉴共混方法。

(3) 杂化材料

杂化材料（hybrid）的概念源于化学中的杂化轨道。当两个原子互相接近生成共价键时，处于低能级的 s 电子激发到较高能级的 p 轨道，可形成 sp 杂化轨道。由化学中的杂化概念引申出的杂化材料，其定义为：两种以上不同种类的有机、无机、金属材料，在原子、分子水平上杂化，产生具有新型原子、分子集合结构的物质，含有这种结构要素的物质称为杂化材料。与传统的复合材料不同，杂化材料要求将不同种类的材料在原子、分子水平上杂化（复合），产生具有新型原子、分子集合结构的材料，这是杂化材料的基本特征。杂化材料是将不同的组元在纳米尺寸和分子水平上进行组合的工程化领域[3]。

杂化材料是材料学的一个新的研究领域，有关杂化材料的理论和制备方法都还在探索之中。某些杂化材料，主要是无机纳米粒子/聚合物杂化材料，可以采用共混的方法制备[4, 5, 6]。

2.2 共混改性的主要方法

如前所述，按照宽泛的聚合物共混概念，共混改性的基本类型可分为物理共混、化学共混和物理/化学共混三大类。本书主要介绍物理共混，以及附属于物理共混的反应共混。共混改性的方法又可按共混时物料的状态划分，分为熔融共混、溶液共混、乳液共混等。此外，近年来还有新的共混方法问世，如釜内共混。

(1) 熔融共混

熔融共混是将聚合物组分加热到熔融状态后进行共混，是应用极为广泛的一种共混方法。在工业上，熔融共混是采用密炼机、开炼机、挤出机等加工机械进行的，是一种机械共混的方法。熔融共混是最具工业应用价值的共混方法，因而也是本书聚合物共混改性方法探讨的重点。工业应用的绝大多数聚合物共混物都是用熔融共混的方法制备的。

（2）溶液共混

与熔融共混不同，溶液共混主要应用于基础研究领域。溶液共混是将聚合物组分溶于溶剂后，进行共混。该方法具有简便易行、用料量少等特点，特别适合于在实验室中进行的某些基础研究工作。在实验室研究中，可将经溶液共混的物料浇铸成薄膜，测定其形态和性能。需要指出的是，经溶液共混制备的样品，其形态和性能与熔融共混的样品是有较大差异的。另外，溶液共混法也可以用于工业上一些溶液型涂料或黏合剂的制备。

（3）乳液共混

乳液共混是将两种或两种以上的聚合物乳液进行共混的方法。在橡胶的共混改性中，可以采用两种胶乳进行共混。如果共混产品以乳液的形式应用（如用作乳液型涂料或黏合剂），亦可考虑采用乳液共混的方法。

（4）釜内共混

釜内共混（又称为“釜内合金化”）为近年来新问世的共混方法，是两种（或两种以上）聚合物单体同在一个聚合釜中完成其聚合过程，在聚合的同时也完成了共混。这种方法，得到的聚合产物也是共混产物[7]，可以省去独立的共混工艺，有其优越性。但是，釜内共混对于聚合反应体系有特殊要求，只适用于某些体系，因而不可能取代熔融共混等方法。

2.3 组分含量的表示方法

共混物是多组分的混合体系，因而，研究工作中首先要涉及组分含量的表示方法。常用的组分含量表示方法有如下几种：

（1）质量份数

通常以主体聚合物的质量为100份，其它组分的含量以相对于主体聚合物的质量份数表示。质量份数的表示方法，由于主体聚合物的质量固定为100份，可以很明显地反映出其它组分的含量变化，特别适合于工业试验中的配方研究。

（2）质量分数

以共混组分的质量分数来表征组分含量，是科学研究论文（特别是应用基础研究论文）中经常采用的方法。其优点在于可以反映出某一组分在体系中所占的比例。

（3）体积分数

共混过程的进行以及共混物的形态，都与共混组分的体积有密切关系。因而，体积分数是共混研究，特别是理论研究中重要的表征方法。即使在应用研究中，当共混组分的密度相差较为悬殊时，如果采用质量分数的表示方法，也可能造成某种假象。这时，应考虑采用体积分数的表示方法，或将质量分数与体积分数相对照。

2.4 关于共混物形态的基本概念

聚合物共混物的形态，是聚合物共混研究的一个重要内容。共混物形态的研究之所以非常重要，是因为共混物的形态与共混物的性能有密切关系，而共混物的形态又受到共混工艺条件和共混物组分配方的影响。于是，共混物的形态分析就成了研究共混工艺条件、共混物组分配方与共混物性能关系的重要中间环节。

2.4.1 共混物形态的三种基本类型

共混物的形态是多种多样的，但可分为三种基本类型[8]：其一是均相体系；其二被称为“海-岛结构”，这是一种两相体系，且一相为连续相，一相为分散相，分散相分散在连续相中，就好像海岛分散在大海中一样；其三被称为“海-海结构”，也是两相体系，但两相皆为连续相，相互贯穿。

在以上关于共混物形态的划分中，也可认为共混物的形态是首先划分为均相体系和两相体系，其中，两相体系又进一步划分为“海-岛结构”与“海-海结构”。“海-岛结构”两相体系也被称为“单相连续体系”，“海-海结构”两相体系则被称为“两相连续体系”。

在聚合物共混物的不同形态结构中，界面结合良好的“海-岛结构”两相体系比均相体系更具重要性[8]。这首先是因为均相体系与两相体系在数量上的差异。研究结果表明，能够形成均相体系的聚合物对是很少的。而能够形成两相体系的聚合物对却要多得多。这样，研究和应用两相体系就比均相体系有更多的选择余地。更重要的是，均相体系共混物的性能往往介于各组分单独存在时的性能之间；而“海-岛结构”两相体系的性能，则有可能超出（甚至是大大超出）各组分单独存在时的性能。换言之，就总体而言，“海-岛结构”两相体系的实际应用价值大大高于均相体系。因此，“海-岛结构”两相体系在研究与应用中就比均相体系受到了更多的关注与重视。

如前所述，本书重点介绍的是工业应用中常用的熔融共混方法，而在熔融共混的产物中，更具应用价值的通常是具有“海-岛结构”的两相体系。因此，本书将主要介绍具有“海-岛结构”的熔融共混法两相体系。

2.4.2 聚合物共混物的形态学要素

在进行聚合物共混物的形态学研究时，要涉及多种形态学要素。

（1）分散相和连续相的确定

对于“海-岛结构”两相体系，由于分散相和连续相对共混体系性能的贡献不同，所以在共混物的形态观测和研究中，首先要确定两相体系中哪一种聚合物为连续相、哪一种聚合物为分散相。

（2）分散相的分散状况

对于分散相，要着重研究其分散状况。与此相关，有两个关键的要素：总体均匀性和分散度。其中，总体均匀性是指分散相颗粒在连续相中分布的均匀程度，即分散相浓度的起伏大小。分散度则是指分散相物料的破碎程度，可以用分散相颗粒的平均粒径来表征。此外，分散相颗粒的粒径分布，也是分散相分散状况的重要表征。

（3）两相体系的形貌

两相体系的形貌，主要是指分散相颗粒的外形和内部结构（如包藏结构），以及某些分散相颗粒的聚结状态、取向状态等。

（4）相界面

在两相体系中，相界面也是共混物形态中的一个要素。由于界面结合的状况对共混物性能有重要的影响，关于共混物相界面的研究已成为聚合物共混领域的热点课题。

第 4 章将对共混物的形态学要素做详细介绍。

2.4.3 分散相颗粒的平均粒径和粒径分布与性能的关系

分散相颗粒的平均粒径和粒径分布，对于共混物的性能有重要影响。对于特定的共混体系，相对于所要求的性能，通常有一个最佳的分散相平均粒径范围。分散相平均粒径在这个范围之内，共混物的某些重要性能（如力学性能）可以获得提高。分散相颗粒的粒径分布对于性能也有影响，一般要求粒径分布窄一些。因为，过大的分散相颗粒可能对性能产生不利影响，而过小的分散相颗粒可能对提高性能不起作用。此外，分散相粒子的形貌对共混体系的性能也有重要影响。

从这个意义上讲，共混理论与应用研究特别关注两个方面，其一是对共混物形态与性能关系的研究，以便针对特定的性能，确定最佳的分散相平均粒径范围，以及适宜的分散相粒子形貌；其二是对于共混过程的基本规律的研究，掌握哪些因素会影响分散相颗粒的平均粒径、粒径分布以及粒子形貌，从而因势利导，通过控制共混条件，使共混体系达到所需的分散相平均粒径和较窄的粒径分布，以及适宜的分散相粒子形貌。

2.4.4 共混物“均相”的判定

在共混改性研究中，为区分均相体系与两相体系，以及对不同体系进行研究，不可避免要涉及聚合物共混物中的“均相”概念问题。在聚合物共混中形成的均相体系，显然不同于小分子混合时所可能达到的均相体系。已有的研究结果表明，在高分子领域，即使是在均聚物中，亦会有非均相结构存在（例如，在结晶聚合物中，有晶相和非晶相）。那么，对于聚合物共混物，又怎么能够实现绝对的“均相”呢？因此，研究者们只能为聚合物共混物的均相体系确定一个较为现实的判定标准。

概括地讲，如果一种共混物具有类似于均相材料所具有的性能，这种共混物就可以认为是具有均相结构的共混物[9]。在大多数情况下，可以用玻璃化转变温度（T_g）作为判定的标准[9, 10]。如果两种聚合物共混后，形成的共混物具有单一的 T_g，则就可以认为该共混物为均相体系。相应地，如果形成的共混物具有两个 T_g，则就可以认为该共混物为两相体系。

2.4.5 两相体系概念的扩展

在两相体系研究中，采用连续相、分散相这两个术语，可以较为明了地对两相体系的行为进行描述，并构建出相应的理论框架。因而，连续相、分散相的概念已经被普遍接受。

但是，随着共混体系的扩大，许多接枝或嵌段共聚物的共混体系也被开发出来。这些接枝或嵌段共聚物，本身也是两相体系。对于这个问题，通常的处理办法是：当接枝或嵌段共聚物与其它聚合物共混时，可以将共聚物作为一个整体，当作两相体系中的一相。这样将共聚物作为一相的“两相体系”，是原有两相体系概念的扩展。也可以建立一种多层次分相的结构观念：把上述将共聚物视为一相的“两相体系”，作为第一个层次的两相结构，而将共聚物本身的两相结构作为第二个层次。

在许多情况下，共聚物本身的两相结构是较少受共混影响的，特别是两种聚合物含量相差较大，且两相之间没有强的相互作用时。所以，采用将共聚物作为一相的“两相体系”概念，可以描述共聚物共混体系的许多行为。需要注意的是，在讨论相容性时，共聚物的不同组成对另一种聚合物的相容性会有不同，要加以区别对待。

除接枝或嵌段共聚物，结晶聚合物也有晶区和非晶区，不是严格意义上的均相。

此外，对于三种（或三种以上）聚合物共混形成的“海-岛结构”，情况较两种聚合物的体系要复杂。这样的体系会有一个连续相和多个不同组分的分散相，虽然仍为单相连续的“海-岛”结构，但这时的“岛”已经不是单一的组分了。

“连续相”亦可称为“基体”，本书在一些章节也称“连续相”为“基体”。

2.5 关于相容性的基本概念

若要使两种（或两种以上）聚合物经混合制成宏观均匀的材料，聚合物之间的相容性是一个至关重要的因素。关于相容性的概念，有从理论角度提出的热力学相容性和从实用角度提出的广义相容性，以及与热力学相容性相关的溶混性，现分述如下。

2.5.1 热力学相容性

热力学相容性，亦可称为互溶性或溶解性（solubility）。热力学相容体系是满足热力学相容条件的体系，是达到了分子程度混合的均相共混物。热力学相容条件是混合过程的吉布斯自由能 $\Delta G_m < 0$。

热力学因素是共混体系形成均相体系或发生相分离的内在动力，因而，相容热力学是聚合物共混的重要理论基础之一。聚合物共混物相容热力学的基本理论体系是 Flory-Huggins 模型[11, 12]。本书将在第 5 章中介绍相容热力学和建立在相容热力学基础上的热力学相容性。

然而，在实际的共混体系中，能够实现热力学相容的体系是很少的[9, 13]。在实际应用中，将“相容体系”的概念限定于热力学相容体系，其涵盖面就显得有些狭窄。

2.5.2 溶混性

鉴于具有热力学相容性的体系甚少，所以，有必要对相容体系的判据作出调整。热力学相容性体系为均相体系。而均相共混体系的判据，如前所述，是指一种共混物具有类似于均相材料所具有的性能；在大多数情况下，可以用玻璃化转变温度（T_g）作为均相体系判定的标准。相应地，可以把 T_g 作为相容性的判定标准。

在一些学术著作中，用溶混性（miscibility）这一术语表示以具有均相材料性能（通常是 T_g）作为判据的相容性[9]。具有溶混性的共混物，是指可形成均相体系的共混物，其常用的判据为共混物具有单一的玻璃化转变温度（T_g）。在共混改性研究中，将 T_g 作为相容性的判据已经是一个被普遍接受的概念了。

2.5.3 广义的相容性

与热力学相容性有着重要区别的，还有另一个相容性（compatibility）概念，这就是从实用角度提出的相容性概念。

这个从实用角度提出的相容性概念，是指共混物各组分之间彼此相互容纳的能力[14]。这一相容性概念表示了共混组分在共混中相互扩散的分散能力和稳定程度。一些文献认为，compatibility一词可以表示这一从实用角度提出的相容性概念[15]。这样定义的相容性，与共混的工艺过程密切相关，具有重要的实际应用意义，因而已经被广泛接受。显然，这样定义的相容性并非热力学相容性，而是更为广泛意义上的相容性，所以，本书称之为广义相容性。

不同聚合物对之间相互容纳的能力，是有着很悬殊的差别的。某些聚合物对之间，可以具有极好的相容性；而另一些聚合物对之间则只有有限的相容性；还有一些聚合物对之间几乎没有相容性。由此，可按相容的程度划分为完全相容、部分相容和不相容。相应的聚合物对，可分别称为完全相容体系、部分相容体系和不相容体系。

(1) 完全相容体系

聚合物对之间的相容性，可以通过聚合物共混物的形态反应出来。完全相容的聚合物共混体系，其共混物可形成均相体系。因而，形成均相体系的判据亦可作为聚合物对完全相容的判据。如前所述，如果两种聚合物共混后，形成的共混物具有单一的 T_g，则就可以认为该共混物为均相体系。相应地，如果某聚合物对形成的共混物具有单一的 T_g，则亦可认为该聚合物对是完全相容的。如图 2-1 (a) 所示。可以看出，完全相容的概念相当于前述的溶混性概念。

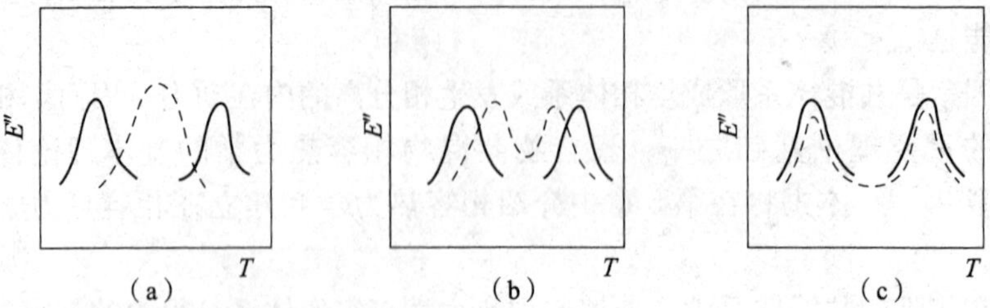

图 2-1　以 T_g表征共混物相容性的示意图

(a) 完全相容　(b) 部分相容　(c) 不相容

(2) 部分相容体系

部分相容的聚合物，其共混物为两相体系。聚合物配对部分相容的判据，是两种聚合物的共混物具有两个 T_g，且两个 T_g峰较每一种聚合物自身的 T_g峰更为接近，如图 2-1 (b) 所示。

部分相容聚合物形成的两相体系，两相之间会有一定程度的分子（或链段）的相互扩散，形成一定厚度的界面层（又称为过渡层）。部分相容聚合物两相体系的两个 T_g峰较每一种聚合物自身的 T_g峰更为接近，正是体现了两相之间一定程度的分子（或链段）的相互扩散。

如前所述，在聚合物共混体系中，最具应用价值的体系是两相体系。由于部分相容聚合物的共混物为两相体系，因而，部分相容聚合物的共混体系就成了共混研究的重点。

从以上叙述中可以看出，“部分相容”是一个很宽泛的概念，它在两相体系的范畴之内，涵盖了不同程度的相容性。对部分相容体系（两相体系），相容性的优劣具体地体现在界面结合的程度、实施共混的难易[9]，以及共混组分的分散相粒径等诸多方面。其中，分散相的粒径也可作为相容性的一个判据。在其它共混条件相同时，分散相粒径较小的共混体系，相容性较好。

(3) 不相容体系

还有许多聚合物对是不相容的。不相容聚合物的共混物也有两个 T_g峰，而且，两个 T_g峰的位置与每一种聚合物自身的 T_g峰是基本相同的。如图 2-1（c）所示。

由于相容性（广义）这一概念可涵盖溶混性的概念，且包含了完全相容、部分相容等多种情况；而且，本书介绍的重点是两相体系，涉及的主要是部分相容的聚合物，因而，本书将主要使用相容性（广义）这一概念。此外，由于溶混性相当于完全相容，所以，本书将不再使用溶混性这一术语，而以“完全相容”代之。在讨论广义相容性与热力学相容性的关系时，为避免混淆，对热力学相容性和广义相容性分别加以标示。

对于两相体系，人们总是希望其共混组分之间具有尽可能好的相容性。良好的相容性，是聚合物共混物获得良好性能的一个重要前提。然而，在实际应用中，许多聚合物对的相容性却并不理想，难以达到通过共混来对聚合物进行改性所需的相容性。于是，就需要采取一些措施来改善聚合物对之间的相容性。这就是相容化，采用的主要方法是使用相容剂（又称为增容剂）。本书第 5 章将介绍相容剂。

2.5.4 广义相容性与热力学相容性的关系

相容性（广义）的概念，与热力学相容性是有区别的。热力学相容与热力学不相容的判据是相应的热力学条件（混合吉布斯自由能 $\Delta G_m < 0$），而本书中的完全相容与部分相容的判据是是否具有均相体系性能（如单一 T_g）。

本书中的“部分相容”体系，实际上属于热力学不相容体系。由于采用了“部分相容”这一术语（而不是“不相容”这一术语），可便于探讨不同体系相容性（广义）的优劣。

“部分相容”体系属于热力学不相容体系，为具有一定结构形态（如分散相粒径及粒径分布）的两相体系。当两相体系具有较好的相容性（广义）时，其发生进一步的相分离的动力学过程可以是很缓慢的，因而，仍然可以获得结构与性能稳定的共混材料。这样的共混体系，是处于动力学的相对稳定状态[14]。

在第 5 章中介绍两相体系相界面时将要指出，部分相容两相体系的相界面上存在着过渡层（参见第 5 章 5.3.3 节）。从宏观整体来看，过渡层的存在体现了两相之间有限的相容性，或者说是部分相容性。另一方面，从过渡层这个微观局部来看，又存在着分子水平（或链段水平）相互扩散的状态。以过渡层来说明部分相容性，是对部分相容性这一概念的很好的诠释。

本书重点介绍共混物的两相体系，而相容热力学对于两相体系是同样具有重要意义的。相容热力学已形成较完善的理论体系，对于研究和预测聚合物共混体系（包括两相体系）的相容性，推导两相体系界面层厚度等都具有重要的作用。本书第 5 章将介绍相容热力学。

2.5.5 关于相容性术语的补充说明

聚合物共混理论是由众多各国学者分别加以研究的，在术语的运用上难免有些参差。在阅读相关文献时，应该了解这些术语所表达的具体含义，而不要拘泥于所采用的词语本身。

如前所述，关于共混体系“相容性”有 3 个概念，其一，热力学意义上的相容性；其二，以具有均相体系性能（如单一 T_g）为判据的相容性；其三，指共混物各组分之间彼此相互容纳的能力的相容性（本书称之为广义相容性）。

其中，第二个概念可以被第三个概念（广义相容性）所涵盖。这样，就只有两个“相容性”概念了：热力学相容性和广义相容性。

概念明晰之后，就不难应对不同的术语了。

对于学术著作中出现的“相容性”这一术语，一般都可以根据上下文，判明其所代表的含义。

本书中，在讨论部分相容两相体系的相容性时，提到的“相容性”都是广义相容性；在讨论广义相容性与热力学相容性的关系时，为避免混淆，对热力学相容性和广义相容性分别加以标示。

有的专著中，将“部分相容体系”定义为该共混体系在某组成范围内是热力学相容的，而在其它组成范围是热力学不相容的。这是基于热力学相容性的“部分相容体系”，与本书建立在广义相容性基础上的部分相容体系，显然是不同的。本书在第 5 章也介绍了在一定组成范围内热力学相容的体系，但为了避免混淆，没有以“部分相容体系”称之。

此外，需要提醒注意的是，compatibility 一词在很多文献中是被用来表示热力学相容性的；而 miscibility 一词也在很多文献中被用来表示热力学相容性。

2.6 聚合物共混物的分类

在聚合物共混物的研究与应用中，提出了许多分类方法。了解这些分类方法无疑具有重要的意义。除了按宽泛的共混概念将共混方法分为物理共混、化学共混和物理/化学共混三大类型外，还有如下分类方法。

（1）按共混物形态分类

按共混物形态分类，可分为均相体系和两相体系。其中，两相体系又可分为“海-岛结构”两相体系和“海-海结构”两相体系。

“海-岛结构”两相体系在聚合物共混物中是普遍存在的。工业应用的绝大多数聚合物共混物都属“海-岛结构”两相体系。

“海-海结构”两相体系，存在于聚合物互穿网络（IPN）之中。此外，熔融共混亦可得到具有“海-海结构”的共混物。

（2）按共混方法分类

按共混方法分类，可分为熔融共混物、溶液共混物、乳液共混物，等等。此外，采用共混机械进行的共混可称为机械共混。

（3）按改善的性能或用途分类

共混物亦可按改善的性能或用途分类。譬如，用作抗静电的，可称为共混抗静电材料；用于电磁屏蔽的，可称为共混电磁屏蔽材料，等等。

（4）按聚合物的性能与用途分类

聚合物按其性能与用途，可划分为若干大类。以塑料为例，可分为通用塑料、通用工程塑料和特种工程塑料。其中，通用塑料有 PVC、PS、PE、PP、PMMA 等。通用工程塑料有尼龙（PA）、聚甲醛（POM）、聚苯醚（PPO）、聚碳酸酯（PC）、热塑性聚酯（PET、PBT）等。ABS介于通用塑料与通用工程塑料之间，可作为通用塑料，也可算作通用工程塑料。特种工程塑料包括聚苯硫醚（PPS）、聚芳醚酮（PEK、PEEK等）、聚苯醚砜（PES）、聚酰亚胺（PI）、聚芳酯（PAR）、液晶聚合物（LCP）等。

按照各种塑料性能与用途的划分，相应地可将两种塑料的共混物划分为通用塑料/通用工程塑料共混物、通用工程塑料/通用工程塑料共混物、通用工程塑料/特种工程塑料共混物，等等。

(5) 按主体聚合物分类

聚合物共混物亦可按照主体聚合物的品种进行分类。以塑料合金为例，可分为PA合金、聚酯合金、PPO合金、PC合金、POM合金、PPS合金，等等。这是目前较为普遍采用的塑料合金分类方法。

2.7 共混理论体系与应用研究的基本框架

提高和改善聚合物材料的性能，是聚合物共混的终极目的。而聚合物共混物的性能，又与共混体系的组成、共混过程、共混物形态、共混体系相容性等密切相关。而共混的理论研究与应用研究，侧重点又是有所不同的。

2.7.1 理论研究：共混物性能与共混过程-组成-形态-相容性的关系

从理论研究的角度，共混物性能与共混过程、共混物组成、共混物形态、共混体系相容性的关系，是共混理论体系的基本框架。本书第3章、第4章、第5章，将分别从共混过程、共混物形态、共混体系相容性三个方面，对聚合物共混理论体系进行阐述。共混物组成的影响则贯穿于上述三个方面的讨论中。进而，将在第6章介绍共混物的性能。

共混过程是制备共混物的途径。这一过程在实施中要涉及物料体系和共混设备两方面的因素。其中，物料体系是共混过程的主体，因而，物料体系的特性以及变化规律是共混过程研究的核心对象。从理论角度，共混过程与一系列的分散过程、若干影响因素及相关的机理、模型有关。第3章将结合理论模型，介绍影响聚合物共混过程的5个主要因素。共混设备是共混过程得以实施的外部条件，第10章将简介共混设备。由于熔融共混最具工业应用意义，本书将主要介绍熔融共混，共混过程的内容也将围绕熔融共混展开。

共混物的形态是决定共混物性能的重要因素，也是共混理论体系的重要组成部分。本书将重点介绍共混物形态的观测、调控等内容。

共混体系相容性兼具理论和应用意义。相容热力学是聚合物共混的理论基础，对指导聚合物共混研究有重要意义；而良好的相容性是获得性能优异的共混物的必要条件。

总体上，聚合物共混有两大类研究方式。其一，侧重于研究共混过程，通过控制共混过程，改善共混物的形态，进而提高和改善共混体系的性能。其二，则侧重于提高共混体系相容性，通过相容剂的研制和应用，提高共混体系的性能。两类研究方式的侧重点不同，但也是互相关联的。侧重于共混过程的研究，其选用的共混体系也需要有良好的相容性；而侧重于提高共混体系相容性，也要借助于适当的共混过程。两类研究方式如果结合起来，互相促进，则效果更好。

无论侧重于两大类研究方式的哪一种，共混过程、共混物组成、共混物形态、共混体系相容性都是聚合物共混理论体系的基本构成。

应该注意的是，在共混理论体系的构建中，性能、过程、组成、形态、相容性诸因素是复杂地交织在一起的。例如，通过对共混过程的分析而导出的分散相平衡粒径，实际上应属于共混物形态学的内容。

在第 6 章中，还将介绍共混改性机理，特别是增韧机理。共混改性机理的论述，是上述共混理论体系的延伸。

2.7.2 应用研究：共混物性能与组成-过程-形态的关系

从应用研究的角度，虽然也很重视提高共混体系的相容性，但是相容性的提高主要是体现在微观形态的调整和性能的提高上。另一方面，与理论研究注重物料体系混合中的基本规律不同，应用研究更重视具体的物料组成（配方）。包括采用相容剂来提高相容性，亦可被作为配方研究的一部分。

因而，对于应用研究，更重视的是共混物的性能与物料组成（配方）、共混过程、共混物形态的关系。

本书第 7 章，将介绍聚合物共混在具体的塑料及橡胶共混体系中的应用。继而，在第 8 章介绍填充体系，第 9 章介绍采用共混方法制备的纳米复合材料。

需要指出的是，共混的理论研究与应用研究侧重点不同，但并没有严格的界限。两者是互相影响、互相渗透的。

习　题

1. 试述共混物形态的 3 种基本类型。
2. 试述均相体系的判定方法。
3. 分别简述热力学相容性与广义相容性的涵义，并对二者进行比较。

参考文献

[1] 王国全，王秀芬. 聚合物改性. 北京：中国轻工业出版社，2000. 4

[2] 黄家康等. 复合材料成型技术. 北京：化学工业出版社，1999. 1

[3] [西班牙] 佩德罗·哥曼斯·罗曼罗等. 功能杂化材料. 张学军等译. 北京：化学工业出版社，2006. 3～7

[4] 柯昌美，汪厚植，赵惠忠等. 聚合物基有机-无机杂化材料的制备研究. 武汉科技大学学报（自然科学版），2005，28（3）：231～234

[5] Beek W，Wienk M，et al. Hybrid polymer solar cells based on zinc oxide. J. Mater. Chem.，2005，15：2985～2988

[6] 仲伟霞，乔秀颖等. 聚丙烯基杂化材料的动态力学性能研究. 中国塑料，2005，19（2）：36～40

[7] 徐德民，柯毓才等. 釜内聚合法制备间规聚苯乙烯与聚丙烯共混复合材料. 高分子学报，2001（5）：594

[8] 陈耀庭. 橡塑并用共混原理及应用系统讲座（二）. 橡胶工业，1982，（11）：30～35

[9] [美] O. 奥拉比瑟等. 聚合物-聚合物溶混性. 项尚田等译. 北京：化学工业出版社，1987. 2，4

[10] 金关泰，金日光，汤宗汤，陈耀庭. 热塑性弹性体. 北京：化学工业出版社，1983. 433～434
[11] Flory P J. Thermodynamics of Polymer Solutions. J. Chem. Phys.，1942，10：51～61
[12] Huggins M L. Solutions of Long Chain Compounds. J. Chem. Phys.，1941，9：440
[13] [美] D. R. 保罗等. 聚合物共混物：组成与性能. 殷敬华等译. 北京：科学出版社，2004. 3，9
[14] 邓本诚，李俊山. 橡胶塑料共混改性. 北京：中国石化出版社，1996. 25～26
[15] Paul D R，Newman S. Polymer Blends，Vol. Ⅰ. Academic，New York，1978. 1～2

第3章　聚合物共混过程及其调控

内容提要：介绍聚合物熔融共混过程的基本规律。首先介绍分散混合与分布混合的概念；然后结合理论模型，介绍影响共混过程的5个主要因素。介绍了分散相平衡粒径的经典表达式。最后，着重介绍共混过程的调控原理与方法，这些方法对于聚合物共混的应用具有指导意义。

熔融共混是聚合物共混的主要方法，本书重点介绍熔融共混。熔融共混法是将处于熔融状态的聚合物共混组分，在一定的共混设备中，通过适当的共混过程，而获得预期的共混物。

本章介绍聚合物熔融共混过程的基本规律及其调控方法。在熔融共混中，共混组分在一定温度和外力的作用下，发生相互混合和分散，经历一个复杂的动力学过程，最终形成共混产物。共混过程对共混改性效果有重要影响。因而，通过对共混过程的调控，可以在一定程度上调节共混物的结构与性能。

3.1　混合的基本方式与基本过程

从理论上，混合的方式可分为分布混合与分散混合两大类型[1]。但在实际的共混过程中，两种混合方式是共生共存的。

3.1.1　分布混合

分布混合，又称为分配混合[2]，是混合体系在应变作用下置换流动单元位置而实现的[1]。对于“海-岛”结构两相体系，分布混合指分散相粒子不发生破碎，只改变分散相的空间分布状况、增加分散相分布的随机性的混合过程。该过程可使分散相的空间分布趋于均匀化。在分布混合中，分散相物料主要通过对流作用来增加分布的随机性[3]。

与分布混合相关，有“层流混合”。层流混合是通过黏性流体（在熔融共混中是聚合物熔体）的层流，对混合体系施行某种变形来实现的。层流混合实际上是分布混合的一种特定形式。关于层流混合，将在3.2节中介绍。

3.1.2　分散混合

分散混合是指既增加分散相空间分布的随机性，又减小分散相粒径，改变分散相粒径分布的过程。在熔融共混中，分散相粒子在外界（混合设备）的剪切力的作用下破碎，分散相粒子的粒径变小，粒径分布也发生变化，就是分散混合的过程。

由于在共混过程的初始阶段，分散相物料的粒径通常大于“海-岛”结构两相体系理想的粒径，所以，分散混合对于共混过程是不可或缺的。即使是聚合物填充体系，由于填充剂会发生聚结，成为团聚态的大颗粒，因而分散混合也是必须要有的。鉴于分散混合在共混过程中的重要性，本章将重点介绍分散混合。

3.1.3 分布混合与分散混合的关系

在实际的共混过程中，分散相粒子的变形、破碎以及空间分布的均匀化是同时进行的。换言之，分布混合和分散混合在实际的共混过程中是共生共存的。分布混合和分散混合的驱动力都是外界（设备）施加的作用力。分散相粒子的运动、变形和破碎也是同时发生的。

分布混合和分散混合的作用效果也是相辅相成的。分布混合使分散相的空间分布状况得到均化，为分散混合创造了有利的条件；而分散混合的结果，除了分散相粒径变小之外，也使分散相的空间分布更为均匀。

尽管分布混合和分散混合是共生共存的，但在共混过程的某一个具体的阶段，两者又是各有侧重的。在某一阶段，分布混合会居于主体；而另一阶段，则是分散混合居于主体。

分散混合过程使分散相颗粒细化，直接影响分散相颗粒的平均粒径和粒径分布。而共混物两相体系中分散相颗粒的平均粒径和粒径分布，对于共混物的性能有重要影响（参见第 4 章）。对于特定的共混体系，相对于所要求的性能，通常有一个最佳的分散相平均粒径范围。分散相平均粒径在这个范围之内，共混物的某些重要性能（如力学性能）可以获得提高。此外，分散相颗粒的粒径分布对于性能也有影响，一般要求粒径分布窄一些。

本章通过研究共混的动力学过程，讨论影响分散混合的因素，重要目的就是探讨哪些因素有利于分散相颗粒的分散，从而因势利导，获得最佳的共混效果。此外，分散相形貌对于共混体系也有影响，本章将作相应讨论。

国内外学者在对层流混合的研究中，对混合体系理想化，建立了相应的数学模型，进行理论推导，并得到一些重要的推论[4]。本章在重点介绍分散混合的同时，对层流混合研究中得到的重要推论，也进行相应的介绍。

3.1.4 分散混合机理

对于“海-岛结构”两相体系，共混过程的重要作用是分散相物料的破碎与分散。在共混过程中，共混设备对共混物料施加剪切力，在外力作用下，分散相物料发生破碎，分散成小粒子。分散相物料在外力作用下破碎的过程，是一个很复杂的过程。

对于分散相颗粒破碎过程的形态变化的研究，发现分散相颗粒的分散过程可以细分为两种机理：“液滴分裂机理”和“细流线破裂机理”[5]，分述如下。

3.1.4.1 液滴分裂机理

液滴分裂机理的示意图如图 3-1 所示。图 3-1 中，在分散相颗粒的分散过程中，一个分散相大粒子（大液滴）分裂成两个较小的粒子（小液滴），然后，较小的粒子再进一步分裂。液滴分裂机理所展示的分散过程，是逐步进行的重复破裂过程。

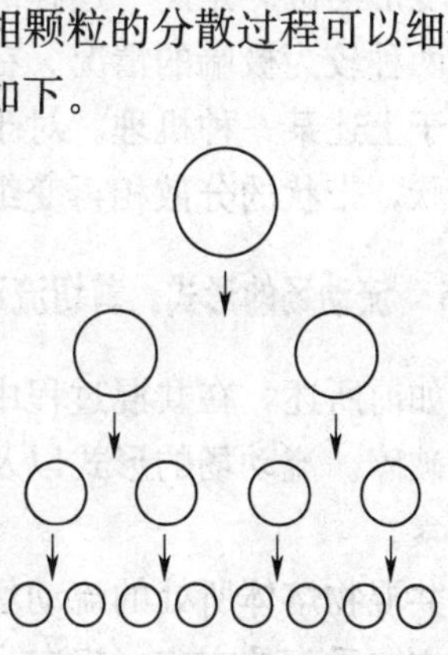

图 3-1 液滴分裂机理示意图

考虑到外界（共混设备）作用力的影响，可以对于以液滴分裂机理进行的分散过程中，分散相颗粒运动、变形乃至破碎的变化概略作一描述，如图 3-2 所示。

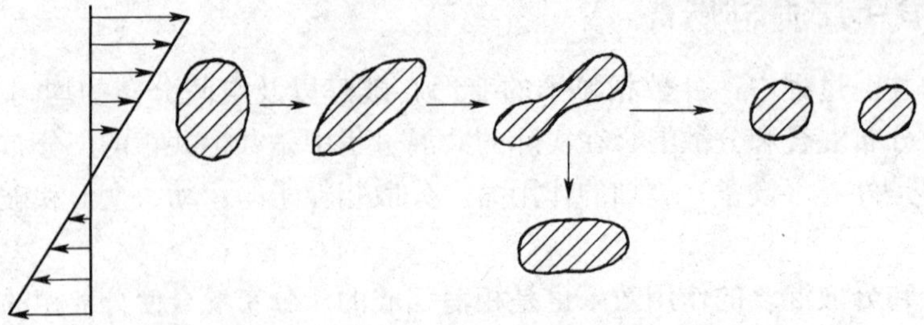

图 3-2　分散相颗粒在外力作用下运动、变形乃至破碎的变化（示意图）

图 3-2 中，一个分散相颗粒，在外力作用下，首先会发生变形，由近似于球形变为棒形；与此同时，分散相颗粒会发生转动。如果分散相颗粒的变形足够大，就会发生破碎，分散为更小的颗粒。但是，也可能出现这样的情况，当分散相颗粒的变形尚不足以发生破碎时，分散相颗粒就已转动到了与剪切应力平行的方位。如果作用于物料的剪切应力场是单一方向的，那么，转动到与剪切应力方向平行取向的粒子，就难以进一步破碎了。

影响分散相颗粒破碎的因素，包括外力和内力两方面。在共混过程中，外界的作用力通过连续相传递给分散相，促使分散相颗粒发生破碎；而另一方面，分散相颗粒内部，也有阻止分散相颗粒发生破碎的内力，包括聚合物熔体的黏滞力、弹性力、界面张力等。分散相颗粒破碎的过程，实际上是外力和内力互相抗衡的结果。

3.1.4.2　细流线破裂机理

细流线破裂机理的示意图如图 3-3 所示。图 3-3 中，分散相大粒子（大液滴）先变为细流线，细流线再在瞬间破裂成细小的粒子（小液滴）。细流线破裂又称为“毛细管不稳定”现象。

比较上述两种机理，液滴分裂机理代表的一个分散相粒子的分散过程是通过逐步进行的重复破裂而完成的，而细流线破裂机理的一个分散相粒子的破碎则是在瞬间完成的。

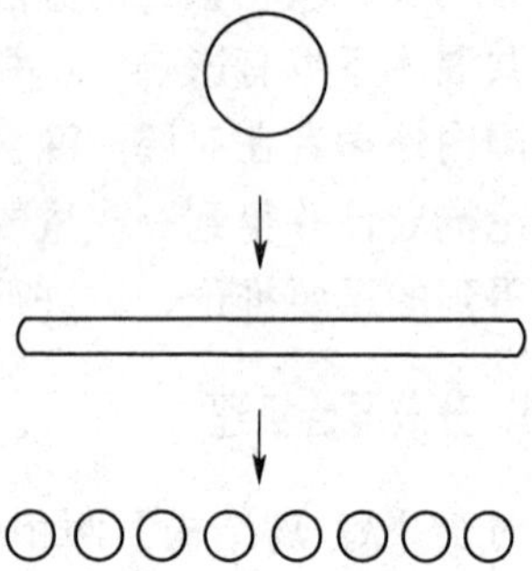

图 3-3　细流线破裂机理的示意图

在图 3-2 所示的分散相破碎的总体过程中，分散相的变形与破碎是同一过程的两个侧面。而“液滴分裂”、“细流线破裂”这两种机理则代表了两种较为极端的情况。在实际的共混中，分散相破碎的过程可能会介于两者之间，而倾向于上述某一种机理。对于倾向于细流线破裂机理的分散过程，通常是分散相先变形成为带状，带状的分散相再变细，成为细条，最后破裂成小颗粒。

3.1.5　流动场的形式：剪切流动与拉伸流动

如前所述，在共混过程中，外界的作用力通过连续相传递给分散相，促使分散相颗粒发生破碎。流动场的形式以及相应的共混物熔体的流动行为，是共混物分散过程的重要影响因素。

共混物熔体所处的流动场的形式，可分为剪切流动与拉伸流动。在流动过程中，在与流动方向垂直的方向（横向）产生速度梯度的，称为剪切流动；在与流动方向平行的方向

（纵向）产生速度梯度的，称为拉伸流动。剪切流动与拉伸流动的示意图如图 3－4 所示。图中，箭头所示为流动的方向，箭头长度的差异代表速度梯度。

在实际的熔融共混过程中（例如在双螺杆挤出机的挤出过程中），剪切流动和拉伸流动都是存在的。在大多数情况下，聚合物共混过程以剪切流动为主[4]。一般用剪切应力 τ 和剪切速率 $\dot{\gamma}$ 来表征剪切流动。分散相颗粒的破碎，也主要是受剪切力的作用。本章关于共混物分散动力学的讨论，将主要讨论剪切力的作用。

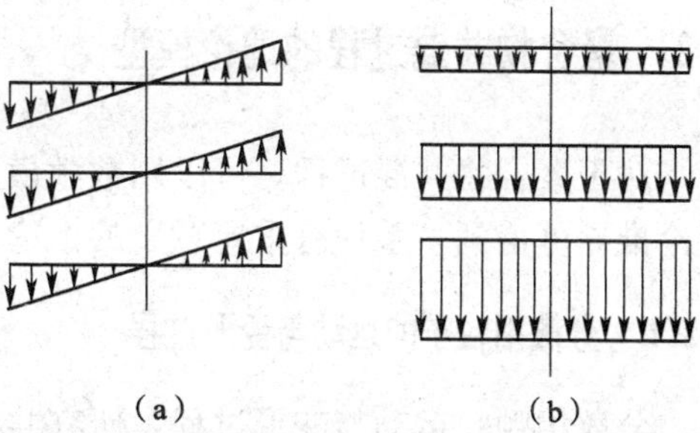

图 3－4 剪切流动与拉伸流动的示意图

（a）剪切流动 （b）拉伸流动

当连续相的熔体黏度显著低于分散相黏度的时候，拉伸流动也可起重要作用。共混设备提供的剪切力，是通过连续相传递给分散相的。当连续相的熔体黏度显著低于分散相黏度的时候，传递作用就会变弱。以剪切流动为主导的分散作用就会相应地削弱。在这种情况下，为了改善共混效果，就要通过共混设备结构的调整，强化物料在共混设备中的拉伸流动[1]。

在共混过程中，共混体系的流动方式还可分为本体流动与单元流动（参见第六章 6.4 节）。

3.1.6 影响熔融共混过程的 5 个主要因素

本章将重点介绍聚合物-聚合物两相体系的熔融共混过程。有关研究结果表明，聚合物两相体系的熔融共混过程受 5 个主要因素的影响。

① 聚合物两相体系的熔体黏度（特别是黏度比值）以及熔体弹性。

② 聚合物两相体系的界面能（界面张力）；

③ 聚合物两相体系的组分含量配比以及物料的初始状态；

④ 流动场的形式（剪切流动、拉伸流动）和强度（如剪切流动中的剪切速率）；

⑤ 共混时间（具体的共混时间是共混物料在混合设备各个区段的停留时间）。

本章下面的各节中，将借助于若干理论模型，具体地探讨这些影响因素对共混过程的影响。在理论模型中，提出了若干影响因素会形成综合性的参数，如 *We* 值，以表现若干影响因素的综合作用。

分散相粒子的分散是本章讨论的重点，该分散过程是分散相粒子的内力与外部作用力相抗衡的结果。这个过程的影响因素也是基于上述 5 个因素的。

本章仅探讨共混过程的基本规律。在实际的熔融共混过程中（如在双螺杆挤出机的挤出过程中），共混过程被分为若干阶段，混合设备的不同区段分别侧重于分布混合或分散混合；形成的流动场的形式和强度，乃至共混物料在混合设备各个区段的停留时间都会有不同（具体的共混是这些不同作用按一定顺序的组合）。这些都与共混设备的设计原理、设备类型和构造有关，将在第 10 章中做简要介绍。本章介绍的共混过程基本规律，对进一步研究具体的共混过程有重要的指导意义。

3.2 聚合物共混过程的理论模型

对于聚合物共混过程，可以用数学模型进行模拟，以探讨这一过程的基本规律。这些理论推导可得到一系列有重要意义的推论。

3.2.1 分散相粒子的运动与变形过程

分散相颗粒运动与变形过程，研究共混过程中处于熔融状态下的聚合物体系，研究的对象是该体系中一个分散相颗粒的运动、变形直到破碎分散的过程。对于这一过程，研究者提出了若干理论模型。

3.2.1.1 液滴模型

Taylor 研究稀乳液中的液滴在剪切力作用下的变形，并建立了数学模型[6,7]。该模型后来由 Cox 进一步普遍化[5]。“液滴模型”分析了处于悬浮液中的液滴（为牛顿流体体系）在外界剪切力作用下的变形与破裂行为，对于研究“海-岛结构”的聚合物两相体系也有意义。

对于以液滴分裂机理进行的分散过程，Taylor 的“液滴模型”是分散相颗粒变形与分散破碎的最基本的模型。

处于悬浮液中的液滴在外界剪切力作用下会变成椭球状，液滴在剪切力作用下的变形示意图如图 3-5 所示。

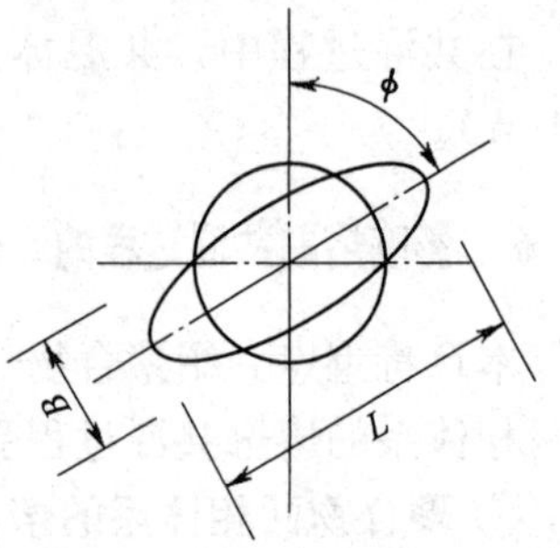

图 3-5 液滴在剪切力作用下的变形示意图

液滴在剪切力作用下的变形可由 3-1 式表示[7]：

$$D=\frac{L-B}{L+B}=\frac{5(19\lambda+16)}{4(\lambda+1)\left[\left(\frac{20}{We}\right)^2+(19\lambda)\right]^{\frac{1}{2}}} \quad (3-1)$$

式中 D——液滴（分散相）的形变；

L 和 B——变成椭球状的液滴的长轴和短轴的长度；

λ——两相黏度之比，$\lambda=\eta_d/\eta_m$，η_d 和 η_m 分别是分散相与连续相（基体）的黏度。

We 为 Weber 数（也称之为 *Ca*，即 Capillary 数[5]）：

$$We=\frac{\eta_m\dot{\gamma}R}{\sigma} \quad (3-2)$$

式中 η_m——连续相的黏度；

$\dot{\gamma}$——剪切速率；

R——液滴（分散相）的半径；

σ——两相间的界面张力。

由 3-1 式和 3-2 式，可以讨论影响液滴（分散相）形变的因素。由 3-2 式，如果 *We* 很小，则表明界面张力占主导作用，可以形成稳定的液滴。由 3-1 式，当 *We* 增大时，液滴的形变 D 也相应增大。

“液滴模型”认为，对于特定的体系和在一定条件下，*We*（或 *Ca*）可有特定的临界值（We_{crit}或 Ca_{crit}）。当体系的 *We* 值小于临界值时，液滴是稳定的；若大于临界值，液滴就会变得不稳定，进而发生破裂。

影响 We 的因素包括，连续相的黏度 η_m、剪切速率 $\dot{\gamma}$、液滴的半径 R，以及两相间的界面张力 σ。而影响液滴的形变 D 的因素，除 We 值之外，还有两相黏度比 λ。此外，体系所处的流动场的形式（剪切流动或拉伸流动）对液滴的变形与破碎也有重要影响。

对液滴（分散相）的形变与破裂可以做如下讨论。

（1）剪切速率 $\dot{\gamma}$ 的影响

剪切速率增大，可使 We 值增大，进而使液滴的形变增大。剪切力是促使液滴发生形变的因素，剪切速率增大就意味着外界作用较强，因而使液滴形变增大。

（2）大粒子比小粒子容易变形

较大的分散相粒径，也使 We 值增大，易于变形。这表明分散相的大粒子比小粒子容易变形。液滴的变形达到一定程度就会发生破碎。因而，分散相的大粒子比小粒子容易变形，相应的也就容易进一步发生破碎。大粒子比小粒子容易变形，是由于在相同的剪切力场中，大粒子比小粒子受到更大的外力。

（3）连续相黏度 η_m 的影响

连续相的黏度增大，也可以使 We 值增大，进而使液滴（分散相）的形变增大。外界作用力是通过连续相传递给分散相的，连续相的黏度增大，就意味着传递作用的增强。

（4）界面张力 σ 的影响

两相间的界面张力 σ 降低，可以使 We 值增大，进而使液滴的形变增大。界面张力是阻止液滴变形、使液滴保持稳定的因素，减低界面张力有利于液滴变形。对于聚合物共混两相体系，界面张力 σ 是与两相聚合物之间的相容性密切相关的。相容性较好时，界面张力 σ 较低，分散相容易变形，进而破碎。

（5）两相黏度之比 λ 的影响

由 3－1 式可见，两相黏度之比 λ 对液滴的形变也有重要影响。关于两相黏度之比 λ 对分散相破碎分散的影响，将在本章 3.4 节和第 4 章 4.4 节中详细讨论。

（6）关于熔体弹性

将 3－1 式应用于聚合物共混体系，会遇到一个问题：高聚物熔体具有黏弹性行为，而 3－1 式没有考虑流体的弹性形变。聚合物共混物熔体中的分散相颗粒在变形中，会发生弹性形变，这部分弹性形变具有可恢复性，可以用弹性形变自由能来表征。与界面张力 σ 的作用一样，弹性形变自由能也是阻止液滴变形、使液滴保持稳定的因素。因而，Van Oene 提出[8]，可以将弹性形变的能量叠加到界面能中，如 3－3 式所示。

$$\sigma_{eff} = \sigma_{12} + \frac{R}{6}(G_d - G_m) \tag{3-3}$$

式中 σ_{eff}——有效界面张力；

σ_{12}——共混体系静止状态下的界面张力；

R——分散相粒径；

G_d 与 G_m——分散相储能模量与连续相储能模量。

3－3 式是对界面张力值的一种修正，体现了共混物熔体在运动变形过程中，总体的可恢复性的形变能和相应的阻止变形能力[7]。弹性形变自由能与界面能还可以在一定条件下相互转化[9]。

（7）液滴破碎的判据

液滴的变形达到一定程度就会发生破碎。液滴破碎的判据可由 3-4 式给出[9]。

$$\frac{\tau(19\lambda+16)}{16(\lambda+1)} > \frac{\sigma}{R} \tag{3-4}$$

式中　τ——剪切应力。

由 3-4 式可见，增大剪切应力 τ，或者降低界面张力 σ，有利于液滴的破碎。同时，分散相粒径 R 较大，易于破碎，亦即分散相中的大粒子比小粒子容易破碎。

（8）流动场形式的影响

流动场的形式（剪切流动或拉伸流动）对液滴的变形与破碎也有重要影响。Taylor 发现，对于牛顿流体，拉伸流动比剪切流动更能有效地促使液滴破裂。在剪切流动中，液滴破裂需要两相黏度之比 λ 在一定范围之内（参见 3.4 节）；而拉伸流动所限定的 λ 的范围比剪切流动要宽。这一规律，在聚合物两相体系的共混中也得到验证。如前所述，当连续相的熔体黏度显著低于分散相黏度的时候，以剪切流动为主导的分散作用就会相应地削弱。在这种情况下，为了改善共混效果，就要设法强化物料在共混设备中的拉伸流动（参见 3.1.5 节）。

3.2.1.2　双小球模型

利用下述的"双小球模型"，可以对分散相颗粒破碎的条件与规律进行进一步的探讨。"双小球模型"讨论的是一个分散相颗粒破裂成两个小颗粒的条件，因而，该模型实际上也属于对液滴分裂机理（逐步进行的重复破裂）的理论探讨。

采用"双小球模型"进行的理论推导中，假设在一个分散相颗粒中，有两个假想的球形粒子。两个假想的球形粒子处于运动着的连续相流体中。如图 3-6 所示，两个假想的球形粒子处于连续相流体提供的恒定的剪切速度场中（速度场的流向与 x 轴平行）。将其中一个粒子置于坐标系的原点，而分析第二个粒子的运动轨迹[10,4]。

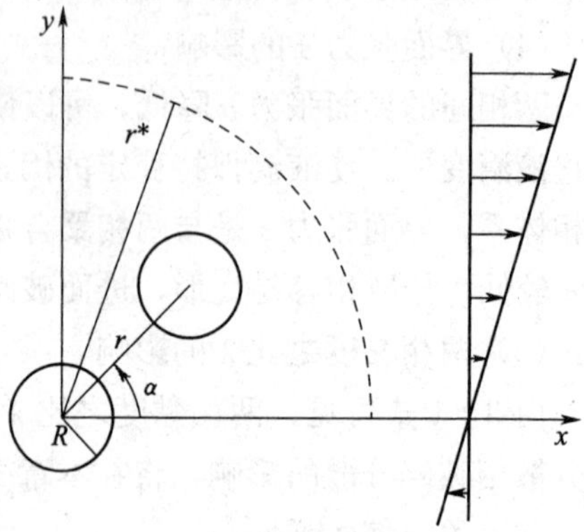

图 3-6　处于恒定剪切速度场中的两个假想的球形粒子

如图 3-6 所示，每个球形粒子的半径为 R，两个粒子中心的距离为 r：

$$r=\sqrt{x^2+y^2} \tag{3-5}$$

式中　x 和 y 是第二个粒子的坐标；

$2R \leqslant r \leqslant r^*$，$r^*$ 是两个粒子中心的临界距离。

两个假想的粒子之间，有相互连接的作用力，即分散相粒子的内力。内力是阻止分散相颗粒发生破碎的力，包括聚合物熔体的黏滞力、弹性力和界面张力等。同时，假想的粒子还受到连续相流体的剪切应力场的外力作用。在外力和内力的共同作用下，粒子发生运动。当两个粒子中心的距离超出临界距离 r^* 时，两个假想粒子之间相互连接的作用力就不再起作用，这意味着分散相颗粒发生了破碎。

假想的粒子处于恒定剪切速度场中，连续相的运动速度为：

$$u=\dot{\gamma}y \tag{3-6}$$

式中　u——连续相的运动速度；

$\dot{\gamma}$——剪切速率。

3-6 式表明，在粒子所处的恒定剪切速度场中，连续相的运动速度是呈线性变化的。

粒子所受的外力，按 Stokes 公式，为：

$$F = 6\pi R\eta v \tag{3-7}$$

式中 F——粒子所受的外力；

R——球形粒子的半径；

η——流体的黏度；

v——连续相流体与球形粒子的相对运动速度。

由于 Stokes 公式表征的是固体小球在流体中运动时受到的黏滞阻力，所以，将这一公式用于共混物两相体系时，η（流体黏度）应为连续相黏度。

外力 F 可以分解为沿 x 轴方向 y 轴方向的分力，即 F_x 和 F_y；相对运动速度 v 也可分解为 v_x 和 v_y：

$$v_x = \dot{\gamma}y - \frac{dx}{dt} \tag{3-8}$$

$$v_y = \frac{dy}{dt} \tag{3-9}$$

代入外力公式：

$$F_x = 6\pi R\eta\left(\dot{\gamma}y - \frac{dx}{dt}\right) \tag{3-10}$$

$$F_y = 6\pi R\eta \frac{dy}{dt} \tag{3-11}$$

两个粒子之间相互作用的内力为 F_r，内力包括分散相聚合物熔体的黏滞力、弹性力、界面张力等。由于假设粒子处于恒定速度的稳定流体之中，内外力是平衡的：

$$F_x = F_r\cos\alpha = F_r \frac{x}{r} \tag{3-12}$$

$$F_y = F_r\sin\alpha = F_r \frac{y}{r} \tag{3-13}$$

式中 F_r——两个粒子之间相互作用的内力；

α——两个粒子之间连线与 x 轴的夹角。

将 3-12 式代入 3-10 式，3-13 式代入 3-11 式，得到：

$$6\pi R\eta\left(\dot{\gamma}y - \frac{dx}{dt}\right) = F_r \frac{x}{r} \tag{3-14}$$

$$6\pi R\eta \frac{dy}{dt} = F_r \frac{y}{r} \tag{3-15}$$

联立方程，消掉 dt，

得到：

$$\frac{dx}{dy} - \frac{x}{y} = -Kr \tag{3-16}$$

其中：

$$K = \frac{6\pi R\dot{\gamma}\eta}{F_r} = \frac{6\pi R\tau}{F_r} \tag{3-17}$$

式中 τ——剪切应力。

3-16 式是非线性的微分方程。将其进行简化，令 $r=x+y$，求解 3-16 式的微分方程，得到：

$$\frac{x+y}{y} = Ce^{Ky} \tag{3-18}$$

其中，C 为积分常数，将 C 计算出后，代入 3－18 式，得到假想的球形粒子（第二个粒子）运动轨迹的方程[4]：

$$\left(\frac{x+y}{x_0+y_0}\right)\left(\frac{y_0}{y}\right)=\exp\left[Ky_0\left(1-\frac{y}{y_0}\right)\right] \tag{3-19}$$

式中　x_0、y_0——第二个粒子起始位置的坐标。

第二个粒子的运动轨迹必须要满足 $2R \leqslant r \leqslant r^*$ 的条件。当 r 在临界距离 r^* 之内、$2R$ 距离之外时，粒子的运动轨迹可由上述方程决定。当其运动超出临界距离后，就不再受上述轨迹方程的约束，而是沿着与流体速度场平行的方向运动了。

对于分散相粒子运动轨迹的影响因素，可作如下分析。

分散相粒子运动的轨迹方程，实际上是以数学的方法，模拟了图 3－2 所示的分散相破碎的过程。尽管推导过程是建立在一系列假设的基础上的，仍然可用来对影响分散相粒子运动轨迹的因素进行定性的分析。分散相粒子的运动轨迹受到 K 值、r^* 值和粒子的起始位置等因素的影响。可通过实例说明其影响因素。

实例 1

设 $y_0=2R$，$\alpha=90°$（即 $x_0=0$），相当于第二个粒子的初始位置与第一个粒子相接触，且两个粒子中心的连线方向与流体速度场的方向垂直。同时设：$R=0.5$，$r^*=3$。本实例中，第二个粒子的运动轨迹如图 3－7 所示，图中标出了 $K=2$、$K=3$、$K=4$ 和 $K=\infty$ 时，粒子的运动轨迹。

在实例 1 中，当 $K=2$ 时，第二个粒子只是围绕着第一个粒子转动。$K=3$ 时，第二个粒子与第一个粒子距离拉开，有分开的趋势，但未能超出临界距离，就又回到了一起，并且两粒子的连线转动到与流体流动方向平行的方向。由于这两个粒子是位于一个分散相颗粒中的，所以，$K=3$ 的情况，表示分散相颗粒发生了拉长变形和转动，但没有能够破碎。$K=4$ 时，粒子运动能够超出临界距离，两个粒子能够分开，意味着分散相颗粒发生了破碎。当 $K=\infty$时，粒子以平行于 x 轴的方向运动。

实例 2

设 $y_0=4R$，相当于第二个粒子的初始位置与第一个粒子有一定距离，其它条件与实例 1 相同，则第二个粒子的运动轨迹如图 3－8 所示，图中标出了 $K=0.5$、$K=1$、$K=2$ 和 $K=\infty$时，粒子的运动轨迹。

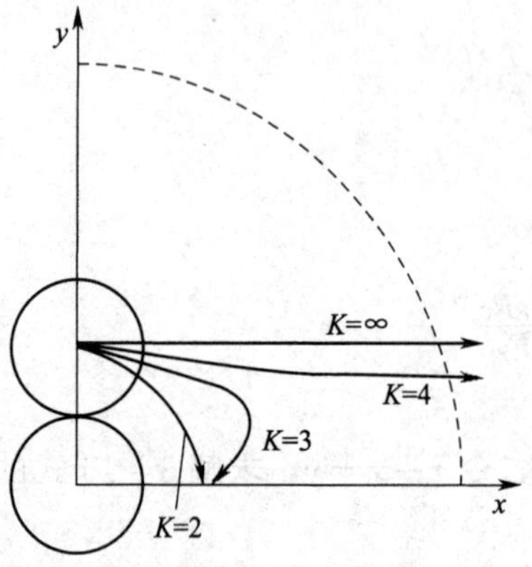

图 3－7　分散相粒子的运动轨迹（实例 1）

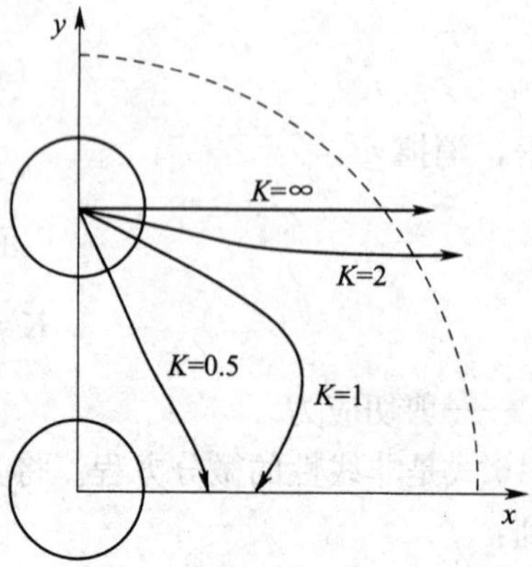

图 3－8　分散相粒子的运动轨迹（实例 2）

在实例 2 中，当 $K=0.5$ 时，第二个粒子先向右下方运动，再围绕着第一个粒子转动。$K=1$ 时，第二个粒子与第一个粒子距离拉开，但未能超出临界距离（类似于实例 1 中 $K=3$ 的情况）。$K=2$ 时，粒子运动能够超出临界距离。

如上述实例所示，K 值对粒子的运动轨迹有重要的影响。当 K 值达到（或超过）某一临界值时，粒子运动才能够超出临界距离。K 值决定于剪切应力、分散相内力等因素。增大剪切应力或降低分散相内力可以使 K 值增大。

将“双小球模型”与“液滴模型”对比，可以看出，K 值与 We 值是相似的：$K=6\pi\dfrac{R\eta\dot{\gamma}}{F_r}$，$We=\dfrac{R\eta\dot{\gamma}}{\sigma}$，其中 η 为连续相黏度。所不同的是，对于分散相颗粒的内力的表征，K 值用的是内力 F_r，而 We 值用的是界面张力 σ。We 值对于内力只考虑界面张力 σ，显得不够全面；而 K 值则回避了内力 F_r 的具体表征，而侧重于对 K 值与分散相粒子运动轨迹关系的推导。

临界距离 r^* 值也是一个影响因素。r^* 值取决于分散相熔体颗粒的伸长变形能力。分散相颗粒的伸长变形能力则由分散相物料本身的性能所决定，且与熔体的温度有关。应指出的是，分散相熔体颗粒的伸长变形能力不仅可以决定 r^* 值的大小，而且会影响分散相颗粒的形貌（参见第 4 章）。

将实例 1 与实例 2 进行对比，可以发现，当两个粒子的初始距离加大时，粒子的分离可以在 K 值较小的条件下就得以实现。由于两个粒子是位于一个分散相颗粒中的，两个粒子的初始距离较大表示分散相颗粒的粒径较大。换言之，粒径较大的分散相颗粒易于破碎分散。这与“液滴模型”得到的推论是一致的。

从上述实例中，可以得到如下推论。

（1）剪切应力、分散相内力这两个因素与分散相颗粒的破碎分散密切相关。增大剪切应力或降低分散相内力有利于分散相颗粒的破碎分散。为了促进分散相颗粒的破碎，可以提高外界（即设备）对共混体系的作用力，或降低分散相的“内力”，包括黏滞力、弹性力、界面张力等。

（2）由于粒径较大的分散相颗粒更易于被破碎分散，所以分散相颗粒的破碎分散过程中，同时会发生分散相粒径的自动均化过程（而“均化”的结果，即共混产物中分散相颗粒的粒径分布，则要受到共混物料的配方、共混设备、共混工艺等诸多因素的影响）。

（3）在分散相的破碎分散过程中，分散相颗粒会发生伸长变形和转动。当伸长变形的分散相颗粒转动到与剪切应力平行的方向时，就难以进一步破碎了。为促进分散相的破碎分散，共混设备施加给共混体系的作用力方向应该不断地或周期性地变化（物料的流动方向也相应地不断变化），以便使处于不同方位的分散相颗粒，都能受到有效的剪切应力作用。

在共混设备（例如双螺杆挤出机）的设计中，就是通过混合装置及部件的设计，使物料的运动方向不断变化，达到充分分散的作用。

3.2.1.3 毛细管不稳定性模型

毛细管不稳定性的定义[5]，是柱形流体线条在另一种流体中的不稳定现象，变形的细流线会分裂成一系列细小的液滴。毛细管不稳定性模型，可用于研究前述“细流线破裂机理”[11]的破碎过程及影响因素。

如前所述，按照“细流线破裂机理”进行的破碎过程，分散相大粒子先变为细流线，细流线再在瞬间破裂成细小的粒子（小液滴）。Tomotika 发现，“细流线”破裂的时间决定于界面张力、连续相与分散相的黏度比、“细流线”的直径等因素[12, 5]。

按照细管不稳定性模型，当“细流线”受到外界扰动时，柱状流线逐渐发生正弦式的变形。这种正弦式变形的幅度与时间的关系，受到扰动的波长、界面张力、连续相与分散相的黏度比、“细流线”的初始半径等因素的影响。在一定条件下，变形将随时间发生指数式增长[5]。

$$\alpha = \alpha_0 \exp(qt) \tag{3-20}$$

式中 α——在时间 t 时的扰动振幅；

α_0——扰动的初始振幅；

q——扰动的增长速率；

t——时间。

Tomotika 估计，当扰动振幅 $\alpha=0.8R_0$ 时（R_0 为“细流线”的初始半径），“细流线”可以断裂。由此，可以估算出“细流线”破裂的时间。其公式为：

$$t_b = (1/q)\ln(0.8R_0/\alpha_0) \tag{3-21}$$

式中 t_b——“细流线”破裂的时间；

q——扰动的增长速率，决定于扰动的波长、连续相与分散相的黏度比、界面张力等因素；

R_0——“细流线”的初始半径；

α_0——扰动的初始振幅。

3.2.2 作用在分散相粒子上的外力和内力

在共混过程中，作用在分散相粒子上的外力和内力分别受制于各自的影响因素，是不断变化的。本节具体探讨作用在分散相粒子上的外力和内力的变化规律。

3.2.2.1 作用在分散相粒子上的外力

在讨论分散相粒子上受到的外力时，也采用两个小球的模型。与讨论分散相粒子的运动轨迹时不同，这里假设两个小球之间以“连接杆”相互连接，将其中一个小球放在坐标系的原点，而第二个小球在某一时刻处于某一固定的位置。在这样的前提下，讨论两个小球之间的“连接杆”在纵向（即两个小球中心连线方向）上受到的外力。

处于流体中的小球受到的力，按 Stokes 方程，为 $F=6\pi R\eta v$（参见式 3-7）。其中，v 是连续相流体与球形粒子的相对运动速度。但由于已假设一个小球放在坐标系的原点，而第二个小球在某一时刻处于某一固定的位置，则连续相流体与第二个小球的相对运动速度就是连续相流体的速度（参见式 3-6）：$v=u=\dot{\gamma}y$。

而流体的速度场方向是平行于 x 轴方向的（参见图 3-6），所以，第二个小球受到外力的方向平行于 x 轴，为：

$$F = 6\pi R\eta\dot{\gamma}y \tag{3-22}$$

外力 F 可以分解为沿两个小球中心连线（即“连接杆”）方向的分力和垂直于小球中心连线的分力。其中，沿小球中心连线的分力为：

$$F_1 = 6\pi R\eta\dot{\gamma}y\cos\alpha = 6\pi R\eta\dot{\gamma}y\,\frac{x}{r} \tag{3-23}$$

式中　F_1——外力 F 沿小球中心连线的分力；

R——小球的半径；

η——流体的黏度；

α——小球中心连线与 x 轴的夹角；

r——两个小球中心的中心距。

经过推导，可以得出，当 $\alpha=45°$时，F_1 获得最大值。换言之，当两个小球中心连线与流体速度场方向的夹角为 45°时，"连接杆"纵向上受到的外力达到最大值。"连接杆"纵向上受到的外力，就是促使两个小球分开的力，也就是使分散相颗粒分散破碎的力。

当 $\alpha=90°$时，$\cos\alpha=0$，F 沿两个小球中心连线的分量为 0，即 F_1 为 0。当 $\alpha=0°$时，$y=0$，有 $v=0$，$F=0$，因而 $F_1=0$。换言之，当两个小球中心连线垂直于流体速度场方向或平行于流体速度场方向时，"连接杆"纵向上受到的外力都为 0，这时，两个小球无法分开，即分散相颗粒无法分散破碎[4]。以上推导表明，分散相颗粒的方位对分散破碎有重要意义。

除了 F 沿两个小球中心连线的分量 F_1 之外，F 还有垂直于两个小球中心连线的分量 F_2：

$$F_2 = 6\pi R\eta\dot{\gamma}y\sin\alpha = 6\pi R\eta\dot{\gamma}\,\frac{y^2}{r} \tag{3-24}$$

F_2 是促使两个小球的"共同体"发生转动的力，当 $\alpha=90°$时，F_2 获得最大值。当 $\alpha=0°$时，F_2 为 0。

综上所述，一个分散相颗粒处于连续相流体的剪切力场中，首先会在 F_2 的作用下发生转动，与此同时，F_1 也逐渐增大，分散相颗粒在 F_1 作用下发生伸长变形。当分散相颗粒的取向与流体速度场方向的夹角为 45°时，F_1 的作用达到最大，这时，最有利于分散相颗粒的破碎分散。

关于分散相颗粒受到的外力的上述分析，可以与 3.2.1 节讨论的分散相粒子的运动轨迹进行对照。这两种分析，分别基于不同的假设，但所得的推论是可以互相对应和互相补充的。这两种分析，都得到了分散相颗粒的取向方位与分散作用有重要关系的推论，因而，都提示共混设备施加给共混体系的作用力方向应该不断地或周期性地变化。

此外，借助于分散相颗粒所受外力的分析，可以对分散相粒子的运动轨迹分析作出补充说明。当分散相颗粒的取向与流体速度场方向的夹角为 45°时，分散相颗粒受到的分散作用力最大，这很有助于分散相颗粒的变形超出临界距离 r^*，实现破碎分散。

3.2.2.2　分散相粒子的内力

分散相颗粒受到的内力，包括黏滞力、弹性力、界面张力等。分散相熔体黏度、熔体弹性和两相之间的界面张力，是影响分散相颗粒所受内力的要素。

分散相的黏弹性行为与分散相组分的特性、温度等因素有关。分散相熔体的变形分为黏性变形和弹性变形两部分。纯黏性的变形是不可恢复的，而弹性变形具有可恢复性。此外，聚合物熔体通常具有切力变稀的流变特性，因而，分散相的熔体黏度还与受到的剪切力有关。

分散相与连续相之间的界面能，也是分散相颗粒受到的内力的重要组成部分。当分散相颗粒变小时，比表面积增大，界面能也相应增大，使分散相颗粒进一步破碎所需的能量也相应增大。在分散相颗粒的分散破碎过程中，大粒子比小粒子容易破碎，其原因，除了外界剪切力作用的因素外，也有界面能的影响。

3.2.3 层流混合

聚合物共混中的层流混合，是分布混合的一种特定形式。在实际的共混过程中，层流混合作为混合的一种形式，是普遍存在的。同时，层流混合又作为共混过程理论研究的模式，进行了相应的研究。

层流混合的理论研究基于一种基本假设：在层流混合的过程中，层与层之间不发生扩散。基于层流混合，建立了多种数学模型，如平行板模型、同心圆筒模型。这里，只介绍同心圆筒模型。

3.2.3.1 混合组分初始位置对混合结果的影响

同心圆筒模型如图 3-9 所示，由两个同心圆筒组成[4]。共混物料（熔体）被放置在两个同心圆筒之间。共混物料由 A、B 两个组分组成，其中，A 组分含量较大，充满两个同心圆筒之间的空间；B 组分含量较少，在图中用两个同心圆筒之间的线段表示。在混合过程开始之间，B 组分被放置在某一特定的位置，然后，外圆筒开始旋转，而内圆筒固定不动。观察 B 组分形态的变化。对应于 B 组分不同的初始位置，B 组分形态的变化结果是不同的。

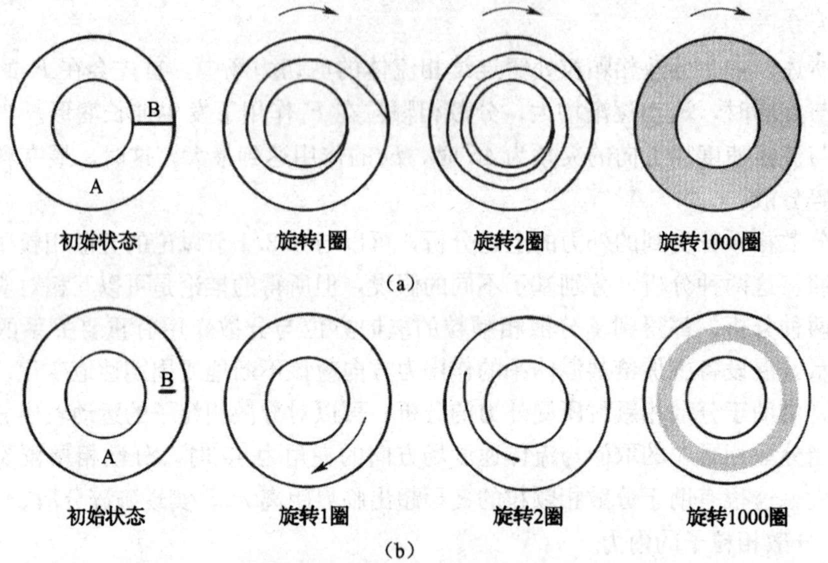

图 3-9 双组分共混体系层流混合过程的同心圆筒模型
(a) B 组分的初始位置是贯穿两个圆筒之间空间的一根直线
(b) B 组分的初始位置是两个圆筒之间的一段短线

如图 3-9 (a) 所示，B 组分的初始位置，是贯穿两个圆筒之间空间的一根直线。此后，是外圆筒旋转 1 圈、2 圈，乃至 1000 圈，相应的 B 组分的形态。当外圆筒旋转的圈数足够多时，从宏观的角度，B 组分已经均匀分布在两个圆筒之间了。图 3-9 (b) 所示，B 组分的初始位置，是两个圆筒之间的一段短线。当外圆筒旋转的圈数足够多时，B 组分分布在两个圆筒之间的一个环状区间，而并没有到达两个圆筒之间整个空间。

比较图 3-9 (a) 和 (b)，共混物料的初始位置不同，混合的结果有很大差异。由此，可以得到一个重要的推论：共混物料初始的分布状况，对共混产物有重要影响。

3.2.3.2　层流混合过程中两组分的界面

如图 3－9 所示，在层流混合过程中，两组分之间的界面是增大的。因而，在层流混合研究中，可以将界面作为层流混合过程的定量量度[4]。随着界面面积的增大，混合趋于均匀。尽可能使界面增大，可优化层流混合过程的效果。

如图 3－9 所示，随圆筒转动，混合体系的总应变增大，两组分之间的界面也相应增大。数学推导表明，界面的增加正比于总应变[4]。在共混过程中，如果剪切力的方向不断或者周期性的变化，则总应变会相应增大。因而，不断地或者周期性地改变剪切力的方向，可以优化混合效果。这与通过分散相粒子的运动轨迹分析得到的推论是一致的。

在 3.2.1.2 节的推导中，利用两个小球的模型，探讨了影响分散相颗粒破碎与分散过程（即分散混合过程）的因素；在 3.2.3 节中，利用同心圆筒模型，探讨了层流混合（分布混合的特定形式）的影响因素。在实际的共混过程中，同时存在着分散相颗粒的变形、破碎与分布的均化，所以分散混合与分布混合是共生共存的。由于分散混合与分布混合这种共生共存的关系，基于不同模型的推导中得到了一些相近的推论，有的推论则可以互相补充。

3.2.4　分散相的平衡粒径

在分散混合中，由于分散相大粒子更容易破碎，所以共混过程是分散相粒径自动均化的过程。这一自动均化过程的结果，是使分散相粒子达到一个最终的粒径，即“平衡粒径”。对于共混过程分散动力学的推导，可以导出这一平衡粒径的表达式。

在聚合物共混过程中，同时存在着“分散过程”与“集聚过程”这一对互逆的过程[13]。

首先，共混体系中的分散相物料在剪切力作用下发生破碎，由大颗粒经破碎变为小粒子。由于在共混过程的初始阶段，分散相物料的颗粒尺度通常是较大的，即使是粉末状的聚合物，其粒径也远远大于所需的分散相粒径，所以这一破碎过程是必不可少的。

在共混的初始阶段，由于分散相粒径较大，而分散相粒子数目较少，所以破碎过程占主要地位。但是，在破碎过程进行的同时，分散相粒子互相之间会发生碰撞，并有机会重新集聚成较大的粒子。这就是与破碎过程逆向进行的集聚过程。破碎过程与集聚过程的示意图如图 3－10 所示。

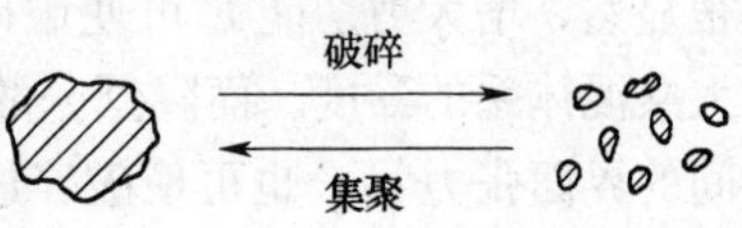

图 3－10　“破碎”与“集聚”过程示意图

在共混过程中，分散相组分是在外力作用之下逐渐被分散破碎的。当分散相组分破碎时，其比表面积增大，界面能相应增加。反之，若分散相粒子相互碰撞而凝聚，则可使界面能下降。换言之，分散相组分的破碎过程是需在外力作用下进行的，而分散相粒子的集聚则是可以自发进行的。

在共混过程初期，破碎过程占主导地位。随着破碎过程的进行，分散相粒子粒径变小，粒子的数量增多，粒子之间相互碰撞而发生集聚的几率就会增加，导致集聚过程的速度增加。

对破碎过程和集聚过程的影响因素，分别讨论如下。

影响破碎过程的因素，主要来自两个方面，其一是外界作用于共混体系的剪切能 E。对于简单的剪切流变场而言，单位体积的剪切能可由下式表示[10]：

$$E = \tau\dot{\gamma} = \eta\dot{\gamma}^2 \tag{3-25}$$

式中 τ——剪切应力；

η——共混体系的黏度；

$\dot{\gamma}$——剪切速率。

影响破碎过程的另一个方面的因素，是来自分散相物料自身的破碎能。分散相物料的破碎能 E_{db} 可由下式表示：

$$E_{db} = E_{dk} + E_{df} \tag{3-26}$$

式中 E_{dk}——分散相物料的宏观破碎能；

E_{df}——分散相物料的表面能。

其中，表面能 E_{df} 与界面张力 σ 和分散相的粒径都有关系；宏观破碎能则取决于分散相颗粒内部阻碍变形和破碎的因素，包括其熔体黏度、弹性等。

$$E_{df} = \sigma\frac{S}{V_d} \tag{3-27}$$

式中 σ——界面张力；

S——分散相粒子的总表面积；

V_d——分散相粒子的总体积；

$\frac{S}{V_d}$——分散相粒子的比表面积。

假设分散相粒子为粒径大小相等的球形粒子，则有：$S = 4\pi R^2 n$，其中 R 为分散相粒子的半径，n 为分散相粒子总数，而 $n = \frac{V_d}{\frac{4}{3}\pi R^3}$，于是有 $S = \frac{3V_d}{R}$。代入 3 - 27 式，得到：

$$E_{df} = \frac{3\sigma}{R} \tag{3-28}$$

很显然，增大剪切能 E 可使破碎过程加速进行，可采用的手段包括增大剪切应力 τ 或增大共混体系的黏度。而降低分散相物料的破碎能（包括降低宏观破碎能 E_{dk}，或降低两相间的界面张力 σ），也可使破碎过程加速。

作为破碎过程的逆过程的集聚过程，是因分散相粒子的相互碰撞而实现的。因此，集聚过程的速度就决定于碰撞次数和碰撞的有效率。所谓碰撞的有效率，就是分散相粒子相互碰撞而导致集聚成大粒子的几率。而碰撞次数则决定于分散相的体积分数、分散相粒子总数，以及剪切速率等因素。

降低界面张力 σ 不仅有利于促进分散相的破碎，而且有利于抑制粒子的集聚。可以采用添加相容剂的方法来降低界面张力（参见第 5 章）。

如前所述，在共混过程中，在初始阶段占主导地位的是破碎过程，而随着分散相粒子的粒径变小，分散相粒子数目增多，集聚过程的速度就会增大。反之，对于破碎过程而言，由于小粒子比大粒子难于被破碎，所以随着分散相粒子的粒径变小，破碎过程会逐渐降低速度。于是，在破碎过程与集聚过程之间，就可以达到一种平衡状态。达到这一平衡状态后，破碎速度与集聚速度相等，分散相粒径也达到一平衡值，被称为“平衡粒径”。

平衡粒径是共混理论中的一个重要概念。

Tokita 根据上述关于破碎过程与集聚过程的影响因素，提出一个关于分散相平衡粒径与共混体系黏度、剪切速率、界面张力、分散体积分数、分散相物料宏观破碎能、有效碰撞几率的关系式[14]：

$$R^* = \frac{\frac{12}{\pi}P\sigma\phi_d}{\eta\dot{\gamma} - \frac{4}{\pi}P\phi_d E_{dk}} \tag{3-29}$$

式中 R^*——分散相平衡粒径；

P——有效碰撞几率；

σ——两相间的界面张力；

ϕ_d——分散相的体积分数；

η——共混物的熔体黏度；

$\dot{\gamma}$——剪切速率；

E_{dk}——分散相物料的宏观破碎能。

Tokita 所提出的这一关系式，为进一步探讨调控共混过程、降低分散相粒径的方法创造了有利的条件，是关于共混过程的一个经典公式。

3.2.5 小结

本节介绍了关于分散混合的 3 个理论模型和平衡粒径（R^*）的表达式。

其一是“液滴模型”，主要涉及了液滴在外力作用下的变形。“液滴模型”虽然也给出了液滴破碎的判据，但并没有正面地涉及液滴（分散相颗粒）的破碎过程。

其二是“双小球模型”，由临界半径的设置和分散相粒子的运动轨迹的推导，讨论了分散相颗粒的破碎过程、临界条件，还探讨了分散相粒子受到的内力和外力。当分散相粒子的运动轨迹超出临界半径后，就实现了破碎分散。从理论上讲，实现了破碎分散后的分散相粒子，有可能与另一个分散相粒子相碰撞，彼此结合，重新聚集成一个颗粒，这就是分散相粒子的集聚。但是，“双小球模型”并没有直接涉及集聚过程。

其三是毛细管不稳定性模型，这是关于“细流线破裂机理”的理论模型。“细流线破裂机理”和“液滴破碎机理”是两种不同的分散机理，代表两种极端的情况。实际的分散过程可能会介于两者之间，而倾向于某一机理。

此后，是关于破碎-集聚过程的分析及平衡粒径（R^*）的推导，分别讨论了分散相粒子的破碎与集聚过程，当这两个互逆的过程达到平衡后，分散相粒子的粒径即为平衡粒径。前述“液滴破裂模型”只关注了分散相粒子的破裂，未关注集聚过程。而平衡粒径（R^*）表达式的推导则同时考虑了分散相粒子的破碎过程与集聚过程。

综上所述，关于分散相破碎与分散的理论推导是步步深化的，由变形到破碎（包括“液滴破裂”与“细流线破裂”），再到破碎与集聚的平衡。上述理论模型从不同的层面和视角，对共混物分散相的破碎与分散过程做了探讨，并分别得出了一些公式，可据以讨论其影响因素。这些公式各有侧重，但由于是对分散相的破碎与分散这同一客观过程进行的探讨，所以，有许多影响因素是可以互相参照的。

此外，本节还介绍了基于层流混合的“同心圆筒模型”。层流混合是分布混合的一种特定形式。关于层流混合的讨论得到的结果，对共混过程的研究有一定意义。

3.3 共混过程的实验研究方法

3.3.1 流变学方法

主要仪器有毛细管流变仪、转矩流变仪（如 Brabender 流变仪）、熔融指数仪等。毛细管流变仪适合于理论研究，Brabender 流变仪较为接近于工业应用，而熔融指数仪测定的熔体流动速率在生产中有普遍应用。

其中，毛细管流变仪可以表征共混对流变学参数（如非牛顿指数、表观黏度）的影响；Brabender 流变仪则可反映共混过程中体系的流变性能。

Brabender 流变仪可以采用不同的混合装置，如转子式的共混装置（相当于密炼机），或螺杆式的共混装置（相当于挤出机）。采用带转子式的共混装置的 Brabender 流变仪，可以测定共混过程中的转矩-时间关系曲线。共混过程中的转矩变化，可以从流变性能的角度，反映共混体系的混合过程。

采用带螺杆式的共混装置的 Brabender 流变仪，则可以模拟挤出过程。通过出口压力的测定，可以表征聚合物熔体的弹性。

3.3.2 形态学方法

与共混过程相关的形态学研究，可以有多种研究方式。主要包括以下两种：一是不同共混条件对共混产物形态的影响；二是共混过程中，共混体系形态的变化。形态变化，是共混过程的重要表征方式。

也可以将形态研究与流变学研究结合。例如，在 Brabender 流变仪测试中，可以在某些点取样，用显微镜观测形态，观察与共混过程相关的形态变化，以及形态变化与流变性能的关系。

3.3.3 对共混产物性能的评估

改变共混过程的条件，可以获得不同的共混产物。对这些共混产物性能的测试结果，是评估共混过程的重要依据。共混产物的性能，包括力学性能等。共混过程的调控可以影响共混物形态，共混物的不同形态可以影响共混产物的性能；因而可以用共混产物性能来评估共混过程调控的效果。这是很常用的评估方法。

3.3.4 研究方法进展

利用设备的改进，在共混过程中进行在线采样，并进一步进行分析研究以了解共混过程规律的方法，已经获得多方面的应用。

利用双螺杆挤出机上安装的激光小角光散射在线采集与分析系统，可以在双螺杆挤出过程中，对聚合物共混体系的分散相粒径的变化进行在线分析。这一研究方法，对于探讨共混过程中的形态变化很有意义。

3.4 共混过程的调控方法

对聚合物共混过程的研究，目的在于对共混过程进行调控，以使共混产物获得所需的结构形态和性能。共混过程受到共混组分的因素、共混工艺以及设备因素等诸多因素的影响。对于共混过程的调控有两种不同的方式：其一是围绕共混物料体系的调控，其二是围绕共混设备的调控。本章重点介绍围绕共混物料体系的调控，而围绕共混设备的调控将在第 10 章中介绍。

如本章前面所述，聚合物两相体系的熔融共混过程受 5 个主要因素的影响。一是聚合物两相体系的熔体黏度（特别是黏度比值），以及熔体弹性；二是聚合物两相体系的界面能（界面张力）；三是聚合物两相体系的组分含量配比，以及物料的初始状态；四是流动场的形式（剪切流动、拉伸流动）和强度（如剪切流动中的剪切速率）；五是共混时间。本节将以物料体系的性能（特别是聚合物两相体系熔体黏度）为核心，分别讨论对于这 5 个因素的调控，侧重点是对于物料体系的调控。

分散相粒径的大小是共混效果的重要体现，因而也是共混调控效果的表现。在实际共混过程中，得到的共混物的分散相粒径时常比最佳粒径大。因此，通常受到关注的是如何降低分散相的粒径，以及如何使粒径分布趋于均匀。此外，对分散相有特定形貌要求的体系，分散相形貌也是共混过程调控的对象。

3.4.1 共混组分熔体黏度及弹性的影响与调控

3.4.1.1 共混组分熔体黏度的影响

共混组分的熔体黏度，对于混合过程及分散相的粒径大小有重要影响，是共混工艺中需考虑的重要因素。在“液滴模型”、“双小球模型”、R^* 的表达式中，都涉及了黏度的影响。这里，就共混组分的熔体黏度与共混过程及分散相粒径的关系，进一步讨论如下。

(1) 分散相黏度与连续相黏度的影响

由平衡粒径 R^* 的表达式（式 3 - 29）中可以看出，分散相物料的宏观破碎能 E_{dk} 减小，可以使分散相平衡粒径降低。宏观破碎能 E_{dk} 决定于分散相物料的熔体黏度和弹性。降低分散相物料的熔体黏度可以使宏观破碎能 E_{dk} 降低，进而可以使分散相粒子易于被破碎分散。换言之，降低分散相物料的熔体黏度，将有助于降低分散相粒径。

另一方面，外界作用于分散相颗粒的剪切力，是通过连续相传递给分散相的。因而，提高连续相的黏度，有助于降低分散相粒径。由 We 值的表达式（式 3 - 2）也可以看出，提高连续相的黏度可提高 We 值，增大分散相颗粒的变形，有助于分散相颗粒的破碎，进而降低分散相粒径。

综上所述，提高连续相黏度或降低分散相黏度，都可以使分散相粒径降低。这一论点在共混研究中得到了广泛的验证。在实际的共混体系中，若连续相黏度较高而分散相黏度较低，则分散相较易分散；若反之，连续相黏度较低而分散相黏度较高，则分散相不易分散[5]。

但是，连续相黏度的提高与分散相黏度的降低，也是要受到一定制约的。

(2) 连续相黏度提高与分散相黏度降低的制约因素

共混过程存在一个基本规律：熔体黏度较低的一相倾向于成为连续相，而熔体黏度较高的一相倾向于成为分散相[13, 17]。该规律也可表述为“熔体黏度较低的一相易于包覆在熔体黏度较高的一相之外”。

由于熔体黏度较低的一相倾向于成为连续相，就会对“降低分散相黏度”形成制约；同样，熔体黏度较高的一相倾向于成为分散相，就会对“提高连续相黏度”形成制约。换言之，提高连续相黏度或降低分散相黏度，都是有一定限度的。这个限度就是两相熔体黏度相互接近，乃至相等。

综合考虑上述两方面因素，可以得到一个重要的推论：为了获得较好的分散效果，两相熔体黏度不可以相差过于悬殊，两相熔体黏度较为接近为好。

这一推论对于认识共混过程具有总体上的指导意义。但需要指出的是，对于具体的共混体系，在不同的条件下，熔体黏度比值对于形态的影响可能会很复杂，应具体地加以研究。

此外，需要再补充说明一点：共混过程中某一种聚合物倾向于成为连续相或分散相，并不意味着该聚合物一定能成为连续相或分散相，连续相或分散相的形成还要受到组分配比的影响（参见第 4 章 4.4.1.3 节）。

(3) 两相熔体黏度之比对分散相粒径的影响

上述分析中得到一个重要的推论：对于聚合物两相体系，为了获得较好的分散效果，两相熔体黏度不可以相差过于悬殊，两相熔体黏度较为接近为好。这一推论，得到了实验结果的验证。

两相熔体黏度相等的一点，被称为“等黏点”。聚合物共混的一些实验研究结果表明，对于一部分共混体系，在两相熔体黏度接近（接近等黏点）的情况下，有利于获得良好的分散效果，可获得最小的分散相粒径。例如，在橡胶-橡胶共混体系中，天然胶（NR）/顺丁胶（BR）共混体系，在两相黏度接近于相等时，分散相 BR 的粒径最小；在天然胶/乙丙胶（EPM）、天然胶/丁苯胶（SBR）的共混体系中，也都有相同的情况[17]。对于一些塑料-橡胶共混体系，也可以得到类似结果。例如，尼龙/EPR、PBT/EPR 共混体系，在两相黏度接近于相等时，分散相 EPR 的粒径最小[15]。

但是，以两相黏度相等或很接近于相等的条件来获得最小的分散相粒径，并不适用于所有的共混体系。例如，对于 PP/PC 体系，当两相黏度比由 2 增加到 13 时，分散相粒径增大了 3～4 倍（这表明两相熔体黏度的比值不可以相差过于悬殊）；但是，在两相黏度比为 0.25 时，分散相粒径为最小[5]。

(4) 黏度相近原则

综上所述，对于熔体黏度与分散效果的关系，比较全面的论述应该是：为了获得较好的分散效果，两相熔体黏度的比值不可以相差过于悬殊——这是大前提；在此大前提下，对于某些共混体系，两相黏度接近相等可以使分散相粒径达到最小值；但对于另外一些体系，使分散相粒径达到最小值的两相黏度比，却并不是很接近于相等的。这个论述，可以简称为“黏度相近原则”。

3.4.1.2 共混物熔体弹性的影响

聚合物熔体受到外力的作用，大分子会发生构象的变形，这一变形是可逆的弹性形变，使聚合物熔体具有弹性。与单一聚合物一样，共混物的熔体也具有黏弹性的流变行为。共混物熔体的弹性，也是共混过程需要调控的重要因素。关于共混物熔体弹性对分散相尺寸和形态的影响，目前还不是很清楚[5]。已有的关于共混物熔体弹性与分散过程的研究结果，分述如下。

（1）熔体弹性较高的分散相颗粒难于破碎

研究结果表明，与纯黏性的液滴相比，弹性液滴在破碎之前，需要更高的临界变形速度[7]。对于剪切流动场，弹性较高的液滴的破碎需要更高的剪切速率。这和黏度较高的分散相颗粒难于破碎，是相似的。

弹性形变的能量可以对界面能作出贡献。Van Oene 提出[8]，可以将弹性形变的能量叠加到界面能中（参见 3-3 式）。由于弹性使界面张力增大，所以弹性分散相颗粒的变形与破碎的难度都增大。

（2）熔体弹性较高的组分倾向于成为分散相

与纯黏性的流体相比，弹性流体可在更高的体积分数形成分散相[7]。在共混体系中，某一组分体积分数增大本来是不利于该组分成为分散相的。而弹性流体可在更高的体积分数形成分散相，这就表明具有较高弹性的组分更倾向于成为分散相。相应地，具有较低弹性的组分倾向于成为连续相。

Van Oene 的研究结果也表明，高弹性的聚合物熔体难于发生形变；弹性对界面张力的贡献，使得高弹性相有被低弹性相包覆的趋势[7,8]。这很类似熔体黏度与共混过程关系中的“熔体黏度较低的一相倾向于成为连续相，熔体黏度较高的一相倾向于成为分散相”的规律。

（3）熔体弹性不应相差过大

共混组分在共混温度下的熔体弹性不应相差过大。熔体弹性相差过大，会使各组分在共混过程中受力不均匀，影响混合效果[9]。熔体弹性方面的这一规律，与熔体黏度方面的规律是类似的，因而，可以简称为“弹性相近原则”。

（4）熔体弹性对分散相尺寸的影响

已有的研究结果表明，由于高弹性的聚合物熔体难于发生形变，使得具有高弹性的分散相颗粒难于破碎。这就使某些实际共混体系中得到的分散相粒径值，会高于理论预测值[5]。

3.4.1.3　共混物熔体黏度与熔体弹性的调控

在上述讨论中，为改善共混效果，分别提出了熔体黏度相近和熔体弹性相近的要求（相近并不是一定要相等或很接近于相等，但不能相差过大）。为此，需要相应的调控熔体黏度与熔体弹性的方法。

对于熔体黏度与熔体弹性的调控，讨论如下。

（1）熔体黏度的调控

聚合物熔体的表观黏度，与温度、剪切应力等因素有关。因而，对于某些聚合物体系，改变共混温度，或改变剪切应力，可以调节两相的熔体黏度。

（a）调节共混温度

对于橡胶-塑料共混体系，在熔体黏度（表观黏度）接近于相等的条件下共混，通常可以获得较好的分散效果。利用聚合物熔体黏度与温度的关系，通过调节共混温度，可以调控共混体系的熔体黏度比值。

典型的橡胶-塑料共混体系的熔体黏度-温度关系，如图 3－11 所示，橡胶的熔体黏度对温度的变化较为不敏感，而塑料的熔体黏度对温度的变化则较为敏感。相应地，在橡胶与塑料的熔体黏度-温度曲线上，就会有一个交汇点。这个交汇点就是因温度变化而达到的“等黏点”，该点的温度为等黏温度[13]。

在图 3－11 中，T^* 为等黏温度，即达到两相黏度相等的共混温度。对于橡胶-塑料共混体系，通常在接近于等黏点的条件下，可获得较小的分散相粒径。

此外，在适当的配比范围之内，将橡胶-塑料共混体系在高于等黏温度的温度下共混，这时橡胶黏度较高，而塑料黏度较低，塑料易于成为连续相。若所制备的产品需要以塑料为连续相，则适宜在高于等黏温度的条件下共混。反之，在低于 T^* 的条件下，宜于制备以橡胶为连续相的共混物。需要指出的是，制备塑料为连续相（或橡胶为连续相）的共混材料，除黏度调节外，还要考虑配比。

一些塑料-塑料共混体系也可以有“等黏点”。例如，HDPE/PA6 共混体系，PA6 的熔体黏度对温度的变化较为敏感，而 HDPE 的熔体黏度对温度的变化则相对而言不够敏感，如图 3－12 所示[2]。在该实验的条件下，该体系的“等黏温度”为 242℃。

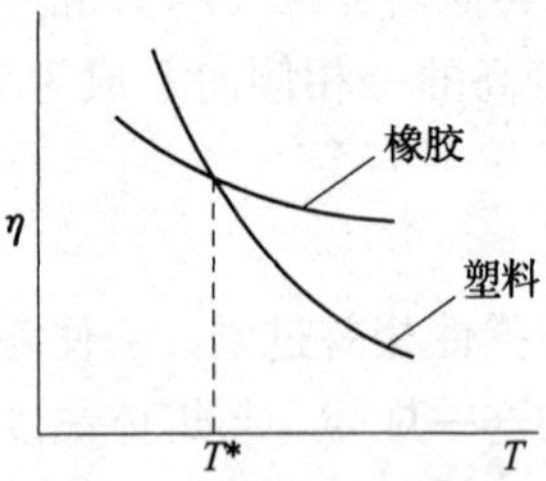

图 3－11　橡胶与塑料的熔体黏度-温度曲线（示意图）

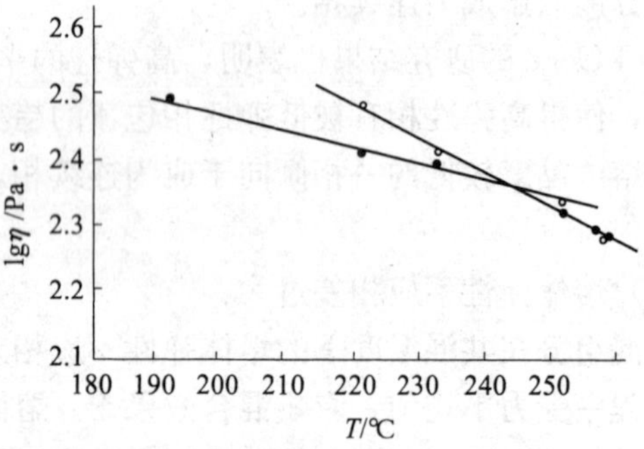

图 3－12　HDPE/PA6 共混体系的熔体黏度-温度曲线

对于上述 HDPE/PA6 共混体系，当共混温度为 230℃（低于“等黏温度”）时，HDPE 的熔体黏度小于 PA6。这种情况下，由于作为连续相的 HDPE 的熔体黏度低，传递剪切力的作用较弱，作为分散相的 PA6 难于分散成细小的粒子，而以层片状的形态存在。当共混温度高于“等黏温度”时，HDPE 的熔体黏度大于 PA6，这时，PA6 易于分散成细小的粒子。对于制备具有阻隔作用的 HDPE/PA6 共混材料，需要 PA6 以层片状的形态存在，因而，应使 HDPE 的熔体黏度小于 PA6，即在低于“等黏温度”的条件下共混。

采用温度调节方法和黏度相近原则调控共混过程，要注意 7 个问题。

① 按黏度相近原则选择的温度，是否在主体聚合物的适宜加工温度范围内。每一种聚合物（具体地是每一种聚合物的每一个特定的品种、型号），在工业应用时，对应于不同的共混设备，都有其适宜的加工温度范围。共混温度的选择，通常不能超出其适宜的加工温度范围。换言之，温度调节方法的应用，应以满足主体聚合物的适宜加工温度为前提。

② 对于一些聚合物共混体系，在熔体黏度-温度曲线上没有交叉点，也就是没有“等黏点”，且共混组分之间熔体黏度相差较为悬殊。这时，设法使两相熔体黏度的差别缩小，也是有可能改善分散效果的。

③ 如前所述，对于某些共混体系（特别是某些塑料-塑料共混体系），使分散相粒径达到最小值的两相黏度比，并不一定是很接近于相等的。

④ 尽管对于许多共混体系，设法降低分散相粒径是获得良好性能的必要条件，但是，并不是所有共混体系都有此要求。例如，在上述 HDPE/PA6 共混制备的阻隔材料中，分散相 PA6 以层片状分布在 HDPE 基体中，共混物具有较好的阻隔性能。针对特殊形态的要求，要相应地考虑熔体黏度的影响。

⑤ 当两种聚合物的配比较为接近时，如果在“等黏点”共混，易于成为“海-海结构”的两相连续体系（参见第 4 章 4.4.1.3 节）。在实际应用中，许多共混体系（例如橡胶增韧塑料的体系）的两相配比是较为悬殊的，所以不必虑及这一问题。但是，假如两种聚合物的配比较为接近，且需要制备的是“海-岛结构”两相体系时，就要在适当高于（或低于）“等黏点”的温度共混。第 10 章中介绍的两阶共混分散历程，要求制备具有“海-海结构”的中间产物，这时，就需要在两种聚合物配比接近以及“等黏点”的条件下共混了。

⑥ 除温度之外，剪切应力也是影响熔体黏度的重要因素。此外，还要考虑熔体弹性的作用。

⑦ 这里所说的“共混温度”，是指共混过程中的物料温度。在实际的共混操作中，物料温度受共混设备的加热、冷却及剪切热等作用的影响，可参阅第 10 章。

(b) 调节剪切应力

聚合物熔体通常具有切力变稀的流变特性，而不同聚合物熔体对剪切力的敏感程度是不同的。因而，剪切应力也是影响共混物熔体黏度比的重要因素。

图 3-13 所示，为剪切应力对 PS/LDPE 共混物熔体黏度比的影响[7]。可以看出，剪切应力对该共混体系的熔体黏度比有显著影响。调节剪切应力，可以使该共混体系的熔体黏度相互接近。

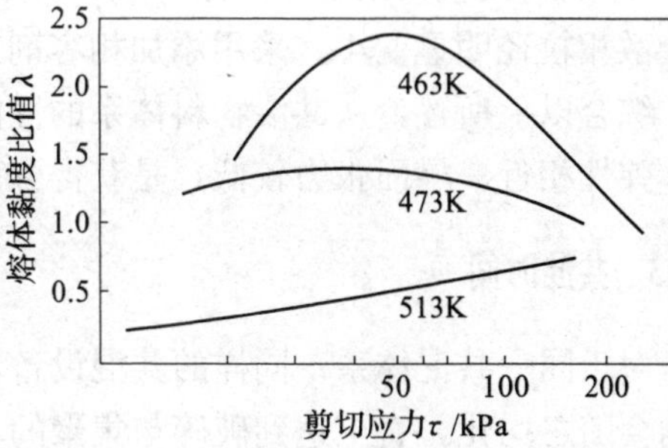

图 3-13　剪切应力 τ 与 PS/LDPE 共混体系熔体黏度比值 λ 的关系

采用剪切应力调节共混体系熔体黏度比，可以作为温度调节的重要补充。温度调节的方法有一定的局限性，要受到聚合物实际加工温度范围的制约。将剪切应力调节与温度调节相配合，可调控的范围会更大。

(c) 调控熔体黏度的其它方法

除了温度和剪切应力之外，熔体黏度调节还有其它方法。

其一，用助剂进行调节。许多助剂，如填充剂、软化剂等，可以调节物料的熔体黏度。譬如，在橡胶中加入炭黑，可以使熔体黏度升高；给橡胶充油，则可以使熔体黏度降低。

其二，改变相对分子质量。聚合物的相对分子质量也是影响熔体黏度的重要因素。在其它性能许可的条件下，适当调节共混组成的相对分子质量，将有助熔体黏度的调控。

(2) 熔体弹性的调控

调控熔体弹性所采用的方法与熔体黏度的调控相似。

共混温度会影响熔体弹性。若共混温度高一些，弹性流动的倾向会减弱；反之，若共混温度低一些，弹性流动的倾向会增强。提高剪切速率也可以使弹性流动的倾向增强。

可采用的调控方法如下：

① 在可能的情况下，选择熔体弹性相近的聚合物组合，避免采用熔体弹性相差过于悬殊的聚合物组合。

② 在可能的情况下，调节共混温度和剪切应力，缩小熔体弹性的差异。

③ 在可能的情况下，改变组分的相对分子质量。相对分子质量较小的聚合物，熔体弹性也较小。

3.4.2 界面张力与相容剂

界面张力也是阻止分散相颗粒变形、破碎的因素，可以影响共混过程。分散相粒径 R^* 的表达式（式 3-29）中，降低界面张力 σ 可使分散相粒径变小。

界面张力与相容性密切相关：相容性好的两相体系，界面张力也较低（参见第 5 章）。两相之间良好的相容性，是两相体系共混产物具有良好性能（特别是力学性能）的前提。相容性还影响共混过程的难易，相容性好的两相体系，共混过程中分散相较易分散。而在前述理论模型中，两相之间的相容性是通过界面张力体现出来的。

通过添加相容剂的方法，可以改善两相间的相容性，使界面张力降低，进而影响分散相的分散过程，使分散相粒径变小。譬如，在聚乙烯与聚酰胺的共混体系中，加入聚乙烯-马来酸酐接枝共聚物作为相容剂，与未加相容剂的共混物相比，加入相容剂的共混物的分散相粒径明显变小。采用添加相容剂来降低分散相粒径的方法，已被普遍采用。

综合以上所述，从共混物料体系的性能方面考虑对共混过程的影响，熔体黏度相近、熔体弹性相近、界面张力较低，是获得分散相较好分散效果的较为全面的条件。

3.4.3 共混时间

对于同一共混体系，同样的共混设备，分散相粒径会随共混时间延长而降低，粒径分布也会随之均化，直至达到破碎与集聚的动态平衡。为使分散相粒径充分分散和均化，应该保证有足够的共混时间。

共混时间与分散相粒径的关系，可以从一些实验结果中得到验证。许岳剑[16]等以乙烯-1-辛烯共聚物（POE）对聚丙烯（PP）进行增韧改性，通过小角光散射研究，求得分散相粒子表面间距 τ。结果表明，在共混过程中，分散相粒子表面间距 τ 随共混时间增加而逐渐减小，在共混的中后期趋于稳定。τ 值的减小，实际上是分散相粒径随共混时间延长而降低，共混体系中分散相粒子数目增多所致。而 τ 值在共混的中后期趋于稳定，是分散相粒子趋于达到破碎与集聚的动态平衡的结果。

当然，共混时间也不可过长。因为达到或接近平衡粒径后，继续进行共混已无降低分散相粒径的效果，而且会导致高聚物的降解。例如，PVC/NBR 共混体系的拉伸强度与混炼时间的关系如图 3-14 所示[17]。在混

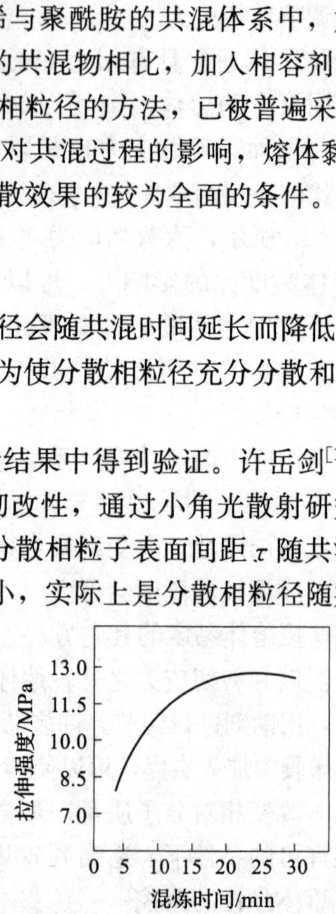

图 3-14 混炼时间对 PVC/NBR 共混体系拉伸强度的影响（PVC/NBR=30/70）

炼时间为20min时，拉伸强度接近峰值。继续延长混炼时间，拉伸强度趋于下降。

此外，通过提高共混设备的分散效率，可以大大降低所需的共混时间，改善共混组分之间的相容性，也有助于缩短共混时间。

需要指出的是，目前在熔融共混中经常采用双螺杆挤出机，共混物料在双螺杆挤出机的各个区段的停留时间都会有不同，具体的共混时间是各个区段的停留时间，按一定的顺序和不同混合作用的组合。

3.4.4 其它因素

(1) 组分含量配比

关于组分含量配比的影响，在分散相粒径 R^* 的表达式（式3-29）中，分散相体积分数 ϕ_d 与 R^* 的关系，体现了分散相含量对 R^* 的直接影响。ϕ_d 增大，意味着分散相粒子数目增多，集聚速度相应增大，使 R^* 增大。但是，两相组分含量配比还会影响共混体系的熔体黏度 η，也会间接影响 R^*。关于组分含量配比的影响，将在第4章中详细讨论。

(2) 物料初始状态

从层流混合的同心圆筒模型的讨论中可以看出，物料初始状态对共混过程是有重要影响的。调节物料的初始状态，有如下方法：

① 进行预混合。在进行熔融共混之前，采用高速搅拌机或其它混合设备，对物料进行预混合，或称"简单混合"，使物料具有较为均匀的初始状态。

② 使物料外形尺度接近。当物料的外形尺度相差过大时，要设法使之改变，变为接近的尺度。例如，早期的PVC/NBR共混体系，采用的是块状的NBR，与粉末状的PVC相差很大。此后，粉末NBR的问世，解决了PVC/NBR共混体系在物料初始状态上的问题，使NBR易于与PVC共混了。

③ 母料法。采用制备填充母料、色母粒或其它类型母料的方法，也是改变物料的初始状态，有利于进一步的共混。

(3) 流动场的形式与强度。在本章中，结合"液滴模型"、"双小球模型"、R^* 的表达式等理论模型，对于剪切速率、剪切应力对共混体系分散过程的影响，已经进行了多方面的讨论。

在共混过程中，共混体系所处的流动场的形式与强度，是由设备因素决定的。除了物料方面的因素之外，设备因素也是影响共混过程的十分重要的因素。增大剪切应力，不断地或周期性地改变剪切应力的方向，都有利于分散相的破碎分散和共混体系的均化。但是，过高的剪切力，会导致聚合物的降解。剪切应力还可以影响共混体系的黏弹性行为。在某些情况下，拉伸流动的作用也很重要。不同的共混物组合，对于设备的设置（如挤出机的螺杆长径比、双螺杆挤出机螺杆元件的配置等）会有不同的要求。分散混合与分布混合的调配，也依赖于共混设备的结构配置。将在第10章讨论设备因素对共混过程的影响。

习　题

1. 简述分布混合与分散混合的概念。
2. 简述分散相颗粒分散过程的两种主要机理。
3. 影响共混过程的5个主要因素是什么？

4. 依据“液滴模型”和“双小球模型”，对影响分散相变形与破碎的因素进行讨论。

5. 采用哪些方法，可以对聚合物熔体黏度进行调控？

参考文献

[1] [美] David B. Todd. 塑料混合工艺及设备. 詹茂盛等译. 北京：化学工业出版社，2002. 2，37，74，10

[2] 邓如生. 共混改性工程塑料. 北京：化学工业出版社，2003. 122，281

[3] Z. 塔德莫尔等. 聚合物加工原理. 耿孝正等译. 北京：中国轻工业出版社，1990. 220，217，218

[4] 耿孝正，张沛. 塑料混合及设备. 北京：中国轻工业出版社，1992. 52～61，45，62～66

[5] [美] D. R. 保罗等. 聚合物共混物：组成与性能. 殷敬华等译. 北京：科学出版社，2004. 364～366，375

[6] Taylor G I. The Formation of Emulsions in Definable Fields of Flow. Proc. R. Soc. 1934，A146：501

[7] Folkes M J，Hope P S. Polymer Blends and Alloys. Blackie Academic and Professional，1993. 14～17

[8] Vanoene H，Modes of Dispersion of Viscoelastic Fluids in Flow. J. Colloid and Interface Science. 1972，40 (3)：448～467

[9] 吴培熙，张留城. 聚合物共混改性. 北京：中国轻工业出版社，1998. 123，54，139

[10] McKelvey J M，Polymer Processing. John Wiley & Sons，New York，1962

[11] Janssen J M H，Meijer H E H. Droplet Breakup Mechanisms：Stepwise Equilibrium Versus Transient Dispersion. J. Rheol，1993，37 (4)：597～608

[12] Tomotika S. On the Instability of a Cylindrical Thread by another Viscous Fluid. Proc. Roy. Soc.，London，1935，A150，322～337

[13] 陈耀庭. 橡塑并用共混原理及应用系统讲座（二）. 橡胶工业，1982，(11)：30～35

[14] Tokita N. Analysis of Morphology Formation in Elastomer Blends. Rubber Chem. Technol. 1977 (2)：292

[15] Wu S. Formation of Dispersed Phase in Incompatible Polymer Blends. Polym. Eng. Sci. 1987，27 (5)：335～343

[16] 许岳剑等. 小角光散射研究 PP/EOC 增韧体系. 中国塑料，2004，18 (9)：43～46

[17] 邓本诚，李俊山. 橡胶塑料共混改性. 北京：中国石化出版社，1996. 51～58

第 4 章　聚合物共混物的微观形态

内容提要：介绍了共混物形态的观测、形态学要素的表征，全面探讨了影响共混物形态的诸方面因素，并介绍了共混物形态研究方法的进展。

4.1　共混物微观形态研究的基本目的和主要研究内容

共混物微观形态研究是聚合物共混研究的重要组成部分，在共混研究中发挥着举足轻重的作用。在探讨聚合物共混物的形态及其影响因素之前，先对共混物组成、共混过程、共混物性能与共混物形态的基本关系，以及共混物形态研究的基本目的和主要研究内容作总体的介绍。

4.1.1　共混物组成、共混过程、共混物性能与共混物形态的基本关系

在一些工业性产品研制中，会采用如图 4－1（a）所示的研发方式，将共混物的原料组分按一定配比（配方）组合后，采用某种设备（如挤出机、密炼机）在一定的共混工艺条件下进行共混，制备成聚合物共混物。继而，测定共混材料的宏观性能，如力学性能、光学性能、电学性能等。当所得到的性能不能满足需要时，就进行配方及工艺条件的调整。这样的研发方式的不足之处，在于忽视了共混研究中的重要因素：微观形态。

共混物组成、共混过程、共混物性能与共混物形态的基本关系，以及相应的研发方式，如图 4－1（b）所示。

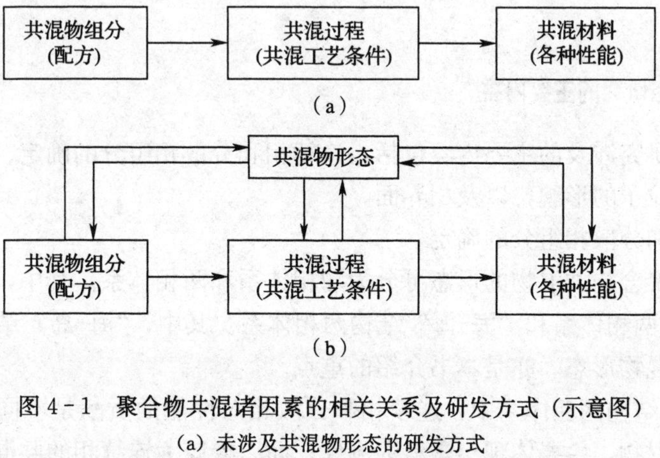

图 4－1　聚合物共混诸因素的相关关系及研发方式（示意图）

(a) 未涉及共混物形态的研发方式

(b) 组成、过程、性能与形态的关系及相应的研发方式

在图 4－1（b）中，共混物的组成、共混工艺条件，都会对共混物的微观形态产生重要影响。与此同时，共混物的微观形态，又与各种宏观性能（如力学性能）之间，有着密切的联系。因而，共混物的微观形态可以成为联结共混物的组成、共混工艺条件和共混材

料宏观性能的一个重要的枢纽。

根据图 4－1（b）所示的共混诸因素相关关系，可以利用共混物形态的研究，指导聚合物共混材料的开发，以及促进共混机理的研究。

4.1.2 形态研究指导聚合物共混材料的开发

在聚合物共混材料开发中，通常要研究在一定的配方、设备和共混工艺条件下，制备出具有所需性能的材料。当所研制材料的性能不能满足需求时，通常要考虑调整共混物配方和共混工艺条件，或者对设备的结构（如双螺杆挤出机的组合式螺杆结构）进行调整，以提高性能。在进行这种调整时，共混物的形态具有重要的参照作用。

共混物的形态与共混物的性能有密切关系。性能缺陷的原因往往可以从共混物的形态学研究中找到原因。通过形态的观测，可以揭示形态与性能的关系；从而通过改善共混物的形态，达到提高共混物性能的目的。例如，用橡胶增韧塑料的共混体系，橡胶为分散相，塑料为连续相；橡胶分散相粒子的粒径对增韧效果有重要影响。对分散相粒子的粒径进行调控，可以有效地提高增韧效果。

共混物配方、共混工艺条件和设备的结构因素，都可以影响共混物的形态，进而影响共混物的性能。对于共混物形态的观测，可以指导共混物配方、共混工艺条件等因素的调节。

4.1.3 共混物形态在机理研究中起重要作用

聚合物共混改性的机理，是共混理论研究的重要内容。例如，对于增韧体系，有增韧机理研究；对于阻燃体系，有阻燃机理研究；对于抗静电体系，有抗静电机理研究，等等。共混物形态的研究，对于揭示共混改性的机理，可以发挥关键性的作用。例如，在共混改性机理研究中，塑料增韧体系的增韧机理研究是最为受到关注的。而在增韧机理研究中，形态学研究发挥了重要作用。诸多增韧机理的提出，都是以形态学研究结果为依据的（参见第 6 章）。

4.1.4 共混物形态研究的主要内容

共混物形态研究涉及的主要内容包括：连续相和分散相组分的确定、分散相组分的分散状况、分散相粒子的形貌，以及相界面。

（1）连续相和分散相组分的确定

如前所述，聚合物共混物的形态可分为均相体系和两相体系。其中，两相体系又可分为“海-岛”结构两相体系和“海-海”结构两相体系。其中，“海-岛”结构两相体系是最常见的聚合物共混物形态，亦是本书介绍的重点。

在“海-岛”结构两相体系中，连续相和分散相对性能的贡献是不同的。例如，以塑料为连续相的共混物，主要体现出塑料的刚性；而以橡胶为连续相的共混物，则主要体现出橡胶的弹性。当两种聚合物共混时，使某一种聚合物组分成为连续相（或分散相）的影响因素，是“海-岛”结构两相体系形态研究中要探讨的重要问题。

（2）分散相分散状况的表征

关于聚合物共混物的形态，有两个关键的要素，其一是分散相颗粒的平均粒径（又称为分散度）；其二是分散相颗粒在连续相中分布的均匀程度（又称为总体均匀性）。这两个要素将在 4.3 节中详细介绍。

（3）两相体系的形貌

由于共混体系熔融流变特性和共混工艺条件等因素的不同，“海-岛”结构两相体系的分散相粒子可以有不同的形貌，如球状、不规则颗粒状、棒状、纤维状等。分散相粒子的形貌与共混体系的性能有一定关联。此外，两相体系还可以形成“海-海”结构的形貌。

（4）相界面

在“海-岛”结构两相体系中，相界面也是一个形态学要素。相界面是分散相与连续相之间的交界面。共混物两相之间有较好的相容性时，可形成一定厚度的界面层。关于共混物相界面以及界面层的研究，已成为聚合物共混物研究中的热点课题。

相界面（以及界面层）不仅是一个形态学要素，也是两相体系相容性存在的物质实体。因而，本书将结合相容性的探讨，在第 5 章中对相界面作详细介绍。

4.2 共混物形态的观测研究方法

共混物形态的观测方法有很多。可分为两大类：其一是直接观测形态的方法，如电子显微镜法；其二是间接测定的方法，如动态力学性能测定法。这里重点介绍直接观测形态的方法。

本书绪论中曾指出，四氧化锇染色法在电子显微镜观测共混物形态中的应用，是聚合物共混物研究中的一个突破性的进展。迄今，电子显微镜法仍是共混物形态研究中最重要的方法。间接测定的方法亦有重要意义。动态力学性能方法测定的共混物的 T_g，就是共混物为均相体系或两相体系的判据。

以下介绍电子显微镜等形态研究的常规方法。关于共混物形态研究方法的一些新进展，将在 4.7 节中介绍。

4.2.1 电子显微镜观测及其制样方法

电子显微镜法是共混物形态观测的最主要的方法。电子显微镜分为扫描电镜（SEM）和透射电镜（TEM）两种。TEM 适合于观测共混物两相体系的形态，是共混物形态研究最有效的仪器。SEM 可以观察填充体系的形态、试样的冲击断面等。借助于刻蚀法等制样方法，也可以用 SEM 观察共混物两相体系的形态。

采用电子显微镜法观测共混物形态，其制样方法的选择无疑具有重要意义。首先是取样方法。取样可以在共混样品制备完成后进行，反映的是共混过程完成后样品的形态；也可以在共混过程中取样，以反映共混过程中共混体系的形态变化。取样后，要对样品进行适当的处理（即制样），以便电镜观测。常用的制样方法有染色法、刻蚀法、低温折断法等。

4.2.1.1 染色法

染色法主要应用于透射电镜。如四氧化锇（OsO_4）染色法，可适用于共混组分之一为含双键的橡胶的体系。该方法是用 OsO_4 处理样品，与样品中橡胶组分的双键发生反应，生成锇酸酯。这一反应一方面可使样品变硬，有利于制作用于透射电镜观测的超薄切片，同时对橡胶组分起了染色的作用，便于电镜观测。对于其组分不含双键的共混体系，可采用其它染色方法。

采用 OsO_4 处理的 PP/SBS 共混样品的透射电镜照片如图 4－2 所示[1]。该试样中，PP 为连续相，SBS 为分散相。SBS 为苯乙烯-丁二烯-苯乙烯嵌段共聚物，大分子链上有双键，可以用 OsO_4 染色。图中黑色的颗粒为经染色的 SBS 颗粒。

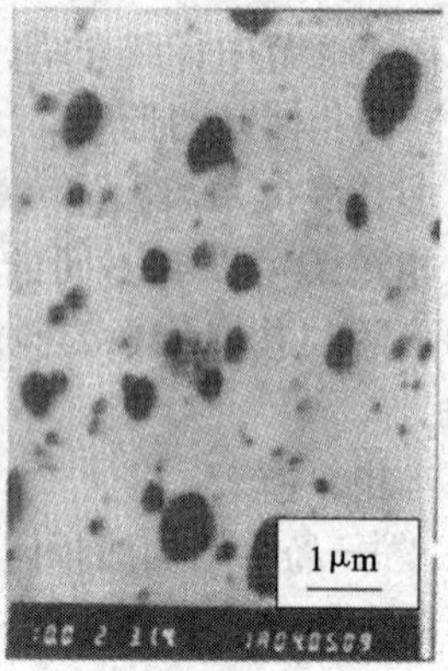

图 4－2　采用 OsO_4 处理的 PP/SBS 共混样品的透射电镜照片

4.2.1.2　刻蚀法

刻蚀法是采用适当的刻蚀剂，将两相体系共混物中的一种组分侵蚀掉，在样品表面形成两相体系图像。例如，对于 PS 与橡胶的共混体系，可采用铬酸作为刻蚀剂，将橡胶相刻蚀掉。刻蚀法可用于透射电镜观测，也可用于扫描电镜观测。用于扫描电镜观测时，可形成具有立体感的共混物结构形态图像。

图 4－3 所示，为采用正己烷刻蚀的 PP/POE 共混样品的扫描电镜照片[2]。POE 为乙烯-1-辛烯共聚物，是一种聚烯烃弹性体。该试样中，PP 为连续相，POE 为分散相。正己烷可以刻蚀掉 PP/POE 共混样品中的弹性体 POE 相，从而可以通过扫描电镜观测到 POE 分散相颗粒被刻蚀后留下的空洞。

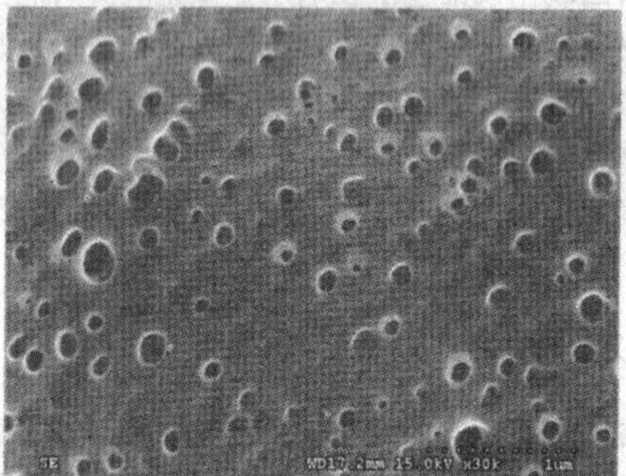

图 4－3　采用正己烷刻蚀处理的 PP/POE 共混样品的扫描电镜照片

4.2.1.3　断面法

断面法是指对于试样断面的观测。由于制样温度和方法不同，可分为低温折断法、冲击断面法等。

(1) 低温折断法

低温折断法适用于橡胶与塑料的“海-岛结构”两相体系共混物。其方法是将共混样品冷冻，冷冻温度在塑料组分的脆化温度以下，橡胶组分的玻璃化转变温度以上。以橡胶为分散相的橡-塑共混体系为例，在此温度范围内将样品折断，塑料连续相将会脆断，而在断面上留下橡胶小球（或橡胶小球脱落后留下的空穴）。低温折断制样法可用于扫描电镜观测。

（2）冲击断面

进行冲击实验的样条，其冲击断口可以在扫描电镜下观测。一般说来，脆性断裂的断口较为平整，而韧性断裂的断口会凹凸不平，或有明显的纹理。

PVC/CPE/纳米 $CaCO_3$ 共混试样冲击断口的 SEM 照片如图 4－4 所示，为韧性断裂的断口[3]。

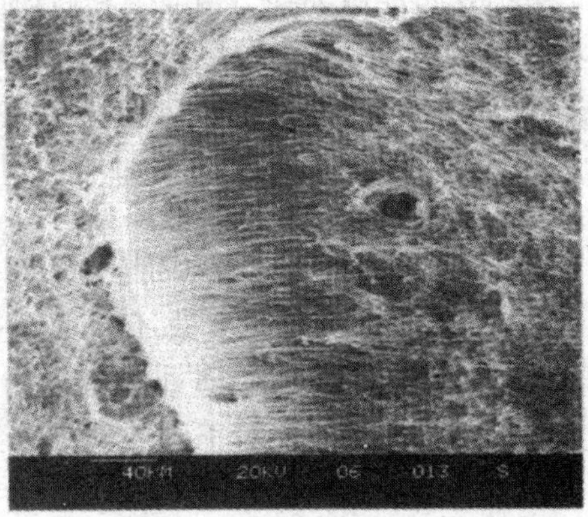

图 4－4　PVC/CPE/纳米 $CaCO_3$ 共混试样冲击断口的 SEM 照片

4.2.1.4　其它试样

聚合物填充体系的微观形态，也可以用电镜进行观测。可将聚合物填充体系的试样制备成超薄切片，在透射电镜下观测；也可以用扫描电镜，观察聚合物填充体系试样的断面。特别是对于无机纳米粒子/聚合物复合材料，采用透射电镜进行观测，可以研究无机纳米粒子在聚合物基体中的分散状况，对于开发纳米复合材料具有重要的意义。

4.2.2　光学显微镜观测及其制样方法

电子显微镜是研究共混体系微观形态最重要的工具。光学显微镜的分辨率远不如电镜，因而在需要高分辨率的情况下，必须采用电镜。但在某些情况下，光学显微镜仍然可以发挥一定作用。

某些特殊的共混体系，难以进行染色，因而无法用透射电镜观测。例如，PP/EPR 共混体系中，EPR（二元乙丙橡胶）难以进行染色。对这样的共混体系，可以用相差显微镜观测其形态。相差显微镜是利用两相体系折射率的差异来显示图像的，只要两相组分的折射率不同，就可以用相差显微镜观测其形态。

此外，偏光显微镜可以反映结晶聚合物的结晶结构。对于结晶聚合物的共混体系，可以用偏光显微镜观察其结晶结构在共混中的变化。

采用光学显微镜观测的特点是简便易行。因而，光学显微镜观测的制样方法，通常也力求简便。可采用切片法或热压压片法。在溶液共混体系的研究中，采用溶液浇铸法制备的薄膜，也可用相差显微镜或偏光显微镜进行观测。

4.2.3　形态观测中应注意的问题

形态观测的结果，要受诸多因素的影响。在形态观测的实施中，要注意各种因素的影响，力求准确、客观地反映聚合物共混体系的真实形态。形态观测中应注意如下问题。

① 取样时，应注意取样的全面性和代表性。例如，观测冲击断口时，应从不同的冲击样条上取样。冲击实验中，每个试样一般为 5 根或 10 根样条，应分别观测不同的样条，以使观测结果具有全面性。又如，进行透射电镜观测时，应注意试样的表层和内部的形态可能是不同的，在必要时，应分别取样观测。

② 制样时，要防止制样过程对试样结构形态的改变和破坏。例如，光学显微镜观测中的热压制样法，可能改变试样的两相结构和聚集态结构；对于一些结构较为脆弱的试

样，切片法可能破坏其结构形态。遇到这样的情况，应调整制样条件以减少对结构形态的影响，或选用对结构形态影响较小的制样方法。也可以采用不同方法制样，分别观测，并将观测结果进行参照对比。

③ 观测时的取点也很重要。聚合物共混物的微观形态是富于变化的，应选取有代表性的点，拍摄显微照片。一般要分别拍摄整体（大视野）和局部（小视野）的照片。局部照片的取点应具有代表性，应能反映出该试样的具有普遍意义的结构形态特征。当试样不同部位（如表层和内部）形态不同时，应分别观测，并且注明观测部位的位置。

④ 观测结果的分析，要结合聚合物共混物的制备过程以及共混物的性能等，综合进行分析。特别应注意，对于同一共混体系采用不同共混方法，共混物的结构形态是不同的。例如，溶液法共混物的结构形态，与熔融法共混物有很大的差异，应加以区别。

4.3 共混物形态的表征与研究

在采用显微镜对于共混物形态进行观测和拍照之后，就可以对于共混物的形态进行进一步的分析和表征了。在这里，只讨论“海-岛结构”两相体系共混物形态的分析与表征。“海-岛结构”两相体系共混物的形态，包括两相体系中哪一种聚合物为连续相，哪一种聚合物为分散相，分散相的分散状况，分散相粒子的形貌等。

4.3.1 连续相和分散相的区分

在形态表征之前，首先要对连续相和分散相的组分进行区分。例如，A、B 两种聚合物进行共混，要区分出 A、B 两种聚合物哪一种是连续相，哪一种是分散相。由于连续相和分散相对共混物性能的贡献不同，所以，连续相和分散相的区分是有重要意义的。此外，对于三种或三种以上聚合物的多元共混体系，则会有多个分散相，也要加以区分。

(1) 二元共混体系

对于两种聚合物的二元共混体系，当组分含量相差较大时，在形态观测时区分哪一种聚合物为连续相、哪一种聚合物为分散相是容易的。对于一些不易区分的体系，可以通过改变组分含量，对于不同组分含量的系列样品进行观测，以确定连续相和分散相聚合物。经过染色的聚合物颜色较深，也可区分。

(2) 三种或三种以上聚合物的多元共混体系

对于三种或三种以上聚合物的多元共混体系，会有多个不同组分的分散相。可通过改变组分含量，以及与相应的二元共混体系对比，对各组分的形态进行区分。为便于论述，本书主要对二元共混体系的形态进行探讨。多元共混体系可以视同是二元共混体系的某种形式的组合。

(3) 含填充剂的共混体系

本章也对聚合物填充体系的形态进行探讨。填充剂在聚合物基体中总是分散相。聚合物与多种不同无机填充剂的共混体系，以及两种（或两种以上）聚合物与无机填充剂的共混体系，都具有复杂的形态。无机填充剂一般有外形上的某种特征和特定的粒径及分布，可据此将无机填充剂颗粒与聚合物分散相加以区分。

在连续相和分散相聚合物确定后，即可进一步进行形态的表征和研究了。

4.3.2 分散相分散状况的定量表征

聚合物共混两相体系中分散相的分散状况，可以用“总体均匀性”和“分散度”来表征。总体均匀性是指分散相颗粒在连续相中分布的均匀性，即分散相浓度的起伏大小；分散度则是指分散相颗粒的破碎程度。对于总体均匀性，可采用数理统计的方法进行定量表征；分散度则以分散相平均粒径来表征。

图 4－5 所示为两种共混样品总体均匀性与分散度的对比示意图，可直观地表现出总体均匀性与分散度两个概念的区别。其中，图 4－5（a）的分散相粒子的粒径较图 4－5（b）中的粒子小，显示出（a）的分散度比（b）细一些。但是，从一定的观察尺度来看，（a）的总体均匀性却不如（b）好。由此可见，分散度细的样品，总体均匀性未必就好，反之亦然。除总体均匀性与分散度之外，分散相粒子的粒径分布对共混物的性能也有重要影响，也是共混物形态表征的重要指标。

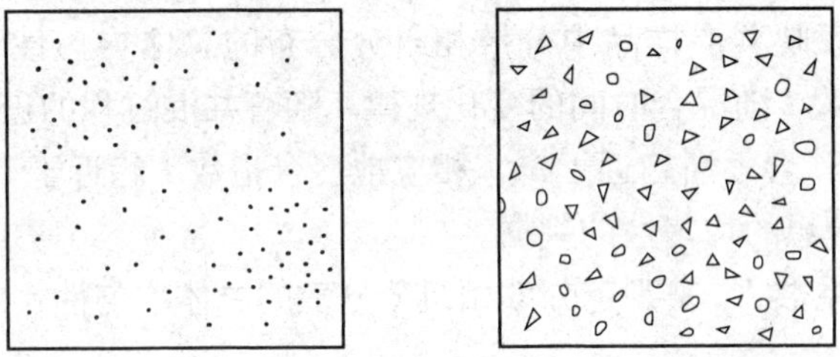

图 4－5　两种样品总体均匀性与分散度的对比示意图

总体均匀性和分散度还可分别用来表征分布混合和分散混合的效果。总体均匀性可体现分布混合的效果，分散度则可体现分散混合的效果。

为使聚合物共混物具有预期的性能，需要共混物分散相组分的总体分布具有良好的均匀性，分散相的平均粒径和粒径分布亦应控制在一定范围之内。

4.3.2.1　总体均匀性的表征[4]

在“海-岛”结构两相体系共混物中，分散相分布的总体均匀性可用混合指数 I 来表征。共混物在宏观上是均匀的，在微观上却不可能是绝对均匀的。若在同一共混物样品上取不同点测定分散相浓度，测得的分散相浓度是不可能完全相同的。换言之，分散相浓度的“起伏”总是会存在的。按照统计理论，采用共混的方法，分散相浓度所能够达到的最“均匀”的分布是二项分布；在共混过程中，分散相浓度的分布会逐渐趋向于二项分布，由此引入混合指数 I：

$$I = \frac{\sigma^2}{S^2} \tag{4-1}$$

式中　σ^2——根据二项分布计算的方差；

S^2——样本方差。

将共混物的样本假想为由若干小粒子组成（粒子的大小与分散相颗粒的平均尺度相当），则可用如下方法计算 σ^2：

$$\sigma^2 = q(1-q)/N \tag{4-2}$$

式中　q——一个"粒子"在分散相中出现的概率。对于二项分布，$q=\phi_d$（ϕ_d 为分散相组分的体积分数）；

N——每个样本中的"粒子"总数。

样本方差 S^2 的计算方法如下：

$$S^2=\frac{1}{m-1}\sum_{i=1}^{m}(c_i-c)^2 \tag{4-3}$$

式中　c_i——样本中的分散相浓度；

m——取样次数（样本数）；

c——分散相平均浓度。

$$c=\frac{1}{m}\sum_{i=1}^{m}c_i \tag{4-4}$$

在实际计算样本方差 S^2 的操作中，可在共混物样品上随机选取不同部位取样，拍摄微观形态照片，取样的点数即为样本数（m）。样本中的分散相浓度（c_i）则可由样本的照片测得，可通过图像分析仪来完成。

混合指数 I 可以反映共混样品中分散相组分分布的总体均匀性。若在共混过程中取样，还可看出混合指数 I 随混合时间的变化规律。随着共混过程的进行，分散相浓度的分布趋向于二项分布，S^2 会逐渐趋近于 σ^2，相应地混合指数 I 趋近于1；因而可将混合指数 I 趋近于1作为达到理想的均匀性的判据。

也可采用不均一系数 K_c 来判定分散相组分分散的总体均匀性：

$$K_c=100\,\frac{S}{c_0} \tag{4-5}$$

式中　K_c——不均一系数；

S——样本的均方根差，可按照4-3式求得样本方差 S^2，再计算出均方根差 S；

c_0——分散相平均浓度，即4-4式中的 c。

测定不均一系数 K_c 的方法，可参照测定样本方差 S^2 的方法进行。不均一系数 K_c 愈小，就表示分散相分散的均匀性愈高。若在共混过程中取样测定 K_c 值，就可以研究 K_c 在共混过程中的变化规律。随着共混的进行，K_c 会逐渐减小，并趋向于某一极限值。

4.3.2.2　分散度的表征

分散度以分散相的平均粒径表征。分散相颗粒平均粒径的表征方法有数量平均直径 $\overline{d_n}$ 与体积平均直径 $\overline{d_V}$ 之分。

$$\overline{d_n}=\frac{\sum n_i d_i}{\sum n_i} \tag{4-6}$$

$$\overline{d_V}=\sum \phi_i d_i \tag{4-7}$$

式中　$\overline{d_n}$——数量平均直径；

$\overline{d_V}$——体积平均直径；

d_i——某一粒径（实际上是某一粒径区间的中值）；

n_i——粒径在 d_i 所代表的粒径区间内的粒子数目；

ϕ_i——粒径在 d_i 所代表的粒径区间内粒子的体积分数。

数量平均直径（数均粒径）因便于计算而经常被采用。通常所说的平均粒径，如未加特殊说明，一般都是数均粒径。

分散相颗粒的粒径分布对共混体系的性能也有重要影响。例如，在以弹性体增韧塑料的体系中，过大或过小的分散相（弹性体）粒子，对于增韧作用都是不利的。

4.3.3 分散相粒子的形貌

在聚合物共混体系中，分散相的形貌并不总是规整的、离散的球形颗粒。分散相粒子可以有复杂的形状，分散相粒子（特别是无机填充颗粒）也可能形成聚集体。研究分散相粒子的形貌，具有重要的意义。

4.3.3.1 聚合物-聚合物共混体系的分散相形貌

聚合物共混两相体系的微观形态，可以是“海-岛”结构，也可以是“海-海”结构，这也可以看作是分散相的两种不同的形貌。例如，在一定条件下制备 PVC/CPE 共混物(用 CPE 增韧 PVC)，尽管 CPE 的含量仅为 10%左右，仍然可以呈网络状存在于 PVC 基体中。因而，具有网络状结构的 CPE 增韧 PVC 体系被称为网络增韧体系。不过，“海-海”结构两相连续的共混体系在熔融法共混中并不多见。熔融法制备的共混体系，大多数为“海-岛”结构。

对于“海-岛”结构的两相体系，由于共混体系熔融流变特性和共混工艺的不同，分散相粒子可以有不同的形貌。分散相聚合物的形貌可以呈球形、条形、层片状、纤维状等形状。在 PP/SBS/纳米 $CaCO_3$ 共混体系中，分散相聚合物 SBS 呈条形，如图 4-6 所示。对于分散相聚合物呈条形的试样，其分散形貌可以用条形颗粒的长径比来表征。采用图像分析仪或图像分析软件，可以很方便地对条形颗粒的长径比等形态学要素进行定量分析。

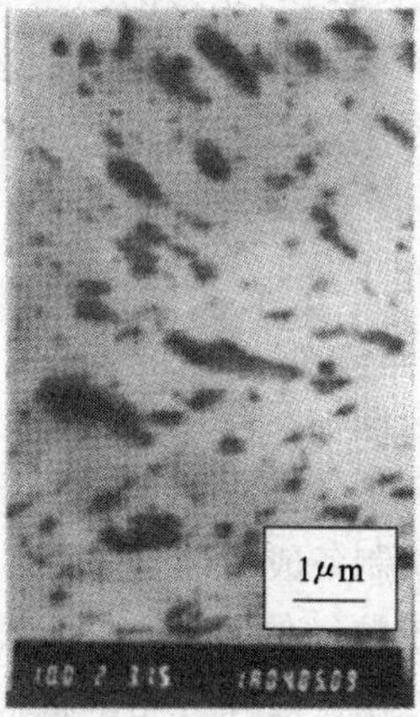

图 4-6 PP/SBS/纳米 $CaCO_3$ 共混体系的 TEM 照片

除分散相粒子外形的形貌外，分散相粒子内部的形态结构，也为共混物的形态学研究所关注。例如，作为增韧剂的 MBS、ACR 等弹性体，是以分散相颗粒的形态分散于 PVC 等塑料基体中的，而这些弹性体颗粒的内部，又有复杂的包藏结构（可参阅第 7 章)。

4.3.3.2 聚合物填充体系的分散相形貌

聚合物填充体系中的填充剂粒子，有可能在聚合物基体中发生团聚。特别是无机纳米颗粒，由于纳米粒子具有巨大的比表面积，相应的表面能也较高，因而易于发生团聚。棒状、针状、纤维状等各向异性的填料，会在成型加工的过程中，沿剪切力的方向取向。此外，填充剂还会在各种不同情况下，形成一些特异的个体性或群体性的形貌，例如，在聚合物-聚合物“海-岛”结构两相体系中添加填充剂，填充剂在一定条件下可以集中存在于分散相中，形成“沙袋”结构[5]。

4.3.4 形态学要素与共混物性能的关系

共混物的形态与性能之间有着密切的关系。对于共混物的形态学特征与性能的关系，可以从分散相的角度加以探讨，也可以从连续相的角度探讨。从分散相的角度，主要考虑分散相粒径及粒径分布的影响；从连续相的角度，主要考虑分散相颗粒之间的基体层厚度的影响。此外，分散相颗粒的形貌对性能也有重要影响。

4.3.4.1　从分散相的角度探讨共混物形态与性能的关系

分散相粒径及粒径分布是影响共混物性能的最重要的形态学要素之一。为使“海-岛”结构两相体系共混物具有预期的性能，其分散相的平均粒径通常应控制在某一最佳值附近。

以弹性体增韧塑料体系为例。在该体系中，弹性体为分散相，塑料为连续相，弹性体颗粒起塑料增韧剂的作用。在该体系中，弹性体颗粒过大或过小都对增韧改性不利。而相对于不同的塑料基体（连续相），由于增韧机理不同，也会对弹性体颗粒的粒径大小有不同的要求（参见第 6 章）。除了平均粒径之外，粒径分布对共混物性能也有重要影响。还是以弹性体增韧塑料的共混体系为例，在这一体系中若弹性体颗粒的粒径分布过宽，体系中就会存在许多过大或过小的弹性体颗粒，而过小的弹性体颗粒几乎不起增韧作用，过大的弹性体颗粒则会对共混物性能产生有害影响。因此，一般来说，应将分散相粒径分布控制在一定的范围之内。

以超韧尼龙为例。张淑芳研究了超韧尼龙中橡胶颗粒的粒径及分布，结果如图 4 - 7 所示[6, 7]。图示的超韧尼龙中橡胶颗粒的粒径分布是不宽的，粒径为 0.2～1.0μm 的粒子占了主体。这部分橡胶粒子对尼龙增韧可以起关键的作用。

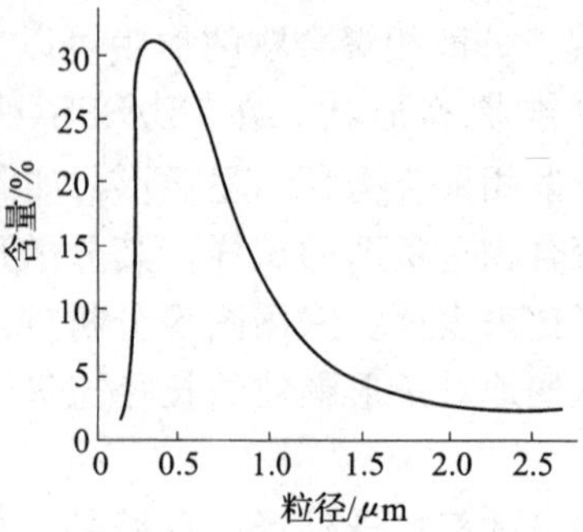

图 4 - 7　超韧尼龙中橡胶颗粒的粒径分布

也有的研究结果发现，当一种塑料的增韧能够以两种不同机理实现，而两种机理对橡胶粒径有不同要求的情况下，橡胶颗粒的粒径可以设法制备成双峰分布，以满足不同增韧机理对橡胶粒径的需要[8]，从而让两种增韧机理都发挥作用。双峰分布的橡胶粒径一般是通过加入两种不同的橡胶（或其它弹性体）而获得的。

4.3.4.2　从连续相的角度探讨共混物形态与性能的关系

微观形态对共混物性能的影响，也可从连续相（基体）的角度加以探讨。Wu 在对弹性体增韧塑料（弹性体为分散相，塑料为连续相）的增韧机理研究中，探讨了弹性体颗粒之间的塑料基体层厚度（即分散相颗粒表面间距）对增韧作用的影响：当基体层厚度低于某一临界值，共混材料会实现脆-韧转变[9]。关于 Wu 对塑料基体层厚度与增韧作用的研究成果和相关理论，将在第 6 章进一步介绍。

而塑料基体层的厚度，与弹性体（分散相）粒径的大小是密切相关的。在弹性体的添加量不变时，如果粒径减小，粒子的数目就会相应增多，基体层的厚度就随之降低。而在分散相粒径不变时，分散相体积分数增大，基体层的厚度也会降低。

研究分散相粒径和分散相体积分数对性能的影响，可以了解分散相粒径和塑料基体层厚度的综合作用。以 HIPS 为例，HIPS 分散相粒径和分散相体积分数对冲击强度的影响，如图4 - 8所示[10]，反映了分散相粒径和塑料基体层厚度的综合作用。当分散相粒径为某一定值时，不同的分散相体积分数（ϕ_d）使塑料基体层厚度发生变化。在图 4 - 8 中，ϕ_d

增加时，冲击强度也增大，这是 ϕ_d 增加使基体层厚度降低所致。

对于具体的共混体系，可以依据实验数据计算出发生脆-韧转变的临界基体层厚度（或称为“临界表面间距”）。解磊等[2]研究了 PP/POE 复合体系的分散相颗粒平均粒径、分散相颗粒表面间距与冲击强度之间的关系，计算出该共混体系发生脆-韧转变的临界表面间距。

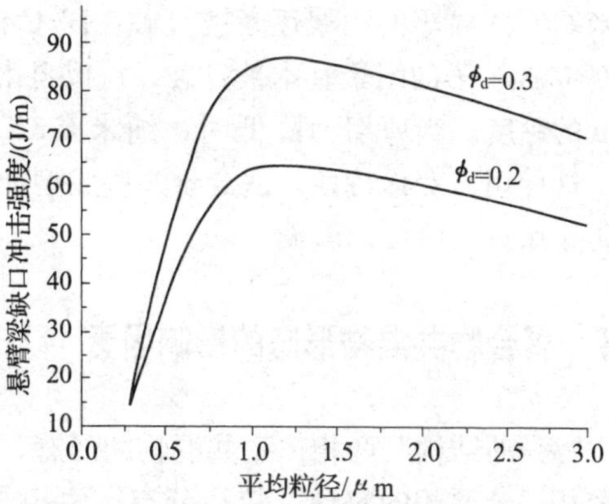

图 4－8　HIPS 的分散相粒径和分散相体积分数（ϕ_d）对缺口冲击强度的影响

在实际应用中，在共混物形态方面出现的问题往往是分散相粒径过大，以及粒径分布过宽。如何减小分散相粒径，以及控制其粒径分布，就成了共混改性中经常面临的重要问题。

4.3.4.3　分散相粒子形貌与性能的关系

分散相粒子的形貌对共混物性能有重要影响。在 SBS 增韧 PP 共混体系中，当 SBS 分散相颗粒呈条状时（见图 4－6），共混物具有较高的抗冲击性能。

在 PE/PA 共混制备的阻隔材料中，分散相 PA 以层片状分布在 PE 基体中，共混物具有较好的阻隔性能（参见第 7 章）。

以液晶聚合物对其它聚合物进行增强，液晶聚合物在共混过程中原位地生成纤维状结构，分布于基体聚合物中，发挥其增强作用。

无机纳米颗粒在聚合物中易于发生团聚，形成若干纳米颗粒的聚结体，这种现象通常对性能是不利的。无机纳米颗粒发生团聚后，会使其无法充分发挥纳米粒子的增韧、补强等作用。因而，在制备无机纳米颗粒/聚合物复合材料时，应设法改善无机纳米颗粒在聚合物基体中的分散，尽可能实现纳米级分散。

但在某些情况下，无机纳米颗粒易于团聚的特性却是有益的。例如，在 PVC 糊中混合入纳米 $CaCO_3$，可以赋予 PVC 糊以显著的切力变稀的流变特性。添加纳米 $CaCO_3$ 的 PVC 糊的 TEM 照片如图 4－9 所示。图中黑色粒子为纳米 $CaCO_3$ 粒子，团聚在 PVC 糊树脂颗粒间的三角形空隙间。具有切力变稀特性的流体，在高剪切力的作用下，具有低的黏度；而在低剪切力的作用下，具有高的黏度。添加纳米 $CaCO_3$ 能够赋予 PVC 糊显著的切力变稀特性[11]，恰是由于纳米 $CaCO_3$ 粒子的团聚现象。当 PVC 糊静止时，纳米 $CaCO_3$ 粒子发生团聚，如图 4－9所示，聚集在 PVC 糊树脂颗粒空隙间，形成类似于凝胶的网状结构。低剪切力的作用不足以充分打破纳米 $CaCO_3$ 粒子的团聚，因而，PVC 糊在低剪切力的作用下，具有高的黏度。当剪切力逐渐升高时，

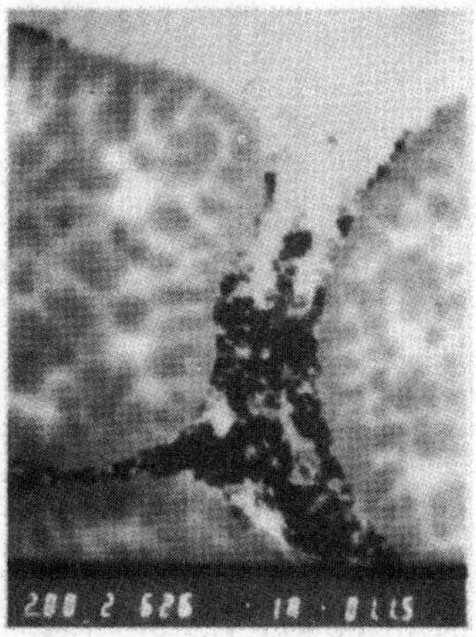

图 4－9　添加纳米 $CaCO_3$ 的 PVC 糊的 TEM 照片

纳米 $CaCO_3$ 粒子的团聚逐渐被打破，PVC 糊的黏度趋于降低。在高剪切力的作用下，纳米 $CaCO_3$ 粒子的团聚基本被打破，可以自由流动，因而 PVC 糊在高剪切力的作用下，具有低的黏度。当剪切力降低时，纳米 $CaCO_3$ 粒子的团聚重又形成，使 PVC 糊的黏度升高。这种切力变稀特性，适合于某些成型加工工艺。用于涂料，涂覆后涂料黏度升高，可以防止涂料沿涂覆面流淌。

4.4 聚合物共混物形态的影响因素

“海-岛结构”两相体系共混物的形态，包括哪一种聚合物为连续相，哪一种聚合物为分散相；分散相的粒径及粒径分布；两相之间的界面结合；以及分散相粒子的形貌，等等。影响共混物形态的因素很多，主要的影响因素有两相组分的配比、两相组分的熔体黏度、界面张力，以及共混设备及工艺条件（温度、时间）等。

4.4.1 影响连续相、分散相形成的因素

在聚合物共混两相体系中，哪一种聚合物为连续相，哪一种聚合物为分散相，是一个重要的问题。连续相和分散相对共混物性能的贡献是不同的。在两相体系中，连续相主要与共混材料的力学强度、模量、弹性相关；而分散相则主要与抗冲击性能（在增韧体系中）、光学性能、传热以及抗渗透（在相关体系中）相关。譬如，橡胶与塑料的共混体系，若橡胶为连续相，则制成的共混材料将主要体现橡胶的特性（如弹性）；反之，若塑料为连续相，则共混材料将主要体现塑料的特性（如刚性）。

两种聚合物共混，哪一种聚合物会成为连续相，哪一种聚合物会成为分散相，这与两种聚合物的配比、共混过程中共混组分的熔体黏度等因素有关[12]。

4.4.1.1 共混组分配比的影响

共混组分之间的配比，是影响共混物形态的一个重要因素，亦是决定哪一相为连续相，哪一相为分散相的重要因素。图 4－10 所示为采用熔融共混制备的丁苯胶/PS 共混物中，共混体系的形态随两种组分的体积比变化的示意图[12]。

(a)　(b)　(c)　(d)　(e)

图 4－10　丁苯胶/PS 共混物形态随体积比变化示意图

丁苯胶/PS 体积比：(a) 90/10　(b) 60/40　(c) 50/50　(d) 40/60　(e) 10/90

从图 4－10 中可以看出，当丁苯胶/PS 体积比为 90/10 和 60/40 时，共混物形态都是组分含量较多的丁苯胶为连续相，组分含量较少的 PS 为分散相的“海-岛”结构两相体系。在体积比为 50/50 时，该共混物形态为两相连续的“海-海”结构。在丁苯胶/PS 体积比为 40/60 时，PS 变为连续相，丁苯胶变为分散相。

影响共混物形态的因素是很多的，组分配比只是其中之一。由于影响共混物形态的因素的复杂性，使得在实际共混物中，组分含量多的一相未必就一定是连续相；组分含量少

的一相未必就一定是分散相。尽管如此，仍然可以对于组分含量对共混物形态的影响，作出一个基本的界定。

通过理论推导，可以求出连续相（或分散相）组分的理论临界含量。假设分散相颗粒是直径相等的球形，并且这些球形颗粒以“六方紧密填充”的方式排布（如图 4-11 所示），在此情况下，其最大填充分数（体积分数）为 74%。由此可以推论，若两相共混体系分散相满足图 4-11 所示的排布，且其中的某一组分含量（体积分数）大于 74%时，这一组分就不可能再是分散相，而将是连续相。同样，当某一组分含量（体积分数）小于 26%时，这一组分不可能再是连续相，而将是分散相。当组分含量介于 26%与 74%之间时，哪一组分为连续相，将不仅取决于组分含量之比，而且还要取决于其它因素，主要是两个组分的熔体黏度。

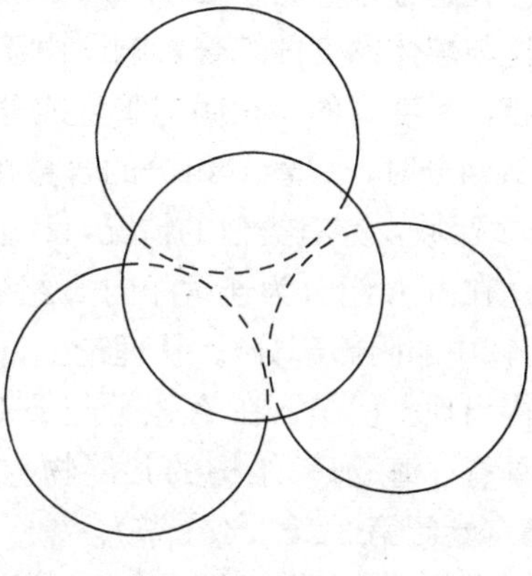

图 4-11　六方紧密填充示意图

上述理论临界含量是建立在一定的假设的基础之上的，因而并非是绝对的界限，在实际应用中仅具有参考的价值。实际共混物的分散相颗粒，一般都并非直径相等的球形；另外，这些颗粒在实际上也是不大可能达到“六方紧密填充”的状态的。尽管如此，用上述理论临界含量对于两相共混体系中哪一组分为分散相，哪一组分为连续相作出一个参考性的界定，对于讨论共混体系的基本规律，仍然是有意义的。

如图 4-10 所示，在熔融共混制备的两相共混体系中，随着组分含量的变化，在某一组分的形态由分散相转变为连续相的时候，或反之，由连续相转变为分散相的时候，会出现一个两相连续（“海-海”结构）的过渡形态。而产生这一“海-海”结构形态的组分含量，则与共混体系组分的特性有关，并不一定都发生在体积比为 50/50 时。

4.4.1.2　熔体黏度的影响

对于熔融共混体系，共混组分的熔体黏度亦是影响共混物形态的重要因素。当共混组分的配比相差不是很大的情况下，熔体黏度对形态的影响，如第 3 章所述，有如下基本规律：黏度低的一相倾向于生成连续相，而黏度高的一相则倾向于生成分散相[12]。

需要指出的是，黏度低的一相倾向于生成连续相，并不意味着它就一定能成为连续相；黏度高的一相倾向于生成分散相，也并不意味着它就一定能成为分散相。因为共混物的形态还要受组分配比的制约。于是，就有必要来讨论黏度与配比的综合影响了。

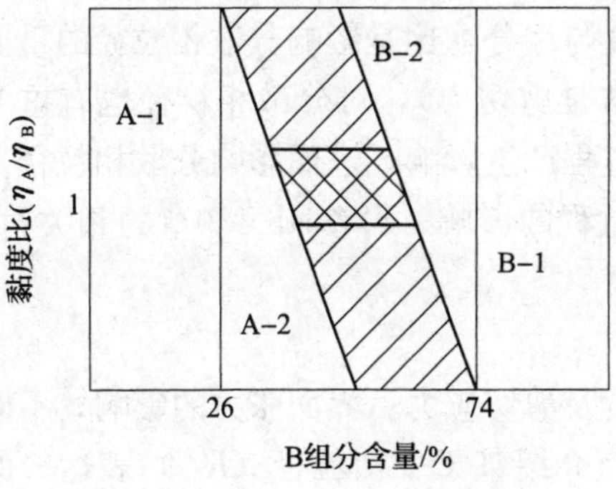

图 4-12　共混组分的熔体黏度与配比对形态的综合影响（示意图）

4.4.1.3　组分配比与熔体黏度的综合影响

共混组分的熔体黏度与配比都会对形态产生影响。共混组分的熔体黏度与配比对于共混物形态的综合影响，可以用图 4-12 来表示[12, 13]。

如图 4-12 中所示，在某一组分含量（体积分数）大于 74%时，按照上述理论临界含量的界定，这一组分为连续相（如在 A-1 区域，A 组分含量大于 74%，A 组分为连续相）；当组分含量小于 26%时，这一组分为分散相。在组分含量介于 26%与 74%之间时，哪一相为连续相，哪一相为分散相，将取决于配比与熔体黏度的综合影响。由于受熔体黏度的影响，根据“黏度低的一相倾向于生成连续相，黏度高的一相倾向于生成分散相”的规律，在 A-2 区域，当 A 组分的熔体黏度小于 B 组分时，尽管 B 组分的含量接近甚至超过 A 组分，A 组分仍然可以成为连续相。在 B-2 区域，亦有类似的情况，B 组分为连续相。

在由 A 组分为连续相向 B 组分为连续相转变的时候，会有一个相转变区存在（如图 4-12中的阴影部分）。从理论上讲，在这样一个相转变区内，都会有两相连续的“海-海”结构出现。但是，在 A 组分与 B 组分熔体黏度接近于相等的区域内，可以较为容易地得到具有“海-海”结构的共混物。A 组分与 B 组分熔体黏度相等的这一点，即为“等黏点”（参阅第 3 章 3.4.1 节）。

需要指出的是，图 4-12 所示的综合影响图，表示的仅是黏度与配比对形态综合影响的基本趋势。对于不同的共混体系，某一组分从连续相到分散相的转化区的具体位置，是会有差别的。

4.4.1.4　熔体弹性和界面张力的影响

上述熔体黏度与配比对形态的综合影响图，只考虑了熔体黏度与配比的影响。实际上，聚合物熔体都不是纯黏性的流体，而是具有黏弹性行为的流体。聚合物熔体所具有的弹性特征，也会对形态产生影响。

不同的聚合物品种的熔体弹性会有不同，而熔融温度、剪切应力等因素，也会影响聚合物熔体的弹性。具有较高熔体弹性的分散相，不易破碎。因而，两相的熔体弹性，会对黏度与配比对形态的综合影响图的“走势”产生影响。当分散相熔体的弹性较高时，会在更高的体积分数成为分散相[14]。

此外，两相间的界面张力也是影响分散相破碎的重要因素。界面张力也会对黏度与配比对形态的综合影响图的“走势”产生影响。

4.4.2　影响分散相粒径的因素

由于共混物形态与共混过程的密切关系，影响共混过程的 5 个基本因素对共混物形态（包括分散相粒径），都会有影响。其中，熔体黏度与组分配比是影响分散相粒径的重要因素；共混过程中共混体系所受到的外力作用（通常是剪切力），对分散相粒径也有重要影响；两相之间界面张力亦会对分散相物料的分散过程产生影响，进而影响分散相粒径。有的影响因素，如物料初始状态和共混时间对共混过程的影响，可参阅第 3 章的相关讨论，这里不再赘述。

4.4.2.1　黏度比及剪切应力、界面张力的影响

对于分散相粒径的影响因素，特别是熔体黏度及剪切应力、界面张力的影响，不同的研究者运用不同的理论模型进行了探讨。这里重点介绍基于平衡粒径（R^*）表达式的研究和基于“液滴分裂模型”的研究。

(1) 基于平衡粒径（R^*）表达式的研究

在第 3 章中，介绍了 Tokita 所提出分散相平衡粒径（R^*）的表达式，即 3-29 式。

按 3－29 式，分散相平衡粒径与共混体系黏度、剪切速率、界面张力、分散体积分数、分散相物料宏观破碎能、有效碰撞几率都有关系。利用 3－29 式，可以对影响 R^* 的因素进行全面的定性讨论，从而进一步探讨降低分散相粒径的途径。在对 R^* 的影响因素进行定性讨论时，3－29 式无疑是一个很有意义的公式。

(a) 剪切应力、界面张力的影响

从 3－29 式中可以看出，提高剪切速率 $\dot{\gamma}$ 可以降低 R^*。由于 $\tau=\eta\dot{\gamma}$（τ 为剪切应力），所以提高剪切应力可以降低 R^*。此外，降低两相间的界面张力 σ，也可以降低 R^*。

(b) 熔体黏度因素的影响

在 3－29 式中，η 为共混体系的熔体黏度，E_{dk} 为分散相物料的宏观破碎能。提高 η 或降低 E_{dk} 可以降低 R^*。3－29 式中没有直接体现连续相和分散相的黏度。但外界作用于分散相颗粒的剪切力，是通过连续相传递给分散相的，因而，在提高共混体系黏度 η 以降低分散相粒径时，应着重考虑提高连续相的黏度。而 E_{dk} 则与分散相的熔体黏度、弹性等因素有关。

3－29 式的局限性，在于该式没有直接涉及连续相和分散相的黏度比。而黏度比对分散相粒径是有重要影响的。此外，在 3－29 式中，P（有效碰撞几率）和 E_{dk}（分散相物料的宏观破碎能）都难以实验测定。

(2) 基于“液滴”模型的研究

Taylor 研究稀乳液中的液滴在剪切力作用下的变形，建立的“液滴”模型（见第 3 章），可用于探讨分散相破碎过程的影响因素[14, 15]。基于“液滴”模型，对影响分散相破碎行为及分散相粒径的因素，进行了多方面的研究。

基于“液滴”模型对分散相破碎行为的研究，有两种主要的研究方式：第一种研究方式，是以牛顿流体体系（如稀乳液体系）为研究对象；第二种研究方式，是直接以聚合物-聚合物熔融共混体系为对象的研究。分别介绍如下。

(a) 第一种研究方式

第一种研究方式，是以牛顿流体体系（如稀乳液体系）为研究对象，重点考察液滴的变形与破裂。

根据对牛顿流体体系中液滴破裂的研究，Grace 等[16]总结出如图 4－13 所示的结果。图 4－13 中的 Ca 值等同于 We 值（参阅第 3 章）。按照 Taylor 的液滴分裂模型，Ca 值（即 We 值）是影响液滴破裂的重要参数。对于特定的体系和一定条件下，Ca 可有特定的临界值（Ca_{crit}）。当体系的 Ca 值小于临界值时，液滴是稳定的；若 Ca 值大于临界值，液滴就会变得不稳定，进而发生破裂。图 4－13 反映了 Ca 的临界值（Ca_{crit}）与两相黏度比 λ 值（$\lambda=\eta_d/\eta_m$）的关系。采用了两种不同的流动场：单一剪切流动和二维拉伸流动。如图 4－13 所示，对于剪切流动，两相黏度比 λ 值与 Ca_{crit} 值的关系曲线呈“U”形；当 λ 值在 0.1～1.0 之间时（特别是在 0.25～1.0 之间时），Ca_{crit} 值最低，液滴的破裂最容易发生[17]。在相同条件下，液滴容易破裂，液滴的粒径就会相应地较小。

λ 值对液滴破裂的影响与流动场的形式有密切关系。拉伸流动对液滴破裂的作用拉伸比剪切流动更有效，特别是对黏度比 $\lambda>3$ 的体系。如图 4－13 所示，当 λ 值较大时，拉伸流动的 Ca_{crit} 值远低于剪切流动。Taylor 观察到[18]，当 λ 大于 3.8 时，拉伸流动比剪切流动更能有效地促使液滴破裂。

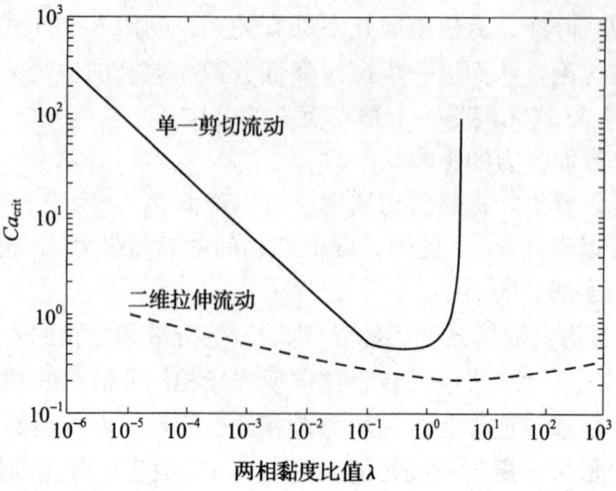

图 4-13　不同的流动场中两相黏度比 λ 值与 Ca_{crit} 值的关系曲线

根据对牛顿流体体系中液滴破裂的研究结果，可将两相的黏度比 λ 划分为若干个区段，并研究不同区段中液滴的变形与破裂的特性。对于 λ 的区段划分与液滴破裂的具体关系，有不同的研究结果[17]。

以牛顿流体体系为对象的上述研究结果，对聚合物熔融共混体系研究有一定的参考意义。例如，牛顿流体体系“两相黏度比 λ 值在 0.1～1.0 之间时（特别是在 0.25～1.0 之间时），液滴的破裂最容易发生”这一规律，与聚合物熔融共混体系两相熔体黏度接近时分散相易于分散的规律，是很相似的。但需要指出的是，聚合物熔融共混体系不是牛顿流体体系；对于牛顿流体体系的定量的研究结果，是不能完全照搬到聚合物-聚合物熔融共混体系中的。此外，图 4-13 所示的结果，反映了以“液滴分裂”机理进行的过程。对于以“细流线破裂”机理进行的过程，则有不同的规律。

(b) 第二种研究方式

第二种研究方式，是直接以聚合物-聚合物熔融共混体系为对象的研究。

在此研究中，采用与“液滴模型”相关的两个参数 λ 与 κ：

$$\lambda = \eta_d / \eta_m \tag{4-8}$$

式中　η_d 与 η_m——分散相与连续相（基体）聚合物的熔体黏度。

$$\kappa = \tau d / \sigma \tag{4-9}$$

式中　τ——剪切应力；

σ——两相间界面张力；

d——分散相粒径（直径）。

由于 $\tau = \eta_m \dot{\gamma}$，有：

$$\kappa = \frac{\eta_m \dot{\gamma} d}{\sigma} \tag{4-10}$$

式中　$\dot{\gamma}$——剪切速率。

对比参数 κ 的表达式（4-10 式）与 We 值的表达式（3-2 式），可以看出，除了3-2 式中分散相粒径为半径，4-10 式中分散相粒径为直径外，κ 与 We 的表达式是完全相同的。

需要指出的是，以上参数与牛顿流体体系的“液滴模型”相关，被应用于聚合物熔融共混体系，但其获取实验数据的途径是对聚合物-聚合物体系熔融共混过程的研究。共混物熔体是黏弹性流体，其混合过程要比牛顿流体复杂。尽管 κ 参数与 We 值表达式相同，但因属于不同的体系，物理意义是有区别的。

下面介绍采用 κ 和 λ 参数对聚合物-聚合物熔融共混体系的研究结果。

(3) 采用 κ 和 λ 参数对聚合物-聚合物共混体系的研究结果

(a) 黏度比 λ 与参数 κ 临界值的关系

与 We 值相似，参数 κ 也有临界值。在一定的剪切应力 τ 和界面张力 σ 的条件下制备共混物，用实测得到的分散相粒径 d，可得到参数 κ 的临界值（κ_{crit}）。当提高 τ（或降低 σ）而使 $\kappa > \kappa_{crit}$ 时，分散相粒径 d 会趋于降低。

进而，可探讨聚合物-聚合物共混体系的黏度比 λ 与 κ_{crit} 的关系。当共混物为“海-岛”结构，且分散相粒子接近于球形时，可以发现黏度比 λ 与 κ_{crit} 的关系呈现一定的规律性。Wu 采用双螺杆挤出机进行共混，研究了 PET/乙丙橡胶、尼龙/乙丙橡胶等共混体系的熔体黏度比 λ 与 κ_{crit} 的关系[19]，结果表明，当 λ 值接近于 1 时，即当分散相黏度与连续相黏度接近于相等时，κ_{crit} 可达到一极小值，如图 4－14 所示。

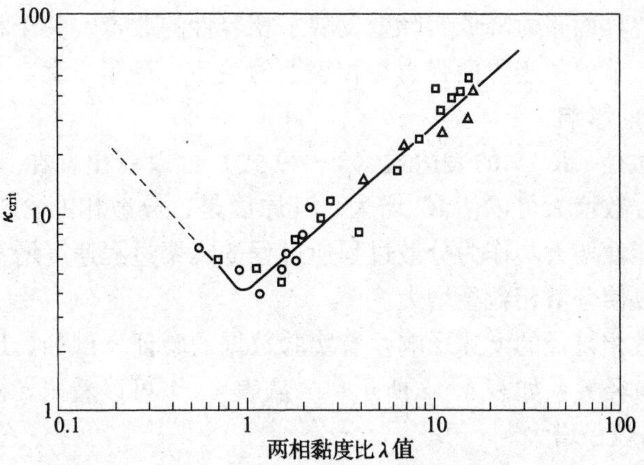

图 4－14　κ 的临界值与 λ 值的关系曲线

（共混体系为 PET/乙丙橡胶、尼龙/乙丙橡胶）

(b) 黏度比 λ 与分散相粒径的关系

如前所述，对于牛顿流体，在 We 的临界值的最低点，分散相最容易破碎。相似的情况也会发生在聚合物共混体系中。Wu 研究了 PET/乙丙橡胶、尼龙/乙丙橡胶等聚合物共混体系的熔体黏度比 λ 与分散相粒径 d 的关系，发现当 λ 接近于 1 时，分散相粒径 d 的数值最低。将这一结果与图 4－14 所示结果对比，可以看出，对于这些聚合物共混体系，λ 值接近于 1 对应着 κ_{crit} 最低的点，亦是分散相粒径 d 取得最小值的点。这里的 λ 值接近于 1，就相当于前面所述的“等黏点”。

但是，对于不同的聚合物共混体系，分散相粒径的最小值并不总是出现在 λ 值很接近于 1 的时候。例如，Favis 等的研究表明[20, 17]，对于 PP/PC 的共混体系，当 λ 值为 0.25 时，分散相平均粒径达到最小值，约为 1μm。对于该体系，如果 λ 值大于或小于 0.25，分散相粒径都会增大。当λ值为1时，分散相粒径约为1.5μm，只略有增高；而当λ值为13时，分散相粒径达到约4.5μm，显著高于最低值。这一实例表明，分散相粒子分散所需的黏度比的范围，比预计的要宽。但是，过于悬殊的黏度比显然是不利于分散粒径的降低的。

分散相黏度与连续相黏度的比值还会影响共混体系在相转变区内的形态。如前所述(参见图4-12)，在由A组分为连续相向B组分为连续相转变的时候，即在相转变区内，当A组分与B组分熔体黏度接近于相等时，可以较为容易地得到具有“海-海结构”的共混物。

(c) 剪切应力及界面张力的影响

前面对于平衡粒径R^*（3-29式）的讨论中已经指出，提高剪切应力τ或降低两相间的界面张力σ，可以降低R^*。

剪切应力及界面张力对分散相粒径的影响，也体现在参数κ中，与上述平衡粒径R^*中的讨论是一致的。提高剪切应力τ或降低两相间的界面张力σ，都可以使参数κ增大；κ大于κ_{crit}后，分散相粒径就会趋于降低。

此外，聚合物熔体弹性对分散相粒径的影响，也可以通过将弹性形变的能量叠加到界面能中加以体现，如第3章3-3式所示。

需要指出的是，界面张力降低实际上反映了相容性的改善。关于相容性对分散相粒径的影响，见4.4.2.3节。关于界面张力与相容性的关系，见第5章5.2.2.2节。

4.4.2.2 组分配比的影响

由分散相平衡粒径（R^*）的表达式（3-29式）可以看出，在其它因素不变的条件下，分散相的体积分数增大可以使R^*增大。其原因是：分散相的含量增大，使得分散相粒子相互团聚的可能性增大，作为分散过程逆过程的集聚过程速度增大，因而在其它因素不变的条件下，可以使分散相粒径增大。

组分配比对分散相粒径的上述影响，有实验数据的验证。例如，PA6/PP共混体系的组分配比与分散相粒径关系如表4-1所示[7]。从表4-1可以看出，随PP含量增大，分散相PP粒子的数均粒径增大。

表4-1　　PA6/PP共混体系组分配比与分散相粒径的关系

组分配比/质量份		PP粒子数均粒径/μm
PA6	PP	
80	20	0.27
75	25	0.31
70	30	0.35

但是，当组分配比发生变化时，很有可能会影响到共混体系的其它特性，例如熔体黏度。如果出现这样的情况，分散相含量增大就不一定总是使分散相粒径增大了。解磊等研究了PP/POE共混体系组分配比与分散相粒径的关系[2]，如表4-2所示，弹性体POE为乙烯-辛烯共聚物。所用PP的熔体流动速率为29g/10min，POE熔体流动速率为2g/10min，两者熔体流动性相差较大。当POE含量由5份增加到14份时，POE粒子的数均粒径是增大的。进一步增大POE含量，其粒径反而降低了。这是由于该实验所用的

POE熔体流动速率较低（相当于熔体黏度较高），当POE含量较高时，使共混体系熔体黏度有较大幅度提高。

表4-2　　PP/POE共混体系组分配比与分散相粒径的关系

组分配比/质量份		POE粒子数均粒径/μm
PP①	POE②	
100	5	0.67
	14	0.85
	18	0.70
	25	0.61

注：① PP熔体流动速率29g/10min；② POE熔体流动速率2g/10min。

按3-29式，共混体系熔体黏度的提高，是会使分散相平衡粒径 R^* 降低的。表4-2所示PP/POE配比与分散相粒径的关系，随分散相POE含量增大而其粒径降低，是共混体系熔体黏度提高使分散相粒径降低的作用占据主导地位所致。

4.4.2.3　相容性的影响

共混物的形态，可作为共混组分之间的相容性的一种表征。完全相容的聚合物对，可形成均相共混体系；部分相容的聚合物对，则可形成两相体系。对于部分相容聚合物形成的两相体系，共混物的形态（这里主要探讨分散相分散状况）可体现组分之间相容性。相容性较好的聚合物对，易于形成分散相分散较好的共混物。

图4-15所示，为ABS/EVA和ABS/POE共混体系的形态照片（相差显微镜照片）[21]。两种共混体系中，都是ABS为连续相，EVA、POE分别为分散相。EVA与ABS相容性较好（相对于POE/ABS而言），因而ABS/EVA共混体系中EVA分散相颗粒较为细小；POE（乙烯-1-辛烯共聚物）与ABS相容性较差，因而ABS/POE共混体系中POE分散相颗粒较为粗大。

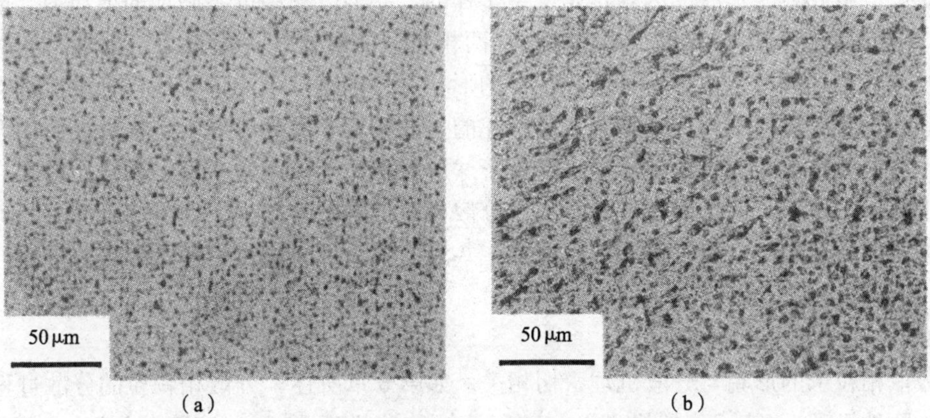

图4-15　ABS/EVA和ABS/POE共混体系的相差显微镜照片

(a) ABS/EVA共混体系　(b) ABS/POE共混体系

对于相容性不甚好的聚合物对，可以采取措施使之相容化。常用的改善相容性的方法是添加相容剂。添加适当品种的相容剂，可以使共混体系分散相尺寸明显变小。

例如，PP 与 PA6 相容性不好，需要添加相容剂[22]。李海东等[23]用甲基丙烯酸环氧丙酯（GMA）对 PP 进行接枝，以改善 PP/PA1010 共混体系的相容性。将接枝 PP 与 PA 1010 共混，共混体系分散相尺寸明显变小。

周伟平等[24]在 PA6/SEBS 共混体系中添加相容剂，使 SEBS 分散相粒径明显变小，而且粒径分布较为均匀。

4.4.2.4 “核-壳”结构弹性体的采用

在以弹性体增韧塑料的共混体系中，弹性体分散相的粒径对增韧效果有重要影响。弹性体分散相粒径的控制，可以通过上述共混工艺与配方的调节来达到。近年来开发出的“核-壳”结构弹性体，作为新型的增韧剂，也可以解决这一问题。

这种“核-壳”结构弹性体，是通过共聚的方法制备的，是以微小的弹性体粒子为核，以塑料（如 PMMA）为壳的颗粒。由于弹性体粒子的粒径在聚合中已控制在适宜的范围内，因而可以较少受共混工艺的影响。采用这种“核-壳”结构弹性体，可以较方便地获得所需弹性体分散相的粒径，有利于获得较好的增韧效果。

在第 7 章中将要介绍的 PVC 增韧所用的 MBS 等增韧剂，以及 PA 增韧所用的“核-壳”结构弹性体，都属于此种新型增韧剂。

技术的进步，可以使聚合物共混的工艺得到简化。但是，由于“核-壳”结构弹性体的商业化品种有限，对于许多聚合物共混体系，仍然需要依靠前述方法调控其形态结构。

此外，“核-壳”结构弹性体颗粒作为一个整体与主体聚合物共混，尽管可以较少受共混工艺的影响，但也仍然要有适当的共混条件，需要根据具体情况加以调节。其基本规律，与前述共混过程的规律是一致的。

4.4.3 影响分散相粒子形貌的因素

在不同的“海-岛”结构两相体系中，分散相粒子会具有多种多样的形貌，除近似于球形的形貌外，还有条形（见图 4-6）、纤维状、层片状等特殊形貌。

影响分散相粒子形貌的因素也是复杂多样的。共混过程中设备施加的剪切力（或拉伸力）、两相聚合物的熔体黏度、熔体弹性、两相组分的配比、界面张力等因素，在影响分散相粒子粒径的同时，也影响分散相粒子的形貌。分散相粒子的形貌还与分散机理有关。

以条形粒子的形成为例。如第 3 章所述的分散相粒子破碎过程中，在外界剪切力的作用下，分散相粒子首先发生变形，由接近于球形的颗粒，被牵伸变形，长径比增大，演变为条形粒子。然后，条形粒子破碎，实现分散相粒子的破碎过程。在特定条件下，可以使条形粒子不完全破碎，而以条形形貌保留在共混物中。下面将讨论特殊形貌分散相形成的条件。

4.4.3.1 分散机理的影响

分散相粒子的形貌与分散机理密切相关。如第 3 章所述，分散相颗粒的分散过程可以细分为两种机理：“液滴分裂机理”和“细流线破裂机理”[25]。“液滴分裂”、“细流线破裂”这两种机理代表了两种较为极端的情况，在实际的共混中，分散相破碎的过程可能会介于两者之间，而倾向于某一种机理。例如，对于倾向于细流线破裂机理的分散过程，通常是分散相先变形成为带状，带状的分散相再变细，成为细条，最后破裂成小颗粒。这种对于某一种机理的倾向性，就会影响分散相粒子的形貌。

4.4.3.2 流动场形式和加工工艺的影响

流动场的形式对于分散相粒子形貌的形成有重要影响。对于以剪切流动为主的流动场形式，快速改变剪切力可以将分散相粒子变成条状；而与剪切流动相比，拉伸流动能更有效地将分散相粒子由液珠状拉伸为纤维状[17]。

在聚合物共混体系成型加工过程中，可以通过调整某些加工工艺来促成分散相特殊形貌的形成。例如，聚合物成型过程中的牵伸工艺，可使分散相发生相应的变形。罗卫华等[26]将高密度聚乙烯（HDPE）和聚碳酸酯（PC）在双螺杆挤出机中熔融共混挤出，通过改变对挤出物施加的牵引速度，研究了拉伸力场对 HDPE/PC 共混物形态的影响。结果表明，HDPE/PC 共混物挤出后所受的热拉伸有助于分散相 PC 在基体 HDPE 中成纤维状；随着牵引速度的提高，纤维状分散相所占比例增加。

4.4.3.3 熔体黏度的影响

两相聚合物的熔体黏度比 λ 对分散相形貌的形成有重要影响[15, 16]。

通常，为获得具有条状、纤维状或层片状分散相形貌的共混物，应适当调控两相的黏度比。例如，制备具有阻隔作用的 HDPE/PA6 共混材料，需要分散相 PA6 以层片状的形态存在于连续相 HDPE 中。为获得 PA6 为层片状形态的共混物，可在低于“等黏温度”的条件下共混（参阅图 3 - 13），使 PA6 的熔体黏度高于 HDPE[7]。在这种情况下，由于连续相 HDPE 的熔体黏度低，而分散相 PA6 的熔体黏度高，分散相 PA6 易于被拉长，不易破碎成“液滴”，而以层片状的形态存在共混体系中了。

聚合物熔体的弹性，也影响分散相粒子的变形和破碎，因而影响分散相形貌。

对于共混物分散相形貌的其它实例，可根据聚合物共混的基本理论，结合共混体系情况，具体地加以分析。

4.5 多组分共混体系的形态

聚合物的共混体系，通常并非仅有两种聚合物组分。三种或三种以上聚合物的共混，已经受到很多研究者的关注。即使是两种聚合物的共混体系，一般也会添加助剂。这些助剂在聚合物两相体系中如何分布，也是很值得重视的问题。

4.5.1 多种聚合物的共混体系

三种（或三种以上）聚合物的共混，是近年来研究较多的体系。在某些实例中，聚合物两相体系之外添加的第三种聚合物组分，是作为相容剂使用的。例如，在 PVC/PE 共混体系中添加 CPE，可起相容剂作用。此外，第三种聚合物组分与原两相体系中的弹性体增韧剂起协同增韧作用，也是常见的三元共混体系。例如，在 PP/EPDM/SBS 体系中，双组分增韧剂 EPDM/SBS 有明显的协同效应，增韧效果优于单一的 EPDM 或 SBS。

三种（或三种以上）聚合物的共混体系的形态通常也是“海-岛”结构。三种聚合物中通常有一种含量较多，为连续相；另外两种聚合物为分散相。由于分散相颗粒易于聚集，所以，如果两种作为分散相的聚合物之间有较好的相容性，就很容易聚结在一起，形成团聚状态的分散相颗粒。起相容剂作用的第三种聚合物，可以分布在另外两种聚合物的两相交界处。

当两种分散相组分形成团聚状态的颗粒时，在一定条件下，可具有“包藏”、“嵌入”、“贯穿”等结构。对于发生交联的共混体系，交联作用可以显著影响共混体系的形态结构。何继辉等[27]制备了PP/LLDPE/SBS交联共混物（LLDPE和SBS为分散相），用SEM和TEM分析了交联前后共混物形态结构的变化。结果发现，SBS不仅分布在LLDPE的周围，而且可以嵌入到LLDPE内部。

对于某些共混体系，主体聚合物（连续相）也会介入分散相颗粒。例如，邱桂学等[28]在研究PP/POE/HDPE三元共混体系（PP为连续相）时发现，当POE用量为20%时，POE相中有微纤状PP贯穿。

4.5.2 含助剂的多组分体系

对于聚合物-聚合物两相体系，聚合物两相之外的组分，可统称为“第三组分”。第三组分一般是指各种助剂，包括塑料的稳定剂、润滑剂；橡胶的硫化剂和硫化助剂、补强剂，以及填充剂，等等。

第三组分在聚合物两相间的分配，对于共混物的性能有重要影响。例如，在PVC与弹性体的共混体系中，需要添加PVC的稳定剂，而且需要PVC的稳定剂较多地存在于PVC相中，这样，PVC的稳定剂才能充分发挥其作用。对于各种助剂，都需要其较多地进入该助剂发挥作用的那一相中。因而，第三组分在聚合物两相间分配的调节与控制，就成了聚合物共混研究的重要内容。

4.5.3 多组分体系形态的影响因素与调控

第三组分在聚合物两相间的分配，主要受如下因素的影响。

（1）第三组分（助剂）与聚合物之间的亲和性

对于聚合物-聚合物两相体系，第三组分在共混过程中，倾向于进入和该组分亲和性较好的一相中。例如，对于两种橡胶的共混体系，硫化助剂在两种橡胶中的分配，决定于硫化助剂在橡胶中的溶解度。某种橡胶对某种助剂溶解度较高，该助剂就会较多地进入该橡胶中。在聚合物填充体系中，具有极性的填充剂易于进入极性聚合物中。

（2）聚合物的熔体黏度

如果第三组分为固体颗粒（如无机填充剂），在共混过程中就会倾向于进入聚合物两相体系中熔体黏度较低的一相。这实际上是聚合物共混的“熔体黏度较低的一相易于包覆在熔体黏度较高的一相之外”的规律在第三组分分配问题上的扩展应用。在这里，固体颗粒可被视同为“黏度较高的一相”，熔体黏度较低的聚合物可被视同为“熔体黏度较低的一相”。固体颗粒倾向于进入熔体黏度较低的一相。

这一规律不仅适用于普通无机填充剂，也适用于无机纳米颗粒/聚合物复合材料。例如，在PP/SBS/纳米$CaCO_3$共混体系中，PP的熔体黏度低于SBS，且黏度的作用占主导地位，纳米$CaCO_3$粒子主要存在于PP相中（参见第9章）。

需要指出的是，固体颗粒与聚合物基体的亲和性、固体颗粒倾向于进入熔体黏度较低的一相的规律，以及下面将介绍的加料顺序，是同时起作用的。固体颗粒在聚合物两相间的分配决定于起主导作用的因素。例如，如果加料顺序是将固体颗粒与高黏度的聚合物组分先混合，且固体颗粒与高黏度一相的聚合物有很好的亲和性，则固体颗粒也有可能较多地存在于高黏度的一相中。

(3) 加料顺序

在聚合物成型加工中，加料顺序是一个重要的工艺因素。不同的加料顺序，对产品的性能可能有显著的作用。加料顺序也会影响第三组分在聚合物两相间的分配。以聚合物填充体系为例，填充剂的添加方式不同，在聚合物两相间的分配也不同。

假设有两种聚合物与一种无机填充剂共混，且两种聚合物中，一种熔体黏度较高，另一种熔体黏度较低。若将填充剂与两种聚合物同时添加、共混，则填料会较多地存在于熔体黏度较低的一相中；若将填充剂先与熔体黏度较高的聚合物共混，再与熔体黏度较低的聚合物共混，则填充剂会由熔体黏度较高的聚合物向黏度较低的聚合物迁移，导致聚合物两相中填充剂的含量相近；若将填充剂先与熔体黏度较低的聚合物共混，再与熔体黏度较高的聚合物共混，则填充剂大部分会存在于熔体黏度较低的一相中。由此例可见，加料顺序是调节第三组分在聚合物两相间分配的有效手段。

在实际操作中，可以综合考虑第三组分（助剂）与聚合物之间的亲和性、聚合物的熔体黏度，以及加料顺序，更好地控制第三组分在聚合物两相间的分配。其中，第三组分（助剂）与聚合物之间的亲和性可以通过助剂品种的选择和助剂的改性来调节；聚合物的熔体黏度可以由温度等因素调控；加料顺序则更是有效的调控方法。

4.6 共混物的结晶结构

含有结晶聚合物的共混物，可以分为两大类：结晶聚合物/非结晶聚合物共混体系、结晶聚合物/结晶聚合物共混体系。以两种聚合物的共混物为例，其一是两种聚合物中有一种为结晶的，另一种为非结晶的；其二是两种聚合物都为结晶的。现将含有结晶聚合物的共混物的结晶结构分述如下。

4.6.1 结晶结构的基本类型

(1) 结晶聚合物/非结晶聚合物共混体系

结晶聚合物/非结晶聚合物共混体系的结晶结构，至少可以分为 5 种基本类型，如表 4-3 所示。

表 4-3　结晶聚合物/非结晶聚合物共混体系结晶结构的类型

序号	两相组分		共混体系的形态结构
	基体	分散相	
1	非晶态	晶粒	晶粒（微晶）分散在非结晶态基体中
2	非晶态	球晶	球晶分散在非结晶态基体中
3	非晶态	球晶	球晶被轻度破坏，分散在非结晶态基体中
4	球晶	非晶态	非结晶聚合物仅分散在球晶与球晶的间隙中
5	非晶态	非晶态	结晶聚合物未能结晶，形成非晶/非晶共混物

除上述形态结构外，结晶聚合物/非结晶聚合物共混体系也可以形成两相连续的“海-海”结构。

(2) 结晶聚合物/结晶聚合物共混体系

结晶聚合物/结晶聚合物共混体系的结晶结构，至少可以分为 3 种类型，如表 4-4 所示。

表 4-4　结晶聚合物/结晶聚合物共混体系结晶结构的类型

序号	共混体系的形态结构
1	两种结晶聚合物各自形成结晶
2	两种结晶聚合物形成共晶
3	结晶结构被破坏（或部分破坏），形成非结晶性共混物或结晶/非晶共混物

在表 4-4 中，能够形成共晶的共混体系，是相容性较好的体系。

4.6.2　结晶结构研究在共混研究中的意义

结晶聚合物的共混物是一大类重要的共混物。这首先是由于许多应用广泛的聚合物（如 PP、PE、PA、PET、PBT 等）是结晶聚合物；其次，结晶聚合物与非结晶聚合物在性能上的互补性（参见第 7 章），使结晶聚合物/非结晶聚合物的共混体系研究备受关注。

聚合物共混物的结晶结构以及结晶性能，直接对其使用性能有影响。主要的影响要素如下。

(1) 结晶温度

结晶聚合物的结晶温度与其成型加工温度和材料的耐热性密切相关。而结晶温度的高低则与该结晶聚合物形成的晶型直接相关。如果聚合物共混的实施（如添加某些成核剂）可以改变结晶聚合物形成的晶型，或结晶结构的完整性，则可以影响到结晶温度，进而影响使用性能。

(2) 结晶速度

结晶速度与聚合物的成型加工密切相关。例如，结晶聚合物的注塑成型要求有较快的结晶速度。因而，了解聚合物共混对结晶速度的影响，对成型加工至关重要。

(3) 结晶共混物的结构形态

如上所述，结晶聚合物的共混物有多种可能的结构形态。上述各种结晶结构对性能有重要影响。因而，研究结晶聚合物共混物的结构形态，对提高结晶聚合物共混物的性能意义重大。

结晶结构对共混体系的流变性能、热学性能、力学性能等的影响，都是很受关注的。

4.6.3　共混物结晶结构研究实例

共混物结晶结构的研究，侧重于体系的结晶性能、与结晶性能相关的相容性、增容剂的作用，等等。此外，由于 PET、PA 等结晶聚合物的重要用途是生产合成纤维，所以，其共混物的可纺性也受到关注。

吴彤等[29]研究了 LLDPE/EVA 共混体系的结晶结构，采用的 LLDPE 是茂金属催化的 mLLDPE。结果表明，在 EVA 含量较小时，与 mLLDPE 有很好的相容性。热分析数据表明，mLLDPE/EVA 共混体系中，在 EVA 含量较小时，共混物存在大量共晶，升温熔融曲线还是降温曲线都只出现一个结晶峰。当 EVA 含量增大时，mLLDPE/EVA 共混物发生相分离，出现两个结晶峰。

贺爱华等[22]研究了马来酸酐接枝热塑性弹性体（TPE-g-MAH）作为相容剂对 PP/PA6 共混体系的相容性、结晶结构以及力学性能的影响。以 TPE-g-MAH 为相容剂的 PP/PA6 共混物的非等温结晶中，由于 PA6 与 PP 的共混，使 PP 的结晶温度提高；而由于 TPE-g-MAH 的加入，PA6 出现分级结晶现象，其一级结晶温度略低于纯 PA6 的结晶温度，且随 TPE-g-MAH 含量增大使 PA6 结晶受阻，二级结晶温度与 PP 的结晶温度接近。

张秀芹等[30]采用 DSC、SEM 研究了增容剂聚丙烯接枝马来酸酐（PP-g-MAH）对 PP/PA6 共混物结构和性能的影响，并通过纺丝成型研究了该共混体系的可纺性。结果表明，共混物呈典型的"海 - 岛"型两相结构；增容剂 PP-g-MAH 与 PA6 之间的原位反应改善了 PP/PA6 共混体系的相容性，也影响了共混组分的结晶结构和性能，使共混物中 PA6 的热结晶峰消失，PP 的结晶生长速率和成核速率降低，并使该体系的可纺性提高。

张世杰等[31]通过熔融共混的方法，在 PA6 中混入 3%～10%的聚乙烯吡咯烷酮（PVP)。随着 PVP 加入量的增大，PA6 结晶由 γ 型逐渐向 α 型转变，PVP 与 PA6 形成了分子间氢键。

4.7 聚合物共混物形态测试技术进展

近年来，由于微观测试技术的进展和一些新型测试仪器的问世，聚合物共混物形态研究也取得了相应进展。现将原子力显微镜、激光共聚焦扫描显微镜等新型仪器的基本原理及其在共混中的应用简介如下。

4.7.1 原子力显微镜

扫描探针显微镜（Scanning Probe Microscopy，SPM）是 20 世纪 80 年代发展起来的新型微观观测技术，包括扫描隧道显微镜、原子力显微镜等。

1982 年，世界上第一台扫描隧道显微镜（Scanning Tunneling Microscope，STM）问世，为认识超微观世界提供了有力的观察和研究工具。G. Binning 和 C. F. Quate 等在 STM 的基础上，于 1986 年发明了原子力显微镜（Atomic Force Microscope，AFM)[32]。AFM 是在扫描隧道显微镜的基础上，为观察非导电材料而发展起来的分子和原子级显微工具。原子力显微镜以其分辨率高、制样简单、操作易行等特点备受关注，已在生命科学、材料科学等领域发挥了重要作用。

4.7.1.1 AFM 的基本原理

原子力显微镜是在扫描隧道显微镜的基础上设计的。因而，在介绍 AFM 的基本原理之前，先对扫描隧道显微镜的原理做一简单介绍。

扫描隧道显微镜（STM）是根据量子力学原理中的隧道效应而设计的。采用一个具有极细针尖（原子尺度）的探针，将它与被研究样品的表面分别作为两个电极，两极间加上电压 U。当样品表面与针尖非常靠近（距离小于 1nm）时，在电场作用下，电子就会穿过两个电极之间的势垒，形成隧道电流 I。隧道电流 I 对针尖与样品表面之间的距离 s 极为敏感，如果 s 减小 0.1nm，隧道电流就会增加一个数量级。当针尖在样品表面上方扫描时，即使其表面只有原子尺度的起伏，也将通过其隧道电流显示出来。因而，可运用STM显示出样品的表面形貌。STM要求样品为导电的。

原子力显微镜（AFM）与扫描隧道显微镜（STM）的最大差别，在于AFM并非利用电子隧道效应，而是利用原子之间范德华力的作用，来呈现样品的表面特征。因而，AFM可适用于非导电材料的研究。

AFM是通过测量样品表面分子（原子）与安装在微悬臂上的探针之间的相互作用力，来观测样品表面形貌的。假设有两个原子，一个在悬臂的探针尖端，另一个在试样的表面，它们之间的作用力会随距离的改变而变化。当原子与原子很接近时，彼此电子云斥力的作用大于原子核与电子云之间的吸引力作用，其合力就表现为斥力的作用；反之，若两原子分开一定距离时，其电子云斥力的作用小于彼此原子核与电子云之间的吸引力作用，其合力就表现为引力的作用。利用探针与试样之间的这种作用力，可以呈现试样的表面特性。

根据扫描成像时针尖-样品间的距离以及其主要作用力性质的不同，原子力显微镜主要有三种成像工作模式：接触模式、非接触模式和接触共振模式（或称轻敲模式）。

AFM不仅能够提供物质在分子水平上的表面形貌，而且也能够测定极微弱的力，从而可以研究分子间的弱相互作用力，在推动材料科学的深入发展上将起到非常重要的作用[33]。

目前，AFM、STM已被集成起来，成为多功能的扫描探针显微镜。而AFM、STM则成为一台多功能扫描探针显微镜的两种工作模式。此外，多功能扫描探针显微镜还具有其它工作模式，如测定横向力的工作模式，可间接地测定微观结构的摩擦力等性能参数。

4.7.1.2　原子力显微镜在聚合物共混中的应用

原子力显微镜已在许多领域内得到了广泛应用。在高分子材料领域，AFM可以用来测定和研究高分子材料的表面形貌及相分离、结晶、摩擦性能、大分子取向等[34]。

在聚合物共混领域，原子力显微镜技术是研究相分离的有效手段[35]。Reifer等[36]采用AFM研究了聚丙烯/聚氨酯共混物的相分离情况。采用AFM，可以研究相的分散程度及相容情况[37]。

郑一泉[38]等采用原子力显微镜的轻敲模式来研究聚甲基乙烯基醚/苯乙烯-丙烯腈共聚物（PVME/SAN）共混物膜的表面，发现在相容的共混物中存在着精细结构，其颗粒的大小分布与共聚物SAN中的丙烯腈体积分数呈规律性的变化。

AFM也可用于研究共混物的结晶结构。范泽夫等[39]采用AFM的轻敲模式，研究了聚己酸内酯/聚氯乙烯（PCL/ PVC）共混体系（质量比为90/10）所形成的环带球晶的表面形态和片晶结构。PCL/PVC环带球晶的表面由周期性高低起伏的环状结构组成。这种周期性的凸凹起伏的原因是由不同取向的片晶交替排列造成的。

由于原子力显微镜具有高分辨、制样简单、操作易行等特点，将在材料科学等领域发挥更重大的作用。

4.7.2　激光共聚焦扫描显微镜

激光共聚焦荧光显微技术（Laser Confocal Scanning Microscope，LCSM）是20世纪80年代中期发展起来的一种无损的多层形态观测的新方法。该方法已在聚合物共混领域获得应用。现将LCSM技术简介如下。

4.7.2.1 关于荧光显微镜

激光共聚焦扫描显微镜是一种特殊的荧光显微镜。因而，在介绍激光共聚焦扫描显微镜之前，先对荧光显微镜作一简介。

荧光显微镜是一种光学显微镜，主要用于生物样品的结构观测。生物细胞中有些物质，如叶绿素等，受紫外线照射后可发荧光；另有一些物质本身虽不能发荧光，但如果用荧光染料染色后，经紫外线照射也可发荧光。荧光显微镜就是对这样的样品进行定性和定量研究的工具之一。普通荧光显微镜的光源为紫外光，波长较短，分辨率高于普通光学显微镜。

4.7.2.2 激光共聚焦扫描显微镜的特点

目前，研究聚合物共混体系形态结构常用的方法为电子显微技术，采用的仪器包括扫描电镜（SEM）、透射电镜（TEM）、X射线光电子能谱仪（XPS）、原子力显微镜（AFM）等。电子显微技术在分辨率方面无疑占有绝对的优势，远远高于光学显微镜。特别是AFM，可以从分子水平上获得关于共混体系形态结构的信息。但这些方法也存在局限性。SEM为表面分析方法，只能给出表面结构的信息；TEM则只能获得平面结构图像。如果要了解材料的层次形态结构及其分布，就要破坏样品。在破坏样品的过程中（例如在做切片的过程中），对样品结构的影响在所难免。

激光共聚焦荧光显微技术（LCSM）作为一种无损的多层形态观测的新方法，可提供聚合物共混物形态结构观测的新途径。LCSM的检测深度可达100μm，制样简单、快速、可得到直观的立体图像。诚然，电子显微技术在微观形态研究中的作用是无可替代的，但LCSM却可以提供一种独具特色的补充，在聚合物共混物形态结构研究中获得应用。

激光共聚焦扫描显微镜用激光作扫描光源，逐点、逐行、逐面快速扫描成像。LCSM系统经一次调焦，扫描限制在样品的一个平面内。调焦深度不一样时，就可以获得样品不同深度层次的图像，通过计算机分析和模拟，显示出样品的立体结构。

激光束的波长较短，光束很细，因而共焦激光扫描显微镜与普通光学显微镜相比，有较高的分辨率，约为0.5μm；通过放大处理，理论上可达0.2μm。激光共聚焦扫描显微镜作为一种光学观察方法，其分辨率固然远比电子显微镜低。但是，许多共混体系的分散相粒径在1μm的数量级，因而，可以采用激光共聚焦扫描显微镜进行观测。为了得到一定的反差，进行LCFM观察前，需对聚合物共混体系中的某一组分进行荧光标记。

4.7.2.3 激光共聚焦扫描显微镜共聚焦原理

与普通光学显微镜不同，LCSM在其光路中设置了两个聚焦针孔，激光光源发出的激光束通过第一个针孔，聚焦在样品的某一层面上，激发标记在聚合物链上的荧光基团。被激发的荧光基团发射的荧光经聚焦穿过第二个针孔到检测器，而聚焦平面以外发射的荧光被聚焦在第二个针孔之外，不能穿过第二个针孔，因而检测器只能检测到聚焦平面所发出的荧光信息。在垂直于样品方向移动样品或物镜的位置，就可获得样品不同深度层面的信息，而无需破坏样品。借助计算机的帮助，对自表面至各深度层面的信息进行叠加重构，可以得到三维图像。

4.7.2.4 激光共聚焦扫描显微镜在聚合物共混中的应用

LCFM在生物领域已获得广泛应用，又扩展应用于高分子领域，包括聚合物共混体系。1993年，Boer[40]发表了用LCFM研究聚合物多组分体系形态结构的最早报道。金熹高、朱世雄等[41,42]也进行了相关的研究。

Boer[40]等研究了苯乙烯-乙烯/丁烯嵌段共聚热塑弹性体与聚醚酯的不同组成的共混物的形态。采用LCFM观测到，在一定的配比和共混条件下，共混物呈现两相连续结构（即"海-海结构"）。LCFM所得结果与将共混物切片后用SEM检测其断面所得结果一致，却避免了繁琐的实验步骤及对样品的破坏，且直接给出了材料内部结构的三维图像。

Jinnai[43]等采用LCFM的三维图像定量评估了苯乙烯-丁二烯无规共聚物和聚丁二烯共混物的双连续相结构，包括界面的平均曲率等。这些定量测定是难以用其它方法获得的。

上述这些研究表明，LCFM作为一种观察多组分聚合物体系多层形态结构的新方法，有许多独特的优越性，并显示出良好的应用前景。

需要指出的是，LCFM作为一种光学显微方法，适用于微米尺度的结构分析。对于纳米尺度和分子尺度的结构形态研究，仍然要采用电子显微镜方法。

4.7.3 X射线光电子能谱

X射线光电子能谱（XPS）技术，是将X射线入射到固体表面激发出光电子，利用能量分析器对光电子进行分析的实验技术。

XPS技术可对固体样品的元素成分进行定性、定量（或半定量）及价态分析，可用于固体样品表面的组成的元素分析、化合物结构鉴定等，在腐蚀、摩擦、润滑、黏接、催化等领域的机理研究中也有广泛应用。此外，XPS技术还可应用于高分子材料的表面、界面及过渡层的研究，因而可应用于聚合物共混领域。

刘世勇等[44]研究了改性酚氧树脂/聚（甲基丙烯酸丁酯-co-4-乙烯基吡啶）共混物的相容-络合行为，采用XPS对该共混体系进行了表面表征。通过对碳原子的各种不同环境对应的XPS峰面积，方便地计算出组分聚合物的表面浓度。

XPS还可用于聚合物基纳米复合材料及纤维增强复合材料的表面与界面的研究。

习　题

1. 简述总体均匀性与分散度概念。

2. 试述聚合物两相体系的配比与熔体黏度对哪一相为连续相、哪一相为分散相的综合影响。

3. 简述影响分散相粒径的因素。

4. 试述影响第三组分在聚合物两相间分配的因素。

5. 在聚氯乙烯（PVC）/氯化聚乙烯（CPE）的共混体系中，为防止PVC的热降解，需加入PVC的热稳定剂。如果添加的热稳定剂为固体颗粒，可采取哪些方法，使PVC的热稳定剂尽可能地留在PVC相中？

参考文献

[1] 俞江华，王国全，陈建峰等. PP/SBS/纳米 $CaCO_3$ 复合材料结构与性能研究. 中国塑料，2005，19（2）：22～25

[2] 解磊，王国全，陈建峰等. PP/POE/纳米 $CaCO_3$ 复合材料力学性能研究. 中国塑料，2006，20（1）：36～39

[3] 曾晓飞，陈建峰，王国全. 纳米 $CaCO_3$/PVC 复合材料的结构形态与冲击性能. 高校化学工程学报，2002，16（2）：203～206

[4] 耿孝正，张沛. 塑料混合及设备. 北京：中国轻工业出版社，1992. 30

[5] 陈俊，黄锐等. 纳米 $CaCO_3$ 对 PET/M-POE 体系力学性能的影响. 中国塑料，2005，19（2）：16～21

[6] 张淑芳. 超韧尼龙的结构分析. 工程塑料应用，1989，17（1）：33

[7] 邓如生. 共混改性工程塑料. 北京：化学工业出版社，2003. 239，261，281

[8] 傅政. 高分子材料强度及破坏行为. 北京：化学工业出版社，2005. 83

[9] Wu S. A Generalized Criterion for Rubber Toughening：The Critical Matrix Ligament Thickness. J. Appl. Polym. Sci，1988，35：549～561

[10] 王炼石. 塑料/橡胶共混物的相结构与增韧作用. 塑料助剂，2005，(5)：45

[11] 邹海魁，陈建峰，王国全等. 纳米 $CaCO_3$-PVC 增塑糊流变性能的研究. 北京化工大学学报，2002，29（3）：5～8

[12] 陈耀庭. 橡塑并用共混原理及应用系统讲座（二）. 橡胶工业，1982，(11)：30～35

[13] 邓本诚，李俊山. 橡胶塑料共混改性. 北京：中国石化出版社，1996. 50～53，261

[14] Folkes M J，Hope P S. Polymer Blends and Alloys. Blackie Academic and Professional，1993. 16，96～98

[15] 吴培熙，张留城. 聚合物共混改性. 北京：中国轻工业出版社，1998. 28～29，55

[16] Grace H P. Dispersion Phenomena in High Viscosity Immiscible Fluid Systems and Applications of Static Mixers as Dispersion Devices. Chem. Eng. Commun.，1982（14）：225～277

[17] [美] D. R. 保罗等，聚合物共混物：组成与性能. 殷敬华等译. 北京：科学出版社，2004. 363～367

[18] Taylor G I. The Formation of Emulsions in Definable Fields of Flow. Proc. R. Soc. 1934，A146：501

[19] Wu S. Formation of Dispersed Phase in Incompatible Polymer Blends. Polym. Eng. Sci. 1987，27（5）：335～343

[20] Favis BD，Chalifoux JP. The Effect of Viscosity Ratio on the Morphology of. Polypropylene/Polycarbonate Blends During Processing. Polym. Eng. Sci.，1987，(27)：1591～1600

[21] 刘洋，王国全，陈建峰等. 纳米 $CaCO_3$/ABS/POE/EVA 复合材料的协同效应及力学性能研究. 中国塑料，2005，19（12）：35～38

[22] 贺爱华，欧玉春等. 马来酸酐接枝热塑性弹性体在 PP/PA6 共混物中的作用. 高分子学报，2004，(4)：534～540

[23] 李海东，程凤梅等. 聚丙烯的官能化及与尼龙 1010 相容性研究. 塑料科技，2004，16（3）：1～3

[24] 周伟平，刘先珍等. PA6/SEBS/PP-g-MAH 的共混改性. 高分子材料科学与工程，2004，20（6）：203～206

[25] Janssen J M H, Meijer H E H. Droplet Breakup Mechanisms: Stepwise Equilibrium Versus Transient Dispersion. J. Rhel., 1993, 37 (4): 597～608
[26] 罗卫华，周南桥. HDPE/PC分散相纤维化及其原位复合材料的研究. 塑料工业，2004，32 (4): 16～18
[27] 何继辉，庞纯等. PP/LLDPE/SBS交联共混体系增韧机理的研究. 塑料工业，2004，32 (12): 36～39
[28] 邱桂学，崔丽梅. 高韧性高流动性PP/POE复合材料的制备及其形态分析. 青岛科技大学学报，2004，25 (2): 139～143
[29] 吴彤，郜华萍等. 乙烯-醋酸乙烯酯共聚物对茂金属聚乙烯的改性研究. 中国塑料，2003，17 (3): 25～31
[30] 张秀芹，朱磊等. PP/PP-g-MAH/PA6共混物结构与可纺性研究. 高分子学报，2004，(1): 74～77
[31] 张世杰，杨得志等. 吸湿性PA6/PVP共混物的结构及性能研究. 塑料工业，2003，31 (1): 33～36
[32] Binnig G, Quate C F, Gerber C. Atomic Force Microscope. Phys. Rev. Lett., 1986, 56 (9): 930～933
[33] 马荣骏. 原子力显微镜及其应用. 矿冶工程，2005，25 (4): 62～65
[34] 董炎明，毕丹霞，陈江溪. 原子力显微镜在高分子领域的应用进展. 商丘师范学院学报，2005，21 (2): 6～11
[35] Mclean S, Scott S, Bryan B. Tapping mode AFM Studies Using Phase Detection for Resolution of Nanophase in Segmented Polyurethane and Other Block Copolymer. Macromolecules, 1997, 30: 8314～8317
[36] Reifer D, Windeit R, Kumpf R J, et al. AFM and TEM Investigations of Polypropylene/Polyurethane Blends. Thin Solid Films, 1995, 26 (4): 148～152
[37] 万勇军，谢美丽，顾宜等. 聚醚型聚氨酯乙烯基酯树脂互穿聚合物网络结构的研究. 高分子材料科学与工程，1999，15 (6): 135～141
[38] 郑一泉，杨其. 可互容的PVME/SAN共混物的微细结构. 合成橡胶工业，2003，26 (5): 316
[39] 范泽夫，王霞瑜等. 原子力显微镜研究环带球晶的形貌和片晶结构. 中国科学B辑-化学，2003. 33 (1): 40～46
[40] Boer P, Verhoogt H, Dam J. Confocal Laser Scanning Microscopy: A New Method for Determination of the Morphology of Polymer Blends. Polymer, 1993, 34: 1325～1329
[41] 金熹高，朱世雄等. 多组分高聚物体系多层形态观察的新方法：激光共聚焦荧光显微技术. 化学通报，1999 (6): 34～38
[42] Zhu S, Jin X, Chen L, et al. Study of Bulk Morphology of Polymer Latex Films Using Laser Confocal Fluoresence Microscopy. Science in China (B), 1998, 41 (5): 549～555
[43] Jinnai H, Nishikawa Y, Hashimoto T, et al. Direct Observation of Three-dimensional Bicontinuous Structure Developed Via Spinodal Decomposition. Macromolecules, 1995, 28: 4782～4784
[44] 刘世勇，蔡倩等. 改性酚氧树脂/聚（甲基丙烯酸丁酯-co-4-乙烯基吡啶）共混物的相容-络合行为和表面表征. 高等学校化学学报，2005，26 (6): 1149～1155

第 5 章　共混物的相容热力学和相界面

内容提要：介绍共混物相容热力学的基本理论，着重介绍了相分离行为发生与否的条件，介绍了 Flory-Huggins 模型及 *B* 参数；还介绍了相界面和界面张力的表征、研究方法以及对改善相容性具有重要作用的相容剂。

相容性是聚合物共混体系的最重要的特性之一。共混过程实施的难易、共混物的形态与性能，都与共混组分之间的相容性有关。第 3 章中，指出相容性对共混过程的影响；第 4 章中，指出相容性与共混物形态的关系。两相之间良好的相容性，是两相体系共混产物具有良好性能（特别是力学性能）的前提。

相容热力学从热力学的角度探讨相容性，是相容性研究的理论基础。对于聚合物两相体系，相界面是相容性存在的物质实体。而相容性是可以改善的，较为便利的手段是添加相容剂。

5.1　共混物相容热力学

5.1.1　概述

关于共混物的相容性，从不同的视角来阐述，可以有不同的定义（参阅第 2 章）。从热力学角度来探讨的聚合物共混组分之间的相容性，为"热力学相容性"，又称互溶性，或溶解性、相溶性，与广义的相容性是不同的概念（关于广义相容性，可参阅第 2 章）。

早期的共混理论研究，曾致力于研究热力学相容体系。其结果，是发现可以满足热力学相容的聚合物配对，实际上相当少。此后，研究者不再局限于热力学相容体系；相容热力学作为一种理论研究的方法，被广泛地应用于各种体系，研究内容包括相分离行为和部分相容两相体系的相界面特性。以单一玻璃化转变温度（T_g）为标志的"溶混性"概念也得到认同和应用。经过这样的嬗变，相容热力学理论展示出了巨大的生命力和影响力，在相容和部分相容（广义）聚合物共混物的研究和开发中，发挥了重要的作用。进而，部分相容的共混物两相体系在理论和应用领域都受到了格外的关注。

聚合物共混物相容热力学的基本理论体系是 Flory-Huggins 模型，该理论体系的应用已经有半个多世纪的历史。近年来，一些新的研究结果丰富和完善了共混物相容热力学理论，也使 Flory-Huggins 模型展示出了新的活力。

本节介绍相容热力学的基本知识。首先介绍热力学相容的必要条件和均相结构稳定性的条件，进而通过 Flory-Huggins 模型介绍χ和 B 这两个表征相容性的参数，并将着重对 B 参数进行讨论。

5.1.2 热力学相容的必要条件

共混体系热力学相容的必要条件，可通过混合吉布斯自由能来表征。

共混体系的混合吉布斯（Gibbs）自由能（ΔG_m），在恒温条件下，可用下式表示[1]：

$$\Delta G_m = \Delta H_m - T\Delta S_m \qquad (5-1)$$

式中 ΔH_m——混合热焓；

ΔS_m——混合熵；

T——热力学温度。

若共混体系的 $\Delta G_m < 0$，则可满足热力学相容的必要条件。如 5-1 式所示，ΔG_m 由两个部分构成，ΔH_m 表示混合热焓，也包含其它非混合熵效应的能量变化；而 ΔS_m 为混合过程中熵的变化。为满足 $\Delta G_m < 0$ 的条件，就需要对比混合过程中 ΔH_m 和 ΔS_m 对于吉布斯自由能的贡献。当 $\Delta G_m < 0$ 时，有：

$$\Delta H_m < T\Delta S_m \qquad (5-2)$$

根据 5-2 式，$\Delta G_m < 0$ 的条件能否成立，决定于混合过程中 ΔH_m 和 ΔS_m 对于吉布斯自由能贡献的对比。在混合过程中，熵总是增大的，混合熵 ΔS_m 总为正值。而且，对于高分子聚合物，混合熵 ΔS_m 的数值是很小的[2]。对于聚合物共混物，特别是对于 ΔH_m 的数值较大的体系，ΔS_m 对吉布斯自由能的贡献是可以忽略的。因而，$\Delta G_m < 0$ 的条件能否成立，就主要决定于混合过程中的热效应（ΔH_m）了。

5.1.3 相分离行为与均相结构稳定性的条件

如第 2 章所述，完全相容的共混体系为均相体系；而部分相容的共混体系为两相体系。换言之，是否发生相分离是相容性的一个重要标志。聚合物共混体系的相容性判定，除了要满足 $\Delta G_m < 0$ 的热力学相容必要条件外，还要满足均相结构稳定性的条件，即是否会发生相分离的条件。

共混物的相分离行为，可由共混体系的相图来表示；而发生相分离的条件，则取决于其均相结构对于共混组分浓度涨落的稳定性。在讨论相分离的条件之前，先对共混体系的相图作一简介。

5.1.3.1 共混体系的相图

共混体系的相图，是共混体系发生相分离行为的边界曲线。相图可以采用多种方法获得。

（1）通过改变温度和组成获得的相图

共混体系的相容性，与温度和组成密切相关。在一定温度下相容的共混体系，在升高或降低温度，达到某一临界点时，会发生相分离；通过改变共混体系组成，也可以产生相分离。如图 5-1 所示，以温度为纵坐标，以组成为横坐标，将发生相分离的临界线以及均相和两相的区域标出，即可获得共混体系的相图。相图可以通过实验的方法（如浊点法）测定。图 5-1 中，阴影部分为发生相分离的两相区域。

（2）等温相图

共混体系的相容性还与相对分子质量等因素有关。对于含共聚物的共混体系，共聚物的组成也会影响相容性。因而，在恒温条件下，通过改变相对分子质量或共聚物的组成等因素，也可以获得发生相分离的临界条件，从而得到相图，称为等温相图。

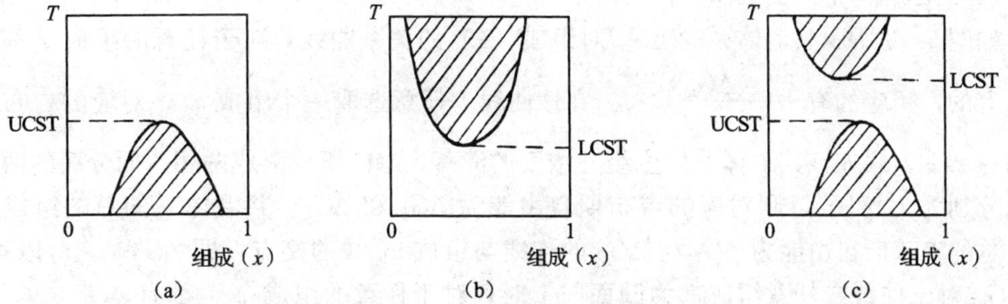

图 5-1　共混体系的相图

(a) 有 UCST　(b) 有 LCST　(c) 兼有 UCST 和 LCST

5.1.3.2　UCST 与 LCST 体系

共混体系的相容性与温度、组成的关系，可以分为几种不同的类型，相应的有几种不同类型的相图。

其一，是具有最高临界相容温度（UCST），称之为 UCST 行为。最高临界相容温度是指高于此温度，体系为热力学相容的均相体系；低于此温度，体系在一定组成范围内发生相分离［参见图 5-1 (a)］。

其二，是具有最低临界相容温度（LCST），称之为 LCST 行为。最低临界相容温度是指低于此温度，体系为热力学相容的均相体系；高于此温度，体系在一定组成范围内发生相分离［参见图 5-1 (b)］。

此外，某些共混体系兼有最高临界相容温度和具有最低临界相容温度，即兼有 UCST 行为和 LCST 行为［参见图 5-1 (c)］。

5.1.3.3　均相结构稳定性的条件

聚合物共混体系的热力学相容性判定，除了要满足 $\Delta G_m<0$ 的热力学相容必要条件外，还要满足均相结构稳定性的条件（即是否会发生相分离的条件）。而共混体系是否发生相分离，则取决于其相结构对于共混组分浓度涨落的稳定性，亦即取决于 ΔG_m 对共混体系组成变化的依赖性。

关于相结构稳定性的条件，可借助于如图 5-2 所示的力学模型加以认识[3]。

图 5-2 是放在桌面上的方块的 4 种可能的状态。

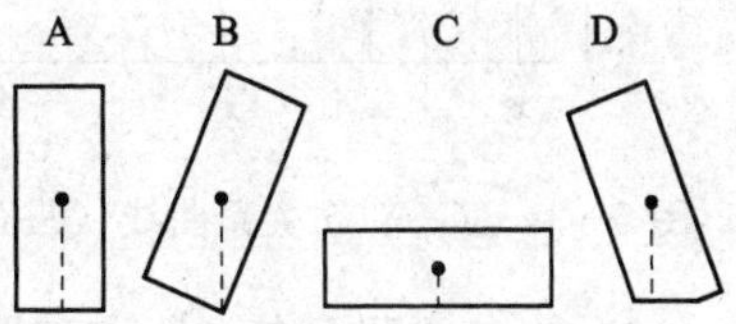

图 5-2　方块在桌面上的 4 种状态

在状态 A，方块是稳定的。如果它发生一个小的移动（转动），一旦造成移动的外力撤去，就会回到稳定状态 A。在状态 B，方块是不稳定的。一个无限小的移动，就使它无法回到 B 状态。状态 C 是最低的能态，也是最稳定的状态。状态 D 是亚稳态，在 D 的状态，可以经受有限的移动；可移动的量则决定于周围能垒的高度。

与上述力学模型相似，聚合物共混体系的相结构稳定性是能量（吉布斯自由能）随组成涨落而变化的结果，且表现为相分离行为。相应的，对于聚合物共混体系的相分离，同样存在着相结构的不稳定状态、稳定状态和亚稳定状态。

现针对不同类型共混体系的吉布斯自由能（ΔG_m）对于某一组分的含量（x）的关系曲线，作如下理论分析（这些分析都设共混体系的压力为恒定）。

(1)“凹面向上”的 ΔG_m 对 x 曲线

如图 5-3 所示共混体系的 ΔG_m 对组成（x）的关系曲线，对于任意的组成 x 都是凹面向上的，相应的有$\frac{\partial^2(\Delta G_m)}{\partial x^2}>0$。在该曲线上任意选取一个组成 x_0，对应的吉布斯自由能为 ΔG_0。假如该共混体系发生组分浓度的涨落，趋向于分离成两相，而分离的两相之组成分别为 x_1 和 x_2，则对应的吉布斯自由能为 ΔG_1 和 ΔG_2。共混体系的总的组成仍为 x_0，总的吉布斯自由能为 ΔG_1 与 ΔG_2 的连线与组成 x_0 线的交点，即 $\Delta G_0'$[3]。可以看出，当 ΔG_m 对 x 曲线在任意组成都为凹面向上时，对于任意的组成 x_0，都有 $\Delta G_0'>\Delta G_0$。在这样的情况下，假设的相分离行为是不可能发生的，其均相结构是稳定的。

图 5-3 所示共混体系，在任意组成条件下都是热力学相容体系。

(2)“凹面向下”的 ΔG_m 对 x 曲线

如图 5-4 所示共混体系的 ΔG_m 对 x 关系曲线，对于任意的组成 x 都是凹面向下的，相应的有$\frac{\partial^2(\Delta G_m)}{\partial x^2}<0$。在图 5-4 上，进行与图 5-3 相似的分析，对于任意的组成 x_0，都有 $\Delta G_0'<\Delta G_0$。在这样的情况下，相分离是会自发地发生的，其相结构是不稳定的。

图 5-4 所示共混体系，在任意组成的条件下都是热力学不相容体系。

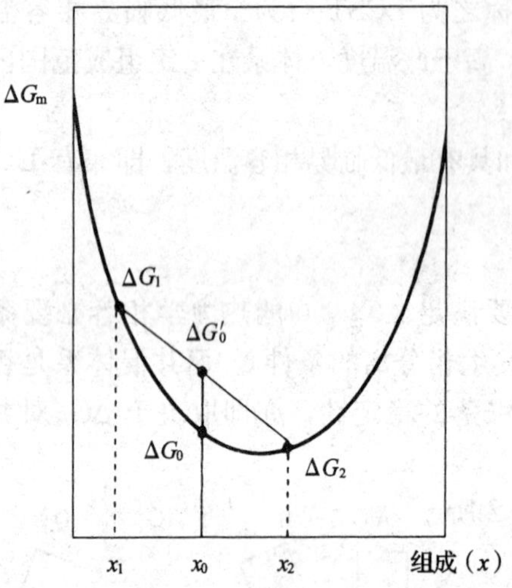

图 5-3　ΔG_m 对 x 关系曲线（凹面向上）

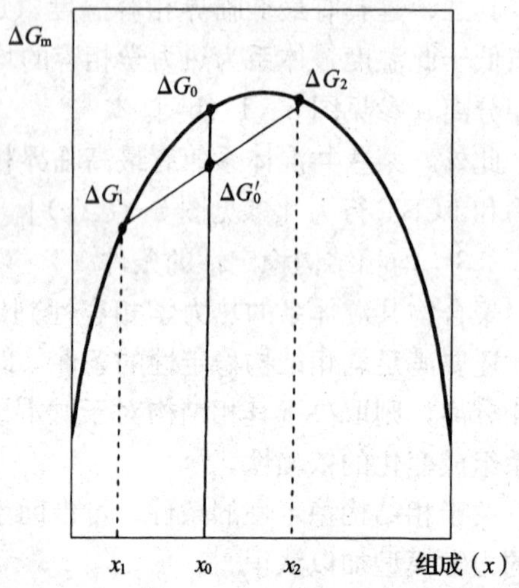

图 5-4　ΔG_m 对 x 关系曲线（凹面向下）

(3) 兼有“凹面向上”和“凹面向下”的曲线

如图 5-5 所示共混体系的 ΔG_m 对 x 关系曲线，兼有“凹面向上”和“凹面向下”的区段，“凹面向上”区段与“凹面向下”区段之间的 S 点为拐点，在拐点，有$\frac{\partial^2(\Delta G_m)}{\partial x^2}=0$。假如该共混体系在 S 点到 b 点的区段内的取某一组成 x_0，并分离成两相，且两相的组成与 x_0 相差不大的话，就有 $\Delta G_0'>\Delta G_0$，该相分离过程不会自发地发生。但是，当两相的组成与 x_0 相差较大时，就会有 $\Delta G_0''<\Delta G_0$，相分离就可以发生。在 S 点到 b 点的区段内，共混体系是处于亚稳态。

（4）二元共混体系的 ΔG_m 对 x 关系曲线与相图

一种具有最高临界相容温度（UCST）的二元共混体系，其混合吉布斯自由能（ΔG_m）对于某一组分的含量（x）的关系曲线，以及该体系的 UCST 型相图，如图 5-6 所示。

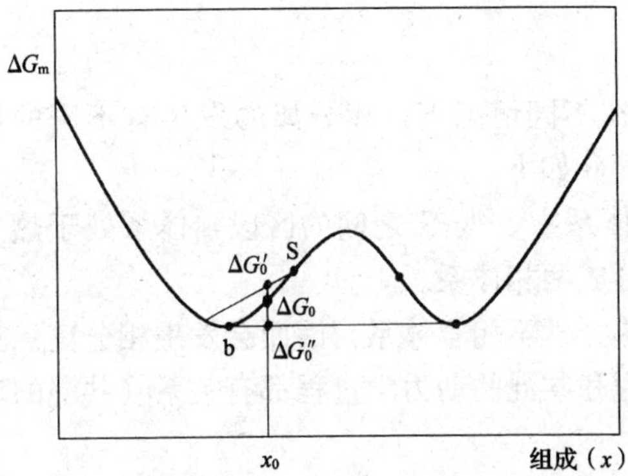

图 5-5　ΔG_m 对 x 关系曲线

（兼有凹面向下和向上）

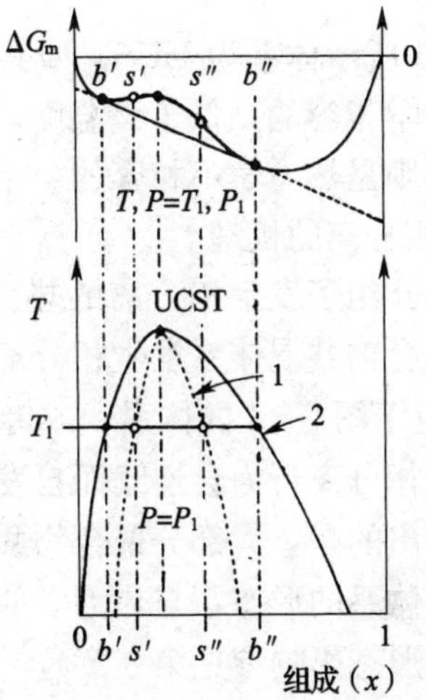

图 5-6　一种二元共混体系混合自由能（ΔG_m）对于组成（x）的关系曲线及相图

1—Spinodal 曲线（或称为不稳分相线）

2—热力学稳定区与亚稳区的界线

图 5-6 的上半部分，为在某一温度（T_1）条件下，该体系混合吉布斯自由能（ΔG_m）对于某一组分的组成（x）的关系曲线。在该曲线上，S'点与S''点是两个拐点；在S'与S''之间的区段，曲线的凹面向下。如果该共混体系的组成恰是在这一区段的范围内，则处于不稳定状态，会发生相分离。如果共混体系的组成是在S'点与b'点或S''点与b''点之间，则处于亚稳状态。如果共混体系的组成 $x<b'$或 $x>b''$，则体系处于稳定状态。

由图 5-6 的上半部分可以看出，ΔG_m 对 x 关系曲线的拐点，是出现不稳定状态（相分离状态）的边界条件，由此可以划分出不稳定区域的范围。而出现拐点的条件是 $\frac{\partial^2(\Delta G_m)}{\partial x^2}=0$。

图 5-6 的下半部分，为不同温度条件下该体系的相图。在相图上的 1 号线，为热力学稳定区、亚稳区与不稳定区的界线，即 Spinodal 曲线[2,4]，或称为不稳分相线。在 Spinodal曲线上，有$\frac{\partial^2(\Delta G_m)}{\partial x^2}=0$。

图 5-6 下半部分，Spinodal 曲线外侧的 2 号线，为热力学稳定区与亚稳区的界线。在图 5-6 下半部分，还标示出 T_1温度条件下的数值点，与上半部分 ΔG_m 对 x 关系曲线相应的数值点相对照。

根据上述理论，共混体系均相结构的稳定性可由混合吉布斯自由能（ΔG_m）对于组成（x）的二阶导数$\left(\frac{\partial^2(\Delta G_m)}{\partial x^2}\right)$判定。在 Spinodal 曲线外侧，$\Delta G_m$ 对 x 关系曲线是凹面向

上的，有$\frac{\partial^2(\Delta G_m)}{\partial x^2}>0$，共混体系在这样的温度和组成条件下，其均相结构是稳定的，或者至少是亚稳的。反之，在 Spinodal 曲线内侧，ΔG_m 对 x 关系曲线是凹面向下的，有$\frac{\partial^2(\Delta G_m)}{\partial x^2}<0$，在这样的温度和组成条件下，共混体系会发生相分离[2]。

图 5-6 所示体系为 UCST 型共混体系，在最高临界相容温度以上，体系对于任何组成都是热力学相容的；低于该温度，体系在一定组成条件下是热力学相容的，而在另外的组成条件下则是热力学不相容的。

5.1.3.4　相分离的机理

以上，介绍了发生相分离的热力学条件。在不同情况下，相分离的发生有不同的机理。现将聚合物共混体系发生相分离三种机理简介如下。

① 对应于图 5-4 的体系，或者图 5-6 的体系中 S' 与 S'' 之间的区段，体系处于热力学不稳态，相分离行为会连续而自发地进行，形成两相体系。

应该指出的是，大部分聚合物共混体系为热力学不相容体系，因而会发生相分离。其形成的两相体系的形态，与热力学的相分离行为和共混的动力学过程都有关系（共混的动力学过程对形态影响参见第 3 章）。

② 对应于图 5-6 的体系中 S' 点与 b' 点（或 S'' 点与 b'' 点）之间的区段，体系处于亚稳状态。这种状态下，体系可以因成核作用而发生相分离。在处于亚稳状态的体系中产生新的更稳定相的原始微粒的过程，称为“成核”[3]。这种原始微粒被称为“核”。成核作用是由共混体系局部浓度的涨落而引发的。由于“核”具有过量的表面能，所以成核过程是能量增加的过程，即活化过程。成核过程产生的活化作用，可以使处于亚稳状态的体系越过能垒，发生相分离。

③ 对于含结晶聚合物的共混体系，结晶聚合物的结晶亦是相分离的一种机理。

5.1.3.5　UCST 与 LCST 体系的相分离行为

UCST 与 LCST 体系的不同，体现在温度变化（升降）与相分离的不同关系。可以进一步讨论温度变化（升降）对$\frac{\partial^2(\Delta G_m)}{\partial x^2}$的影响，有如下关系式[2]：

$$\frac{\partial^2 g_{xx}}{\partial T}\bigg|_{p,x}=-\frac{\partial^2(\Delta G_m)}{\partial x^2}\bigg|_{T,p}\equiv -s_{xx} \tag{5-3}$$

式中　g_{xx}——共混物混合吉布斯自由能（ΔG_m）对组成（x）的二阶导数，$g_{xx}\equiv\frac{\partial^2(\Delta G_m)}{\partial x^2}$；

s_{xx}——共混物混合熵（ΔS_m）对组成的二阶导数；

p——体系的压力。

若$\frac{\partial^2 g_{xx}}{\partial T}|_{p,x}<0$，即 g_{xx} 随温度升高而降低，达到 $g_{xx}<0$ 而发生相分离，即为 LCST，相应的有 $s_{xx}>0$；反之，若$\frac{\partial^2 g_{xx}}{\partial T}|_{p,x}>0$，即 g_{xx} 随温度降低而降低，达到 $g_{xx}<0$ 而发生相分离，即为 UCST 行为，相应的有 $s_{xx}<0$。

大多数聚合物共混体系都会随温度升高而发生相分离，即呈 LCST 行为。少数聚合物共混体系具有 UCST 行为。某些聚合物共混体系可以既有 LCST 又有 UCST。

在相分离处于临界状态的 Spinodal 曲线上，有：

$$g_{xx} = H_{xx} - Ts_{xx} = 0 \tag{5-4}$$

式中　H_{xx}——共混物混合焓（ΔH_m）对组成的二阶导数。

5.1.4 Flory-Huggins模型与相关参数

共混物相容热力学的基本理论是基于统计热力学的 Flory-Huggins 模型[5,6]，该理论模型已有50多年的历史。Flory-Huggins 模型首先应用于高分子溶液热力学。聚合物共混物是高分子溶液的一种特殊形式，因而，由高分子溶液研究发展起来的理论体系，在考虑了高分子与小分子的尺寸区别的情况下，可以应用于聚合物共混物。

5.1.4.1　Flory-Huggins 模型

Flory-Huggins 模型是一种晶格模型。晶格模型是从一个假定的结构出发而建立起来的统计力学方法，由于这种假定的结构与结晶体的晶格结构类似，所以称为晶格结构。

晶格模型有两种理论：其一是纯粹的统计方法，即 Flory-Huggins 模型；其二是由统计力学的分配函数发展而来的状态方程理论。本书重点介绍 Flory-Huggins 模型，对于状态方程理论则做一简介。

按照 Flory-Huggins 模型，共混体系的混合吉布斯自由能是由两部分组成的：其一为能量变化（非混合熵效应）的贡献，其二为混合熵效应的贡献。对于单分散的聚合物 A 和聚合物 B 二元共混体系（单分散指同种聚合物相对分子质量为均一的），单位体积的混合吉布斯自由能（ΔG_m）可以采用如下的表示式[2]：

$$\Delta G_m = B\phi_A\phi_B + RT\left(\frac{\rho_A\phi_A\ln\phi_A}{M_{r,A}} + \frac{\rho_B\phi_B\ln\phi_B}{M_{r,B}}\right) \tag{5-5}$$

式中　B——二元相互作用能密度；

R——气体常数；

T——热力学温度；

ρ，ϕ，M_r——分别为密度、体积分数和相对分子质量。

在5-5式中，$B\phi_A\phi_B$ 为混合过程中包括混合热和其它非混合熵效应的能量变化，对应于5-1式中的 ΔH_m；$R\left(\frac{\rho_A\phi_A\ln\phi_A}{M_{r,A}} + \frac{\rho_B\phi_B\ln\phi_B}{M_{r,B}}\right)$则为混合熵 ΔS_m的表达式：

$$\Delta S_m = -R\left(\frac{\rho_A\phi_A\ln\phi_A}{M_{r,A}} + \frac{\rho_B\phi_B\ln\phi_B}{M_{r,B}}\right) \tag{5-6}$$

从5-6式中可以看出，由于聚合物相对分子质量很大，混合熵的数值是很小的。

5.1.4.2　二元相互作用能密度 B 与相互作用参数χ

二元相互作用能密度（B）是5-5式中的一个重要参数，体现了两种聚合物的相互作用。B 的数值可以通过理论推导及实验测定。

如前所述，为满足 $\Delta G_m<0$ 的热力学相容必要条件，需要 $\Delta H_m<T\Delta S_m$；而对于高分子聚合物，特别是对于 ΔH_m的数值较大的体系，混合熵 ΔS_m是可以忽略的。因而，$\Delta G_m<0$ 能否成立，主要决定于混合过程中的 ΔH_m值。

由于 $\Delta H_m=B\phi_A\phi_B$，ΔH_m主要决定于 B 参数，所以，$\Delta G_m<0$ 能否成立，也主要决定于 B 参数。如果混合过程是放热的，即 ΔH_m为负值（相应的 B 参数为负值），由于 ΔS_m恒为正值，则 $\Delta H_m<T\Delta S_m$的条件必能得到满足。换言之，共混中放热的体系（B 参数为负值）可以形成相容的体系。反之，若混合过程是吸热的，即 ΔH_m为正值（B 参数为正

值），则 B 参数一定要足够小，才能满足 $\Delta G_m<0$ 的热力学相容条件。

5-5 式也可以表达为：

$$\Delta G_m = RT\left(\frac{\chi\phi_A\phi_B}{V_r}+\frac{\rho_A\phi_A\ln\phi_A}{M_{r,A}}+\frac{\rho_B\phi_B\ln\phi_B}{M_{r,B}}\right) \quad (5-7)$$

式中　χ——相互作用参数；

V_r——参比体积，通常用体系中一个重复单元的摩尔体积表示。

χ与 5-5 式中 B 参数的关系为：

$$\chi=\frac{BV_r}{RT} \quad (5-8)$$

相互作用参数 χ 也是表征聚合物共混物相容性的常用的参数，χ 可采用多种实验方法测定。

5.1.4.3　B 与 χ 的临界值

如前所述，共混体系均相结构的稳定性可由混合吉布斯自由能（ΔG_m）对于组成（x）的二阶导数（$\frac{\partial^2(\Delta G_m)}{\partial x^2}$）判定。进而，在 ΔG_m 对于组成（x）的二阶导数和三阶导数同时为零的临界条件下，假定 B 参数与组成（x）无关，可由 5-5 式导出 B 参数的临界值（B_{crit}）[2]：

$$B_{crit}=\frac{RT}{2}\left(\sqrt{\frac{\rho_A}{M_{r,A}}}+\sqrt{\frac{\rho_B}{M_{r,B}}}\right)^2 \quad (5-9)$$

式中　M_A 和 M_B——重均相对分子质量。

在共混体系发生相分离的临界状态，B 参数为 B_{crit}。由 5-9 式可以看出，B_{crit} 为正值；且由于聚合物的相对分子质量很大，所以 B_{crit} 的数值很小。热力学相容共混体系的 B 参数应满足 $B<B_{crit}$。若采用相互作用参数 χ 作为判定相分离的指标，在临界状态，也有 χ_{crit}。热力学相容体系应满足 $\chi<\chi_{crit}$。

5.1.4.4　影响热力学相容性的因素

影响热力学相容性的因素是多方面的，包括大分子间的相互作用、相对分子质量、共混物组成、温度与聚集态结构等，现分述如下。

（1）大分子间的相互作用

大分子间的相互作用（以 B 参数或χ表征）是影响热力学相容性的最重要的因素。热力学相容共混体系的 B 参数应满足 $B<B_{crit}$，或 $\chi<\chi_{crit}$。如果共混物不同组分的大分子之间存在较强的相互作用，例如形成氢键、强的偶极作用、离子作用等，共混时 ΔH_m 就会为负值（相应的 B 为负值），就能形成热力学相容的共混体系。如果 ΔH_m 为正值，则要足够小，才有可能热力学相容。

（2）相对分子质量

相对分子质量也是影响热力学相容性的重要因素。由 5-6 式可知，共混物组分的相对分子质量会影响 ΔS_m，进而影响 ΔG_m。共混物组分的相对分子质量越大，ΔS_m 就越小，由于 $\Delta G_m=\Delta H_m-T\Delta S_m$，相应的就越难于满足 $\Delta G_m<0$ 的热力学相容条件。对于有实际应用价值的共混物，其相对分子质量都较大，这正是多数共混物不能实现热力学相容的主要原因之一。

采用具有较低相对分子质量的聚合物，在一定条件下，可以制备相容的聚合物共混体系。改变相对分子质量，可以获得相容与不相容的临界条件，即临界相对分子质量($M_{r,crit}$)。采用这一方法，可以得到相图。

(3) 共混组分的配比

共混物组分的配比与相容性密切相关。当两种聚合物的含量相差较大时，有利于实现热力学相容。这一影响因素，在相图上可以明显地表现出来（参见图 5-1)。在相图的左右两侧，某一种聚合物含量较大，而另一种聚合物含量较小的情况下，易于实现热力学相容。

(4) 温度

温度对热力学相容性的影响，可表现为 UCST 行为、LCST 行为，或者同时存在 UCST 和 LCST 行为（参见 5.1.3.2 节)。

(5) 聚集态结构

聚集态结构对相容性也有影响。大多数含结晶聚合物的共混体系，即使在熔融状态是热力学相容的，也会因结晶聚合物的结晶而发生相分离。关于结晶聚合物共混体系的形态，可参阅第 4 章 4.6 节。

5.1.5 状态方程理论

如前所述，晶格模型有两种理论：其一是 Flory-Huggins 模型，其二为状态方程理论。20 世纪 60 年代，Flory 及其合作者将状态方程理论应用于高分子溶液。至今，一些理论上的高分子流体状态方程已被应用于聚合物共混体系。本节对状态方程理论做一简介[7,8,9]。

状态方程理论研究多元体系的压力-体积-温度（p-V-T）关系。该理论对二元流体混合物 p-V-T 关系的分析，揭示了 p-V-T 关系与相容热力学行为的密切关联。

状态方程理论在相容热力学理论研究中有重要的意义。其中，在共混体系相容性研究中，状态方程理论可以解释 LCST 行为形成的原因。

对于二元流体混合物，如果组成该混合物的两个纯流体具有相同的 p-V-T 性质，并且，两个体系彼此之间不存在相互作用（吸引或排斥作用），则其单位体积 V 就不随组成的变化而改变，因而也就不必通过压力的改变来保持体积的稳定。在此情况下，p_x（压力随组成的变化率）为零。这样的体系，其体积 V 保持不变，即该体系是不可压缩的。

但是，对于实际的二元流体混合物，两个纯流体具有相同的 p-V-T 性质，并且彼此之间不存在相互作用的要求，是很难实现的。因而，实际的混合体系都具有一定的可压缩性。

如前所述，共混体系发生相分离的热力学条件是 $g_{xx}<0$。如果考虑到体系的可压缩性，g_{xx} 就应该分为可压缩和不可压缩两个部分的贡献。其中，可压缩部分的 g_{xx} 对相分离的影响随温度升高而加大，当温度足够高时就发生了相分离[2]。这就是 LCST 行为。

5.1.6 相容性的判定：二元相互作用模型与溶解度参数

聚合物共混体系相容性的判定，是相容热力学研究的重要内容。而判定相容性的方法，研究较多的为基于二元相互作用模型的方法和基于溶解度参数的方法。其中，二元相互作用模型是共混体系热力学分析方法的重要发展。该模型在区分聚合物分子间和分子内作用力的基础上，对影响热力学相容性的 B 参数进行了深入的探讨，并在此基础上建立相容性判定的方法。溶解度参数则早已广泛地被应用于相容性的判定。

5.1.6.1 二元相互作用模型简介

二元相互作用模型的基本原理，是将大分子间的相互作用细分为不同组分的重复单元之间相互作用的加和，进而探讨相应的能量变化。

如前所述，B 参数对于混合热焓（ΔH_m）有决定性的意义。而混合热焓（ΔH_m）的物理意义，是共混中因大分子间相互作用而导致的能量变化。在二元相互作用模型中，以 B_{ij} 表征大分子间不同组分之间的相互作用。B_{ij} 与前述 B 参数的关系为：B_{ij} 表征两种聚合物组成的相互作用能，B 参数则是表征两种聚合物的总的相互作用能。B 参数是 B_{ij} 的加和。针对具体的聚合物体系，利用二元相互作用模型，采用理论推导与实验测试数据相结合的方法，可以求出 B_{ij}。

二元相互作用模型有两个重要作用：其一，是通过理论分析和实验方法求出 B_{ij}，进而得到 B 参数，从而对共混体系的相容性作出判定；其二，是通过对于两种聚合物组成的相互作用能的研究，可以设计出新的相容的共混体系的聚合物分子结构。

对于均聚物-均聚物的共混物、含共聚物的共混物，大分子重复单元间的相互作用是有区别的，其二元相互作用模型分别说明如下。

(1) 均聚物-均聚物的共混物

在二元相互作用模型中，组成共混物的聚合物体系由若干种类的重复单元构成，i 和 j 代表第 i 种和第 j 种重复单元。对于均聚物-均聚物的共混物，二元相互作用模型的基本表达式为：

$$\frac{\Delta H_m}{V_m} = \sum_{i>j} B_{ij}\phi_i\phi_j \tag{5-10}$$

式中 ΔH_m——混合热焓；

V_m——共混物的摩尔体积；

B_{ij}——第 i 种和第 j 种重复单元之间的相互作用能；

ϕ_i 和 ϕ_j——代表第 i 种和第 j 种重复单元出现的概率，相等于第 i 种和第 j 种重复单元的体积分数；$\phi_i\phi_j$ 则表示第 i 种和第 j 种重复单元相互作用的概率。

进一步导出 B 参数，需要相应的实验测试数据。然而，对于均聚物-均聚物的二元相互作用，难于用实验数据估算 B 参数。有关均聚物-均聚物的共混体系，可靠地预测二元相互作用参数的公式还没有建立起来。因而，二元相互作用模型实际上适用于含共聚物的共混物体系。

(2) 含共聚物的共混物

对于共聚物的共混体系，B 参数的表达要复杂一些。现举例加以说明。

有一共混体系，由 A、B 两种共聚物组成。两种共聚物的体积分别为 V_A 和 V_B，体积分数分别为 ϕ_A 和 ϕ_B。共聚物 A 由 1 和 2 两种重复单元构成，1 和 2 在共聚物 A 中的体积分数分别为 ϕ_1' 和 ϕ_2'；共聚物 B 由 3 和 4 两种重复单元构成，3 和 4 在共聚物 B 中的体积分数分别为 ϕ_3'' 和 ϕ_4''。4 种重复单元在整个共混物总体积中所占的体积分数，分别为：

$$\phi_1 = \phi_1'\phi_A,\ \phi_2 = \phi_2'\phi_A,\ \phi_3 = \phi_3''\phi_B,\ \phi_4 = \phi_4''\phi_B$$

两种重复单元相互作用的概率，是这两种重复单元各自在共混体系中出现的概率（即在共混物总体积中的体积分数）之乘积。例如，本例 2、3 两个重复单元相互作用的概率，为 $\phi_2\phi_3$，该相互作用导致的能量变化为：

(V_A+V_B) $B_{23}\phi_2\phi_3$，即 (V_A+V_B) $B_{23}\phi'_2\phi''_3\phi_A\phi_B$。其余可类推。

由于在共聚物 A 中，原已存在 1、2 重复单元的相互作用，在共聚物 B 中，原已存在 3、4 重复单元的相互作用，要予以扣除，所以，共聚物 A、B 的共混体系的混合热焓为：

$$\Delta H_m = (V_A + V_B)\sum_{i>j} B_{ij}\phi_i\phi_j - V_A B_{12}\phi'_1\phi'_2 - V_B B_{34}\phi''_3\phi''_4 \tag{5-11}$$

共聚物 A、B 的共混体系的总体相互作用能可表达为：

$$\Delta H_m = (V_A + V_B)B\phi_A\phi_B \tag{5-12}$$

联立 5 - 11 式和 5 - 12 式，得到 B 参数的表达式：

$$B = B_{13}\phi'_1\phi''_3 + B_{14}\phi'_1\phi''_2 + B_{23}\phi'_2\phi''_3 + B_{23}\phi'_2\phi''_3 + B_{24}\phi'_2\phi''_4 - B_{12}\phi'_1\phi'_2 - B_{34}\phi''_3\phi''_4 \tag{5-13}$$

更一般化的结果为[2]：

$$B = \sum_{i>j}^{\text{int er}} B_{ij}\phi_i\phi_j - \sum_{i>j}^{\text{int ra}} B_{ij}\phi_i\phi_j \tag{5-14}$$

式中 $\sum_{i>j}^{\text{int er}} B_{ij}\phi_i\phi_j$ ——代表两种共聚物大分子间的相互作用；

$\sum_{i>j}^{\text{int ra}} B_{ij}\phi_i\phi_j$ ——代表两种共聚物大分子内的相互作用。

5 - 14 式中，为方便表达，去掉了体积分数的上标，所有体积分数都是指共聚物的组成，而不是指在共混物总体积中所占的体积分数。例如，将 5 - 13 式中体积分数的上标去掉，按 5 - 14 式的方式表达为：

$$B = B_{13}\phi_1\phi_3 + B_{14}\phi_1\phi_2 + B_{23}\phi_2\phi_3 + B_{23}\phi_2\phi_3 + B_{24}\phi_2\phi_4 - B_{12}\phi_1\phi_2 - B_{34}\phi_3\phi_4 \tag{5-15}$$

5.1.6.2 二元相互作用模型的运用

二元相互作用模型的实际运用，包括理论推导和实验测试两个部分。利用二元相互作用模型，可以针对不同体系，推导出相应的二元相互作用能 B_{ij} 的表达式。进而，利用实验测得的数据，对于某些体系，就可将 B_{ij} 计算出来。

实验数据的计算，可以利用 LCST 等类型的相图，或者采用不同相对分子质量聚合物及不同组分含量共聚物共混等方法，获得共混体系相容与不相容的边界。在临界状态，$B=B_{crit}$，相应地可以计算出 B_{ij}。也可以采用其它测定方法，如测定混合热的方法。

由于对均聚物-均聚物的共混体系，可靠地预测二元相互作用参数的公式还没有建立起来，因而二元相互作用模型实际上适用于含有共聚物的共混物体系。

现将其应用举例如下。

(1) 均聚物-共聚物的共混体系（且有一个共有的组分）

设有一种均聚物和一种共聚物的共混体系，且重复单元 1 为两个聚合物所共有，即：均聚物由重复单元 1 组成，而共聚物由重复单元 1 和重复单元 2 组成，两种重复单元在共聚物中的体积分数分别为 ϕ_1 和 ϕ_2，则可按照 5 - 14 式建立该体系的二元相互作用模型的表达式。其中，两种聚合物大分子不同组分间的相互作用，为均聚物的重复单元 1 和共聚物的重复单元 2 的相互作用，由于均聚物的重复单元 1 的体积分数为 1，所以该相互作用为 $B_{12}\phi_2$；共聚物内部的重复单元 1 和重复单元 2 之间的相互作用为 $B_{12}\phi_1\phi_2$，总的相互作用为：

$$B = B_{12}\phi_2 - B_{12}\phi_1\phi_2 \tag{5-16}$$

又由于 $\phi_1 = 1-\phi_2$，所以有：

$$B = B_{12}\phi_2^2 \tag{5-17}$$

进而有：

$$\phi_2 = \left(\frac{B}{B_{12}}\right)^{\frac{1}{2}} \tag{5-18}$$

本章在 5.1.4.3 节曾提到 B_{crit} 的表达式（5－9 式）：

$$B_{\text{crit}} = \frac{RT}{2}\left(\sqrt{\frac{\rho_A}{M_{r,A}}} + \sqrt{\frac{\rho_B}{M_{r,B}}}\right)^2 \tag{5-9}$$

在临界状态，$B=B_{\text{crit}}$，可将 5－9 式代入 5－18 式，有：

$$\phi_2 = \left(\frac{B_{\text{crit}}}{B_{12}}\right)^{\frac{1}{2}} = \sqrt{\frac{RT}{2B_{12}}}\left(\sqrt{\frac{\rho_A}{M_{r,A}}} + \sqrt{\frac{\rho_B}{M_{r,B}}}\right) \tag{5-19}$$

在 5－19 式中，ϕ_2 为临界状态下共聚物中重复单元 2 的含量（体积分数）；$M_{r,A}$ 为临界状态下均聚物的重均相对分子质量。此外，$M_{r,B}$ 为临界状态下共聚物的重均相对分子质量；ρ_A、ρ_B 为密度。

以上为理论推导部分，以下为实验测定部分。

采用不同重均相对分子质量的均聚物与不同组分含量的共聚物共混（其它条件为定值），可得到一系列实验点的“点阵”（通过实验测定，区分为均相的或相分离的），如图 5－7 所示。图中圆点和圆圈为实验点，圆圈○表示形成均相体系（相容），圆点●表示发生了相分离（不相容）。

在相分离的临界状态，可获知不同的临界 $M_{r,A}$ 对应的临界 ϕ_2，作出临界的 $M_{r,A}-\phi_2$ 关系曲线；这一临界的 $M_{r,A}-\phi_2$ 关系曲线即为采用不同相对分子质量均聚物与不同组分含量共聚物共混的方法获得的相图。

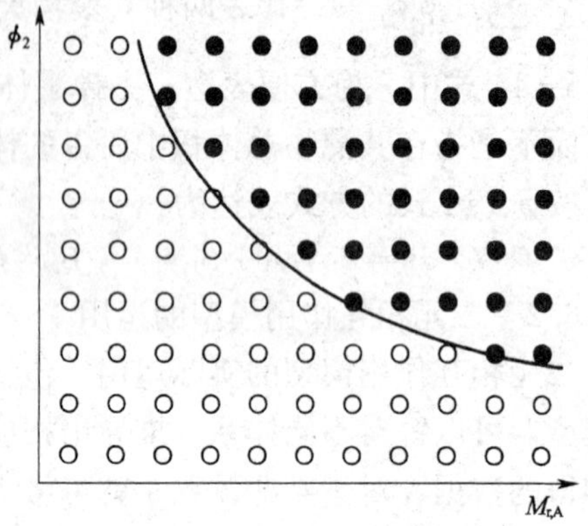

图 5－7　临界的 $M_{r,A}-\phi_2$ 关系曲线（相图）

○ 形成均相体系（相容）　● 发生相分离（不相容）

进而，可改变图 5－7 的横坐标，将图 5－7 转化为不同 ϕ_2 与不同 $\sqrt{\rho_A/M_{r,A}}$ 的实验点的“点阵”，并获得临界线。采用 $\phi_2-\sqrt{\rho_A/M_{r,A}}$ 临界线的斜率和 5－19 式，就可以很方便地计算出 B_{12}[2]。

（2）均聚物-共聚物的共混体系（无共有组分）

对于无共有组分的均聚物-共聚物的共混体系，均聚物由重复单元 3 组成，共聚物由重复单元 1、2 组成，则二元相互作用模型的表达式为：

$$B = B_{13}\phi_1 + B_{23}\phi_2 - B_{12}\phi_1\phi_2 \tag{5-20}$$

在 5－20 式中，当 B_{12} 足够大，而 B_{13}、B_{23} 较小时，B 能够成为负值，使共混体系成为热力学相容体系。即使由重复单元 1、2 分别组成的均聚物与重复单元 3 组成的均聚物都不相容，上述均聚物-共聚物的共混体系仍然可以是热力学相容的。对这一现象的解释，是均聚物 3 加入到共聚物中，稀释了共聚物 1、2 组分之间较强的不利相互作用(斥力)，产生了一个放热的混合（B 为负值），从而形成了相容体系。采用这一方法，可以通过对于两种聚合物组成的相互作用能的研究，设计出新的相容的共混体系的聚合物分子结构。

(3) 共聚物-共聚物的共混体系

对于两种共聚物的共混体系，当两种共聚物都为双组分时，其二元相互作用模型的表达式为 5-15 式。如果有共有组分，则 5-15 式可以简化。采用适当的实验方法，可推算出 B_{ij}。

采用 LCST 型等类型的相图分析，也可以推算 B_{ij}[2]。

以 B_{ij} 表征两种聚合物组成的相互作用能，对于预测不同聚合物体系的相容性，指导聚合物共混物配对的选择，具有重要意义。B_{ij} 表征两种聚合物组成的相互作用能，B 则表征两种聚合物总的相互作用能，B 与 B_{ij} 的关系为 5-14 式。利用 5-14 式在特定体系中的特定形式，可以由 B_{ij} 计算出 B。B_{ij} 本身可表征两种聚合物组成的相互作用能，也可用于预测不同聚合物体系的相容性。

几种聚合物体系二元作用对的 B_{ij} 参数如表 5-1 所示[2]。

表 5-1　　几种聚合物体系二元作用对的 B_{ij} 值

二元作用对	B_{ij} / (kJ/cm³)	温度/℃	方法
苯乙烯-丙烯腈	29.4	120	LCST 型相图分析
苯乙烯-甲基丙烯酸甲酯	0.93	120	LCST 型相图分析
α-甲基苯乙烯-氯乙烯	1.55	130	LCST 型相图分析
四甲基聚碳酸酯-聚碳酸酯	−1.38	149	共聚物相容边界分析

5.1.6.3　溶解度参数法

溶解度参数法是判断两种聚合物的相容性的常用方法。在讨论溶解度参数法之前，应先了解内聚能及内聚能密度的概念。内聚能是表征物质分子间相互作用力强弱的一个物理量。内聚能定义为消除 1 摩尔物质全部分子间作用力所需的能量。单位体积的内聚能定义为内聚能密度；而将内聚能密度的平方根定义为溶解度参数（δ）。

溶解度参数法被用于判断两种聚合物的相容性。该方法的出发点，是将共混体系不同分子间的相互作用近似地作为纯组分的分子间作用（内聚能）的函数。按此方法，B_{ij} 被写成：

$$B_{ij} = C_{ii} - 2C_{ij} + C_{jj} \tag{5-21}$$

式中　C_{ii}，C_{jj}——纯组分均聚物的内聚能密度；

　　　C_{ij}——不同组分之间的相互作用能。

并近似地认为 C_{ij} 是纯组分内聚能密度的几何平均：

$$C_{ij} = \sqrt{C_{ii}C_{jj}} \tag{5-22}$$

溶解度参数的定义为：

$$\delta_i = \sqrt{C_{ii}} \tag{5-23}$$

因而有：

$$B_{ij} = (\delta_i - \delta_j)^2 \tag{5-24}$$

将溶解度参数 δ 用于判定两种聚合物之间的热力学相容性[1]，有

$$\Delta H_m = (\delta_1 - \delta_2)^2 \phi_1 \phi_2 \tag{5-25}$$

式中　ΔH_m——混合热焓；

δ_1，δ_2——两种聚合物的溶解度参数；

ϕ_1，ϕ_2——两种聚合物的体积分数。

为满足热力学相容的条件，即 $\Delta H_m < T\Delta S$，且 ΔS 的值很小，甚至接近于 0，从 5－25式中可以看出，δ_1 与 δ_2 必须相当接近，才能使 ΔH_m 的值足够的小。可采用 5－25 式，将两种聚合物溶解度参数的差值作为判定热力学相容性的依据。

若干聚合物的溶解度参数如表 5－2 所示。

表 5－2　　若干聚合物的溶解度参数值

聚合物	δ/ $(J/cm^3)^{1/2}$	聚合物	δ/ $(J/cm^3)^{1/2}$
聚甲基丙烯酸甲酯	18.9～19.4	聚氯乙烯	19.2～19.8
聚乙烯	16.1～16.5	聚丙烯腈	26.0～31.4
聚丙烯	16.3～17.3	尼龙 6	27.6
聚苯乙烯	17.3～18.6		

溶解度参数法的优点，在于采用纯组分的性能来判定共混体系的相容性，较为简便，因而成为判定相容性的常用方法。溶解度参数可采用溶胀法、黏度法等方法测定，也可以利用聚合物结构单元的摩尔吸引常数的可加和性，进行估算[1]。

溶解度参数法也有其局限性。在 5－25 式中，$(\delta_1 - \delta_2)^2$ 恒为正值，相应地用 5－25 式计算的 ΔH_m 值也恒为正值。因而，将 5－25 式作为判定热力学相容性的判据，实际上只适用于吸热的二元相互作用（$\Delta H_m > 0$），而不适用于放热的二元相互作用（$\Delta H_m < 0$）。

在 5－25 式推导中，曾引入 $C_{ij} = \sqrt{C_{ii}C_{jj}}$ 的近似，正是引入这一近似，导致了 ΔH_m 值恒为正值的结果。而在二元相互作用模型中，没有引入这样的近似，所以，二元相互作用模型可以适用于放热的二元相互作用（$\Delta H_m < 0$）的情况。当然，二元相互作用模型也有局限性，该模型在实际应用中适用于含共聚物的共混体系。

尽管溶解度参数法有如上所述的不足，但由于这一方法较为简便，所以在很多情况下仍然被用于选择“聚合物配对”进行共混时作为初步筛选的参考。为提高预测的准确性，可以采用三维溶解度参数（三维溶解度参数指溶解度参数关于色散力、偶极力和氢键的分量）。对于不生成氢键的聚合物对，采用二维溶解度参数即可。在具体应用中，往往注重于溶解度参数的相近，而不一定拘泥于利用 5－25 式计算的 ΔH_m。

以上介绍了聚合物共混物热力学相容性的判定方法。应该着重指出的是，对于聚合物共混物两相体系而言，所需求的只是部分相容（广义），而不是热力学相容。一些达不到热力学相容条件的体系，仍然可以制备成具有优良性能的两相体系材料。而热力学相容性的探讨（包括二元相互作用模型和溶解度参数的应用），也可以为聚合物共混体系（包括部分相容的两相体系）的广义相容性提供预测和判定的参考依据。

5.2 相容性的实验研究方法

聚合物共混物的相容性（包括热力学相容性和广义相容性），有许多实验研究的方法。这些方法，以共混理论（包括相容热力学、共混物形态学等）为依据，为共混理论和应用研究提供直接的实验数据。

相容热力学理论中的一些参数（如 B 参数）是需要通过实验测定的。共混体系相容性的实验测定，则是相容性的最终的认定。

应该指出的是，相容性的一些实验研究方法（例如玻璃化转变温度法），既可以应用于热力学相容性研究，也可应用于广义相容性的研究。

相容性的实验研究包括如下方法。

5.2.1 玻璃化转变温度法

用测定共混物的玻璃化转变温度（T_g），并与单一组分玻璃化转变温度进行对比的方法，是测定与研究共混组分相容性的最常用的方法。

一般可采用动态力学性能方法测定玻璃化转变时的力学损耗峰，作为 T_g 的表征。共混物的 T_g 峰与单一组分的 T_g 峰的关系，可以有三种基本情况，如第 2 章图 2-1 所示。

除了动态力学性能测试方法外，其它可用于测定玻璃化转变温度的方法，如 DSC 法，也可以用来表征共混组分之间的相容性。采用 DSC 法测定 PC、ABS 及 PC/ABS 共混物的 T_g，如图 5-8 所示[10]。可以看出，在 20℃～160℃范围内，PC/ABS 共混物有两个 T_g，且共混物的两个 T_g 比纯 PC、ABS 的 T_g 要接近，表明 PC 与 ABS 有一定的相容性（图中 ABS 的 T_g 为 ABS 中 SAN 部分的 T_g）。

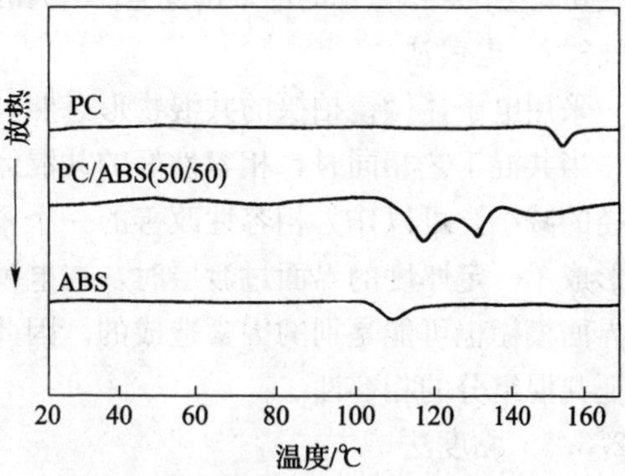

图 5-8　PC、ABS 及 PC/ABS 共混物的 DSC 图谱

5.2.2 绘制相图的方法

绘制出共混体系的相图，可用于 B_{ij} 的计算，进而判定相容性。常用的方法有光学方法（如浊点法），也可以采用反相色谱法。

(1) 浊点法

两种聚合物形成的共混物，往往不能在任意的配比和温度下实现彼此相容。有一些聚合物对，只能在一定的配比和温度范围内是完全相容（形成均相体系）的，超出此范围，就会发生相分离，变为两相体系。按照相分离温度的不同，又分为具有“低临界相容温度”（LCST）与“高临界相容温度”（UCST）两大类型（参见图 5-1）。

浊点法是一种利用光散射特性的方法。共混物由均相体系变为两相体系时，由于两相折光指数不同，其透光率会发生变化，这一相转变点就被称为浊点，且可以用测定浊点的方法测定出来。浊点法在对于相容性进行理论研究时，是常用的方法。浊点法可用于绘制共混物的相图（即共混物的相分离温度和发生相分离的组成的关系图）。共混物相图所表征的相分离行为，可以用来研究共混组分之间的相容性，并计算出 B_{ij}。

（2）反相色谱法

对于一些折光指数相近的共混组分，无法用浊点法测定相分离行为，可以用反相色谱法进行测定。与“浊点法”相似，将反相色谱法用于研究共混体系的相容性，其方法也是测定共混组分的相分离行为。

反相色谱法以某种小分子作为“探针分子”，测定体系的保留体积（V_g）。当共混物发生相分离时，探针分子的保留机制发生变化，使得 $\lg V_g - 1/T$ 偏离直线。在出现转折点处，就是共混体系出现相态变化之处。

5.2.3 其它方法

关于相容性研究，除了上述方法之外，还有一些定性研究的方法，如红外法、电镜法、黏度法等。

5.2.3.1 红外光谱法

红外光谱法也可以用于共混组分的相容性研究。对于具有一定相容性的共混体系，各组分之间彼此相互作用，会使共混物的红外光谱谱带与单一组分的谱带相比，发生一定的偏移。偏移主要发生在某些基团的谱带位置上。当共混组分之间生成氢键时，偏移会更为明显。

5.2.3.2 电镜法

采用电子显微镜拍摄的共混物形态照片，也可研究共混组分之间的相容性。

当共混工艺相同时，相容性好的共混体系，其分散相粒径也较为细小。因而，分散相粒径的减小，可以作为相容性改善的一个重要标志。此外，当共混组分之间相容性较好，且形成了一定厚度的界面过渡层时，在电镜上可观测到两相之间界面较为模糊。但是，两相界面模糊也可能是别的因素造成的。因此，“两相界面模糊”要与其它数据相对照，来表征共混组分的相容性。

5.2.3.3 黏度法

黏度法是通过测定聚合物稀溶液的黏度，预测和研究聚合物-聚合物体系相容性的方法。聚合物稀溶液的黏度与大分子的流体力学体积相关。将两种高聚物配置成混合溶液，两种聚合物分子之间的相互吸引或排斥，将会引起大分子流体力学体积的增加或减小。聚合物分子之间的相互作用反映在特性黏度的变化上，使混合溶液的特性黏度偏离不考虑高聚物之间相互作用的理论特性黏度。这种偏离是两种高聚物复杂相互作用的总体体现。两种聚合物分子之间的排斥会使稀溶液中大分子无规线团的体积变小，从而使黏度测定值与理论值呈现负偏差（对应于聚合物-聚合物体系相容性不好）；相反，若两种聚合物分子之间相互吸引，则大分子线团体积膨胀，使测定值大于理论值，呈现正偏差（对应于聚合物-聚合物体系相容性较好）。

5.3 共混物的相界面

本节讨论聚合物共混两相体系。按热力学相容的条件，两相共混体系属于热力学不相容体系。但是，两相（或多相）共混体系仍然可以具有良好的性能和重要的应用价值，并成为实际应用的共混材料的主体。而决定两相共混体系性能的重要因素之一，就是共混物的相界面。

5.3.1 概述

共混物的相界面，是指两相（或多相）共混体系相与相之间的交界面。由于共混物中分散相的粒径很小，通常在微米的数量级，使共混物这一分散体系具有胶体的某些特征，譬如相界面面积巨大。

共混物两相体系的界面形态与共混物组分之间的相容性密切相关。相容性较好的聚合物对，其界面结合也较为牢固，可形成具有一定厚度的界面层，或称过渡层；反之，相容性不好的聚合物体系，界面结合也不佳。可以认为，两相界面特性及过渡层的存在，是两相体系相容作用的物质实体。

界面张力是聚合物共混物界面特性的重要体现，本节将着重介绍聚合物表面与界面张力的概念和表征。界面张力与两相体系的相容性密切相关，同时，还对共混过程产生影响，如第 3 章所述，界面张力是影响共混过程的 5 个因素之一。相界面对共混物的力学性能也有重要影响，界面结合良好，可使共混物的力学性能提高。

5.3.2 表面张力与界面张力

5.3.2.1 基本概念

(1) 表面与界面

两相体系的表界面，是指从一相到另一相的过渡区域。表界面可分为 5 类：固体-气体、液体-气体、固体-液体、液体-液体、固体-固体。其中，固体-气体、液体-气体的交界面，习惯上称为表面；固体-液体、液体-液体、固体-固体的交界面，则称为界面。

(2) 表（界）面张力与表（界）面自由能

众所周知，液体具有收缩表面的倾向，亦即具有表面张力。常温下的聚合物作为一种固体，其表面虽然不能像液体那样自由地改变形状，但固体表面的分子也处于不饱和的力场之中，因而也具有表面自由能。固体表面对于液体的浸润和对气体的吸附，都是固体表面具有表面自由能的证据。

在两相体系的两组分之间，具有界面自由能。以熔融共混为例，在共混过程中，分散相组分是在外力作用之下逐渐被分散破碎的。当分散相组分破碎时，其比表面积增大，界面能相应增加。反之，若分散相粒子相互碰撞而凝聚，则可使界面能下降。换言之，分散相组分的破碎过程是需在外力作用下进行的，而分散相粒子的凝聚则是可以自发进行的。也可以从界面张力的角度进行描述：界面张力的存在，会阻止“液珠”变形，起阻碍分散相粒子变形和破碎的作用。

表（界）面张力和表（界）自由能都是由于表（界）面力场的不平衡所致，是从不同角度对体系的这一特性的描述。但是，不能将二者视为同一物理量的两种称谓。表（界）面张力是“力”，是向量，表（界）面自由能是“能”，是标量。表（界）面张力与表（界）面自由能物理意义有区别，单位不同，但数值相同。

5.3.2.2 聚合物表面张力的测定

常温下的聚合物为固体。固体表面张力的测定方法有多种，常用的方法为接触角法。

接触角法也是测定聚合物表面张力的主要方法。

采用接触角法测定聚合物表面张力，需先将聚合物制成平板状样品，然后采用接触角测定仪测定。方法是在样品表面滴上一滴特定的液体，如图 5-9 所示，测定接触角 θ。在图 5-9 所示的固相（聚合物）、液相（液滴）和气相（空气）三相交点处，作气-液界面切线，此切线与固液交界线的交角，就是接触角 θ。

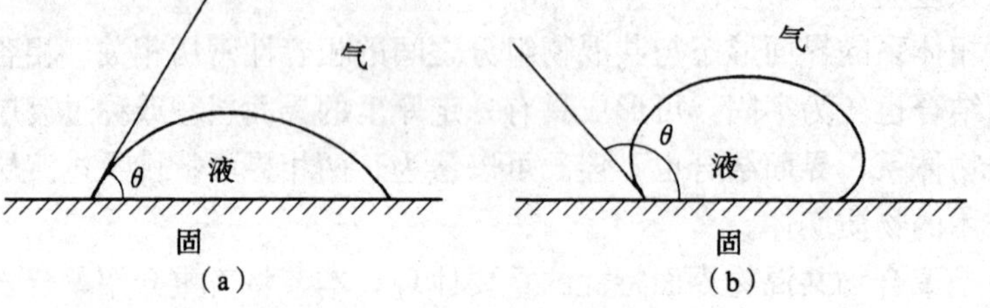

图 5-9 接触角 θ 示意图

(a) $\theta<90°$ (b) $\theta>90°$

接触角 θ 的大小，可反映固体与液体相互浸润的情况。若 $\theta<90°$ [如图 5-9 (a) 所示]，则表明浸润良好，或称固体亲液；若 $\theta>90°$ [如图 5-9 (b) 所示]，则表明浸润不良，或称固体憎液。

接触角 θ 可以直接表征聚合物的表面特性。例如，聚合物对某种液体的接触角 θ，可反映该聚合物对这种液体的浸润情况；这对于高分子材料的涂饰、黏合，以及聚合物薄膜的防结露性能等，都有重要意义。

进一步由接触角 θ 计算聚合物的表面张力，可采用如下方法。

著名的杨（Young）氏公式可反映出接触角 θ 与固体表面张力的关系：

$$\sigma_L \cos\theta = \sigma_S - \sigma_{SL} \tag{5-26}$$

式中 σ_L——所选用液体的表面张力；

σ_S——固体（聚合物）的表面张力；

σ_{SL}——液-固两相间的界面张力。

表面张力与界面张力之间有如下关系式[11]：

$$\sigma_{12} = \sigma_1 + \sigma_2 - 2\Phi(\sigma_1\sigma_2)^{1/2} \tag{5-27}$$

式中 σ_{12}——两相间界面张力；

σ_1、σ_2——各相的表面张力；

Φ——两相分子间的相互作用参数。

将 5-27 式中的两相分别设定为固相和液相，并将 5-27 式与 5-26 式结合，则有：

$$\sigma_S = \sigma_L \frac{(1+\cos\theta)^2}{4\Phi^2} \tag{5-28}$$

5-28 式表示了 σ_L、θ 与 σ_S 的关系。但是，5-28 式中的 Φ 值不易求取。可以采用如下的近似公式：

$$\sigma_{12} = \sigma_1 + \sigma_2 - 2(\sigma_1^d\sigma_2^d)^{1/2} - 2(\sigma_1^p\sigma_2^p)^{1/2} \tag{5-29}$$

式中 σ^d、σ^p——分别为表面张力的色散分量和极性分量（极性分量包含氢键和极性力的作用），且有：

$$\sigma = \sigma^{d} + \sigma^{p} \tag{5-30}$$

将 5-29 式中的两相分别设定为固相和液相，并将 5-29 式与 5-26 式结合，则有：

$$1 + \cos\theta = 2\left[\frac{(\sigma_S^d)^{1/2}(\sigma_L^d)^{1/2}}{\sigma_L} + \frac{(\sigma_S^p)^{1/2}(\sigma_L^p)^{1/2}}{\sigma_L}\right] \tag{5-31}$$

选用两种已知 σ_L、σ_L^d、σ_L^p 的液体，分别与聚合物试样测定 θ 角，就可以由 5-31 式和 5-30 式计算出该聚合物试样的 σ_S、σ_S^d 和 σ_S^p，得到聚合物试样的表面张力数据。

除接触角法外，聚合物的表面张力还可以采用如下方法确定。

(1) 熔体外推法：利用表面张力与温度的线性关系，由聚合物熔体的表面张力外推到室温的表面张力（参见 5.3.2.3 节）；

(2) 相对分子质量外推法：利用表面张力与聚合物相对分子质量的关系外推（参见 5.3.2.3 节）；

(3) 内聚能密度估算法：根据内聚能密度与表面张力的关系，由内聚能密度估算表面张力；

(4) 等张比体积加和法：将构成聚合物的原子或基团的等张比体积数值进行加和，计算表面张力[11]，等等。

5.3.2.3　聚合物表面张力的相关因素

聚合物的表面张力，与温度、聚合物的物态、聚合物相对分子质量、聚合物溶解度参数等因素有关。

(1) 聚合物的表面张力与温度的关系

表面张力的本质是分子间相互作用。由于分子间力随温度升高而下降，所以，表面张力也会随之降低，且与温度呈线性关系（结晶性的物质发生结晶或熔融时，线性关系会受影响）。聚合物的表面张力也随温度升高而下降，且与温度呈线性关系。因此，可测定熔融状态下聚合物的表面张力，外推到室温。这就是测定聚合物表面张力的“熔体外推法”。

几种聚合物的表面张力与温度的关系如图 5-10 所示[11]。

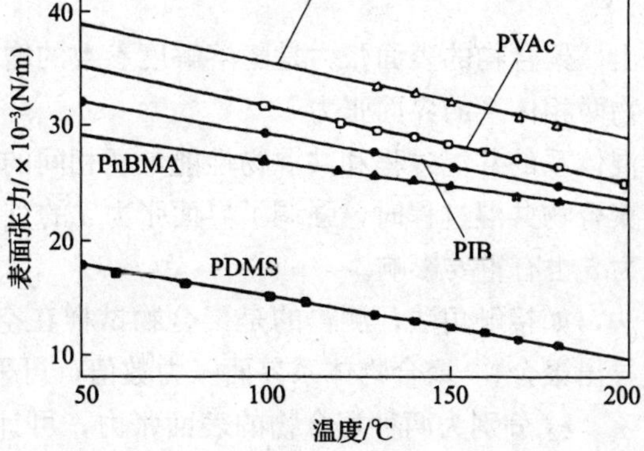

图 5-10　几种聚合物的表面张力与温度的关系

PMMA—聚甲基丙烯酸甲酯　PVAc—聚醋酸乙烯酯　PIB—聚异丁烯

PnBMA—聚甲基丙烯酸正丁酯　PDMS—聚二甲基硅氧烷

（2）聚合物的表面张力与聚合物物态的关系

结晶性聚合物发生结晶或熔融时，密度会发生变化。根据 Macleod 方程[11]，密度变化会引起表面张力变化，密度增大，表面张力也增大；因而，结晶性聚合物发生相变时，表面张力会发生相应的变化。结晶体的密度高于熔体的密度，相应的，结晶体的表面张力高于熔体的表面张力。这种变化，会使表面张力与温度的线性关系受到影响。

此外，结晶聚合物也有非结晶的部分。由于非结晶部分的表面张力低于结晶部分的表面张力，导致非结晶部分倾向于包覆在表面，以降低体系的表面能量。

（3）聚合物的表面张力与相对分子质量的关系

聚合物的表面张力与相对分子质量有如下的关系：

$$\sigma = \sigma_{\infty} - K_e / M_{r,n}^{2/3} \tag{5-32}$$

式中 σ——聚合物的表面张力；

σ_{∞}——相对分子质量为无穷大时表面张力；

K_e——常数；

$M_{r,n}$——聚合物的数均相对分子质量。

测定聚合物的液体同系物的表面张力，利用表面张力与相对分子质量的关系，可导出聚合物的表面张力。这就是相对分子质量外推法。

（4）聚合物表面张力与内聚能密度及溶解度参数的关系

聚合物表面张力和内聚能密度都与分子间相互作用力有关，因而，两者彼此有关联。如前面 5－23 式所示，内聚能密度 $C_{ii} = \delta_i^2$（δ 为溶解度参数），因而可以探讨溶解度参数与表面张力的关系。

聚合物表面张力与溶解度参数之间有一些经验关系式，可以由溶解度参数估算表面张力，如 5－33 式所示为经验关系式之一[11]。

$$\sigma^{0.43} = K\delta\Phi V_m^{0.14} \tag{5-33}$$

式中 σ——聚合物的表面张力；

K——常数；

δ——聚合物的溶解度参数；

Φ——分子间的相互作用参数；

V_m——摩尔体积。

由 5－33 式可以看出，聚合物的表面张力是随溶解度参数的增大而增大的。

5.3.2.4 聚合物-聚合物两相体系的界面张力

对于聚合物两相共混体系的共混过程和共混物性能，两相间的界面张力是很重要的影响因素。在第 3 章讨论聚合物共混过程时，强调了界面张力 σ 的重要作用；对于共混物两相体系的形态，界面张力 σ 也有重要影响。

采用通常的测试方法，如接触角法，测得的是聚合物试样在空气中的表面张力数据。从聚合物表面张力数值导出聚合物-聚合物体系界面张力数值，可采用 5－27 式。

采用 5－27 式，设 σ_1、σ_2 分别为两种聚合物的表面张力，可计算聚合物-聚合物体系界面张力。Φ 值可以由分子结构参数计算得出[11]。

Φ 可以分解为两种聚合物相互作用单元的摩尔体积的贡献（Φ_{V_m}）和两相聚合物极性的贡献（Φ_A）：

$$\Phi = \Phi_{V_m} \Phi_A \quad (5-34)$$

多数情况下，两种聚合物相互作用单元的摩尔体积相近，$\Phi_{V_m} \approx 1$，因而 $\Phi \approx \Phi_A$。若两相聚合物的极性完全相同，则 Φ_A 获得最大值为 1。若两相极性相差增大，Φ_A 值随之减小[11]。

一些聚合物对在不同温度下的 Φ 值如表 5-3 所示[11]。可以看出，温度对 Φ 值的影响甚小。

表 5-3　　一些聚合物对的 Φ 值

聚合物对	Φ 值		
	20℃	140℃	180℃
聚甲基丙烯酸甲酯/线形聚乙烯	0.845	0.841	0.838
聚甲基丙烯酸正丁酯/线形聚乙烯	0.896	0.903	0.906
聚苯乙烯/线形聚乙烯	0.893	0.905	0.907
聚醋酸乙烯酯/线形聚乙烯	0.798	0.804	0.798
聚甲基丙烯酸甲酯/聚苯乙烯	0.962	0.974	0.976
聚醋酸乙烯酯/聚异丁烯	0.860	0.864	0.865
聚甲基丙烯酸甲酯/聚甲基丙烯酸正丁酯	0.960	0.975	0.982

对 5-27 式的各项重新组合，可以转变为下式：

$$\sigma_{12} = (\sqrt{\sigma_1} - \sqrt{\sigma_2})^2 + 2(1-\Phi)\sqrt{\sigma_1\sigma_2} \quad (5-35)$$

如 5-35 式所示，聚合物两相间的界面张力 σ_{12} 由两部分组成，前半部分决定于 $\sqrt{\sigma_1}$ 与 $\sqrt{\sigma_2}$ 的差值，后半部分则决定于 Φ 与 1 的差值。关于该式的后半部分，由于聚合物间的 Φ 值大都接近于 1（参见表 5-3），一般在 0.8～1 之间[11]，所以 Φ 与 1 的差值并不大。关于该式的前半部分，按照 5-33 式，溶解度参数 δ 大约正比于 $\sqrt{\sigma}$，即 $\sqrt{\sigma_1}$ 与 $\sqrt{\sigma_2}$ 的差值大约正比于溶解度参数的差值（$\delta_1 - \delta_2$）；而如前所述，溶解度参数的差值是可以表征相容性的，溶解度参数相近，则相容性较好。这样就可导出相容性与界面张力的关系：相容性较好的聚合物对，界面张力相应较低。

采用前述的 B 参数，也可以推算聚合物-聚合物共混体系的界面张力。Helfand 等研究了热力学相互作用能与界面性质的定量关系[12,13]，提出了共混体系界面张力的表达式[2]：

$$\sigma_{AB} = \sqrt{\frac{RTB}{2}}(\beta_A + \beta_B)\left[1 + \frac{(\beta_A + \beta_B)_2}{3(\beta_A + \beta_B)_2}\right] \quad (5-36)$$

式中　σ_{AB}——聚合物 A、B 的界面张力；

B——相互作用能密度（即 B 参数）；

β_A、β_B——与聚合物相对分子质量和均方无扰末端距相关的参数。

如 5-36 式所示，B 参数较小时，界面张力较低。B 参数也可表征相容性，所以，5-36式也表明，相容性较好的聚合物对，界面张力相应较低。

在 5-36 式中，β_A、β_B 为与聚合物相对分子质量和均方无扰末端距相关的参数。其中，均方无扰末端距是表征大分子链柔顺性的。这表明，聚合物大分子链的柔顺性也会影响界面张力，并影响相容性。在界面层厚度的计算公式（5－37式）中，也要引入与聚合物相对分子质量和均方无扰末端距相关的参数 β_A、β_B。关于大分子链柔顺性与相容性关系的基本规律，尚待进一步研究[3]。

聚合物-聚合物体系的界面张力也可以通过实验方法测定。例如，采用动态流变性能的测试方法，可以测定聚合物体系的界面张力。

5.3.3 界面层与界面作用

5.3.3.1 界面层的结构

对于相容的聚合物组分，共混物的相界面上会存在一个两相组分相互渗透的“过渡层”，通常称为界面层。由此，可将聚合物共混物相界面的形态划分为两个基本模型，如图5－11所示。其中，图5－11（a）所代表的是不相容体系，或相容性很小的体系。在这类体系中，Ⅰ组分与Ⅱ组分之间没有过渡层。图5－11（b）则代表了两相组分之间具有一定相容性的情况，Ⅰ组分与Ⅱ组分之间存在一个过渡层。

共混物相界面的过渡层的示意图如图5－12所示[1]。如前所述，两相共混体系的两相组分之间，很多都是部分相容的。从宏观整体来看，过渡层的存在正是体现了两相之间有限的相容性，或者说是部分相容性。另一方面，从过渡层这个微观局部来看，又存在着分子水平（或链段水平）相互扩散的状态。

聚合物共混物的界面层（过渡层）厚度，与共混物组分的相容性有关。相容性好的，界面层也较厚。

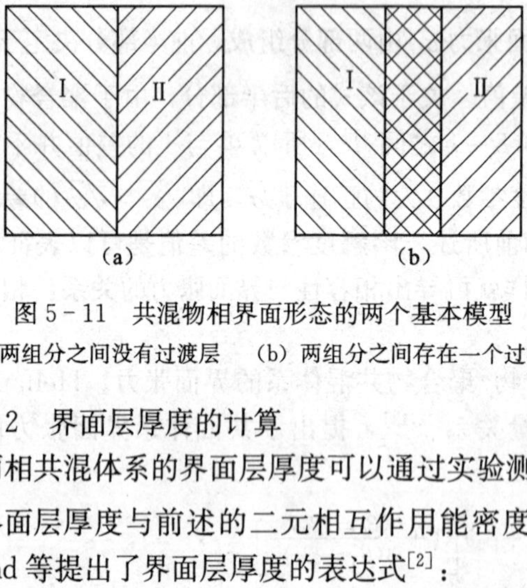

图5－11 共混物相界面形态的两个基本模型

（a）两组分之间没有过渡层 （b）两组分之间存在一个过渡层

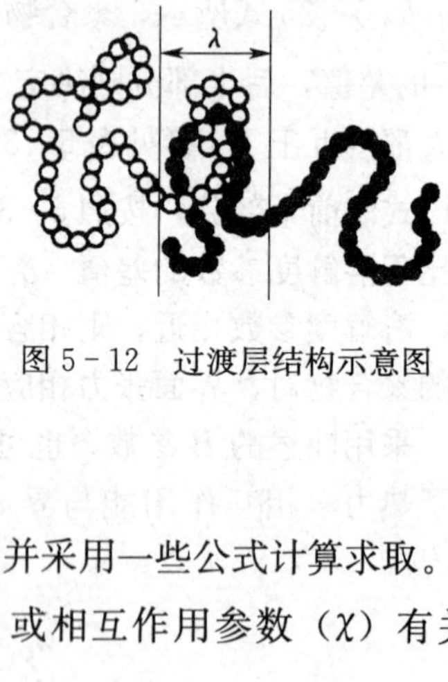

图5－12 过渡层结构示意图

5.3.3.2 界面层厚度的计算

两相共混体系的界面层厚度可以通过实验测定的方法，并采用一些公式计算求取。

界面层厚度与前述的二元相互作用能密度（B 参数）或相互作用参数（χ）有关。Helfand等提出了界面层厚度的表达式[2]：

$$\lambda=\sqrt{\frac{2RT}{B}(\beta_A^2+\beta_B^2)} \qquad (5-37)$$

式中 λ——界面层厚度；

B——相互作用能密度（即 B 参数）；

β_A、β_B——与聚合物相对分子质量和均方无扰末端距相关的参数。

如5－37式所示，B 参数较小时，界面层厚度值较大。由于 B 参数可以表征相容性，B 参数较小时，相容性较好；所以，5－37式表明，界面层厚度与相容性有关，相容性好的，界面层较厚。5-37 式（以及前面的 5-36 式）显然适用于 $B>0$ 的情况。

5.3.3.3 界面作用理论

聚合物两相体系的界面作用，从总体上可分两大类。其一是两相之间有化学键连接，如嵌段、接枝共聚物；其二是两相之间没有化学键连接，仅有聚合物大分子间的相互作用（如范德华力、氢键等），如一般机械法共混物。

对于两相之间没有化学键连接的界面作用，有润湿-接触理论和扩散理论[14]。润湿-接触理论认为界面结合强度取决于界面张力。共混物组分间的界面张力越小，界面结合强度越高。扩散理论认为，界面结合强度取决于相容性。相容性越好，界面结合强度越高。

上述两种理论有内在联系。相容性好的聚合物体系，界面张力也小。

此外，界面作用理论还有酸碱相互作用理论，将在第 8 章介绍。

5.3.3.4 界面张力、界面层厚度与相容性的关系

界面张力（或界面能）、界面层厚度都是聚合物共混两相体系界面研究中的要素。界面张力与界面层厚度、共混体系相容性等都密切相关。界面张力还对共混过程有重要影响。

由 5-35 式、5-36 式和 5-37 式，可以看出界面张力和界面层厚度与聚合物相容性的关系：溶解度参数接近的体系，或者 B 参数较小的体系，相容性相应地较好，界面张力较低，界面层厚度也较厚。

典型的橡胶-橡胶共混体系的相容性（以溶解度参数之差的绝对值表征）与界面张力、界面层厚度的理论计算值的关系，如图 5-13 所示[1]。$|\delta_A-\delta_B|$ 较小的体系（即相容性较好的体系），界面张力较低，界面层厚度较厚。

界面张力还与聚合物共混过程密切相关。在共混过程中，聚合物熔体之间的界面张力是一个很重要的影响因素。在第 3 章关于共混过程的各个模型，以及平衡粒径 R^* 的公式中（参见 3-29 式），都有界面张力的影响。

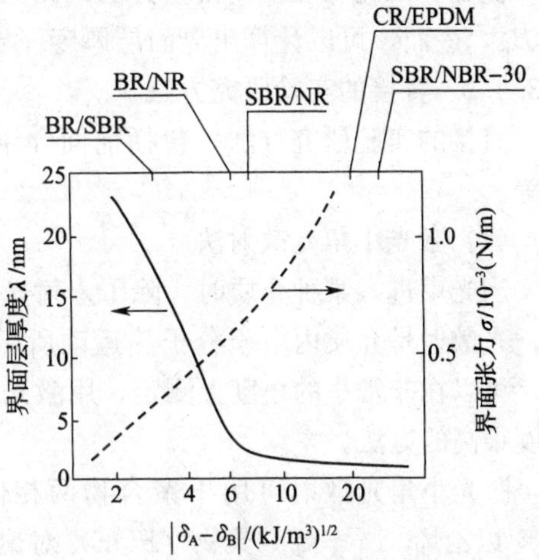

图 5-13 橡胶-橡胶共混体系界面张力、界面层厚度与溶解度参数的关系

BR—顺丁橡胶 SBR—丁苯橡胶 NR—天然橡胶

CR—氯丁橡胶 EPDM—三元乙丙橡胶

NBR-30—丙烯腈含量 30%的丁腈橡胶

5.3.3.5 相界面的效应

在两相共混体系中，由于分散相颗粒的粒径很小（通常为微米数量级，甚至是纳米数量级），具有很大的比表面积。相应的，两相的相界面也很大。如此量值巨大的相界面，可以产生多种效应。

(1) 力的传递效应

在共混材料受到外力作用时，相界面可以起到力的传递效应。譬如，当材料受到外力作用时，作用于连续相的外力会通过相界面传递给分散相；分散相颗粒受力后发生变形，又会通过界面将力传递给连续相。为实现力的传递，要求两相之间具有良好的界面结合。

（2）光学效应

利用两相体系相界面的光学效应，可以制备具有特殊光学性能的材料。譬如，将 PS 与 PMMA 共混，可以制备具有珍珠光泽的材料。

（3）诱导效应

相界面还具有诱导效应，譬如诱导结晶。在某些以结晶高聚物为基体的共混体系中，适当的分散相组分可以通过界面效应产生诱导结晶的作用。通过诱导结晶，可形成微小的晶体，避免形成大的球晶，对提高材料的性能具有重要作用。

相界面的效应还有许多，如声学、电学、热学效应，等等。

5.3.4 相界面的研究方法

相界面的研究方法，包括理论模型-实验数据法，以及直接的实验研究法。

5.3.4.1 理论模型-实验数据法

理论模型-实验数据法以一定的理论模型为依托，配合以实验数据，为理论模型提供必要的经验参数，或者对理论模型进行验证。

例如，二元相互作用模型方法，以二元相互作用模型为理论基础，通过实验数据推导出 B_{ij}，进而，可以计算出界面层厚度、界面张力等参数。

5.3.4.2 直接的实验研究方法

直接的实验研究方法，包括前面介绍的电镜法，以及激光小角光散射法、中子散射法等。

（1）激光小角光散射法

当光束进入某种介质时，除了入射光方向外，其它方向上也能看见光的现象称为光散射。光散射是介质内由于分子热运动所引起的光学不均匀性产生的。由于激光的准直性好，可以在非常小的角度上测定，用激光小角光散射仪，可使光散射法的测定成为快速且精度很高的方法。

激光小角光散射可用于聚合物两相体系界面层厚度、分散相粒径等测定。许岳剑等[15]以乙烯-1-辛烯共聚物（POE）对聚丙烯（PP）进行增韧改性，通过激光小角光散射研究，求得过渡层厚度 d 和分散相粒子表面间距 τ 等数据，进而研究了 d 和 τ 与材料冲击性能之间的关系。

（2）中子散射

将中子散射应用于聚合物结构研究[16]，起源于 20 世纪 70 年代。与光散射（LS）和小角 X 射线散射（SAXS）方法相比，中子散射方法有重要优势。光散射方法利用两相折光指数不同，小角 X 射线散射方法利用电子密度的差异，而中子散射方法则利用中子散射长度的差别。中子散射方法的主要优势在于，该方法可以在很大的范围内进行结构测定，从最轻的元素（氢）到聚合物大分子的形态。此外，同一元素的同位素可以有不同的中子散射长度，例如，对于氢和其同位素氘，可以加以区分。中子散射方法还是非破坏性的，因而不必担心辐射破坏对数据的影响。

中子散射方法包括小角中子散射（SANS）、中子反射（NR）等。SANS 适用于研究相分离过程、两相体系的形态。如果共混体系中某一聚合物可被氘化，则可实现对任意共混体系的研究。NR 在研究界面尺寸和形状，以及组分间互相扩散（形成过渡层）等方面，是重要的工具。

利用中子散射方法，还可以对二元相互作用能密度（*B* 参数）或相互作用参数（χ）进行研究。

5.4 相容剂

相容性，不仅是聚合物共混理论中最重要的概念，而且也是共混改性实施中需要考虑的最重要的因素。由于相当大一部分共混物的组成之间彼此相容性欠佳，这就使改善相容性（又称“相容化”，或“增容”）成了许多共混体系制备中成败的关键。改善聚合物两相体系的界面结合，提高两相之间的相容性，对提高共混物的性能至关重要。改善聚合物两相界面结合的方法有多种，包括制备聚合物互穿网络（IPN）、在聚合物大分子链上引入特殊官能团、进行交联，等等。在熔融共混中，最常采用的方法，是添加相容剂（又称增容剂）。

本节重点介绍共混改性用的相容剂。相容剂的作用机理是富集在两相界面处，改善两相之间的界面结合。此外，相容剂还可以促进分散相组分在共混物中的分散。相容剂对提高共聚物性能有重要意义。相容剂的类型有非反应性共聚物、反应性共聚物等，也可以采用原位聚合的方法制备。

5.4.1 非反应性共聚物

在聚合物 A 与聚合物 B 的共混体系中，可以加入 A-B 型接枝或嵌段共聚物作为相容剂。其中，相容剂中的 A 组分与聚合物 A 相容性良好，B 组分与聚合物 B 相容性良好。A-B 型共聚物富集在两相界面处，可改善两相的界面结合。

如果 A-B 型共聚物难以合成，也可以加入 A-C 型共聚物。其中，C 组分与聚合物 B 有良好的相容性。当然，也有一些非反应性共聚物，不属于 A-B 型或 A-C 型，也能起相容剂作用。

非反应性共聚物作为相容剂，并不一定要用双嵌段共聚物。例如，在 PS/PP 共混体系中，分别采用 SBS 三嵌段共聚物和 SB 双嵌段共聚物作为相容剂，结果表明，采用 SBS 的效果优于 SB。其原因是，采用 SB 双嵌段共聚物作为相容剂时，分布在两相界面区域的 SB 很少，大多数 SB 以胶束形态分散在 PS 相中，因而难以达到良好的增容效果。而 SBS 在含量较低时，主要分布于两相界面区域。由此可见，双嵌段共聚物的增容效果不一定总是最好的[14]。

张秀斌等[18]在 HIPS/PVC 共混体系研究中，采用自由基引发的溶液聚合法合成了高抗冲聚苯乙烯接枝聚甲基丙烯酸甲酯（HIPS-g-PMMA）作为相容剂。这属于上述的 A-C 型相容剂。结果表明：HIPS-g-PMMA 对 HIPS/PVC 共混体系表现出较好的增容效果，共混物的拉伸强度、屈服强度及断裂伸长率明显增加，冲击强度增大，电镜照片显示两相界面变得模糊。

游长江等[19]研究了苯乙烯-乙烯/丙烯二嵌段共聚物（SEP）对 PP/PS 共混体系的形态和力学性能的影响。结果表明：SEP 在 PP/PS 体系中作为相容剂，显著降低分散相（PS）的平均粒径，提高了共混物的力学性能。对 m（PP）：m（PS）＝70：20（质量比）的体系，SEP 的增容作用尤为明显。

5.4.2 反应性共聚物

使用 A－C 型反应性共聚物，可以改善聚合物 A 与 B 的相容性。其中，共聚物的组分 C 可以与聚合物 B 发生化学反应。例如，在 PP/PA 共混体系中，可以采用马来酸酐（MAH）接枝到 PP 上作为相容剂。在共混过程中，MA 可以与 PA 发生化学反应，从而改善 PP 与 PA 的相容性。也可以采用 D-C 型反应性共聚物，其中，共聚物的组分 C 可以与聚合物 B 发生化学反应，而组分 D 与聚合物 A 相容性良好。

左建东等[20]应用 Brabender 挤出机制备 ABS 接枝物 ABS-g-MAH，研究了该接枝物对 PA6/ABS 合金的增容作用。实验结果，在合适的温度下，转速为 30r/min、引发剂 DCP 用量为 1％、MAH 用量为 5％时，ABS-g-MAH 的接枝率可达 2.3％；PA6/ABS/ABS-g-MAH 共混物配比为 90∶8∶15 时，合金的冲击韧性有较大提高，其它性能也有所改善。该相容剂属于 A-C 型反应性共聚物。

周伟平等[21]以 PP-g-MAH 为相容剂，用双螺杆挤出机对 PA6/SEBS/PP-g-MAH 进行共混（SEBS 是热塑性弹性体 SBS 的加氢产物，又称为氢化 SBS），结果表明：PA6/SEBS/PP-g-MAH 体系的拉伸强度、抗弯强度和冲击强度，都比 PA6/SEBS 体系有不同程度的提高，吸水率有较大幅度降低。该相容剂属于 D－C 型反应性共聚物。

崔红跃等[22]采用熔融接枝方法制备了相容剂 EPDM-g-MAH（EPDM 为三元乙丙橡胶），应用于 PA6/PP 共混体系，研究了 EPDM-g-MAH 用量、PA6/PP 配比、加工方式等对 PA6/PP/EPDM-g-MAH 共混体系的相态结构、力学性能的影响，同时研究了分散相颗粒平均粒径（d）、表面间距（τ）与冲击强度之间的关系。结果表明，接枝物 EPDM-g-MAH 可有效地改善 PA6/PP 体系的相容性，且冲击强度显著提高。

李志君等[23]以甲基丙烯酸缩水甘油酯（GMA）和苯乙烯多单体熔融接枝聚丙烯为相容剂，研究了该相容剂对 PA6/HIPS 共混物的熔融流变性能、结晶行为、两相形态和力学性能的影响。结果表明，在相容剂的质量分数为 10％时，共混物分散相的尺寸明显变小，力学性能得到较大提高。

王文等[24]运用辐射接枝技术，制备了甲基丙烯酸缩水甘油酯（GMA）接枝 SAN 作为相容剂（SAN 为苯乙烯-丙烯腈共聚物），应用于 PA6/ABS 共混体系。该相容剂能有效地提高 PA6/ABS 共混物力学性能，表现出优良的增容效果。

何慧等[25]以过氧化苯甲酰（BPO）为引发剂，通过熔融接枝法在 Brabender 转矩流变仪中制得马来酸酐接枝 EVA，将该接枝物用于增容 PP/PBT 共混体系，共混物的力学性能得到提高，界面形貌得到改善，体系的相容性得到明显增强。当马来酸酐接枝 EVA 用量为 4～6 质量份时，共混物的综合力学性能最佳。

刘长生等[26]采用 PP 接枝羟甲基丙烯酰胺作相容剂，制备了 PA6/PP 共混物。共混体系冲击强度增高，分散相尺寸变小。

兰浩等[27]分别研究了三种相容剂（苯乙烯-马来酸酐共聚物、马来酸酐接枝 ABS、马来酸酐接枝 LLDPE）对 PC/ABS 共混体系的力学性能及应力开裂性能的影响。结果表明，这三种相容剂都可以提高该共混体系的相容性。

5.4.3 原位聚合方法

原位聚合法中的相容剂不是预先合成的，而是在加工成型过程中产生的。例如，将三元乙丙橡胶（EPDM）与甲基丙烯酸甲酯（MMA）在过氧化物存在的条件下从双螺杆挤出机中挤出，形成 EPDM、PMMA 与 EPDM-g-MMA 三种组分的共混物。其中，接枝共聚物 EPDM-g-MMA 在共混体系中起相容剂作用。原位聚合方法又称为反应共混，由于具有简便易行的特点，已成为共混改性的新途径。

提高相容性也可以采用其它方法，如交联法。在橡胶-橡胶共混体系中，两相间的交联是提高相容性的有效途径。

习　　题

1. 试述共混体系在何种条件下会处于热力学亚稳态。
2. 试述 B 参数与热力学相容性的关系。
3. 简述聚合物表面张力的影响因素。
4. 简述共混体系界面张力、界面层厚度与相容性的关系。
5. 共混体系的相容剂有哪些类型？

参考文献

[1] 邓本诚，李俊山. 橡胶塑料共混改性. 北京：中国石化出版社，1996. 15～64，235

[2] [美] D. R. 保罗等. 聚合物共混物：组成与性能. 殷敬华等译. 北京：科学出版社，2004. 3～9，43～63，253

[3] [美] O. 奥拉比瑟等. 聚合物-聚合物溶混性. 项尚田等译. 北京：化学工业出版社，1987. 2，4，32～35，72

[4] Bruder F，Brenn R. Spinodal Decomposition in Thin Films of a Polymer Blend. Physical Review Letters，1992，69 (4)：624～627

[5] Flory P J. Thermodynamics of Polymer Solutions. J. Chem. Phys.，1942，10：51～61

[6] Huggins M L. Solutions of Long Chain Compounds. J. Chem. Phys.，1941，9：440

[7] Patterson D. Free Volume and Polymer Solubility. Macromolecules，1969，2：672～677

[8] Janssen S，Schwahn D，Mortensen K，et al. Pressure Dependence of the Flory-Huggins Interaction Parameter in Polymer Blends. Macromolecules，1993，26：5587～5591

[9] Frielinghaus H，Schwahn D，et al. Pressure and Temperature Effects in Homopolymer Blends and Diblock Copolymers. J. Appl. Cryst，1997，30：696～701

[10] 邓如生. 共混改性工程塑料. 北京：化学工业出版社，2003. 438

[11] 胡福增，郑安呐，张群安. 聚合物及其复合材料的表界面. 北京：中国轻工业出版社，2001. 10～15，49～66

[12] Helfand E，Sapse A M. Theory of Unsymmetric Polymer-polymer Interfaces. J. Chem. Phys.，1975，62：1327～1331

[13] Helfand E，Bhattacharjee S M，Fredrickson G. Molecular Weight Dependence of Polymer Interfacial Tension and Concentration Profile. J. Chem. Phys. 1989，91：7200～7208

[14] 王经武. 塑料改性技术. 北京：化学工业出版社，1998. 61，82

[15] 许岳剑，许鑫华等. 小角光散射研究 PP/EOC 增韧体系. 中国塑料，2004，18 (9)：43～46
[16] Higgins J S，Benoit H C. Polymers and Neutron Scattering. Clarendon Press，Oxford，1993
[17] 王孟钟，黄应昌. 胶黏剂应用手册. 北京：化学工业出版社，1987. 18
[18] 张秀斌，姚慧. HIPS-g-PMMA 的合成及其在 HIPS/PVC 共混体系中的增容作用. 塑料工业，2004，32 (8)：8～10
[19] 游长江，席宋等. SEP 对 PP/PS 合金形态和力学性能的影响. 塑料工业，2003，31 (8)：16～18
[20] 左建东，冯绍华等. PA6/ABS 合金的研制. 塑料，2003，32 (6)：15～19
[21] 周伟平，刘先珍等. PA6/SEBS/PP-g-MAH 的共混改性. 高分子材料科学与工程，2004，20 (6)：203～206
[22] 崔红跃，王德鑫，等. PA6/PP/EPDM-g-MAH 共混物的制备与性能研究. 中国塑料，2003，17 (10)：41～43
[23] 李志君，谢续明，郭宝华. PA6/HIPS/PP-g- (GMA-co-St) 反应共混体系的研究. 高等学校化学学报，2004，25 (10)：1941～1944
[24] 王文，傅贵荣等. 相容剂 C 的辐射合成及在 PA6/ABS 合金中的应用. 塑料工业，2001，29 (5)：9～11
[25] 何慧，杨波等. (E/VAC) -g-MAH 对 PP/PBT 共混体系的增容改性. 工程塑料应用，2004，32 (8)：5～8
[26] 刘长生，王琪等. PP-g-HMA 增容尼龙 6/聚丙烯共混物结构与性能研究. 塑料工业，2001，29 (11)：9～12
[27] 兰浩，周琨生等. 相容剂对 PC/ABS 合金性能的影响. 中国塑料，2004，18 (8)：53～55

第6章　聚合物共混物的性能

内容提要：在介绍共混物性能的预测和测定的基础上，重点介绍了在聚合物共混改性中占有举足轻重地位的塑料增韧改性，包括弹性体增韧、非弹性体增韧和增韧机理。还介绍了聚合物共混物的其它性能。

聚合物共混物的性能，包括流变性能、力学性能、电学及光学性能、阻隔及透气性能，等等。提高塑料的抗冲击性能，即增韧改性，在聚合物共混改性中占有举足轻重的地位，本书将重点介绍增韧改性。在具体介绍聚合物共混物的性能之前，先根据影响共混物性能的因素，介绍共混物性能与单组分性能的一些关系式，也就是共混物性能的预测。聚合物共混物性能研究是与实验密切相关的，共混研究中实验结果的可比性和可重复性，也是必须重视的问题。

6.1　共混物性能的影响因素

共混物的性能，受到多方面因素的影响，包括各组分的性能与配比、共混物的形态、两相体系的界面结合，以及外界作用条件等，分述如下。

6.1.1　各组分的性能与配比

聚合物共混体系通常以某一种聚合物为主体，添加其它组分对主体聚合物进行改性。主体聚合物通常为连续相，其它共混组分则通常以分散相的形态存在。

共混体系中，连续相性能和分散相性能分别对共混物性能有不同影响。一般来说，以塑料为连续相的共混体系，主要体现出塑料的性能；而连续相为橡胶的共混体系，则主要体现出橡胶的性能。分散相则对主体聚合物起到改性作用，例如增韧、增强等作用。

对主体聚合物起改性作用的组分（可称为改性剂），通常有一个最佳的用量或最佳用量范围。最佳用量一般是通过实验确定的，也可以经理论计算进行初步的预测。对于不同的共混体系和不同性质的改性剂，改性剂的最佳用量有可能相差颇为悬殊。例如，用橡胶对塑料进行增韧改性，橡胶的用量通常可在3%～20%（质量分数）的范围内选取；填充型无机阻燃剂应用于聚合物阻燃，无机阻燃剂用量会高达60%（质量分数）以上；而某些无机纳米粒子/聚合物复合体系，无机纳米粒子用量仅为0.1%～0.5%，就可以发挥改性作用。

需要指出的是，某种改性剂在对主体聚合物某一性能起改善作用的同时，可能会降低其它性能。例如，用橡胶对塑料进行增韧改性，在提高塑料韧性的同时，会使其刚性降低；填充型无机阻燃剂在提高聚合物阻燃性能的同时，会降低聚合物的力学性能，等等。对于这样的情况，要设法控制改性剂的用量、优选改性剂的品种，或添加其它改性剂以改善共混物的综合性能。

在某些共混体系中，不同的改性剂可以彼此协效，得到更为显著的改性效果。这种协同效应，是共混领域诸多课题研究的重点。例如，填充型无机阻燃剂应用于聚合物阻燃，无机阻燃剂（如氢氧化铝、氢氧化镁）用量会高达60%（质量分数）以上，这就会显著降低聚合物的力学性能。为解决这一问题，就需要开发氢氧化铝、氢氧化镁的阻燃协效剂，提高其阻燃效果，减少其用量，以尽可能避免对力学性能的不利影响。

6.1.2 共混物形态的影响

共混物的形态包括：分散相的粒径及分布，分散相粒子的空间排布、聚结状态与取向状态等。

对于聚合物-聚合物共混体系，分散相的粒径及分布对共混物性能有重要影响。对于特定的共混体系，分散相通常有一个最佳的粒径范围。例如，对于橡胶增韧塑料体系，橡胶是分散相，橡胶粒子通常有一个最佳的粒径范围。但是，对于不同的橡胶增韧塑料体系，这一最佳的粒径范围有可能不同。由于分散相通常有一个最佳的粒径范围，所以，分散相的粒径分布，一般认为均匀一些较好。过大或过小的粒子，处在最佳粒径范围之外，有可能对改善性能不起作用，甚至产生不利的作用。对于特殊的体系，也有双峰分布的分散相粒径效果较好的报道（参见6.5.3节）。

对于聚合物填充体系，填充剂粒子是分散相。填充剂粒子的粒径大小会对聚合物填充体系性能产生重要影响。填充剂粒子还有可能会发生团聚，聚结成大粒子（团聚体），这通常会对性能产生不利影响。

对于各向异性的分散相粒子，其空间排布状态（如是否取向）与性能也密切相关。此外，聚合物共混体系两相间的界面结合，对性能也有重要影响。

6.1.3 制样方法和条件的影响

熔融共混试样通常是采用挤出、注塑等方法制备的。对同一配方体系，制样方法不同，试样的性能会不同。即使采用同一制样方法（如同为注塑法），在不同的设备上制样，性能也会有不同。甚至同一台设备，不同批次制样，性能也可能有所波动。因此，对于共混体系的制样，在同一台设备上、同一制样条件下、同一批次制出的试样，最有可比性。

如果采用同一设备的不同批次试样，或者不采用同一台制样设备，则应设置参比样（如基体聚合物的空白样等），以考察测试结果的可比性。不同的制样方法（如挤出与注塑），通常是较少可比性的。

共混试样制备后，需放置一定的时间后测试性能。放置时间的长短（如24h、一周或一个月）对测试结果也会有影响。

6.1.4 测试方法与条件

聚合物共混物的性能，都是在一定的外部条件下测定得到的。

例如，力学性能的测定涉及外力作用的形式，包括：拉伸作用、冲击作用、弯曲作用、压缩作用，等等。对于拉伸实验，拉伸速度是重要的影响因素；对于冲击实验，冲击实验机的类型（悬臂梁、简支梁）、摆锤的质量大小、试样有缺口或无缺口，以及缺口的类型，都会得到不同的测试结果。

力学性能测定时外力作用的方向与试样制备时成型加工的方向（例如挤出、压延方向）的关系，也影响测试结果。这是因为分散相粒子（如果是各向异性的）通常会在成型加工时沿剪切力的方向取向，连续相的大分子链也会沿剪切力的方向取向，因而导致材料在不同方向上具有不同的性能。若外力作用的方向与试样成型加工的方向垂直，称为横向；若平行，称为纵向。

测试时的温度也是重要的外界条件。温度条件包括：常温、高温、低温、高低温等。某些在变温条件下测试的项目，还应关注升温（或降温）速度。

对于常规的性能测试，都有相应的测试标准（国际标准、国家标准或企业标准）。进行工业应用研究和应用基础研究时，一般应按照所需的标准规定的测试条件进行测试。例如，按国家标准进行塑料性能的测试，有塑料简支梁冲击试验方法（GB/T 1043—1993）、塑料悬臂梁冲击试验方法（GB/T 1843—1996）、塑料拉伸性能试验方法（GB/T 1040—1992）、塑料压缩性能试验方法（GB/T 1041—1992）、热塑性塑料维卡软化温度（VST）的测定（GB/T 1633—2000）、塑料弯曲负载热变形温度（简称热变形温度）试验方法（GB/T 1634—1979），等等。

随着材料科学基础研究的进展，一些新的理论和实验方法被开发出来。例如，按冲击强度的经典定义来测定的冲击强度，不能将材料本身的固有性能和试样几何尺寸对测试结果的影响有效地区分开。而新开发的“基本断裂功方法”，可以将两者区分开（参见6.5.4节）。这就为共混材料的研究提供了新的方法。

6.2 共混物性能的预测

在具体地介绍聚合物共混物的性能之前，先根据影响共混物性能的因素，介绍共混物性能与单组分性能的一些关系式，也就是共混物性能的预测。

进行聚合物的共混，一般都期望改善某些性能。在实施共混之前，如果能够对共混物性能进行预测，则可以在一定程度上减少研究工作量，使研究工作更有目的性。这就需要了解共混物性能与单组分性能的关系。此外，建立共混物性能与单组分性能的关系式，还有助于进一步探讨共混改性的机理。

如前所述，影响共混物性能的因素，首先是各共混组分的性能。共混物的性能与单一组分的性能之间，存在着某种关联。以双组分共混体系为例，若设共混物性能为 P，组分1性能为 P_1，组分2性能为 P_2，则可建立 P 与 P_1、P_2 之间的关系式。这里主要介绍 Nielsen 提出的预测公式[1,2]。

6.2.1 简单关系式：并联与串联

对于双组分共混体系，共混物性能 P 与单一组分性能 P_1、P_2 以及组分配比（体积分数 ϕ_1、ϕ_2）之间的关系，若不考虑共混物形态的因素，可以建立一些较为简单的关系式，包括并联关系式与串联关系式。

并联关系式是假定共混物两组分的性能以“并联”的方式组合，如图 6-1（a）所示。对于并联组合，在共混物性能与单一组分性能之间可以建立如下关系式：

$$P = \phi_1 P_1 + \phi_2 P_2 \tag{6-1}$$

式中 ϕ_1、ϕ_2——组分1与组分2的体积分数。

在式 6-1 中，共混物性能只是组分1与组分2性能的算术加和。

串联关系式是假定共混物两组分的性能以“串联”的方式组合，如图 6-1（b）所示。对于串联组合，可以建立如下关系式：

$$\frac{1}{P}=\frac{\phi_1}{P_1}+\frac{\phi_2}{P_2} \tag{6-2}$$

采用 6-1 式与 6-2 式表征共混物性能 P 与单一组分性能 P_1、P_2之间的关系，由于未考虑共混物的复杂形态因素，因而与实际共混物的性能会有较大的偏差。为了更好地反映共混物性能与单一组分性能之间的关系，应根据不同的共混物形态（均相体系、“海-岛”结构或“海-海”结构），分别建立相应的关系式。

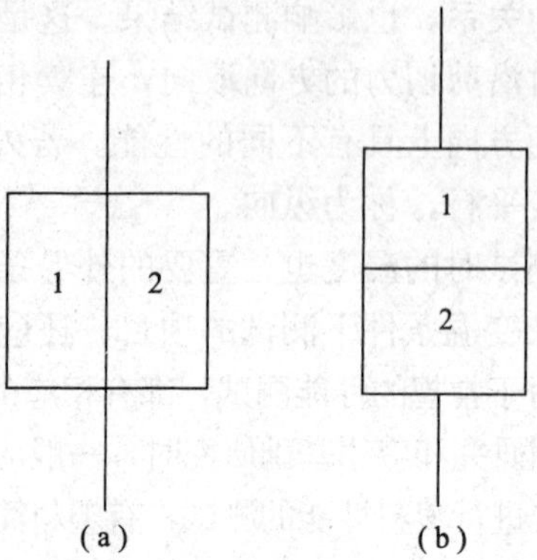

图 6-1　共混物性能与单一组分性能的组合关系（示意图）
（a）并联组合　（b）串联组合

6.2.2 均相共混体系

均相体系共混物性能与单一组分性能之间的关系式，可在 6-1 式基础上加以改进而获得。6-1 式实际上表示组分 1 与组分 2 之间没有相互作用。但对于大多数共混物而言，各组分之间通常是有相互作用的。因而，均相体系共混物性能可以用下式表征：

$$P=\phi_1 P_1+\phi_2 P_2+I\phi_1\phi_2 \tag{6-3}$$

式中　I——两组分之间的相互作用参数，根据两组分之间相互作用的具体情况，可取正值或负值。

若 I 值为 0，则 6-3 式就是 6-1 式。

6.2.3 “海-岛”结构两相体系

影响“海-岛”结构两相体系性能的因素，较之均相体系要复杂得多。Nielsen 提出了“海-岛”结构两相体系性能与单一组分性能及结构形态因素的关系式。共混物的性能与共混物的形态密切相关，对于不同形态的共混物，P 与 P_1、P_2之间的关系式也是不相同的。由于“海-岛”结构两相体系在形态上的复杂性，这些关系式也远较均相体系的关系式复杂。

6.2.3.1 连续相硬度较低的体系

按 Nielsen 的混合法则，若两相体系中的分散相为硬度较高的组分，而连续相为硬度较低的组分（这一设定主要适用于填充体系，或塑料增强橡胶的体系），则两相体系性能与单一组分性能及结构形态因素的关系如 6-4 式所示[2]：

$$\frac{P}{P_{\mathrm{m}}}=\frac{1+AB\phi_{\mathrm{d}}}{1-B\psi\phi_{\mathrm{d}}} \tag{6-4}$$

式中　P——共混物的性能；

P_{m}——两相体系中连续相（基体）的性能；

ϕ_{d}——分散相的体积分数。

A、B、ψ 均为参数，其中：

$$A=K_{\mathrm{E}}-1 \tag{6-5}$$

K_{E} 为爱因斯坦系数，是一个与分散相颗粒的形状、取向、界面结合等因素有关的系数。对于共混物的不同性能，有不同的爱因斯坦系数（如力学性能的爱因斯坦系数、电学性能的爱因斯坦系数)。在某些情况下(如分散相粒子的形状较为规整时),K_E 可由理论计算得到;而在另一些情况下,K_E 值需根据实验数据推得。某些体系的力学性能的爱因斯坦系数 K_E 如表 6-1 所示。

表 6-1　力学性能的爱因斯坦系数 K_E

分散相粒子的类型	取向情况	界面结合情况	应力类型	K_E
球形		无滑动		2.5
球形		有滑动		1.0
立方体	无规			3.1
短纤维	单轴取向		拉伸应力,垂直于纤维取向	1.5
短纤维	单轴取向		拉伸应力,平行于纤维取向	$2L/D$①

注:① L/D 为纤维长径比。

B 是取决于各组分性能及 K_E(体现在 A 值中)的参数:

$$B=\frac{\dfrac{P_d}{P_m}-1}{\dfrac{P_d}{P_m}+A} \tag{6-6}$$

式中　P_d——分散相的性能。

$$\psi=1+\left(\frac{1-\phi_{max}}{\phi_{max}^2}\right)\phi_d \tag{6-7}$$

式中　ψ——对比浓度,是最大堆砌密度 ϕ_{max} 的函数:

$$\phi_{max}=\frac{分散相粒子的真体积}{分散相粒子的堆砌体积} \tag{6-8}$$

引入 ϕ_{max} 因子的前提是假想将分散相粒子以某种形式"堆砌"起来,"堆砌"的形式取决于分散相粒子在共混物中的具体状况,与分散相粒子的形状、粒子的排布方式(有规、无规、是否聚结)、粒子的粒径分布等有关。ϕ_{max} 是分散相粒子在某一种特定的存在状况之下所可能达到的最大的相对密度。因此,将 ϕ_{max} 命名为最大堆砌密度。ϕ_{max} 这一因子所反映的,是分散相粒子的某一种特定的存在状况的空间特征。若干种不同"存在状况"的分散相粒子的 ϕ_{max} 值见表 6-2。

表 6-2　最大堆砌密度 ϕ_{max}

分散相粒子形状	"堆砌"的形式	ϕ_{max}(近似值)
球形	六方紧密堆砌	0.74
球形	简单立方堆砌	0.52
棒形(L/D=4)	三维无规堆砌	0.62
棒形(L/D=8)	三维无规堆砌	0.48
棒形(L/D=16)	三维无规堆砌	0.30

6.2.3.2　分散相硬度较低的体系

如 6-4 式所反映的是两相体系中的分散相为硬度较高的组分,连续相为硬度较低的组分时,共混物性能与纯组分性能的关系。如果两相体系中的分散相为硬度较低的组分,而连续相为硬度较高的组分,如橡胶增韧塑料体系,则 6-4 式应改为:

$$\frac{P_m}{P}=\frac{1+A_iB_i\phi_d}{1-B_i\psi\phi_d} \tag{6-9}$$

式中

$$A_i=\frac{1}{A} \tag{6-10}$$

$$B_i=\frac{\frac{P_m}{P_d}-1}{\frac{P_m}{P_d}+A_i} \tag{6-11}$$

其余符号的涵义与 6-4 式相同。

6.2.4 “海-海”结构两相体系

两相连续的“海-海”结构两相体系，包括聚合物互穿网络（IPN）。采用机械共混法，亦可在一定条件下获得具有“海-海”结构的两相体系。对于“海-海”结构两相体系，共混物性能与单组分性能之间，可以有如下关系式[2]：

$$P^n=P_1^n\phi_1+P_2^n\phi_2 \tag{6-12}$$

式中 ϕ_1——组分 1 的体积分数；

ϕ_2——组分 2 的体积分数；

n——与体系有关的参数（$-1<n<1$）。

6.2.5 预测方法的适用性与局限性

以上分别介绍了均相体系、“海-岛”结构两相体系及“海-海”结构两相体系的性能与纯组分性能的若干关系式。这些关系式对于探讨共混物的性能具有一定的指导意义。对于具体的共混体系，可以根据体系的特点，建立相应的关系式。

还应该注意到，上述预测公式的适用性与局限性。“海-岛”结构两相体系是最重要的聚合物共混体系，但是关于“海-岛”结构两相体系的上述预测公式，却有其局限性。上述预测公式适用于分散相的形态较为规整的情况，如填料粒子较为规整的填充体系。对于聚合物-聚合物两相体系，若分散相形态不很规整（不是规整的球形、立方形、棒形、纤维形等），就难以应用上述公式进行预测。

为了在实施共混之前，对共混物体系进行预选，并预期共混物可能达到的性能，应配合进行文献查阅工作。前人进行的相近体系的研究结果可以为共混物体系的预选提供重要的参照。

6.3 共混物试样制备与测试

共混物性能研究的更直接的方法，是在实际的共混制样之后进行性能的测试。聚合物共混是很注重实践的一门学科。在性能测试时，要涉及共混物试样制备与测试误差这两个基本问题。共混物的试样制备是性能测试的前期准备工作，试样制备方案和制备方法对性能测试有重要影响。测试误差是不可能完全避免的，但可以尽可能减少误差。

6.3.1 共混物试样制备

共混物试样的制备方法是多种多样的。以力学性能测试为例，制样方法包括：挤出法、注塑法、压片法等。不同的制样方法，得到的试样的性能是会有所不同的。以工业应用为目的的研究工作，在实验室进行试样制备时，选用的方法应该尽可能与该共混体系工业应用时预期会采用的成型加工方法一致。例如，预期工业应用采用注塑法，实验室试样制备也应采用注塑法。

为了改善共混效果，通常应该采用双螺杆挤出机或密炼机对物料进行共混，然后进行下一步的制样。共混方法方面，本书中介绍的两阶共混法、母料法（见第10章），都可以运用于共混制样，以改善共混效果。

样品的式样、尺寸以及测试条件，通常要根据共混体系的特点以及应用方面的要求，并参照相关的标准。例如，冲击性能测试，采用简支梁冲击试验机与悬臂梁冲击试验机，采用有缺口样条与无缺口样条，测试结果都是不同的。在阻燃测试中，试样厚度对阻燃性能有重要的影响。

在流变性能测试中，某些测试仪器具有对物料进行共混的功能，例如 Brabender 流变仪。采用 Brabender 流变仪进行测试时，可以添加共混体系的各组分，在 Brabender 流变仪中进行共混，并测定共混过程中体系流变性能的变化。但毛细管流变仪、熔融指数仪等测试仪器则不具备对物料进行共混的功能。采用毛细管流变仪、熔融指数仪进行测试前，应先用适当设备对物料进行共混，然后测试流变性能。换言之，毛细管流变仪、熔融指数仪测试的是共混产物的流变性能。

6.3.2 实验结果的可比性和可再现性

许多原因会影响实验结果，使实验结果的数据上下波动，包括设备因素、环境因素(如环境温度波动)、原料因素、仪器读数误差等等。对于聚合物共混研究，由于影响因素复杂，实验数据出现差异的可能性就更大。因而，共混研究中实验结果的可比性和可再现性，就成为必须重视的问题。

6.3.2.1 关于设备因素

熔融共混试样是在一定的设备上制备出来的。设备因素是影响共混试样性能的重要因素。在考虑设备因素的时候，应该兼顾实验结果的可比性和可再现性。

(1) 可比性

从实验研究的角度，为了尽可能减少设备因素造成的误差，使实验结果更具可比性，进而发现和导出相关的变化规律，测试应该尽可能在同一台仪器上进行（参见6.1.3节）。相应的，共混物制样也应该尽可能在同一台设备上进行，并且，同一组试样最好在同一次制样中完成。这样的实验结果，最具有可比性，可以最大限度地避免因设备和环境因素造成的误差。共混研究中的某些规律性，在最大限度地避免因设备等因素造成的误差的前提下，可以尽可能准确而完整地被揭示出来。

还应该注意到，在实验进行的过程中，设备的状况有可能发生变化，进而影响实验结果。例如，在采用 Brabender 流变仪的实验中，物料与转子的摩擦可能会使温度升高，而不同配方升温的幅度会有不同。另外，在 Brabender 流变实验中，物料中的润滑剂可能沉积在转子表面，使物料与转子间的摩擦力降低；而这些沉积在转子表面的润滑剂（如果不加以清理），还会影响下一个试样的实验过程。因而，即使是同一台设备、同一次实验，实际的实验条件也会变化。要考虑到这些因素变化对结果的影响。

（2）可再现性

以上要求是从避免设备等因素造成误差的角度提出的。而另一方面，实验研究的结果还应该在特定范围内具有普遍适用性，可以重复和再现。一项研究的结果，应该能够在一定条件下重复和再现，包括在同类型的其它设备上再现出来。尽管有差异存在，但基本的变化趋势应该是能够再现的。

可比性和可再现性并不矛盾。实验结果的可重复、可再现性（特定范围内的普适性），是对实验结果真实可靠性的最好的也是必需的验证。注重实验结果的可比性以揭示聚合物共混的基本规律，实际上也是为研究结果的普遍应用（普适性）创造条件、奠定基础。一般来说，某一次实验的结果（特别是重要的实验结果，或者揭示新规律的实验结果），应进行多次重复验证。如果有条件，应考察该结果在其它同类型设备上的可再现性。

聚合物共混的许多研究课题，是以工业应用为目的的，要进行中试和工业性试验，进而实现工业应用。工业性试验和工业应用的效果，是对以应用为目的的成果的最终验证。当然，实验室小试的成果进入中试和工业性试验时，会有放大效应出现，影响因素要远比小试复杂。

6.3.2.2　实验方案对结果的影响

共混试样的方案（实验配方）设计，对避免实验误差也有作用。在实验室研究中，原材料的量往往是有限的。例如，在共混制样或 Brabender 流变实验中，在两个试样之间，往往没有足够的物料（也没有足够的时间——因为实验所用机时的限制）对设备进行充分的“清洗”。为了减少因两个试样之间的微量掺混对结果的影响，应在配方方案制订时讲求技巧。例如，组分 A 与组分 B 共混，组分 B 为少组分，且为变量时，其添加量应按由少到多递增的次序进行。

在共混中，通常以改性剂为变量设计配方，而未添加改性剂的基体聚合物试样被称为“空白样”。空白样对验证实验结果的可比性具有重要作用。在挤出和注塑制样中，制样的开始和结束时都应该制备空白样，以考察制样设备的状态是否发生了变化。

实验的误差实际上是无法完全避免的。因而，重复实验就具有重要意义。如前所述，重要的实验结果应该多次重复，以验证研究结果的可靠性。

此外，许多偶然因素会影响共混实验结果。因而，同一配方试样的实验结果会有波动，数据点会弥散在一定范围内。力学性能的测试中，数据的波动尤为明显。在处理实验结果时，应该将数据波动的范围标示出来。力学性能实验数据的过大波动，提示共混物混合的均匀性欠佳。应设法改善共混效果，以降低力学性能实验数据的过大波动。

6.4 共混物熔体的流变性能

熔融共混法是最重要的共混方法，也是最具工业应用价值的共混方法。研究熔融共混，不可避免地要涉及共混物熔体的流变性能，包括共混物熔体的流变曲线、熔体黏度、熔体弹性等。与单一组分的聚合物相比，共混物熔体的流变行为无疑要复杂得多。

研究聚合物共混物熔体的流变性能，对于共混过程的设计和工艺条件的选择和优化都具有重要的意义。

6.4.1 共混物熔体黏度与剪切速率的关系

6.4.1.1 概述

与一般聚合物熔体一样，聚合物共混物熔体也是假塑性非牛顿流体，共混物熔体的剪切应力与剪切速率之间的关系符合如下关系式：

$$\tau = K\dot{\gamma}^n \tag{6-13}$$

式中 τ——剪切应力；

$\dot{\gamma}$——剪切速率；

n——非牛顿指数；

K——稠度系数。

由于聚合物熔体（包括聚合物共混物熔体）在剪切流动中，会有一定的弹性形变，所以，熔体黏度以表观黏度（η_a）表征。η_a 可表示为：

$$\eta_a = K\dot{\gamma}^{n-1} \tag{6-14}$$

当剪切速率趋近于零时，弹性形变也趋近于零，熔体黏度为零切黏度（η_0）。

由于在一定剪切速率下实测得到的熔体黏度都为表观黏度，所以一般不再加以特殊说明，就以黏度（η）表示。但在讨论零切黏度（η_0）时，要加以说明。

流变性能的测试仪器有毛细管流变仪、转矩流变仪（如 Brabender 流变仪、哈克流变仪）、熔融指数仪等。

上述三种仪器，毛细管流变仪可以测定表观黏度、非牛顿指数等参数，适合于进行理论研究。

转矩流变仪在共混研究中用途广泛。转矩流变仪可配有多套不同的混炼装置，如双转子混炼器、单螺杆挤出机等。其中，双转子混炼器可用来研究共混过程，可测定共混中随分散过程进行而发生的流变性能的变化。采用双转子混炼器的测试结果，表征为转矩值。在相关研究中，可以直接以转矩值来表征黏度[3]。

转矩流变仪的混炼装置为挤出机时，可配置毛细管口模，测定熔体压力、温度、转矩等参数，并通过计算，得出剪切应力、剪切速率、表观黏度等数据（参见第 9 章 9.4.1.2 节）。

熔融指数仪测定的熔体流动速率（MFR）也与熔体黏度相关，可以作为熔体黏度的一种相关表征。

毛细管流变仪、熔融指数仪等测试仪器不具备对物料进行共混的功能。采用毛细管流变仪、熔融指数仪进行测试前，应先对物料进行共混。因而，毛细管流变仪、熔融指数仪测定的是共混产物的流变性能，而不是共混过程中的流变性能。

6.4.1.2 熔体黏度-剪切速率关系曲线

聚合物共混物结构形态复杂，其流变行为也颇为复杂。特别是对于在实际应用中的占绝大多数的两相共混体系，其熔体的流变行为会随共混组成（成分、配比）、两相形态及界面作用以及加工温度等因素的变化，而发生相当复杂的变化。

共混物熔体的 η—$\dot{\gamma}$ 关系曲线可以有三种基本类型，如图 6-2（a）、（b）、（c）所示[4]。其中，图 6-2（a）所示为共混物熔体黏度介于单一组分黏度之间，图 6-2（b）所示为共混物熔体黏度比两种单一组分黏度都高，图 6-2（c）所示为共混物熔体黏度比两种单一组分黏度都低。

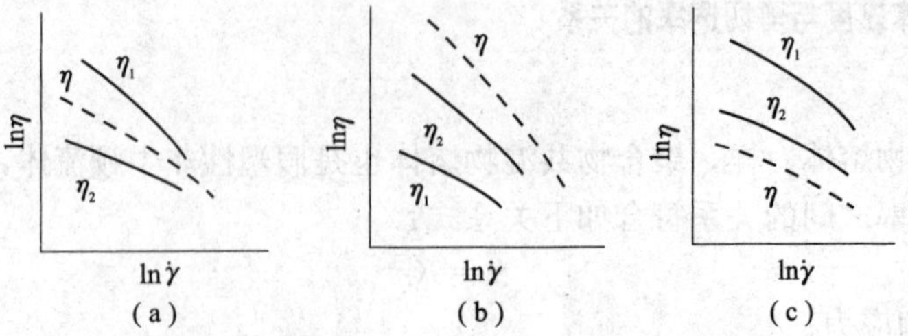

图 6-2　共混物熔体的 $\eta-\dot{\gamma}$ 关系曲线的类型

η—组分 1 和组分 2 共混物熔体黏度　η_1—组分 1 熔体黏度　η_2—组分 2 熔体黏度

图 6-2 (a)、(b)、(c) 所示只是共混物流变曲线的基本类型，实际共混体系的流变行为可能会复杂得多。同一种共混物，由于配比的变化或熔融温度的变化，可能会表现出两种，甚至两种以上不同的流变类型。还有可能出现一些特殊的流变类型。

6.4.2　共混物熔体黏度与温度的关系

共混物的熔体黏度随温度的升高而降低。在一定的温度范围内，对于许多共混物，其熔体黏度与温度的关系可以用类似于 Arrhenius 方程的公式来表示：

$$\ln\eta = \ln A + \frac{E_\eta}{RT} \tag{6-15}$$

式中　η——共混物的熔体黏度；

A——常数；

E_η——共混物的黏流活化能；

R——气体常数；

T——热力学温度（绝对温度）。

徐卫兵等研究了聚碳酸酯（PC）与 PE 的共混体系[5]，PC/PE 的配比为 95/5（质量比），测定了这一共混体系在不同温度、不同剪切应力下的熔体黏度。结果表明，这一 PC/PE 共混体系熔体的 $\ln\eta$ 与 $1/T$ 关系在一定温度范围内呈直线。根据实测数据计算出 PC/PE 共混物的黏流活化能 E_η 为 51.0kJ/mol。纯 PC 的黏流活化能为 64.9kJ/mol。由此可见，PE 的加入可以改变 PC 的熔体黏度对于温度的依赖关系，从而改善 PC 的加工流动性。通过加入某种流动性较好的聚合物来改善流动性较差的聚合物的加工流动性，这一作法在共混改性中是常用的办法。

对于另一些共混体系，共混物的黏流活化能可高于纯组分。例如，PC/PBT 共混物（质量比为 95/5）的黏流活化能为 76.46kJ/mol，高于纯 PC 的黏流活化能（64.9kJ/mol）[6]。对于这样的共混体系，需在较高的温度下加工成型。

6.4.3　共混物熔体黏度与共混组成的关系

共混物熔体黏度与共混组成的关系，也是很复杂的。特别是对于两相体系，黏度与共混组成的关系就更为复杂。

6.4.3.1　共混物组分含量的影响

影响“海-岛”结构两相体系熔体黏度的因素是很复杂的，除了连续相黏度、分散相黏度，以及两相的配比之外，还应包括两相体系的形态、界面相互作用等因素。此外，剪切应力的大小对于组分含量与熔体黏度的关系也有很大影响。因而，实测数据表现出，在共混体系组分含量与熔体黏度之间存在着很复杂的关系。

已研究的共混体系组分含量与熔体黏度的关系，包括如图 6-3 所示的类型。

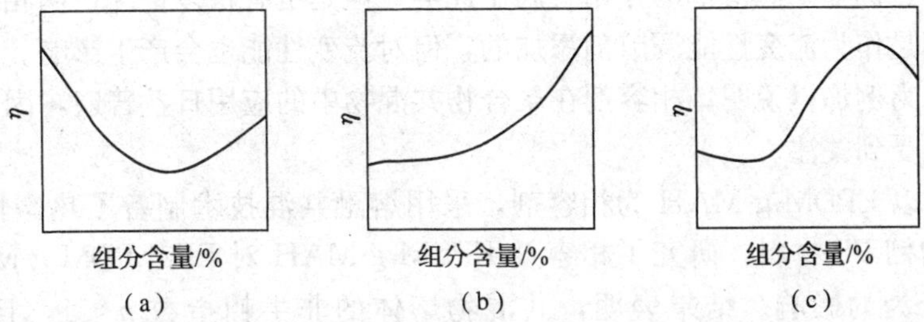

图 6-3 共混体系组分含量与熔体黏度的关系的类型（示意图）

图 6-3（a）所示的类型，共混物的熔体黏度比两种纯组分的黏度都小。且在某一组分中少量加入第二组分后，熔体黏度就明显下降。熔体黏度-组分含量曲线有一极小值。这样的情况在两相共混体系中颇为普遍。譬如 PP/PS 共混物[4]，就属这一类型。PMMA/PS 共混体系熔体黏度与组分含量的关系，在较高剪切速率（剪切速率 $\dot{\gamma}$ 大于 $100s^{-1}$）条件下，也符合图 6-3（a）所示的类型[7]。

对于在某一聚合物中少量加入第二组分后使熔体黏度明显下降这一现象，目前尚无一致的解释。有学者认为，这是由于第二组分的加入改变了主体聚合物熔体的超分子结构所致。

图 6-3（b）所示的类型，在低黏度组分含量较高时，共混物的熔体黏度与低黏度组分的黏度接近；而在高黏度组分含量较高时，共混物的熔体黏度随高黏度组分含量明显上升。符合图 6-3（b）所示的类型的共混体系也是较多的。譬如，PMMA/PS 共混体系熔体黏度与组分含量的关系，在低剪切速率（剪切速率 $\dot{\gamma}$ 小于 $10s^{-1}$）条件下，就符合图 6-3（b）所示的类型[7]。

图 6-3（b）所示类型体现了连续相黏度对于共混物黏度的贡献。如图 6-3（b）所示，在高黏度组分为连续相的情况下，与低黏度组分为连续相的情况，其连续相组分对于黏度的贡献是明显不相同的。在低黏度组分为连续相的情况下，共混物黏度大体上体现了连续相的贡献；而在低黏度组分为分散相的情况下，又对高黏度组分产生了明显的“降黏”作用。

图 6-3（c）所示的类型，共混物熔体黏度在某一配比范围内会高于单一组分的黏度，且有一极大值。PE/PS 共混体系熔体黏度与组成的关系符合图 6-3（c）所示的类型，共混物熔体黏度有一极大值[4]。熔体黏度出现极大值的原因，据分析是由于共混物熔体为互锁状的交织结构（即“海-海”结构）所致。互锁结构增加了流动阻力，使共混物熔体黏度增大。在图 6-3（c）所示类型的曲线上，共混物熔体黏度还有一个极小值：在低黏度组分占主体的这一区间，表现出了图 6-3（a）类型的特征。

共混物熔体黏度对温度的敏感性也会受组分含量影响。洪重奎等[8]对 ABS/PMMA 共混体系的流变行为进行了研究，结果表明，ABS/PMMA 共混物熔体黏度随着体系中

PMMA 含量的增加逐渐升高，而高 PMMA 含量的 ABS/PMMA 共混物的熔体黏度对温度更为敏感。

6.4.3.2　第三组分对流变性能的影响

在共混体系中，有些组分是作为流变性能调节剂添加到共混体系中，因而起到调控流变性能的作用。例如，润滑剂的作用就属于此类。但是也有很多情况，两相体系中添加的第三组分，不是作为流变性能调节剂添加的，但对流变性能也会产生影响。

以相容剂为例加以说明。相容剂在聚合物共混物中的应用日益普遍，因而，其对流变性能的影响也受到关注。

樊敏等[9]以 EPDM-g-MAH 为相容剂，采用熔融共混技术制备了热塑性聚氨酯弹性体（TPU）增韧 PP 材料，研究了相容剂 EPDM-g-MAH 对 PP/EPDM-g-MAH/TPU 共混物的流变行为的影响。结果表明，共混物熔体的非牛顿指数 $n<1$，且随 EPDM-g-MAH 用量的增加而减小；共混物熔体表观黏度随剪切速率和剪切应力的增大而降低，符合假塑性流体的流动规律；随着 EPDM-g-MAH 用量的增加，共混物的表观黏度升高，黏流活化能则有所减小。

李笃信[10]等研究了 PA6/PP/PP-g-DBM 共混体系。PP-g-DBM 为马来酸二丁酯接枝 PP，用作 PA6/PP 体系的相容剂。PA6/PP/PP-g-DBM 共混体系的熔体流动速率（MFR）随 PP-g-DBM 用量增大而降低，如图 6-4 所示。

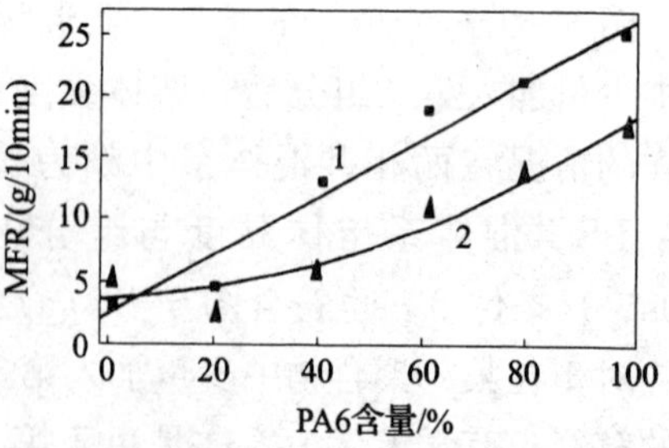

图 6-4　PA6/PP/PP-g-DBM 共混体系的熔体流动速率（MFR）

1—PA6/PP 共混体系　2—PA6/PP/PP-g-DBM 共混体系（PP-g-DBM 含量 7%）

在聚合物基纳米复合材料中，纳米粒子也可作为第三组分，对聚合物-聚合物共混体系的熔融流变性能产生的影响，将在第 9 章中做介绍。

6.4.3.3　剪切速率与共混物组成的综合影响

剪切速率与共混物组成对熔体黏度可产生综合影响。例如，ABS/PC 共混体系，在较低剪切速率（剪切速率 $\dot{\gamma}$ 为 $100s^{-1}$）条件下，符合图 6-3（b）所示的类型；而在较高剪切速率（剪切速率 $\dot{\gamma}$ 为 $1000s^{-1}$）条件下，符合图 6-3（a）所示的类型[11]。在 ABS/PC 共混体系中，ABS 的熔体黏度是明显低于 PC 的。

PMMA/PS 共混体系熔体黏度与组分含量、剪切速率的关系，如前所述，具有和 ABS/PC 相似的情况。

PP/ABS 共混体系熔体黏度与组分含量的关系，在不同剪切应力的条件下，也会发生明显的变化，如图 6-5 所示[12,13]。该体系熔体黏度与组分含量的关系为图 6-3（c）所示的类型。随剪切应力增大，极大值与极小值的差别减小。

由于剪切速率与共混物组成对熔体黏度具有综合影响，所以，在研究共混物组成与熔体黏度的关系时，通常应测定不同剪切速率下的数据，以全面了解其变化规律。

此外，共混物在挤出和注塑成型时，要经受很高的压力。因而，压力与共混物熔体黏度的关系，也应给予关注。

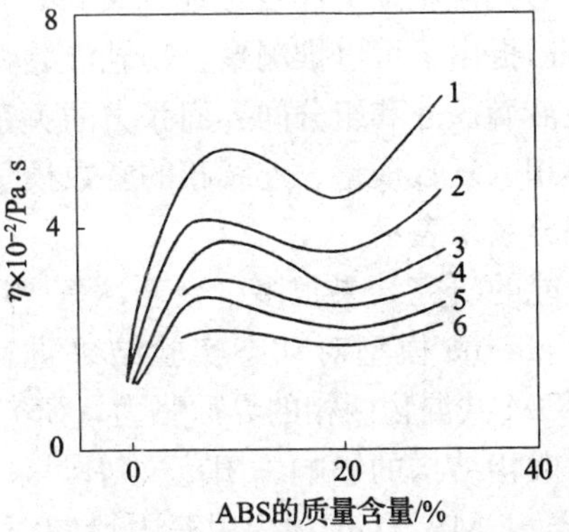

图 6-5　PP/ABS 共混体系熔体黏度与组分含量、剪切应力的关系

剪切应力 τ（N/m²）：1—5.77×10^4　2—7.21×10^4　3—8.65×10^4　4—1.01×10^5　5—1.15×10^5　6—1.29×10^5

6.4.4　共混物熔体的黏弹性行为

聚合物熔体受到外力的作用，大分子会发生构象的变形，这一变形是可逆的弹性形变，使聚合物熔体具有弹性。共混物熔体与聚合物熔体一样，具有黏弹性行为。在研究共混物熔体流变行为时，都应考虑其黏弹性行为。

研究聚合物共混物熔体的弹性，可采用挤出胀大法（测定出口膨胀比），也可采用第一法向应力差（$\tau_{11}-\tau_{22}$）来表征[4]。对于常见的橡胶增韧塑料体系，如 HIPS、ABS 等，其熔体的弹性效应（体现为出口膨胀比），都比相应的均聚物要小。但对于某些特殊体系，弹性效应会出现极大值或极小值。动态流变性能的测试也可表征共混物熔体的黏弹效应，参见 6.4.5 节。

Han 研究了 PS/PE 共混体系挤出胀大比与共混组成的关系[14]，如图 6-6 所示。从图 6-6 中可以看出，挤出胀大比在 PS/PE 配比为 80/20 时，出现一极大值。在这一配比下，PS/PE 熔体的弹性效应出现极大值。

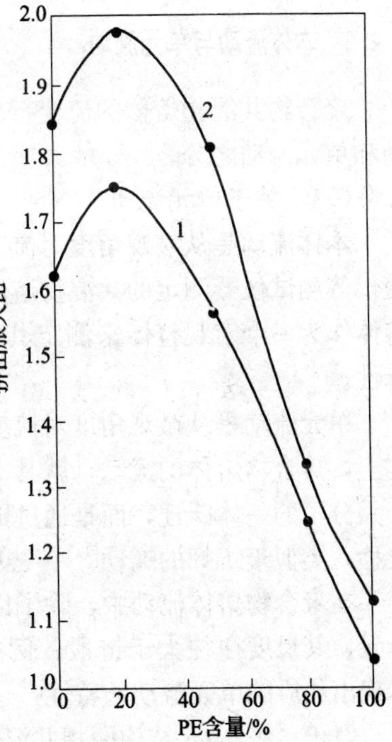

图 6-6　PS/PE 共混体系挤出胀大比与组成的关系

200℃，$L/D=4$，剪切应力 τ（N/m²）：1—8.27×10^4　2—9.65×10^4

6.4.5　共混物的动态流变性能

共混物的动态流变性能，是指采用动态流变仪，在按一定频率变化的剪切力场作用下测定的流变性能。测定共混物的动态流变性能，可以测得复模量、损耗因子等参数。动态流变性能可反映聚合物熔体流变行为中的黏弹效应，并可间接地反映共混物形态对流变性能的影响。

关于共混物组分的性能与共混物动态流变性能的关系，代表性的数学模型是 Palierne 提出的乳液模型[15]。Palierne 提出了可以推测聚合物乳液黏弹行为的一个模型，该模型反映了黏弹性基体中的黏弹性液滴尺寸和组分间界面张力的关系。在 Palierne 的模型中，共混物的复数模量可以用分散相的复数模量、连续相的复数模量、两相的界面张力、分散相粒子的粒径、分散相的体积分数来表示。

关于共混物动态流变性能的研究结果很多。余若冰等[16]在研究液晶高分子共混体系的动态流变特性时，引入 Palierne 模型对动态实验结果进行了预测。陈英姿等[17]采用 Palierne 模型计算了 PP/EPDM 共混物两相的界面张力，研究了超声辐照对 PP/EPDM 共混物挤出过程及二次加工中微相结构的影响。阳范文等[18]采用扫描电镜和动态流变仪研究了 PC/UHMWPE/HDPE-g-GMA（GMA 为甲基丙烯酸缩水甘油酯）共混物的微观形态，以及 HDPE-g-GMA（作为增容剂)、UHMWPE 对共混物动态流变性能的影响。结果表明，随着剪切频率的增加，共混物的复模量降低，损耗因子则先增加然后减小。当 UHMWPE 和增容剂的用量（质量份）分别为 4 份和 6 份时，共混物复模量最高。

6.4.6 本体流动与单元流动

聚合物共混物熔体的流变行为，可以从宏观和微观两个层面进行研究，因而有本体流动和单元流动之分。

6.4.6.1 关于单元流动

本体流动是从宏观角度对流变行为的分析，考察的是宏观整体的流变行为。毛细管流变仪等测试仪器测定的共混物熔体的表观黏度等流变学参数，都是从宏观角度，把共混物熔体作为一个宏观整体来测定其流变行为的，因而，反映的都是共混物熔体的本体流动特性。

单元流动是从微观角度对流变行为的分析，考察的是微观的流动单元的流变行为。事实上，聚合物熔体的流动，就其本质而言，是属于单元流动的。聚合物熔体的流动不是整个大分子的一体跃迁，而是通过链段沿流动方向的协同相继跃迁，实现整个大分子的相对位移，类似于蚯蚓的蠕动[13]。链段是聚合物熔体流动的流动单元。

在聚合物熔体流动中，除了以链段为流动单元外，还可以有其它流动单元。这些流动单元，其尺度往往大于链段。例如，PVC 在熔融塑化中，通常以初级粒子为流动单元，体现出相应的单元流动的特性[19]。

对于“海-岛”结构两相共混体系，分散相也构成一个个流动单元。与共混过程相关联的形态学研究结果表明，这些分散相粒子在共混过程中有一定的独立运动性，因而可以构成一个层次的流动单元。当然，在分散相粒子内部，有由链段构成的更小的流动单元，通过链段流动单元的跃迁运动，可实现分散相粒子的变形、破碎和分散。

6.4.6.2 单元流动与本体流动的关系

微观的单元流动会对宏观的本体流动产生影响，在某些情况下，可以显著影响宏观的流变学参数，例如表观黏度。现分述如下。

(1) 单元流动对本体流动的影响

关于微观的单元流动会对宏观的本体流动产生影响的问题，可以举 PVC 为例。PVC 在熔融塑化中，通常以初级粒子为流动单元，可以起降低流动阻力的作用[19]。当聚合物-

聚合物共混体系中的“少组分”以微粒的形式，而不是以分子水平分散的形式构成熔融流动体系时，其宏观流变行为会体现出许多特殊性。

以分散相粒子作为一个层次流动单元的共混体系流动行为，以及单元流动的表征，还有待进一步研究。动态流变性能的测定方法，可用于研究多相体系的流变行为。

(2) 流动单元与本体的同步性

对于以分散相粒子为一个层次流动单元的共混体系，流动单元与本体的同步性，是需要关注的重要问题。如果单元的流动与宏观本体的流动不同步，就会影响体系的整体均匀性。例如，流动单元的流动速度慢于宏观本体的流动速度，流动单元的微粒就会发生积聚现象。特别是在挤出机的口模处，易于发生某些分散相组分的积聚。此外，分散相组分在共混材料内部和表面的分布，也是需要关注的问题。

6.5 共混物的力学性能

共混物的力学性能，包括其热-机械性能（如玻璃化转变温度）、力学强度，以及力学松弛等特性。提高聚合物的力学性能，是共混改性的最重要的目的之一。其中，提高塑料的抗冲击性能，即塑料的抗冲改性，又称为增韧改性，在塑料共混改性材料中占有举足轻重的地位。因此，本书对于共混物的力学性能，将重点介绍塑料的增韧改性。

6.5.1 塑料的韧性与增韧改性概述

6.5.1.1 高分子材料的韧性与冲击强度

高分子材料在一定的环境和载荷下使用，其力学强度以及与力学强度密切相关的破坏过程，都备受关注。

高分子材料力学行为的特点，在于对时间、温度有较强的依赖性。在材料力学性能测试中，施加载荷（作用力）的形式对测试结果有重要影响，可分为准静态载荷（拉伸应力-应变曲线测定）和高速冲击等类型。这里，先介绍准静态载荷下的应力-应变特性，再介绍高速冲击载荷下的冲击韧性。

(1) 应力-应变曲线与断裂方式

一般来说，当材料受到的外力超过材料的极限强度时，就会发生断裂。材料的断裂方式可分为两大类型：脆性断裂和延性断裂。高分子材料的脆性断裂和延性断裂的区别可以从应力-应变曲线上表现出来。

应力-应变曲线是材料力学特性的基本表征。塑料材料受到拉伸作用时，其应力-应变曲线如图 6-7 所示。

图 6-7 中 1 所示的应力-应变曲线，样品在形变量很小时就发生断裂，为脆性断裂。图 6-7 中 2 所示的应力-应变曲线表现为延性断裂，该应力-应变曲线的初始阶段为直线，这时

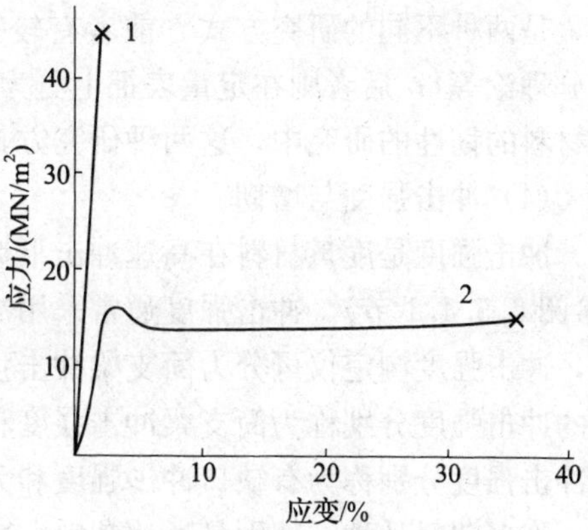

图 6-7 拉伸作用过程中的应力-应变曲线

1—脆性塑料 2—有一定韧性的塑料

试样被均匀拉伸，达到一个极大值后，试样出现屈服现象。此后，试样发生大形变，直至断裂。图 6-7 所示的曲线不仅可适用于塑料的拉伸过程，而且适用于各种处于玻璃态的聚合物。图 6-7 所示曲线只是两种较为典型的情况。具体聚合物的应力-应变曲线可能会表现出自身的特殊性。

总体而言，延性断裂发生在材料的屈服点以后；而对于脆性断裂，则无屈服现象（或者说脆性断裂发生在屈服点以前）。表现出脆性断裂的塑料材料，称为脆性塑料；表现出延性断裂的塑料材料，称为具有一定韧性的塑料。

就材料的本体结构而言，发生脆性断裂时，断裂在弹性形变阶段（屈服点以前）发生，断裂面是光滑的；发生延性断裂时，会出现不同程度的塑性形变（发生屈服），断裂面是粗糙的。

（2）应变软化与应变硬化

应变软化是指应力-应变曲线上，随应变增加，应力下降（屈服）；应变硬化是指随后的应力上升（参见图 6-7 的曲线 2）。应变硬化现象主要是由于高分子链段在外力作用下的取向而产生的。

韧性材料在受到外力作用时先后发生应变软化和应变硬化，这是韧性材料的特征，也是材料具有韧性的必要条件。韧性塑料材料在受到外力作用时，材料先发生应变软化，产生相应的屈服和形变（包括银纹和剪切带），从而耗散掉大量的能量。然后，塑料材料还要发生应变硬化，这可以在一定范围内防止产生破坏性的断裂。

（3）高分子材料的韧性与冲击韧性

材料的韧性，可以用材料形变至断裂点时所吸收的应变能来表征。关于应力-应变过程的探讨，是材料韧性的一种表征方式，也是研究材料韧性的重要途径。但是，如前所述，高分子材料力学行为的特点，在于对时间、温度有较强的依赖性。在高分子材料力学性能的表征中，施加载荷的形式对研究结果显然会有重要影响。通常的拉伸过程（应力-应变曲线测定）是在准静态载荷下进行的。而材料在高速冲击下的韧性，与材料的使用性能更为密切相关。材料的冲击韧性（又称为“冲击断裂韧性”），就是特指材料在高速冲击条件下表现出的韧性。

在准静态载荷条件下对材料韧性的研究，与在高速冲击条件下对材料冲击韧性的研究，是两种不同的研究方式。前者有较完善的理论体系（如断裂力学的 Griffith 理论、J 积分理论等）；后者则在定量表征上更为直接，已在高分子材料的应用研究中被广泛接受。在材料的韧性的研究中，这两种研究方式是可以互相补充的。

（4）冲击强度与增韧

冲击强度是度量材料在高速冲击下韧性大小和抗断裂能力的参数，是冲击韧性的表征（参阅 6.5.4.1 节）。冲击强度通常采用冲击强度测定仪进行测试。由于试样受力的方式不同，冲击强度测定仪可分为简支梁冲击强度测定仪和悬臂梁冲击强度测定仪。相应的，测定的冲击强度分别称为简支梁冲击强度和悬臂梁冲击强度。由试样有缺口或无缺口，测定的冲击强度分别称为有缺口冲击强度和无缺口冲击强度。

许多塑料品种，特别是通用塑料，冲击强度是较低的，因而需要增韧。一些本身有一定韧性的工程塑料，也可以进一步增韧，以制备超韧塑料材料。塑料增韧体系从总体上可以分为弹性体增韧和非弹性体增韧两大类。其中，弹性体增韧体系开发较早。

弹性体增韧塑料体系，是以弹性体为分散相，以塑料为连续相的两相共混体系。塑料连续相又称为塑料基体。弹性体可以是橡胶，也可以是热塑性弹性体，如SBS。早期的塑料增韧体系主要采用橡胶作为增韧剂，故称为橡胶增韧塑料体系。20世纪80年代以来，除继续采用橡胶作为增韧剂外，以各种热塑性弹性体作为增韧剂的塑料增韧体系也已获得广泛应用。此外，非弹性体增韧塑料体系也已发展起来，将在6.5.6节中介绍。

6.5.1.2　塑料的形变区与形变机理

塑料的增韧改性与塑料自身的形变及其机理密切相关。因此，在讨论塑料的增韧改性之前，应先了解塑料材料的形变特性及其机理。

(1) 塑料的大形变与变形区

塑料材料在受到外力的冲击作用时，如果能通过一定的机制，将外界作用的能量耗散掉，则其抗断裂的能力（韧性）就会提高。聚合物增韧的根本问题，就是通过引入（或诱发）某种机制，使材料在形变、损伤与破坏过程中耗散更多的能量。具有一定韧性的塑料材料，可以将外部作用力分散到较大的体积内，从而使冲击能量被耗散。使外力分散作用的机制，可以是链段的运动，以及材料的大尺度形变。

塑料材料的大尺度形变是使外界作用的能量耗散的重要途径，形变通常集中发生在一定的区域内，称之为变形区。例如，当材料受到冲击发生断裂时，冲击断口的两侧会有变形区。由于冲击力作用于材料是一个过程，所以变形区又可以称为“过程区”。塑料发生变形的机制包括形成剪切形变和银纹化，有关内容将在下面介绍。韧性塑料材料的变形区较厚，使其可以将外力分散到较大的体积内；而脆性塑料的变形区则很薄，没有耗散能量的充裕空间，所以冲击强度低。

塑料的大尺度形变包含两种可能的过程，其一是剪切形变过程，其二是银纹化过程。

(2) 剪切形变

某些塑料材料在受到外力的作用时，会发生剪切屈服。例如，在拉伸过程中，拉伸力可分解出剪切力分量，剪切力的最大值出现在与正应力成45°的斜面上。因此，在与正应力大约成45°的斜面上，可产生剪切屈服，发生剪切屈服形变。塑料试样在发生剪切屈服形变时，可观察到局部的剪切形变带，称为剪切带（shear band）。剪切带的构造如图6-8所示。

图6-8　剪切带的构造

塑料试样发生剪切屈服后，即产生细颈现象，并发生大形变，形成如图6-7中2所示的应力-应变曲线。塑料试样发生剪切屈服的特征，是产生细颈。在发生剪切屈服时，试样的密度基本不变。剪切带的形成，可以使外部作用于试样的能量在一定程度上被耗散掉，因而赋予塑料材料一定的韧性。

对于未经共混改性的塑料，其剪切带的形成主要是由于内部结构的不均一性或某种缺陷，也有可能是外部几何尺寸上的缺陷。而通过共混改性，使得剪切带能够被增韧剂颗粒（弹性体）所诱发，正是塑料增韧改性的一个可能的途径。

(3) 银纹化

银纹（craze）是塑料（或其它玻璃态聚合物）在受到应力作用时产生的，其构造如图 6-9 所示[20]。在一些文献中，银纹也被称为“微裂纹”。

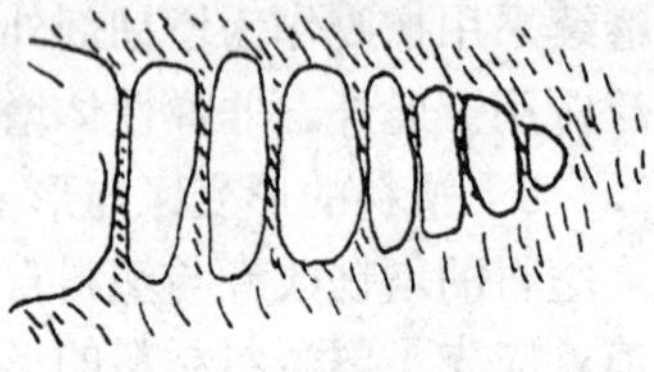

图 6-9 银纹的构造图

银纹内部，有聚合物受到拉伸后形成的“细丝”，也有空洞。与剪切带不同，银纹的方向是与外加应力的方向垂直的。应力发白现象与密度的下降是银纹化过程的特征。银纹化过程会导致材料密度的降低。

在塑料材料发生银纹化时，银纹区域内的大分子会产生很大的塑性形变，形成“细丝”，这就可以使外力作用于材料的能量被耗散掉。通过共混改性而诱发银纹，是增韧改性的又一途径。

银纹化过程，包括银纹的引发、增长和终止三个阶段。银纹的引发，主要是由于塑料基体内部结构的不均一性，造成应力集中，从而引发银纹。在塑料基体中通过共混改性形成弹性体分散相，可以造成应力集中点，进而引发银纹。

银纹发展到一定程度后，应能及时被终止。如不能被及时终止，就有可能发展成破坏性裂纹，导致材料的破坏。诸多因素可使银纹终止，包括剪切带与银纹的相互作用、银纹尖端应力集中因子的下降等。在塑料基体中通过共混改性形成弹性体分散相颗粒，也可以使银纹终止。

6.5.1.3 塑料基体的分类

不同类型的塑料基体，在受到外力作用时的能量吸收的能力与吸收能量的方式是不同的。Wu 在实验结果的基础上，提出了被增韧的塑料基体的分类[21,11,22]。

塑料基体可分为两大类：一类是脆性基体，以 PS、PMMA 为代表；另一类是准韧性基体，以 PC、PA 为代表。这里，“准韧性基体”是指具有一定韧性的基体，其韧性可通过增韧改性而进一步得到提高。

Wu 认为，塑料基体的韧性与其链结构有一定的联系，给出了关于链结构的两个参数：链缠结密度 γ_e 和链的特征比 C_∞。聚合物的大分子链间都存在一定程度的缠结，γ_e 与缠结点间的相对分子质量成反比，表征链缠结点的密度。C_∞ 则与聚合物大分子的均方无扰末端距成正比，表征无扰状态下大分子的柔顺性。

Wu 指出，聚合物的基本断裂行为是银纹与剪切屈服的竞争。当 γ_e 较小而 C_∞ 较大时，塑料基体偏向于脆性，易于产生银纹；当 γ_e 较大而 C_∞ 较小时，塑料基体表现出一定的韧性，易于剪切屈服。

关于被增韧的塑料基体的这一分类方法，需要指出两点。

其一，上述塑料基体的分类，对塑料的增韧改性研究具有重要意义。在对不同类型（脆性或韧性）基体进行增韧改性时，即使同为采用弹性体增韧，其增韧机理也会有巨大的差异。在橡胶增韧塑料体系中，若塑料基体为脆性基体，橡胶颗粒主要是在塑料基体中诱发银纹；而对于有一定韧性的基体，橡胶颗粒则主要是诱发剪切带（见 6.5.2 节）。对于非弹性体增韧，上述塑料基体的分类法也有重要意义。

其二，上述塑料基体的分类，是基于冲击韧性提出的；与 6.5.1.1 节基于拉伸过程应力-应变曲线对脆性塑料和韧性塑料的分类基点是不同的。这就会影响到对某些塑料品种脆性或韧性的认定。Wu 提出的被增韧的塑料基体的分类方法，对于增韧机理和增韧体系的研究，更具指导意义。

6.5.2 弹性体增韧塑料的机理

关于弹性体增韧塑料机理的研究，早在 20 世纪 50 年代就已开始，包括 50 年代提出的橡胶能量直接吸收理论，60 年代提出的裂纹核心理论、多重银纹理论、剪切屈服理论等。在此基础上，增韧理论研究不断取得进展。这里主要介绍被普遍接受的“银纹-剪切带”理论，以及“界面空洞化”理论。此外，还要介绍“橡胶空洞化理论”、逾渗理论等增韧理论的进展。

6.5.2.1 银纹-剪切带理论

在银纹-剪切带理论提出之前，已有关于塑料增韧的多重银纹理论、剪切屈服理论等。在此基础上，提出了银纹-剪切带理论。

银纹-剪切带理论由 Bucknall 等在 20 世纪 70 年代[23]提出。在橡胶（或其它弹性体）增韧塑料的两相体系中，橡胶是分散相，塑料是连续相。银纹-剪切带理论指出，橡胶“小球”在塑料增韧体系中发挥两个重要的作用：其一是作为应力集中体诱发大量银纹和剪切带，其二是控制银纹的发展，使银纹及时终止，不致发展成破坏性的裂纹。外界作用于塑料材料的能量，可以通过银纹或剪切带的形成而耗散掉，使材料的抗冲击性能明显提高。

增韧机理与被增韧的塑料基体的性质密切相关。对于脆性基体，橡胶颗粒主要是在塑料基体中诱发银纹；而对于有一定韧性的基体，橡胶颗粒主要是诱发剪切带。基体的韧性越高，剪切带所占的比例越大。银纹和剪切带所占比例除与基体性质有关，也与形变速率有关，形变速率增加时，银纹化所占的比例提高。

此外，橡胶颗粒还能够起到终止银纹的作用，使银纹及时终止，而不至于发展成具有破坏性的裂纹。

银纹和剪切带也可以相互作用：银纹尖端的应力场可诱发剪切带的产生，而剪切带也可阻止银纹的进一步发展。对于准韧性基体，剪切带所占的比例较大，剪切带可以起到终止银纹的作用。

银纹-剪切带理论全面论述了橡胶颗粒的作用，又考虑了塑料基体性能的影响，同时明确了银纹的双重功能：一方面，银纹的产生和发展消耗大量能量，可提高材料的破裂能；另一方面，银纹又是产生裂纹并导致材料破坏的先导。因而，增韧体系必须有使银纹及时终止的机制。由于银纹-剪切带理论成功地解释了一系列实验事实，因而被广泛接受。

6.5.2.2 界面空洞化理论

当塑料材料受到冲击发生断裂时，冲击断口的两侧会出现白化现象。该白化区域会随着裂纹的增长而发展扩大。在这个区域内，存在着“空化空间”。对于聚合物两相体系，这种空化空间可以以两相界面脱离形式存在。两相界面脱离而产生的空洞化，对于增韧起着一定的作用。这一机理即为“界面空洞化”理论。

如前所述，当塑料基体产生银纹时，也会产生空洞，产生应力发白。但银纹中的空洞是产生于塑料基体内部，而“界面空洞”则产生于橡胶颗粒与塑料基体的界面之间。此外，银纹现象主要出现于脆性基体，而“界面空洞”造成的白化现象可出现于准韧性基体。“界面空洞”产生的白化现象出现在裂缝附近的过程区内，过程区的厚度为 h。增韧改性的效果与过程区厚度有关。h 愈大，增韧改性的幅度也愈大。

“界面空洞化”理论可用于解释一些增韧体系的增韧机理。例如，PC/MBS 共混体系，是以弹性体 MBS 增韧 PC 的增韧体系。PC 为连续相，是有一定韧性的基体，MBS 为分散相。在外力作用下，由于 PC 与 MBS 的界面结合力不是很强，同时两者的泊松比也不相同，就会在两相界面上形成界面空洞化[22]（泊松比为在拉伸试验中，材料横向单位宽度的减小与纵向单位长度的增加的比值）。界面空洞化可阻止基体内部裂纹的产生，同时可使 PC 基体变形时所受的约束减小，使之易于发生强迫高弹形变。界面空洞化以及随之产生的强迫高弹形变吸收了大量能量，使材料的抗冲击性能提高。

6.5.2.3 橡胶粒子空洞化理论

“空洞化”不仅产生于橡胶与塑料的界面，而且可以产生于橡胶粒子的内部。在对这一现象深入研究的基础上，产生了橡胶空洞化理论。

在橡胶增韧塑料体系中，橡胶粒子内部的“空洞化”早已被观察到。产生于橡胶与塑料的界面的空洞化属于“黏合破坏”，而产生于橡胶粒子内部的空洞化则属于“内聚破坏”[3]。近年来，橡胶粒子空洞化的作用受到增韧机理研究者的重视。

如前所述，材料具有韧性的必要条件是要在受到外力作用时先后发生应变软化和应变硬化。橡胶空洞化理论认为，在橡胶（或其它弹性体）增韧塑料体系中，橡胶粒子也要先后经历应变软化和应变硬化。

在橡胶增韧塑料材料受到冲击时，橡胶粒子先发生空洞化，空洞化的橡胶粒子对形变的阻力降低（应变软化），在比较低的应力水平下就可以诱发大量的银纹和剪切带，显著增加了能量耗散，提高了增韧效果。在形变的后期，橡胶的链段取向，导致显著的应变硬化。

近年来，橡胶粒子内空洞化对于增韧塑料的重要性日益受到关注，已提出了多种作用机理[24]。

6.5.2.4 逾渗理论

逾渗理论是处理强无序和具有随机几何结构系统的常用理论方法之一。这一理论模型的中心内容是：当系统的成分或某种意义上的密度变化达到一临界值（称为逾渗阈值）时，系统的相互关联性会出现陡然的变化。所以逾渗理论可以被用来研究存在临界现象的许多问题。

Wu 的逾渗模型[25]认为：对于橡胶增韧塑料体系，橡胶小球之间的塑料基体层厚度（τ）与增韧作用密切相关，且存在一个临界基体层厚度（τ_c）。每个橡胶粒子与其周围厚度为 $\tau_c/2$ 的基体球壳形成应力体积球，为该粒子的屈服变形区，如图 6-10 所示。当 $\tau \leqslant \tau_c$ 时，“应力体积球”相互接触，屈服变形区（逾渗通道）相互连接，基体层的屈服扩展传播，复合体系就可以实现脆-韧转变。

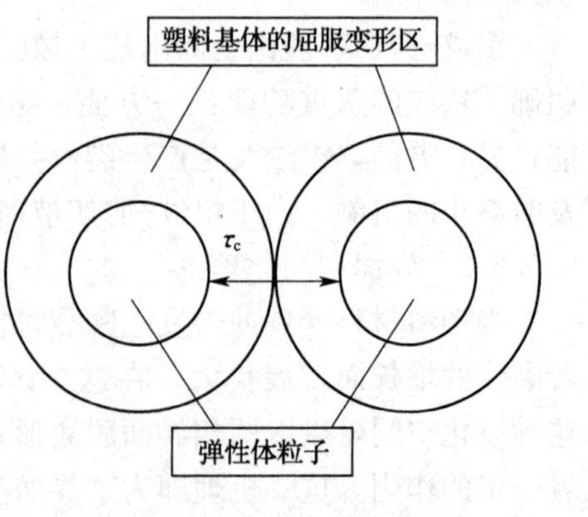

图 6-10 应力体积球模型

Wu 的这一理论将增韧理论由传统的定性分析推向了定量分析，特别是将逾渗理论引入共混高聚物脆韧转变的研究，对增韧理论发展具有重要意义（详见 6.5.4 节）。

6.5.2.5　小结

上述介绍的理论是互相关联的。对于塑料增韧体系，形成银纹、剪切带或空洞化（界面空洞化或橡胶粒子内空洞化），都是有助于冲击能量得到更多的耗散。橡胶粒子内空洞化可起诱发银纹-剪切带的作用。对于不同的体系，能量耗散途径的侧重可能有所不同；不同的耗散能量的途径也可以共存。而逾渗理论则为将增韧理论由传统的定性分析推向定量分析，做了有益的探讨。

6.5.3　结构形态因素对增韧效果的影响

6.5.3.1　橡胶颗粒的粒径及粒径分布

在橡胶（或其它弹性体）增韧塑料体系中，橡胶颗粒的粒径及粒径分布对增韧效果是至关重要的。对于不同的增韧体系，橡胶颗粒的粒径都有相应的最佳尺度。确定橡胶粒径的合适尺度，要考虑多方面的因素。

首先，要保证增韧体系中橡胶颗粒有足够多的数量，以诱发大量的小银纹或剪切带。而在橡胶增韧塑料体系中，橡胶的总用量是有限度的，超过限度就会明显降低材料的刚性。这就要求橡胶颗粒的粒径不能太大，以保证体系中有足够数量的橡胶颗粒。

其次，从诱发银纹或剪切带考虑。较小粒径的橡胶颗粒对诱发剪切带有利，而较大粒径的橡胶颗粒对于诱发银纹有利。

最后，从终止银纹的角度考虑。对于脆性基体，由于橡胶颗粒还要起到终止银纹的作用，要求其粒径与银纹的尺度相当。太小的橡胶粒子会被银纹“淹没”，起不到终止银纹的作用。而对于有一定韧性的基体，可以靠剪切带的生成来终止银纹，而不需要依赖橡胶颗粒来终止银纹，橡胶颗粒的粒径就可以小一些。

综上所述，对于脆性基体，橡胶颗粒要引发银纹，又要终止银纹，其粒径要大一些。譬如，热塑性弹性体 SBS 增韧 PS 体系，PS 是脆性基体，SBS 颗粒的粒径以 1μm 左右为宜。对于准韧性基体，橡胶颗粒主要引发剪切带，又不需要其终止银纹，橡胶颗粒的粒径就要小一些。譬如，三元乙丙橡胶（EPDM）增韧尼龙（PA）体系，PA 是韧性基体，EPDM 的粒径可为 0.1～1.0μm。

一般来说，在橡胶增韧塑料体系中，橡胶颗粒的粒径分布不宜过宽。这是因为过小的橡胶粒不能发挥增韧作用；而过大的橡胶粒不仅影响体系中的橡胶颗粒总数，而且会对力学性能产生不良影响。但是，橡胶粒子的粒径分布也不宜过窄。有研究结果表明，终止银纹所需的橡胶粒径要小于引发银纹所需的橡胶粒径，所以，橡胶粒子应该有一个适当的粒径分布。也有的共混体系，是一种塑料与两种弹性体共混，两种弹性体粒子粒径不同，作用也不同，一种用于引发银纹，一种用于引发剪切带[26]。

6.5.3.2　弹性体的特性

分散在塑料基体中的橡胶（或其它弹性体）粒子能够发挥应力集中体的作用，引发银纹和剪切带，是由于橡胶的剪切模量大大低于塑料的剪切模量，在受到外力时，橡胶粒子上可产生应力集中。在选用橡胶（或其它弹性体）时，选择剪切模量较低的品种有利于引发银纹和剪切带。

另外，弹性体的玻璃化转变温度（T_g）较低时，可以在低温下保持柔软性和增韧效果。选用的弹性体相的T_g应远低于共混增韧材料的使用温度。研究结果表明，弹性体的T_g为−40℃时，共混增韧材料在0℃以下的低温冲击强度随温度降低而很快降低；而采用T_g为−80℃的弹性体，共混增韧材料在0℃～−60℃的低温冲击强度随温度降低而下降，但变化较小[26]。

此外，弹性体的熔体黏度也是一个重要指标。弹性体的熔体黏度一般都高于塑料，特别是通用塑料。但是，如果弹性体的熔体黏度过高，就不利于在塑料基体中的分散。具有良好增韧效果，且熔体黏度较低的弹性体，更适合于在塑料增韧中使用。

6.5.3.3　弹性体粒子的内部结构

在橡胶或其它弹性体增韧塑料体系中，弹性体颗粒的内部结构，可以是均质的粒子，也可以是“包藏结构”的粒子。

例如，高抗冲聚苯乙烯（HIPS）中橡胶粒子的内部，包藏有更微小的PS粒子，属于包藏结构。这样的结构，使HIPS的橡胶分散相具有较大的体积分数，可以发挥较好的增韧作用，同时，由于包藏了PS粒子，使共混体系中橡胶组分的实际含量并不高，对材料刚性的影响也相应比较小。在PVC增韧中采用的MBS弹性体，也属于“包藏结构”粒子（参见第7章）。

6.5.3.4　两相间的界面结合

两相间的界面结合，对于增韧效果有重要影响。两相间的界面结合力弱，则弹性体颗粒与塑料基体会很容易发生界面“脱黏”，弹性体颗粒的应变软化和应变硬化就难以发生，引发银纹和剪切带的作用也会减弱。因而，塑料增韧体系要求两相间有较好的界面结合。

此外，两相间的界面结合与聚合物之间的相容性相关，会对共混过程中形成的弹性体颗粒的粒径产生影响，从而间接地影响增韧效果。

6.5.4　塑料增韧的定量分析

对于塑料增韧的早期研究，在性能测试方面采用传统的冲击性能测试方法，而机理研究主要是进行定性分析。近年来，测定冲击过程的力-时间、能量-时间关系曲线的仪器和方法，得到了应用；塑料增韧的定量研究也取得了进展，新发展的定量分析方法，有基本断裂功测试方法，以及基于逾渗理论的方法等。

6.5.4.1　测试冲击强度的方法

在材料科学中，韧性被定义为通过吸收能量抵御断裂的能力。对于冲击韧性，其定量表征为在冲击力作用下形成单位断裂面的做功，即冲击强度。对于塑料增韧体系，测试冲击强度是对增韧效果进行评估的最常用的方法［见6.5.1.1（4）］。

由上述实验方法测定的冲击强度，表征的是形成单位断裂面的总的做功。但是，冲击是一个过程。在冲击过程中，试样要经历裂缝的引发、扩展等阶段。对应于这个过程，可以采用Ceast仪器化冲击试验机测定冲击过程的力-时间、能量-时间关系曲线，获得材料在冲击过程中的开裂能、扩展能等数据。进行这样的测试，对于探讨增韧机理是很有意义的。

采用Ceast仪器化冲击试验机测定的一种增韧塑料材料冲击过程的力-时间关系的 $F(t)$ 曲线和能量-时间关系的 $E(t)$ 曲线，如图6-11所示。

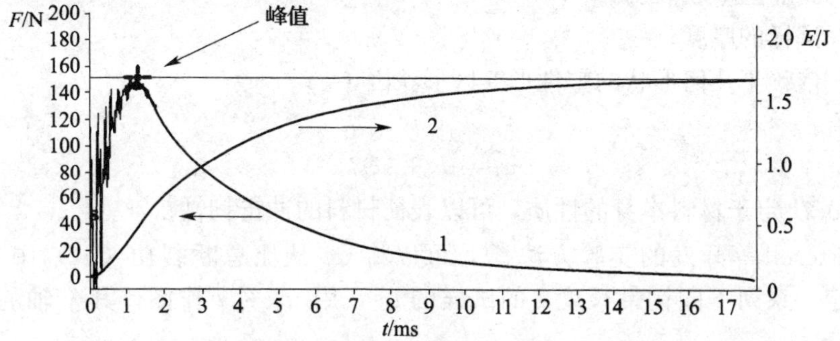

图6-11　增韧塑料材料冲击过程的 $F(t)$ 和 $E(t)$ 曲线

1—$F(t)$ 曲线　2—$E(t)$ 曲线

图6-11中，$F(t)$ 曲线最高点的冲击力 F_{max} 所对应的时间为开裂时间 t_i，t_i 在 $E(t)$ 曲线上所对应的能量为冲击过程中裂纹的开裂能 E_i，即 F_{max} 点之前 $F(t)$ 曲线下的面积。在 F_{max} 点之后 $F(t)$ 曲线下的面积，为冲击过程中裂纹的扩展能 E_p。有关系式：

$$E = E_i + E_p \tag{6-16}$$

式中　E——总能量。

不同的增韧塑料材料，冲击过程的总能量和开裂能 E_i、扩展能 E_p 的分配可能会有不同，因而可用于探讨增韧机理。

6.5.4.2　基本断裂功方法

在测定冲击强度的传统方法中，按冲击强度的经典定义，以形成单位冲击断裂面的做功来表征韧性，存在着一个问题，这样测定的材料冲击强度，要受材料本身性能和试样几何尺寸等多方面因素的影响，而非材料本身性能的单独表征。传统的测试方法，尽管对试样作出了种种规定，但仍不能将材料本身性能和试样几何尺寸的因素有效地区分开。在这样的背景下，基本断裂功方法被开发了出来。

基本断裂功（Essential work of fracture，EWF）方法是一种实验表征聚合物及复合材料韧性断裂性能的近似方法。按照Broberg[27]的理论，总的断裂功（W_f）可以分为两部分：基本断裂功（W_e）和非基本断裂功（W_p），如6-17式所示。

$$W_f = W_e + W_p \tag{6-17}$$

基本断裂功是消耗在接近于裂纹尖端的“断裂过程区”（fracture-process zone，FPZ）的功；非基本断裂功则对应于断裂过程区之外的塑性形变，如图6-12所示。

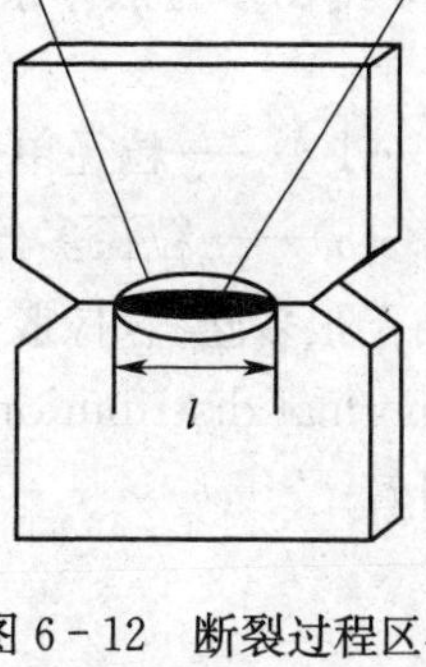

图6-12　断裂过程区与塑性形变区示意图

对于平面应力，且材料同时存在断裂过程区（FPZ）和塑性形变区时，由于 W_e 正比于韧带（即断裂过程区）的宽度 l，而 W_p 正比于 l^2，所以 W_f 可以表征为：

$$W_f = w_f lB = w_e lB + \beta w_p l^2 B \tag{6-18}$$

式中　w_f——比总断裂功（$w_f = W_f / lB$）；

l——韧带（即断裂过程区）的宽度；

w_e——比基本断裂功；

w_p——比非基本断裂功；

B——试样的厚度；

β——依赖于几何形状的塑性形变区形状因子。

进而，有：

$$w_f = w_e + \beta w_p l \tag{6-19}$$

其中，w_e 决定于材料本身的性质，可以表征材料的冲击韧性。

运用Cotterell等开发的实验方法[28]，可以将 w_e 从比总断裂功（w_f）中分离出来。该方法是测定一系列不同韧带长度 l 的试样的 w_f，用 w_f 对 l 作图，其 y 轴的截距即为 w_e，斜率则为 βw_p。

采用基本断裂功方法，可以从总的断裂功中区分出材料本身的性质和试样几何尺寸各自的贡献，对于增韧塑料的研究显然具有重要的意义。

EWF方法（6-19式）是基于准静态加载的方法提出的。近年来，研究者将EWF方法拓展应用于聚合物共混物的冲击实验[3]。目前，相关的实验研究尚在探索之中。

6.5.4.3 基于逾渗理论的方法

Wu将逾渗理论应用于塑料/弹性体共混体系增韧机理的定量研究。这是以逾渗理论为基础，从形态学角度对增韧机理的定量分析。Wu提出，塑料/弹性体复合体系发生脆-韧转变的必要条件，是相邻弹性体粒子的平均表面间距（即塑料基体层的平均厚度）$\tau \leqslant \tau_c$（τ_c 为临界基体层厚度），并给出了 τ 和弹性体体积分数 ϕ_r、弹性体粒子平均粒径 d 的关系[25]：

$$\tau = d[(\pi/6\phi_r)^{\frac{1}{3}} - 1] \tag{6-20}$$

Wu将逾渗分析用于研究基体层屈服的扩展传播，建立了以弹性体粒子为核，核周围 $\tau_c/2$ 厚的基体为壳（屈服变形区）的"应力体积球"模型，参见图6-10。

由公式6-20，弹性体粒子的平均粒径 d 降低，或弹性体体积分数 ϕ_r 增大，都可使 τ 降低；当 $\tau \leqslant \tau_c$ 时，屈服变形区（逾渗通道）相互连接，体系就可以发生脆-韧转变。

公式6-20并未考虑橡胶分散相粒子粒径大小的不均一性对塑料基体层厚度的影响。而事实上，分散相粒子粒径分布对 τ 的影响是不可忽略的。Wu考虑了粒径多分散体系（粒径大小不均一的体系）的粒子尺寸对基体层厚度的影响[25]，引入了分散相粒径的多分散度 σ，给出多分散体系的基体层厚度计算公式：

$$\tau(\sigma)/\tau(1) = \exp(\ln^2\sigma) \tag{6-21}$$

式中 $\tau(1)$——粒径单分散体系（粒径均一的体系）的 τ 值；

$\tau(\sigma)$——粒径多分散体系（多分散度为 σ）的 τ 值。

由于很多塑料/橡胶共混体系的橡胶分散相粒子粒径分布情况符合对数-正态分布（Log-normal distribution），因而，分散相粒径的多分散度 σ（也称分散度 σ）可采用如下公式计算[29-32]：

$$\ln\sigma = \left[\frac{\sum n_i(\ln d_i - \ln d)^2}{\sum n_i}\right]^{\frac{1}{2}} \tag{6-22}$$

式中　σ——分散相粒径的多分散度；

n_i——粒径为 d_i的粒子的数目；

d——橡胶分散相粒子的几何平均粒径。

d 可以由下式求取[32]：

$$\ln d = \left[\frac{\sum n_i (\ln d_i)^2}{\sum n_i}\right]^{\frac{1}{2}} \tag{6-23}$$

刘浙辉等[29]用多分散度 σ 对 6－20 式进行修改，得到粒径多分散体系的 τ 值的关系式如下：

$$\tau = d[(\pi/6\phi_r)^{1/3}\exp(1.5\ln^2\sigma) - \exp(0.5\ln^2\sigma)] \tag{6-24}$$

式中　ϕ_r——弹性体体积分数。

采用实验测定的分散相粒子粒径的统计数据，由 6－22 式可计算出多分散度 σ；采用 6－24 式，可计算出 τ (σ)。进而，可求得粒径多分散体系的临界基体层厚度 τ_c 值。

解磊等[33]采用双螺杆挤出机共混，制备了不同 POE（弹性体，为乙烯-1-辛烯共聚物）含量的 PP/POE 共混试样。采用刻蚀法制样后，用扫描电镜观测了 POE 颗粒在 PP 基体中的分布，统计结果表明其粒径分布为对数-正态分布。用公式 6－22 求得了粒径多分散度 σ，进而用公式 6－24 求得了 PP/POE 共混体系中不同 POE（弹性体）含量时的基体层厚度，对冲击强度作图，如图 6－13 所示。在冲击强度发生陡变时，得到临界基体层厚度 τ_c。

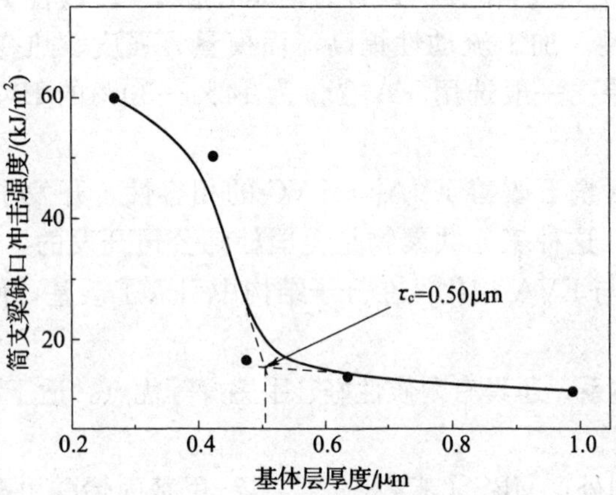

图 6－13　PP/POE 共混体系的临界基体层厚度（τ_c）

6.5.5　弹性体增韧塑料实例

弹性体增韧塑料体系，早已获得了广泛的工业应用。譬如，PVC、PS 等通用型塑料，属于脆性基体，以弹性体对其增韧，至今仍是工业上对这些塑料品种进行增韧改性的主要方法。

以 PVC 为例，可采用丁腈橡胶（NBR）、氯化聚乙烯（CPE）、乙烯-醋酸乙烯共聚物（EVA），以及三元乙丙橡胶（EPDM）等多种弹性体对其增韧改性。

6.5.5.1　NBR 增韧 PVC

为了改善 PVC 的抗冲击性能，很早就采用橡胶与 PVC 共混。由于 NBR 与 PVC 相容性良好，所以可用于增韧 PVC。NBR 与 PVC 的相容性与 NBR 中的丙烯腈（AN）含量有关，而 NBR/PVC 共混物的抗冲性能也与 NBR 中的 AN 含量密切相关。实验结果表明，当 AN 含量为 10%～26%时，共混体系可获得较高的抗冲击性能[34]。

NBR 增韧 PVC 体系，是最早获得工业应用的 PVC 增韧改性体系。但由于 NBR 中的双键易于降解，故使 NBR/PVC 共混体系的耐老化性能受到影响，也使这一共混体系的应用受到限制，难以应用于户外使用的材料。

6.5.5.2 CPE 增韧 PVC

CPE 是 PE 经氯化后制成的。为使 CPE 增韧 PVC 体系具有较高的抗冲性能，CPE 中的氯含量是一个重要的影响因素。一般来说，氯含量为 25%～40%的 CPE，都可产生增韧改性效果。综合考虑加工流动性、在 PVC 中的分散性及抗冲改性效果，氯含量为 35%的 CPE 具有较好的综合性能，因而也是最常用于改性 PVC 的 CPE 品种。

CPE 作为 PVC 抗冲改性剂，显著的优点是具有优良的耐候性。因此，CPE 增韧 PVC 材料可广泛应用于塑料门窗等制品。

CPE 与 PVC 有良好的相容性。为进一步改善 CPE 与 PVC 的相容性，可将氯乙烯接枝于 CPE，开发出接枝共聚产品 CPE-g-VC[34]。将 CPE-g-VC 用于增韧 PVC，抗冲击性能明显优于 PVC/CPE 体系。

6.5.5.3 EVA 增韧 PVC

EVA 与 PVC 的相容性，与 EVA 中的醋酸乙烯（VA）含量密切相关。当 VA 含量为 65%～70%时，与 PVC 的相容性最好。但是，在 EVA 改性 PVC 体系中，随着 VA 含量的增大，抗冲击性、加工流动性提高，而模量、强度、热变形温度却会下降。考虑各种性能的综合效果，一般选用 VA 含量为 14%～30%的 EVA 作为 PVC 的抗冲改性剂。

为了在较低 VA 含量下改善 EVA 与 PVC 的相容性，开发了一些三元共聚物，如 E-VA-CO三元共聚物。这种三元共聚物是美国杜邦公司开发的，商品名为 ELVALOY。E-VA-CO 三元共聚物与 EVA 相比，在分子结构中引入了羰基，使极性提高，促进了与 PVC 的相容性。

EVA 改性 PVC 体系，还具有耐候性好、手感好等优点，适于制造户外用品，其低发泡产品可制造仿木材料。

除以上抗冲改性剂外，MBS（苯乙烯-丁二烯-甲基丙烯酸甲酯共聚物）、ABS、EP-DM、TPU（热塑性聚氨酯）等，都可用作 PVC 的抗冲改性剂。

6.5.6 非弹性体增韧

早期的塑料增韧体系，是弹性体增韧体系。目前，大规模工业应用的增韧塑料材料中，弹性体增韧体系仍然占据主导地位。

但是，以弹性体增韧塑料，在提高抗冲击性能的同时，也产生一些不利影响。主要的问题在于，随着弹性体用量的增大，抗冲击性能提高，材料刚性却会下降。此外，橡胶的加工流动性一般较差，用量过大，也会使共混体系的加工流动性变差。

进入 20 世纪 80 年代以来，国外出现了非弹性体增韧的新思想，提出以有机刚性填料(Rigid Organic Filler，缩写为 ROF）粒子来对韧性塑料基体进行增韧的方法[35]。近年来，非弹性体增韧已在工程塑料合金的制备中获得广泛应用。

继有机刚性粒子增韧之后，非弹性体增韧体系中又出现了无机刚性粒子增韧的新体系。本节介绍有机刚性粒子增韧体系。关于无机刚性粒子增韧，将在第 9 章中介绍。

6.5.6.1　有机刚性粒子的非弹性体增韧机理

本节介绍有机刚性粒子增韧体系，因而这里所说的非弹性体，是专指有机刚性粒子。广义的非弹性体增韧还应包括无机刚性粒子对塑料基体的增韧。

以非弹性体对塑料进行增韧改性所采用的有机刚性粒子，通常是一些脆性塑料（如 PS、AS 等）。将脆性塑料与有一定韧性的塑料进行共混，形成脆性塑料为分散相，准韧性塑料为连续相的“海-岛结构”两相体系。非弹性体增韧的对象，必须是有一定韧性的塑料基体（即准韧性基体），如尼龙、聚碳酸酯等。对于脆性基体，则需要用弹性体对其进行增韧，变成有一定韧性的基体，用非弹性体对其进行进一步的增韧改性。

采用脆性塑料对韧性基体进行增韧的机理，与弹性体增韧塑料的机理是不同的。1984 年，Kurauchi 等[36]在研究 PC/ABS 和 PC/AS 共混物的力学性能时，首先提出了有机刚性粒子增韧塑料的新概念，并且用“冷拉概念”解释了共混物韧性提高的原因。Kurauchi 等用电镜观察了样品拉伸前后形态的变化，发现拉伸前 AS、ABS 分别以球状微粒状分散在 PC 基体中，粒径分别是约 1μm 和约 2μm；拉伸后，PC/AS 和 PC/ABS 共混物中都没有银纹结构，但分散相的球状结构都发生了伸长变形，变形的幅度大于 100%。据认为，这是由于在拉伸作用时，AS（或 ABS）刚性球粒在其“赤道面”（垂直于拉伸应力的方向上）受到强大的压应力作用，并在压力下产生沿拉伸方向的伸长，见图 6 - 14 所示。因协同应变，AS 粒子周围的 PC 基体在受力时也产生了同样大小的形变，因而吸收了更多的能量而使共混物的韧性得以提高。这就是有机刚性粒子增韧的“冷拉机理”。上述实验结果后来在其它类似的体系研究中得到了验证[37]。

6.5.6.2　非弹性体增韧与弹性体增韧的比较

非弹性体增韧与弹性体增韧在增韧改性剂、增韧对象、对性能的影响等方面，都有明显的不同。

首先，非弹性体增韧的增韧改性剂是脆性塑料（广义的非弹性体增韧还包括无机填料粒子），而弹性体增韧的增韧改性剂是橡胶或热塑性弹性体。非弹性体增韧的对象，是有一定韧性的基体；而弹性体增韧的对象，可以是韧性基体，也可以是脆性基体。

从增韧机理来看，弹性体增韧的机理主要是由橡胶球引发银纹或剪切带，橡胶球本身并不消耗多少能量；而非弹性体增韧中脆性塑料粒子发生形变，基体也发生形变，都会耗散能量。

从增韧剂的用量来看，弹性体增韧与非弹性体增韧也是明显不同的。对弹性体增韧体系，共混物的抗冲击性能在较宽的弹性体用量范围内，会随弹性体用量增大而增加；而对于非弹性体增韧，脆性塑料的用量限制在一个较窄的范围内。在此范围内，可获得良好的抗冲改性效果，超过此范围，抗冲击性能却会急剧下降。例如，PC/AS 共混体系的抗冲击性能（见图 6 - 15），在 AS 用量为 10%～20%时，达到较高的数值；而在 AS 用量超过 30%后，就急剧下降。

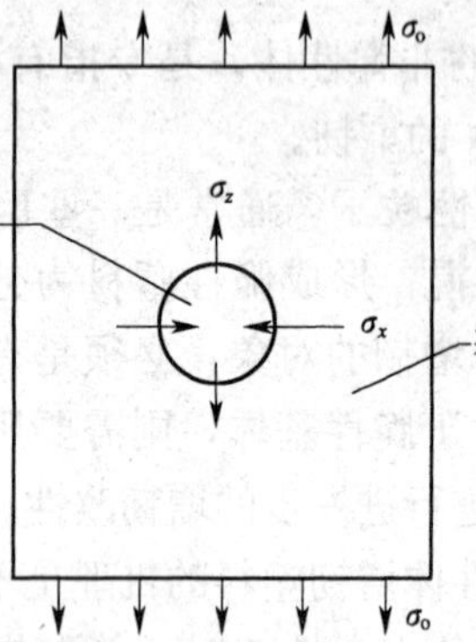

图 6-14 脆性塑料对韧性基体的增韧机理（示意图）

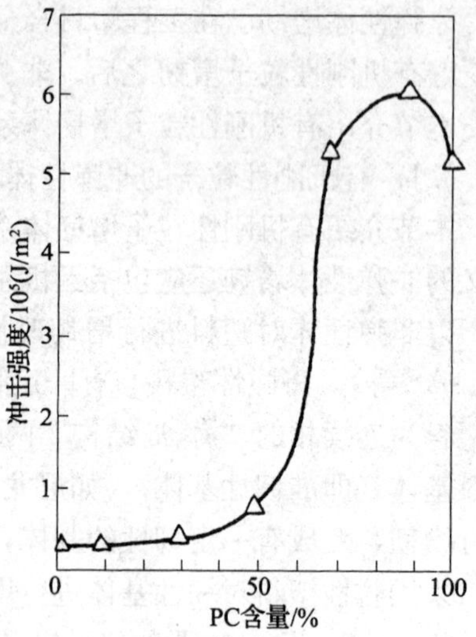

图 6-15 PC/AS 共混物的抗冲击性能

以非弹性体（脆性塑料）对塑料基体进行增韧的最大优越性，就在于脆性塑料在提高材料抗冲击性能的同时，并不会降低材料的刚性。而弹性体增韧体系，却会随着弹性体用量的增大而使材料的刚性下降。

此外，脆性塑料一般具有良好的加工流动性。因而，非弹性体增韧体系也可使加工流动性获得改善。而弹性体增韧的体系，其加工流动性往往要受到橡胶加工流动性差的影响。

非弹性体增韧与弹性体增韧也有相同之处，两者都要求增韧改性剂与基体有良好的相容性，有较好的界面结合。

6.5.6.3 非弹性体增韧实例

在 PC、PA 等韧性基体中添加 PS、PMMA、AS 等脆性塑料，可制备非弹性体增韧共混材料。对于 PVC 这样的脆性基体，可以在弹性体增韧的基础上，添加脆性塑料进行非弹性体增韧。

PC/AS 共混体系的增韧效果如图 6-15 所示。AS 用量在一定范围内，PC 的冲击强度提高。AS 还可改善 PC 的熔融流动性。也可以用 PMMA 对 PC 进行增韧改性。

非弹性体增韧也可应用于尼龙（PA）共混体系。例如，可以用 AS 对 PA6 进行增韧改性。但 AS 与 PA6 之间的界面结合尚不能满足非弹性体增韧的要求，因此，要添加 SMA（苯乙烯-马来酸酐共聚物）来改善界面结合。添加 SMA 后，PA 大分子与马来酸酐发生反应，形成接枝共聚，使 PA6 与 AS 界面结合得到改善，冲击强度随 SMA 用量增加而显著增加。

对于 PVC 这样的脆性基体，可以先用 CPE、MBS 等弹性体进行增韧改性，再添加 PS 等脆性塑料，进行非弹性体增韧。在 PVC/CPE、PVC/MBS 共混体系中添加 PS，共混物的力学性能如表 6-3 所示[38]。可以看出，PS 不仅可以提高 PVC/CPE（或 PVC/MBS）体系的冲击强度，而且可以使拉伸强度及模量提高或基本保持不变。对于 PVC/CPE/PS 共混体系，PS 的用量也有一个最佳值，约为 3 份（质量份）；超出此最佳用量，冲击强度就急剧下降，如图 6-16 所示。

表 6-3　　PVC 共混体系的力学性能

性　能	PVC	PVC/MBS	PVC/CPE	PVC/MBS/PS	PVC/CPE/PS
冲击强度/（kJ/m^2）	2.5	8.4	16.2	20.6	69.5
拉伸强度/MPa	58.4	47.5	41.0	47.1	43.7
杨氏模量/MPa	14.1	9.8	11.1	9.8	12.1

注：CPE、MBS 用量（质量份）为 10 份，PS 用量为 3 份。

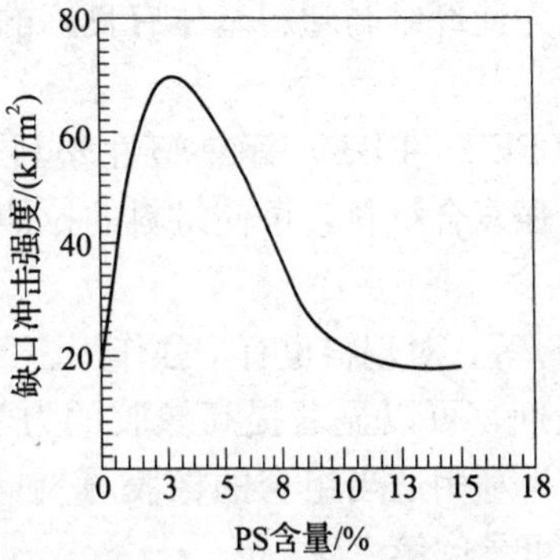

图 6-16　PS 用量对 PVC/CPE/PS 共混体系冲击强度的影响
（PVC/CPE=100/10）

关于非弹性体增韧的实例，还将在第 7 章中进一步介绍。

6.5.7　共混体系的其它力学性能

共混物的其它力学性能，包括拉伸强度、伸长率、拉伸模量、抗弯强度、弯曲弹性模量、硬度等，以及表征耐磨性的磨耗，对弹性体还应包括定伸应力、拉伸永久变形、压缩永久变形、回弹性等。

6.5.7.1　塑料增韧体系的拉伸和弯曲性能

在对塑料基体进行弹性体增韧时，在冲击强度提高的同时，拉伸强度、抗弯强度等常常会下降。例如，PVC/MBS 共混体系拉伸强度、抗弯强度与 MBS 含量的关系如图 6-17、图 6-18 所示[4]。可以看出，二者都随 MBS 用量增大而呈下降之势。

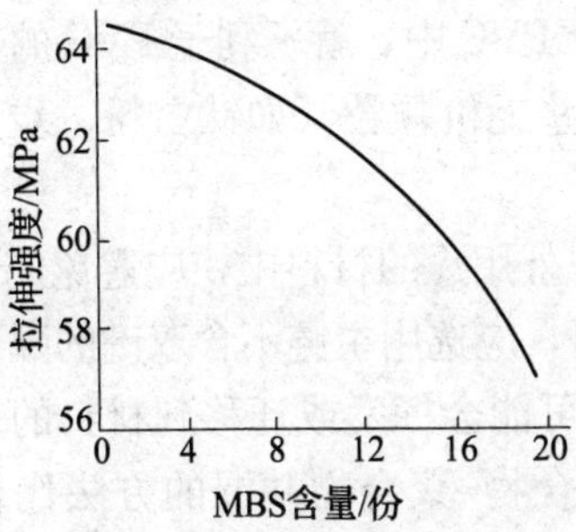

图 6-17　PVC/MBS 共混物拉伸强度与 MBS 含量的关系

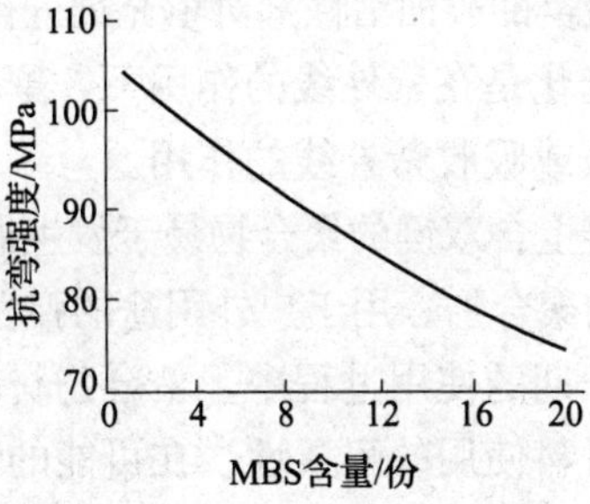

图 6-18　PVC/MBS 共混物抗弯强度与 MBS 含量的关系

非弹性体增韧则可使冲击强度与拉伸强度在一定的改性剂用量范围内同时增高，或者在冲击强度提高时，使拉伸强度及模量保持基本不变（参见表6-3）。

6.5.7.2　塑料增强与橡胶补强

塑料增强的主要途径为添加增强纤维，制备纤维增强复合材料。纤维的主要品种为玻璃纤维。此外，碳纤维、硼纤维、芳纶纤维等，也用于制备纤维增强复合材料。

纤维增强塑料的原理，是利用玻璃纤维、碳纤维等纤维的高强度和纤维与塑料基体的界面结合，将外界作用在基体材料上的力传递到纤维上，让纤维在强度上的优势得到发挥，使塑料材料获得高强度。为使纤维与塑料基体有良好的界面结合，需对纤维进行表面改性。

PP、尼龙（PA）、聚酯（PET、PBT）等热塑性塑料品种，都有其增强复合材料。以热塑性塑料为基体的纤维增强复合材料，可使材料的拉伸强度、弯曲弹性模量大幅度提高，耐热性也显著提高。

除纤维增强外，晶须、云母等，对塑料也有增强作用。关于塑料的增强，详见第8章。

在橡胶中添加炭黑等补强剂，可以显著提高橡胶的力学性能，称为橡胶的补强。此外，塑料的拉伸强度高于橡胶，利用适当组合的橡胶/塑料共混体系，也可以提高橡胶的强度。关于橡胶的共混改性，可参阅第7章。

此外，塑料的耐热性（以维卡软化点等表征）、耐寒性（以低温冲击强度等表征），以及橡胶的耐热性、耐寒性，也可以通过共混来加以改善。

6.6　共混体系的其它性能

共混体系的其它性能，包括耐老化性能、电性能、光学性能、阻隔性能、透气性能、表面性能、阻燃性能等。

6.6.1　耐老化性能

耐老化性能包括热老化、光老化、全天候老化等。

热老化来源于聚合物的热降解。在共混体系中，某些聚合物组分热稳定性较差，在共混过程中，就可能会发生降解。要添加适当的稳定剂，或者选用热稳定性好的聚合物组分。此外，一些助剂也可能促成热降解。例如，季铵盐类的表面活性剂可能促成PVC的降解。若以季铵盐类的表面活性剂对填充剂进行改性，再添加于PVC中，就不利于PVC的热稳定。

光老化是在紫外线的作用下，聚合物的降解。一些无机颗粒（如钛白粉、炭黑）可以起到屏蔽或吸收紫外线的作用。

主链上含双键的聚合物易于发生老化。因而，在户外用途的材料中，应避免使用主链上含双键的聚合物。用于户外用途的弹性体增韧塑料材料，应选用主链不含双键的弹性体。

在长期的使用过程中，聚合物材料中的某些助剂可能会挥发或迁移到材料的表面，也会降低材料使用的耐久性。在可能的情况下，采用聚合物-聚合物共混的方法代替一些小分子的添加剂，或者用某些具有功能性的无机固体颗粒代替液体添加剂，可以避免助剂的挥发或迁移。例如，在PVC软制品制备中，可以用弹性体（如粉末丁腈橡胶）作为大分子增塑剂，部分地代替液体增塑剂。

6.6.2 电性能

聚合物的电性能，包括体积电阻率、表面电阻率、介电损耗等。不同的电性能的材料，可以适用于不同的用途。按照用途，可以分为绝缘材料、抗静电材料、电磁屏蔽材料等。

聚合物共混物的电性能与组成及温度等因素有关。例如，丁基橡胶（IIR）与 PE 的共混体系，丁基橡胶在 20℃时的体积电阻率为 3×10^{15} Ω · cm，PE 的体积电阻率则为 $>10^{16}$Ω · cm。IIR/PE 共混物体积电阻率与组成、温度的关系如图 6-19 所示[39]。在 IIR/PE 配比为 90/10 时，体积电阻率为 8×10^{16} Ω · cm，比纯 IIR 增大了一个数量级。继续增加 PE 用量，体积电阻率呈下降之势。随温度上升，电阻率也呈下降之势。

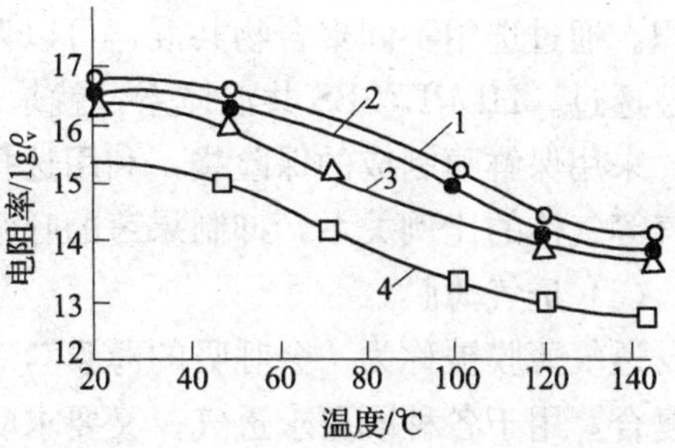

图 6-19 IIR/PE 共混物的体积电阻率与组成及温度的关系
IIR/PE（质量比）：1—90/10 2—70/30 3—50/50 4—100/0

某些用途的聚合物，要求表面有抗静电性能，可通过共混改性，添加抗静电剂来解决。抗静电剂包括一些表面活性剂及炭黑等填充剂。特制的不锈钢纤维、导电碳纤维，也可用于制备抗静电或电磁屏蔽复合材料[40]。

6.6.3 光学性能

聚合物共混物的光学性能，包括透明性、表面光反射性等。

透明性以可见光的透过率来表征。聚合物共混物的两相体系，大多数是透明性较低的。制备透明的聚合物共混物，首先基体材料要采用透明的聚合物。其次，各种添加剂也要不妨碍材料的透明性。例如，制备 PVC 透明硬片，宜选用 MBS 作为抗冲改性剂，ACR 作为加工助剂。关于 MBS 与 ACR 对 PVC 的改性作用，详见第 7 章。透明 PVC 硬片中不得添加微米级填充剂，选用的热稳定剂也要满足透明性要求，可选用有机锡类稳定剂。

当两种聚合物的折光指数相近时，聚合物共混物两相体系也可具有良好的透明性。若两相体系的两种聚合物折光指数相差较大时，则会具有珍珠般的光泽。譬如，PC/PMMA 共混物就是有珍珠光泽的共混材料。

有些高分子材料制品，要求表面有消光的效果。可以通过添加二氧化硅粒子的方法，获得消光的效果。

6.6.4 透气性

材料的透气性，又称为气体渗透性。气体渗透性一般是薄膜制品的特性。根据透气性的不同，可有不同的薄膜，如气体阻隔性薄膜、选择性透气薄膜、透气薄膜等。共混技术在这些薄膜制备中都可以发挥作用。

（1）气体阻隔性与阻隔性薄膜

气体渗透性极低的材料称为“气体阻隔性材料”。具有良好的气体阻隔性的塑料薄膜可以用于对氧气、水蒸气敏感商品的包装，这是近几年塑料包装业发展的重点，也是充气包装、真空包装、无菌包装等新型包装材料发展的基础。

(2) 选择透气性的保鲜膜

气体对于高分子膜的选择透过性，是一个颇具应用意义的研究领域，可应用于果蔬保鲜中保鲜膜的制造。气体在高分子膜中的透过性，决定于气体自身的特性和高聚物的自由体积。通过选用不同聚合物共混，可以调节聚合物的自由体积，进而实现对不同气体的选择性透过。HDPE/SBS 共混体系，就是一种适用于保鲜膜的共混物（参见第 7 章）。

采用保鲜膜制成的保险袋，利用选择性透气的特性，可以控制袋中氮气、二氧化碳、氧气等气体的比例关系，抑制果蔬的呼吸作用，从而延长保鲜时间。

(3) 透气薄膜

透气薄膜被称为“会呼吸的薄膜”，既有透气性又有防水性，通常将透气薄膜与无纺布复合，用于各种既要求透气，又要求防水的场合。透气薄膜的主要制造方法是在聚烯烃中加入无机填充剂，以流延法（或吹塑法）制成薄膜，再经单向拉伸工艺处理而制得。在拉伸后，塑料薄膜可被拉长，而无机填充剂仍保持原有颗粒状；因而在无机颗粒沿拉力方向的两侧形成微孔。这些微孔在常压下可透过多数气体，包括水蒸气，但可阻隔水和其它液体。

6.6.5 阻隔性能

阻隔性能是指聚合物材料防止气体或化学药品、化学溶剂渗透的能力。阻隔性能好的材料称为阻隔材料。其中，气体渗透性极低的材料称为“气体阻隔性材料”。某些聚合物，如尼龙，具有优越的阻隔性能，但价格较为昂贵。将尼龙与 PE 共混，可以制成具有优良阻隔性能而且成本又较为低廉的材料。参见第 7 章。

气体阻隔性薄膜一般采用多层复合薄膜的方法制备，也可以用共混法制备。例如，采用聚酯和液晶聚合物（LCP）共混，气体阻隔性能明显改善，可制造厚度薄而阻隔性好的包装薄膜或容器。液晶聚合物有极好的阻隔性，在聚酯/液晶聚合物共混物中，液晶聚合物分散相粒子被双向拉伸，形成片状的结构，可有效阻止气体渗透。

6.6.6 表面性能

材料的表面性能，包括表面张力、表面硬度、表面光学特性、摩擦性能、表面电性能等。

其中，表面张力与表面对于特定液体的浸润性相关。例如，聚合物薄膜对水的浸润性，会影响水气在薄膜表面的凝结，进而影响农用薄膜或食品包装薄膜的透光性。表面性能还会影响黏合。非极性的聚合物，黏合性能往往较差。通过共混的方法，可以改善表面特性。

对塑料材料进行电镀，是表面修饰的一种方法。ABS 具有良好的可电镀性能。将 ABS 与其它塑料共混，能够赋予其可电镀性。

将聚四氟乙烯与适当的塑料共混，可改善耐磨性，并改善自润滑性。

习　题

1. 试述影响共混体系熔融流变性能的因素。
2. 试述按冲击韧性对塑料基体的分类方法及该分类方法的意义。
3. 简述弹性体增韧塑料体系的结构形态对增韧效果的影响。

4. 简述非弹性体增韧与弹性体增韧的区别，以及非弹性体增韧的优势。

5. 对于 PVC 等脆性基体，如何进行非弹性体增韧？

参考文献

[1] Nielsen L E. Predicting the Properties of Mixtures：Mixture Rules in Science and Engineering. Marcel Dekker，New York and Basel，1978

[2] 金关泰，金日光，汤宗汤，陈耀庭. 热塑性弹性体. 北京：化学工业出版社，1983. 544

[3] [美] D. R. 保罗等. 聚合物共混物：组成与性能. 殷敬华等译. 北京：科学出版社，2004. 367，495～511，450～456

[4] 吴培熙，张留城. 聚合物共混改性. 北京：中国轻工业出版社，1998. 66，121

[5] 徐卫兵，朱士旺. PC/PE 共混物的流变行为研究. 现代塑料加工应用，1996 (3)：21

[6] 徐卫兵，朱士旺. PC/PBT 共混物的流变行为研究. 现代塑料加工应用，1994 (5)：10

[7] Folkes M J，Hope P S. Polymer Blends and Alloys. Blackie Academic and Professional，1993. 96～98

[8] 洪重奎，常平等. ABS/PMMA 合金流变行为的研究. 塑料科技，2003 (6)：1～3

[9] 樊敏，陈金周等. PP/EPDM-g-MAH/TPU 共混物流变行为的研究. 塑料工业，2004，32 (11)：43～45

[10] 李笃信，贾德民. PP-g-DBM 增容 PP/PA6 共混物的性能研究. 工程塑料应用，2000，28 (8)：31～33

[11] 邓如生. 共混改性工程塑料. 北京：化学工业出版社，2003. 440，30～32

[12] 于建，郭朝霞. 关于聚丙烯复合材料的研究. 塑料，2003，32 (2)：1～5

[13] 王经武. 塑料改性技术. 北京：化学工业出版社，1998. 308～309，191

[14] Han C D，Yu T C. Rheological Behavior of Two-Phase Polymer Melts. Polym. Eng. Sci.，1972 (2)：81

[15] Palierne J F. Linear Rheology of Viscoelastic Emulsions with Interfacial Tension. Rheol. Acta，1990，29：204～214

[16] 余若冰，周持兴等. TLCP/PEI 共混体系的流变特性与结构关系的研究，高等学校化学学报，2004，25 (11)：2140～2143

[17] 陈英姿，李惠林. 超声辐照对 PP/EPDM 共混物在加工过程中微相结构的影响. 高分子材料科学与工程，2004，20 (4)：160～163

[18] 阳范文，戴李宗等. HDPE-g-GMA 增容 PC/UHMWPE 共混体系的形态结构和动态流变性能. 应用化学，2004，21 (12)：1310～1314

[19] 潘祖仁，丘文豹等. 塑料工业手册 (聚氯乙烯分册). 北京：化学工业出版社，1999. 505

[20] [美] J. A. 曼森等. 聚合物共混物及复合材料. 汤华远等译. 北京：化学工业出版社，1983. 108

[21] Wu S. Phase Structure and Adhesion in Polymer Blends：A Criterion for Rubber Toughening. Polymer，1985，26：1855～1862

[22] 冯继云. 共混增韧机理的新进展. 塑料，1992，21 (2)：7

[23] Bucknall C B. Rubber-toughening of Plastics：Part 1，Creep Mechanisms in HIPS. Mater. Sci.，1972 (7)：202～210

[24] 单桂芳等. 聚合物空化效应研究进展. 高分子通报，2005 (5)：36～45

[25] Wu S. A Generalized Criterion for Rubber Toughening：The Critical Matrix Ligament Thickness. J.

Appl. Polym. Sci.，1988，35：549～561

[26] 傅政．高分子材料强度及破坏行为．北京：化学工业出版社，2005．81～85，59～61

[27] Broberg K B. On Stable Crack Growth. J. Mech. Phys. Solids，1975，23：215～237

[28] Cotterell B，Reddel J K. The Essential Work of Plane Stress Ductile Fracture. Int. J. Fract.，1977，13：267～277

[29] 刘浙辉等．聚合物共混物脆转变性能研究-Ⅱ：准韧性聚合物共混物脆韧转变的几何模型．高分子学报，1998（1）：1～7

[30] 刘浙辉等．聚合物共混物质韧转变性能研究-Ⅲ：分散相形态参数之间的关系．高分子学报，1998（1）：32～38

[31] Irani R R，Callis C F. Particle size：Measurement，Interpretation and Application. New York：Wiley，1963．110～115

[32] 谢瑞广，薛宁娟等．聚合物体系脆韧转变的逾渗分析．宇航材料工艺，2003（4）：6～9

[33] 解磊，王国全，陈建峰等．PP/POE/纳米 $CaCO_3$ 复合材料力学性能研究．中国塑料，2006，20（1）：36～39

[34] 张宇东，金日光．聚氯乙烯增韧与加工流动性的改善．塑料，1994（2）：35

[35] 李东明，漆宗能．非弹性体增韧——聚合物增韧的新途径．高分子通报，1989（3）：32

[36] Kurauchi T，Ohta T. Energy Absorption in Blends of Polycarbonate with ABS and SAN. J. Mater. Sci.，1984，19（5）：1699～1709

[37] 温变英，李振中等．增韧理论概说．塑料，1999，28（4）：7～11

[38] 杨文君，吴其晔等．刚性聚合物对聚氯乙烯韧性体的改性研究．塑料，1992，21（1）：7

[39] 邓本诚，李俊山．橡胶塑料共混改性．北京：中国石化出版社，1996．244

[40] 王国全，曾芃，俞炯．碳纤维/PVC 糊抗静电复合材料研究．塑料科技，1995（6）：96

第 7 章　聚合物共混的应用

内容提要：介绍聚合物共混改性在塑料和橡胶中的应用。在塑料中的应用包括通用塑料、工程塑料以及特种工程塑料的共混改性；在橡胶中的应用包括通用橡胶、特种橡胶的共混改性以及共混型热塑性弹性体。

7.1　聚合物共混应用体系的选取

聚合物共混物，从整体来说，可以分为以塑料为主体的共混物和以橡胶为主体的共混物两大类。

塑料的共混体系，可进一步按塑料的性能与用途进行分类，分为通用塑料共混体系和工程塑料共混体系两个大类。其中，通用塑料共混体系是以通用塑料为主体的共混体系，包括通用塑料与弹性体的共混体系、通用塑料与通用塑料的共混体系，以及通用塑料为主体添加工程塑料的共混体系。工程塑料共混体系则是以工程塑料为主体的共混体系。

工程塑料共混体系又可进一步分为通用工程塑料共混体系（又称通用工程塑料合金）和高性能工程塑料共混体系（又称高性能工程塑料合金）。其中，通用工程塑料合金是以通用型工程塑料（如尼龙、聚酯、聚碳酸酯等）为主体，与其它通用型工程塑料或通用塑料的共混体系。必要时，体系中可以加入弹性体。高性能工程塑料合金则是指特种工程塑料与特种工程塑料，或特种工程塑料与通用工程塑料的共混体系。通用型工程塑料和特种工程塑料的主要品种可参阅第 2 章 2.6 节。

塑料合金的概念是由高分子合金引申出的。高分子合金是指含多种组分的聚合物均相或多相体系，包括聚合物共混物和嵌段、接枝共聚物。而且，高分子合金材料通常应具有较高的力学性能，可用作工程塑料。因而，在塑料工业中又常常直接称之为塑料合金。

以橡胶为主体的共混体系，包括以橡胶为主体的橡/塑共混体系和橡胶与橡胶的共混体系。其中，橡胶组分也可以按档次划分为通用橡胶（如顺丁胶、丁苯胶、天然胶、丁腈胶、氯丁胶等），以及特种橡胶（如硅橡胶、氟橡胶）。

聚合物共混的应用体系的选取，须考虑相容性因素、结晶性因素、性能因素、价格因素等诸多因素，分述如下。

7.1.1　相容性因素

相容性（指广义相容性）是选取共混体系时应考虑的首要因素。相容是共混的基本条件。两相之间良好的相容性，是两相体系共混产物具有良好性能（特别是力学性能）的前提。相容性还影响共混过程的难易，相容性好的两相体系，共混过程中分散相较易分散。因此，一般应首选相容性较好的聚合物体系进行共混。例如 PVC 共混体系，选用 NBR、CPE、EVA 等相容性较好的聚合物。在相容性得不到满足时，则考虑采取措施改进相容性，如添加相容剂。

7.1.2 结晶性因素

在制备塑料合金时，为使不同塑料组分的性能达到较好的互补，塑料组分的结晶性能是需要考虑的重要因素。结晶性塑料与非结晶性塑料在性能上有明显的不同。结晶性塑料通常具有较高的刚性和硬度，较好的耐化学药品性和耐磨性，加工流动性也相对较好。结晶性塑料的缺点是较脆，且制品的成型收缩率高。非结晶性工程塑料则具有尺寸稳定性好而加工流动性较差的特点。

结晶性塑料的品种有 PO、PA、PET、PBT、POM、PPS、PEEK 等。非结晶性塑料的品种有 PS、ABS、PC、PSF、PAR 等。

按结晶性能分类，塑料合金可分为非结晶性工程塑料/非结晶性通用塑料，非结晶性工程塑料/结晶性通用塑料，结晶性工程塑料/非结晶性通用塑料，结晶性工程塑料/结晶性通用塑料，非结晶性工程塑料/结晶性工程塑料，非结晶性工程塑料/非结晶性工程塑料，以及结晶性工程塑料/结晶性工程塑料等类型。

在工程塑料与通用塑料的共混体系中，由于通用塑料与工程塑料相比，一般都具有较好的加工流动性，所以，不仅结晶性通用塑料可以用于改善非结晶性工程塑料的加工流动性（如 PC/PO 体系），非结晶性通用塑料也可以起改善加工流动性的作用（如 PPO/PS、PC/ABS 体系）。此外，脆性的通用塑料可以对工程塑料起增韧作用，这一增韧作用属于非弹性体增韧，已在工程塑料共混体系中广泛应用。通用塑料加入工程塑料中，还可以降低成本。

在工程塑料与工程塑料的共混体系中，采用非结晶性品种与结晶性品种共混，制成的共混物可以兼有结晶性品种与非结晶性品种的优点，譬如非结晶性品种的高耐热性，结晶性品种加工流动性较好等。由于这一类型的塑料合金所具有的优越特性，近年来已得到较多的开发，主要品种有 PC/PBT、PC/PET、PPO/PA、PAR/PA 等。

7.1.3 性能的改善或引入新性能

性能因素主要是考虑共混组成之间的性能互补，或改善聚合物的某一方面性能，或者引入某种特殊的性能。对于加工流动性较差的聚合物，可以与加工流动性较好的品种共混，以改善其加工流动性。例如，将 PE 与 PC 共混，可以改善 PC 的加工流动性。又如，PVC 有良好的阻燃性，将 ABS 与 PVC 共混，可以提高 ABS 的阻燃性。

利用共混，还可以在聚合物中引入某种特殊的性能。如，ABS 具有良好的电镀性能，许多塑料与 ABS 共混，都可以改善其电镀性能。又如，将橡胶与高吸水性树脂共混，可以制备具有遇水膨胀性能的橡胶。

7.1.4 价格因素

考虑价格因素，是通过价格昂贵的聚合物品种与较为廉价的聚合物品种共混，在性能影响不大的前提下，使成本下降。价格因素在市场竞争的环境下，显得尤为重要。

利用无机填充体系，采用一些价格较为低廉的填充剂，也是降低聚合物材料成本的一个重要途径。应用适当的表面改性技术对填充剂进行改性，可以使性能少受影响。采用无机纳米颗粒（如纳米碳酸钙）制备聚合物纳米复合材料，还可以使价格降低的同时提高性能。

7.2 通用塑料的共混改性

塑料品种可按档次划分为通用塑料、通用工程塑料与特种工程塑料三大类。通用塑料包括 PVC、PP、PE、PS 等品种，其产量占塑料总产量的大部分份额，具有价格较低、应用广泛、易于成型加工等特点。通用塑料性能上的缺点，如冲击强度低等，可以通过共混改性加以改善。

聚合物共混物的分类方法有很多种。通常可采用以主体聚合物进行分类的方法，譬如 PVC 共混物，尼龙共混物等。本书采用按主体聚合物分类的方法，介绍一些主要的聚合物共混改性体系。

7.2.1 聚氯乙烯（PVC）的共混改性

聚氯乙烯（PVC）是一种用途广泛的通用塑料，其产量仅次于聚乙烯而居于第二位。

PVC 在加工应用中，因添加增塑剂量的不同而分为“硬制品”与“软制品”。其中，PVC 硬制品又称硬质 PVC 制品，是不添加增塑剂或只添加很少量的增塑剂。硬质 PVC 若不经改性，其抗冲击强度甚低，无法作为结构材料使用。因而，作为结构材料使用的硬质 PVC 都要进行增韧改性。增韧改性以共混的方式进行，所用的增韧改性聚合物包括氯化聚乙烯（CPE）、MBS、ACR、EVA 等。

软质 PVC 是指加入适量增塑剂，使制品具有一定柔软性的 PVC 材料。PVC 与增塑剂混合塑化后的产物，也可视为 PVC 与增塑剂的共混物。PVC 的传统增塑剂为小分子液体增塑剂，如邻苯二甲酸二辛酯（DOP）。液体增塑剂具有良好的增塑性能，但却易于挥发损失，使 PVC 软制品的耐久性降低。采用高分子弹性体取代部分或全部液体增塑剂，与 PVC 进行共混，可大大提高 PVC 软制品的耐久性。这些高分子弹性体实际上起了 PVC 的大分子增塑剂的作用。可用作 PVC 大分子增塑剂的聚合物有 CPE、NBR、EVA 等。

此外，为改善 PVC 的热稳定性，需在 PVC 配方中添加热稳定剂；为降低成本，需添加填充剂，等等。这些，也可视为广义的共混。

经共混改性的 PVC 硬制品可广泛应用于门窗异型材、管材、片材等。添加高分子弹性体的 PVC 软制品可适于户外用途及耐热、耐油等用途。

7.2.1.1　PVC/CPE 共混体系

(1) 用于 PVC 硬质品

在 PVC 硬制品中添加 CPE，主要是起增韧改性的作用。

CPE 是聚乙烯经氯化后的产物。氯含量为 25%～40%的 CPE 具有弹性体的性质。其中，氯含量为 35%左右的 CPE 与 PVC 的相容性较好，可用于 PVC 的共混改性。通常采用氯含量为 36%的 CPE 作为 PVC 的增韧改性剂。

在 PVC/CPE 共混体系中，体系的组成、共混温度、共混方式、混炼时间等因素都会影响增韧效果。

据刘晓明等的研究结果，当 CPE 的用量为 10 份，即 PVC/CPE＝10/1 时，在 160℃ 条件下，用开炼机进行混炼，获得的 PVC/CPE 共混物具有较高的抗冲击性能[1]。

杨文君等研究了 PVC/CPE 共混物中 CPE 含量对力学性能的影响[2]，于 170℃在开炼机上混炼 10min，所得的 PVC/CPE 共混物中 CPE 含量与力学性能的关系如图 7-1 所示。

从图 7-1 中可以看出，随着 CPE 用量的增加，缺口冲击强度上升，且曲线呈 S 型，在 CPE 用量（质量份）为 5～20 份时，冲击强度上升幅度较大。断裂伸长率在 CPE 用量为 15 份以内时呈上升趋势，在超过 15 份后不再增大。拉伸强度则随着 CPE 用量增加而呈下降趋势。

综合考虑 PVC/CPE 共混体系的各方面性能，在具体应用中，CPE 的用量一般为 8～12 份。

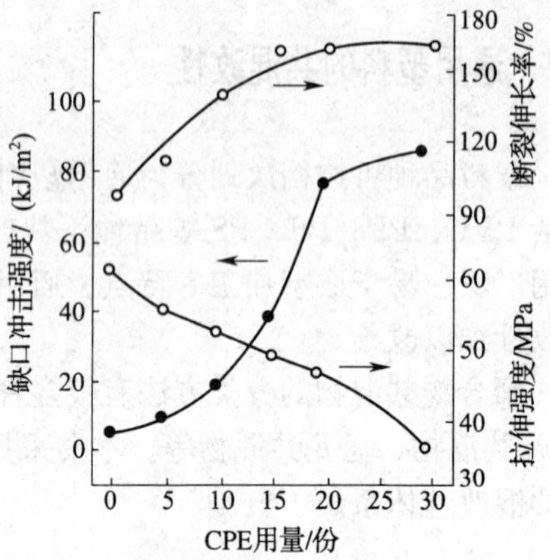

图 7-1　CPE 用量对 PVC/CPE 共混物力学性能的影响

(2) 在 PVC 软制品中的应用

在 PVC 软制品中添加高分子弹性体以取代部分（或全部）小分子液体增塑剂，其主要目的是将高分子弹性体用作 PVC 的不迁移、不挥发的永久性增塑剂，以提高 PVC 软制品的耐久性。因此，所选用的弹性体本身也应具有良好的耐久性、耐候性。CPE 的大分子中不含双键，因而具有良好的耐候性。通常选用氯含量为 35%～40%的 CPE 作为 PVC 软制品的共混改性剂。在此氯含量范围内，CPE 与 PVC 之间有良好的相容性，且 CPE 为类似橡胶的弹性体。

在 CPE 与 PVC 共混配制的软质 PVC 中，CPE 用量通常不低于 20 份，同时要添加适量的液体增塑剂。在此共混物体系中，CPE 本身具有良好的耐候性，而且 CPE 与液体增塑剂相容性很好，可以减少液体增塑剂的挥发，进一步改善共混物的耐候性。

在软质 PVC/CPE 共混材料中，随 CPE 用量的增大，一般会导致拉伸强度略有下降，而耐老化性能则明显提高。

软质 PVC/CPE 共混体系可以按照通常的软质 PVC 加工工艺条件进行成型加工。例如，选用 SG-4 型 PVC 树脂，加入氯含量 36%的 CPE20 份，液体增塑剂 30 份，其它助剂适量，可以在 160℃～180℃条件下挤出或压延成型。

(3) 作为相容剂的应用

由于 PE 在氯化时，反应主要发生在非晶区，所以 CPE 是由含氯较高的链段与含氯较低的链段组成的。其中，含氯较高的链段与 PVC 的相容性较好；含氯较低的链段则与聚烯烃等非极性聚合物相容性较好。CPE 的这一特性，使它不仅可以单独与 PVC 共混，而且可以与 PVC 及其它聚合物构成三元共混体系，譬如 PVC/CPE/PE 体系。在此体系中，CPE 可在 PVC 与 PE 之间起相容剂的作用。PVC 与 PE 是不相容体系，加入 CPE 后，可使相容性得到改善。

PVC 与 PE 都是用量很大通用塑料，在废旧塑料中占有很大比例，而回收废旧塑料时又往往难于分拣。采用 CPE 作为 PVC 与 PE 的相容剂，可以提高共混物的性能，对于 PVC 与 PE 废旧塑料的回收再利用很有意义[3]。

在 PVC/SBR 共混体系中，也可以加入 CPE 作为相容剂。

7.2.1.2　PVC/MBS共混体系

MBS树脂与PVC有良好的相容性，能显著地提高PVC的冲击强度，又能改善PVC的加工性能，PVC/MBS共混物还有着较好的透明性，因而，MBS被广泛应用于硬质PVC的增韧改性，特别是在透明制品中。

MBS是由甲基丙烯酸甲酯（MMA）和苯乙烯（ST）接枝于聚丁二烯（PB）或丁苯胶（SBR）大分子链上而形成的接枝共聚物。在MBS中，含有橡胶小球和塑料组分。其中，橡胶小球可起到增韧改性的作用，MMA可与PVC形成良好的相容性，苯乙烯形成的刚性链段则可使共混体系具有良好的加工流动性。

PVC/MBS共混体系的性能受到诸多因素的影响。以用SBR为橡胶主链的MBS为例，SBR的聚合工艺、SBR在MBS中的含量、MBS在共混体系中的用量、MBS在共混体系中的形态等因素，都会影响PVC/MBS共混体系的性能。

研究结果表明，通过调整聚合工艺，使MBS中的SBR橡胶小球的粒径较小，而MBS粒子的粒径在0.3～0.5μm，且MBS粒子呈包含若干橡胶小球和塑料支链的“簇状结构”时，PVC/MBS可获得最佳的增韧改性效果和较高的透光性能。这一簇状结构的示意图如图7-2所示[4]。

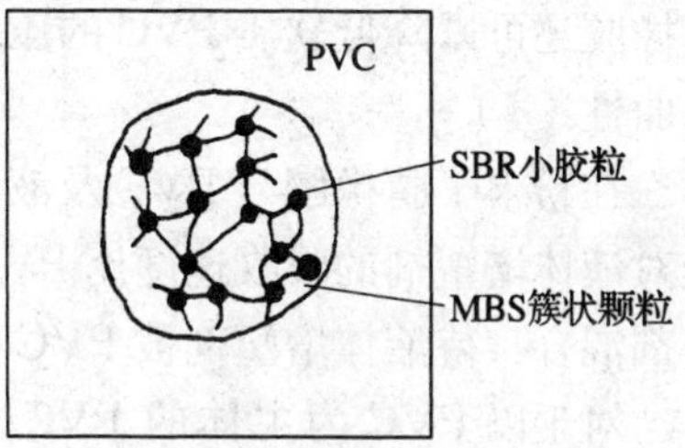

图7-2　MBS在PVC/MBS体系中的形态

为改善共混体系的透光性，通常有两种可供选择的途径，其一是使共混物的组成之间具有相近的折射率，其二是使分散粒子的粒径小于可见光波长。在PVC/MBS共混体系中，则同时利用了上述两种途径。其中，MBS簇状结构中的塑料支链与PVC有相近的折射率，而微小的橡胶球的粒径则小于可见光波长。因此，PVC/MBS共混体系可具有良好的透光性，透光率可达80%以上。

为提高MBS/PVC共混体系的冲击性能，调节MBS中的SBR含量，以及MBS在共混体系的用量，都是可起重要作用的。MBS中SBR的含量增大时，共混物的抗冲击性能提高。当然，还要考虑MBS与PVC的相容性、加工流动性能等因素，以确定SBR的适宜含量。MBS在PVC/MBS共混体系中的用量，一般以10%～17%为宜。在用量超过20%后，增韧改性效果反而下降。此外，随着MBS用量的增大，共混物的拉伸强度、抗弯强度都会下降。随着MBS用量增大，共混物的透光率也呈下降之势。MBS的价格较为昂贵，用量较多时，在成本上也是较高的。因此，应综合考虑各方面因素，确定适宜的MBS用量。

由于MBS易于吸湿，所以在共混前应先对MBS进行干燥，以免加工成型中产生气泡。

7.2.1.3　PVC/NBR共混体系

丁腈橡胶（NBR）也是常用的PVC共混改性剂。NBR可用于软质PVC的共混改性，也可用于硬质PVC的共混改性。市场上的丁腈橡胶产品有块状和粉末状的。其中，粉末丁腈橡胶因易于与PVC混合，易于采用挤出、注射等成型方式，所以在PVC/NBR共混体系中获得广泛应用。粉末丁腈橡胶最早由美国Goodyear公司研制生产，其中，型号为P83的粉末丁腈用途最为广泛。P83是经轻度预交联的粉粒，粒度约为0.5mm，粉粒表面有 PVC 层作为隔离剂。隔离剂层的存在，使粉末丁腈橡胶在存放中不易粘连，保持粉末状态。

将丁腈橡胶用于 PVC 软制品中，丁腈橡胶可以起到大分子增塑剂的作用，避免或减少增塑剂的挥发，提高 PVC 软制品的耐久性。用于 PVC 软制品的丁腈橡胶，宜选用丙烯腈含量为 30%左右的品种。例如，广泛应用于 PVC 软制品的粉末丁腈橡胶 P83 含有 33%的丙烯腈。

在 PVC 软制品中加入粉末丁腈橡胶，不仅可以提高增塑剂耐久性，而且可以改善其力学性能。研究结果表明，在软质 PVC 鞋用粒料中加入 P83，在 P83 用量为 15 份以内时，物料的耐磨性、拉伸强度等性能随 P83 用量增大而呈上升之势。在 P83 用量增至 30 份时，耐磨性进一步提高，拉伸强度则略有下降。因此，对于鞋用粒料等用途，PVC/NBR 共混体系以 PVC 为主体，粉末丁腈的用量一般宜在 15～30 份之间。此外，粉末丁腈橡胶还可以降低软质 PVC 的压缩永久变形，提高其弹性[5]，还可以改善软质 PVC 的耐挠曲性。

在粉末丁腈橡胶与 PVC 及液体增塑剂等助剂的共混工艺中，必须考虑到粉末丁腈橡胶对液体增塑剂的吸收速度比 PVC 快这一因素。因而，在捏合时，应先将 PVC 与液体增塑剂混合，待液体增塑剂被 PVC 吸收后，再加入粉末丁腈橡胶。

对于以 PVC 为主体的 PVC/NBR 体系，一般不需要对 NBR 进行硫化。但对于以 NBR 为主体的 PVC/NBR 体系，则需要对 NBR 进行硫化。

软质 PVC/NBR 共混体系广泛应用于鞋料、密封圈、密封条、软管、电线包覆材料、电器绝缘材料以及泡沫材料等。

NBR 也可以在硬质 PVC 中用作 PVC 的增韧改性剂。NBR 中的丙烯腈含量对 PVC/NBR 体系的冲击性能有重要影响。在丙烯腈含量约为 20%时，PVC/NBR 共混体系的冲击性能最高。丙烯腈含量过低的 NBR，与 PVC 的相容性不好。而丙烯腈含量达到 40%以上时，NBR 与 PVC 接近于完全相容。在丙烯腈含量为 20%左右时，NBR 与 PVC 有一定相容性，共混体系为分散相粒径较小，且两相界面结合较好的两相体系，因而具有良好的抗冲性能。

7.2.1.4　PVC/ACR 共混体系

作为一种通用塑料，PVC 有不少需要克服的缺点，其中包括加工流动性差。因而，对 PVC 的加工流动性进行改性，就成了 PVC 制品配方设计中需考虑的重要问题。ACR 是 PVC 最重要的高分子加工助剂。

ACR（丙烯酸酯类共聚物）是一大类不同组成的含有丙烯酸酯类成分的共聚物的总称。用在 PVC 制品中的 ACR 有两种类型，其一是用作加工流动改性剂的，其二是用作抗冲改性剂的。

(1) 用于加工流动改性剂的 ACR

用于加工流动改性剂的 ACR，其主要品种为甲基丙烯酸甲酯-丙烯酸乙酯乳液法共聚物。

在硬质 PVC 中加入少量 ACR，可明显改善其加工流动性。研究结果表明，在硬质 PVC 配方中加入 1.5%的 ACR，即可使塑化时间明显缩短。加入量增至 3%，则塑化时间进一步缩短[6]。

ACR能够缩短PVC的塑化时间，其主要原因在于ACR在混炼过程中可以在PVC粒子之间产生较大的内摩擦力，促进PVC多重粒子的破碎和熔融。

ACR不仅可以缩短塑化时间，而且可以改善PVC的塑化效果，使材料的均匀性提高。此外，ACR还可以提高PVC在加热状态下的伸长率。热态伸长率的提高，使得PVC更易于在中空吹塑或直空吹塑中成型，有利于这一类制品的加工制造。

将ACR应用于PVC压延制品中，由于共混物料释压后的膨胀效应（巴拉斯效应），可使辊间存料的表面张力增大，易于形成回转的圆筒形状，可消除压延产品的边缘裂口等，有利于提高压延产品的质量。

ACR还可使PVC的熔体黏度有所提高，用于发泡制品，易于形成均匀的发泡体，且发泡倍率较高。

在ACR用量较低（5份以内）时，对透光性影响不大。因而，ACR可以与MBS并用，用于制造透明PVC膜、片。其中，ACR起加工流动改性剂作用，MBS作为抗冲改性剂。

用于加工流动改性剂的ACR，其相对分子质量以30～60万范围之内为宜。相对分子质量过小，可能会影响共混物的冲击性能；相对分子质量过大，则会使加工流动性变差，不能发挥流动改性剂的作用。

(2) 用作抗冲改性剂的ACR

用作PVC抗冲改性剂的ACR，最典型的品种是以聚丙烯酸丁酯交联弹性体为核，接枝甲基丙烯酸甲酯-丙烯酸乙酯，所形成的具有核-壳结构的共聚物。其弹性体“核”可以起到良好的增韧作用，而壳层则与PVC有良好的相容性。此外，ACR还具有良好的透光性，可用作透明PVC材料的抗冲改性剂。

ACR抗冲改性剂除了能显著提高PVC抗冲性能外，对PVC的其它力学性能则影响不大。ACR改性PVC的力学性能与未添加ACR的PVC的对比如表7-1所示[6]。从表7-1中可以看出，ACR改性PVC的缺口冲击强度比未改性的PVC显著增大，其它力学性能则仅略有变化。

表7-1　ACR改性PVC的力学性能

配方	缺口冲击强度/（kJ/m^2）	拉伸屈服强度/MPa	拉伸断裂强度/MPa	维卡软化点/℃
PVC/ACR=100/8	30.0	45.3	36.2	83.6
未添加ACR的PVC	4.5	46.9	34.6	84.4

ACR对PVC的抗冲改性作用与ACR的用量有关。在ACR用量为10份时，已可产生显著改性效果。进一步再增加ACR的用量，抗冲性能的提高已不明显。

ACR除了可以提高PVC的冲击性能之外，也可以改善其加工流动性。此外，由于ACR分子链中不含双键，因而具有良好的耐候性。

7.2.1.5　PVC/EVA共混体系

EVA是乙烯和醋酸乙烯的无规共聚物。PVC与EVA进行共混改性，可采用机械共混法，也可采用接枝共聚-共混法。其中，接枝共聚-共混法是将氯乙烯接枝于EVA主链，形成以EVA为主链，PVC为支链的接枝共聚物。EVA可用于硬质PVC的增韧改性，也可用于软质PVC，作为PVC的大分子增塑剂。

用作硬质 PVC 的抗冲改性剂的 EVA，如采用机械共混法，可选用较高 VA 含量和较低熔体流动速率的 EVA，如 VA 含量为 30%和熔体流动速率为 10 的 EVA30/10。较高的 VA 含量可以改善 PVC 与 EVA 的相容性。如采用接枝共聚-共混法，则可选用 VA 含量较低的 EVA，也可以用高、低 VA 含量的 EVA 共用，改性效果更好[4]。

将 EVA 用于软质 PVC，可明显改善 PVC 的耐寒性，PVC/EVA 共混物的脆化温度可达到−70℃。此外，软质 PVC/EVA 共混物还具有良好的手感。

硬质 PVC/EVA 共混物可用于生产板材和异型材，也可用于生产低发泡产品。软质 PVC/EVA 共混物可用于生产耐寒薄膜、片材、人造革等，也可用于生产发泡制品。

由于 EVA 与 PVC 仅有中等程度的相容性，为改善相容性，美国 Du Pont 公司开发了 E-VA-CO 三元共聚物，商品名为 Elvaloy。这种三元共聚物是在 EVA 中引入了羰基，使其与 PVC 的相容性得到改善。Elvaloy 的品种有 741 和 742 两种。Elvaloy 用于软质 PVC 材料，已在室外用途的片材、汽车用人造革及靴鞋方面获得应用。其中，PVC/E-VA-CO 共混制造的片材，不仅使用寿命长，而且易于热风焊接或高频热合。用于汽车用人造革，不仅可防止因增塑剂挥发而导致的车窗玻璃雾化现象，而且具有良好的手感和低温柔软性。用于靴鞋，则具有耐磨性、耐油性、弹性、柔韧性等优良性能。

7.2.1.6 PVC/ABS 共混体系

ABS 为丙烯腈-丁二烯-苯乙烯共聚物，具有冲击性能较高、易于成型加工、手感良好以及易于电镀等特性。PVC 则具有阻燃、耐腐蚀、价格低廉等特点。将 PVC 与 ABS 共混，可综合二者的优点，成为在电器外壳、电器元件、汽车仪表板、纺织器材、箱包等方面有广泛用途的新型材料。

ABS 可以用作硬质 PVC 的增韧改性剂。用于增韧改性 PVC 的 ABS，可采用丁二烯含量为 30%的标准 ABS，也可采用丁二烯含量为 50%的高丁二烯 ABS，后者的增韧效果优于前者。在 ABS 与 PVC 的质量比为 40/60 时，共混物冲击强度可达 $20kJ/m^2$[7]，加工流动性也明显改善。

由于 PVC 与 ABS 之间为中等程度的相容性，所以在共混时应加入相容剂，如 CPE、SAN 等。在 ABS/PVC 共混体系中加入相容剂 CPE 后，共混体系的冲击强度可显著提高[8]。此外，由于 ABS 含不饱和双键，其热稳定性及抗氧性等较低，故在配方中除加入热稳剂外，还应添加抗氧剂。

ABS 与 PVC 共混，还可显著提高 ABS 的阻燃性能。ABS/PVC 共混物的氧指数如表 7-2 所示[9]。这一特性使 ABS/PVC 共混物适合于制造电器外壳及元件，可避免添加小分子阻燃剂造成的性能劣化及助剂逸出的缺点。

表 7-2　　ABS/PVC 共混体系的氧指数

ABS/PVC 配比（质量比）	100/0	80/20	60/40	40/60	20/80	0/100
氧指数（OI）/%	18.9	21.2	24.3	26.8	33.1	42.4

在 PVC/ABS 共混体系中也可以加入适量增塑剂而成为半硬制品，可用于制造汽车仪表板。

7.2.1.7 PVC/TPU 共混体系

PVC 可与热塑性聚氨酯（TPU）共混，制备软质 PVC 材料，用于医用制品。热塑性聚氨酯是一种新型的热塑性弹性体，又称为聚氨酯橡胶。聚氨酯具有优异的物理化学性能和极好的生物相容性，已在医学领域获得了广泛的应用，可用于人工心脏和心脏的辅助装置、人造软骨、医用分离膜等。将 TPU 与 PVC 共混，以 TPU 取代 DOP 等液体增塑剂，制成软质 PVC 医用制品，可避免液体增塑剂的迁移。

TPU 有许多种类。总体上，TPU 通常由二异氰酸酯、低分子二元醇及双官能团聚酯型或聚醚型长链二元醇反应而成。与聚酯反应的称为聚酯型 TPU，与聚醚反应的称为聚醚型 TPU。各种 TPU 的大分子都由两部分组成，一部分是长链二元醇与二异氰酸酯反应生成的柔软段；另一部分是低分子二元醇与二异氰酸酯反应生成的刚性段（又称为硬段）。调节软段与硬段的比例，可以得到不同力学性能及不同加工性能的 TPU。

选用与 PVC 共混的 TPU 品种时，应首先考虑 TPU 与 PVC 的相容性。此外，软段与硬段比例的适当调整，对调节共混物的力学性能，以及改善加工性能都是有作用的。用于医疗用途时，选用的 TPU 和 PVC 的理化性能都应符合卫生标准。

PVC/TPU 共混体系用于医用材料时，为避免液体增塑剂的迁移，可以用 TPU 完全取代液体增塑剂。在这种情况下，TPU 与 PVC 的用量应接近于相等。例如，将一种专门为医用而合成的聚酯型 TPU 与 PVC 共混，制成的共混材料的性能如表 7-3 所示[10]。可以看出，TPU 对 PVC 有良好的增塑作用。

表 7-3　　PVC/TPU 共混材料的性能

PVC/TPU 用量（质量比）	拉伸强度/MPa	断裂伸长率/%	邵氏硬度
100/107.5	7.7	434	69.3
100/88.2	13.6	398	77.9

在 PVC/TPU 共混体系中，为提高力学性能，可添加补强剂。各种补强剂中，白炭黑（二氧化硅）的补强效果较好[11]。PVC 的热稳定剂则可选用硬脂酸钙等。

TPU 也可以用在 PVC 硬制品中，用做 PVC 的增韧剂，制备 PVC/TPU 共混增韧材料[12]。

此外，PVC 还可以与 EPDM、LLDPE 等聚合物共混[13]。

7.2.1.8　不同品种 PVC 的共混

PVC 的共混改性，不仅包括 PVC 与其它聚合物的共混，也应包括不同品种 PVC 的共混。

（1）高聚合度 PVC 与普通 PVC 共混

高聚合度 PVC 树脂（HPVC）是指聚合度大于 2000 的 PVC 树脂。HPVC 可用于制造 PVC 热塑性弹性体。但由于聚合度较高，HPVC 的加工成型有一定困难。将 HPVC 与普通 PVC 共混，可以改善 HPVC 的加工流动性。对于普通 PVC 而言，HPVC 则可以看作是一种改性剂，可提高普通 PVC 的性能。HPVC 对增塑剂的容纳量较普通 PVC 高，在 HPVC/PVC 共混体系中，可以添加较多的增塑剂，提高制品的耐寒性和弹性。在这里，HPVC 起到了类似丁腈橡胶的作用。例如，在软质 PVC 薄膜中加入 20 份以上的 HPVC，制品富有弹性，且具有良好的低温柔软性[14]。

（2）悬浮法 PVC 与 PVC 糊树脂共混

在机械共混（熔融共混）中使用的 PVC 树脂，一般为悬浮法 PVC。这一共混方法相应于工业上所用的挤出、压延等成型方式。在某些产品中，可采用PVC糊树脂与悬浮法PVC共混，以改善加工性能。PVC糊树脂的颗粒远较悬浮法PVC树脂为小，易于塑化。此外，在悬浮法PVC中加入少量发泡性能好的PVC糊树脂，还可改善发泡性能[15]。

7.2.2 聚丙烯（PP）的共混改性

聚丙烯（PP）是一种应用十分广泛的塑料。PP具有原料来源丰富、合成工艺较简单、密度小、价格低、加工成型容易等优点。PP的拉伸强度、压缩强度等都比低压聚乙烯高，而且还有很突出的刚性和耐折叠性，以及优良的耐腐蚀性和电绝缘性。PP均聚物的主要缺点是冲击性能不足，特别是低温条件下易脆裂，且成型收缩率较大，热变形温度不高，等等。PP的耐磨性和染色性也有待提高。

通过共混改性，可以使PP的性能得到显著改善。

7.2.2.1 PP/弹性体共混体系

与弹性体共混，是PP增韧改性的主要方法。PP/弹性体共混体系是弹性体增韧塑料的代表性体系，其研究已有数十年的历史，早已实现了工业化。常用于PP共混的弹性体有三元乙丙橡胶（EPDM）、乙丙橡胶（EPR）、乙烯-1-辛烯共聚物（POE）、SBS、SBR等。

近年来，共聚PP得到大规模开发、生产与应用。与均聚PP相比，共聚PP具有较高的抗冲击性能，适合于制造高抗冲制品。共聚PP也可以与弹性体共混，使抗冲击性能进一步得到提高。一般来说，均聚PP的缺口冲击强度为3～5kJ/m^2，共聚PP的缺口冲击强度为8～20kJ/m^2；而共聚PP与弹性体共混后，缺口冲击强度可达30～40kJ/m^2。

PP/弹性体共混可以是二元体系，也可以添加第三种聚合物而成为三元体系。在二元体系中，EPDM、POE对PP的增韧改性效果最佳，EPR也常用于PP的增韧改性。也可以在PP/弹性体二元体系中添加无机纳米颗粒（如纳米碳酸钙），制备PP/弹性体/无机纳米颗粒三元共混体系，使冲击强度进一步提高[16]。

(1) PP/EPDM共混体系

EPDM是最常用于PP增韧的弹性体。汽车工业所用的PP保险杠，通常就是PP/EPDM的共混体系，是PP/弹性体共混物的重要应用范例。采用一种共聚PP与EPDM制备共混材料，其简支梁缺口冲击强度如表7-4所示。可以看出，EPDM使PP的缺口冲击强度显著提高。添加纳米$CaCO_3$后，缺口冲击强度进一步提高。

表7-4　共聚PP/EPDM共混体系的缺口冲击强度

序号	配比/质量份			缺口冲击强度（23℃）/（kJ/m^2）
	共聚PP	EPDM	纳米$CaCO_3$	
1	100	0		17.5
2	100	4		21.4
3	100	8		36.5
4	100	8	8	46.3

(2) PP/POE共混体系

POE（乙烯-1-辛烯共聚物）是近年来开发的新型热塑性弹性体，已应用于塑料增韧等领域。PP/POE 共混体系已得到大规模的工业化应用。采用一种共聚 PP 与 POE 制备共混材料，其缺口冲击强度如表 7-5 所示。

表 7-5　共聚 PP/POE 共混体系的缺口冲击强度

序号	配比/质量份		缺口冲击强度（23℃）/（kJ/m²）
	共聚 PP	POE	
1	100		12.1
2	100	18	50.2
3	100	25	59.9

EPDM、POE 与 PP 的相容性较好，因而，一般不需要在共混时添加相容剂，就可以获得良好的增韧效果。EPDM、POE 都有许多不同的牌号，性能上各有差异，应根据与 PP 的相容性、熔融流动性等因素，加以适当选择。

（3）PP/SBS 共混体系

SBS（苯乙烯-丁二烯-苯乙烯嵌段共聚物）是最早应用于 PP 增韧的新型热塑性弹性体之一。采用一种共聚 PP 与 SBS 制备共混材料，其缺口冲击强度如表 7-6 所示。SBS 不仅提高了 PP 的常温冲击强度，而且可以提高其低温冲击强度。

表 7-6　共聚 PP/SBS 共混试样的冲击强度

序号	配比/质量份		缺口冲击强度/（kJ/m²）	
	共聚 PP	SBS	23℃	-20℃
1	100		16.7	7.6
2	100	10	47.6	10.2

（4）PP 的三元共混体系

采用三元共混体系，可以提高增韧效果。例如，在 PP/SBS 共混体系中添加 HDPE，成为 PP/SBS/HDPE 三元共混体系。由于第三组分 HDPE 的引入，可以减少弹性体 SBS 的用量，少量弹性体就可以显著提高冲击强度。张增民等研究了 PP/HDPE/SBS 三元共混体系，发现 HDPE 的引入使共混物的冲击强度明显提高，如图 7-3 所示[17]。在 SBS 用量为 5%时，PP/HDPE/SBS 三元共混物的冲击强度明显高于 PP/SBS 二元共混物。由于弹性体用量过大会导致材料的刚性下降，所以采用较少的弹性体而获得较高的增韧效果对增韧体系是颇为重要的。

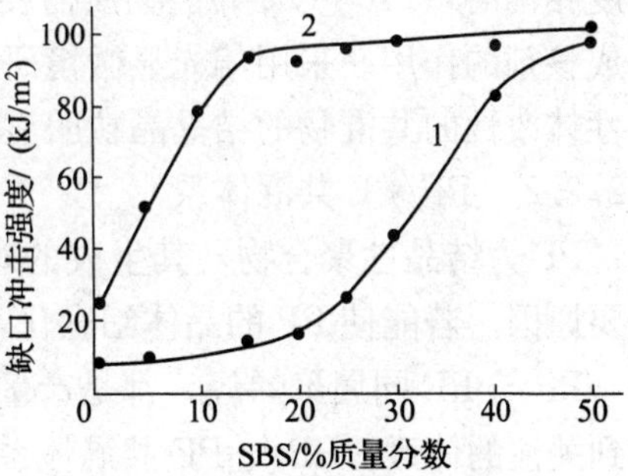

图 7-3　PP 共混体系的缺口冲击强度与 SBS 含量的关系

1—PP/SBS 二元共混体系

2—PP/HDPE/SBS 三元共混体系（PP/HDPE=1/1）

已研究的 PP 三元共混体系还有 PP/POE/HDPE 体系和 PP/EPDM/SBS 体系。在 PP/POE/HDPE 体系中，POE 能大幅度地提高材料的抗冲击性能，HDPE 则具有协同增韧效应[18]。在 PP/EPDM/SBS 体系中，双组分增韧剂 EPDM/SBS 有明显的协同效应，增韧效果明显优于单一的 EPDM 或 SBS。

(5) PP 与其它弹性体的共混体系

赵永仙等[19]研究了 PP/聚丁烯热塑性弹性体共混体系，结果表明，聚丁烯热塑性弹性体对 PP 有显著的增韧作用。添加 18 份的聚丁烯热塑性弹性体，共混物的冲击强度从 $20kJ/m^2$增加到 $60kJ/m^2$，断裂伸长率从 10%增加到 500%，拉伸强度、硬度和耐热温度则有一定的下降。相对分子质量较大的聚丁烯热塑性弹性体对 PP 的改性效果更好。

PP 也可与 CPE、热塑性聚氨酯（TPU）、顺丁胶（BR）、NBR 等弹性体共混。据研究，PP/CPE 共混体系，在 CPE 用量为 35%时，缺口冲击强度明显提高，拉伸屈服强度则有所下降[20]。PP/TPU 共混体系，可采用 EPDM-g-MAH 为相容剂[21]。

(6) PP/弹性体的共混工艺

关于 PP/弹性体共混体系的共混工艺，也进行了不少研究。例如，在 PP/SBS 共混体系中，可采用两阶共混工艺（参阅第 10 章），制成抗冲击性能优良的共混物。在 PP/HDPE/SBS 三元共混体系中，也可采用两阶共混工艺，即先将 SBS 与部分 PP 混炼，然后再将 HDPE 及剩余的 PP 加入共混，可得到分散相粒径在 0.5μm 以下，冲击强度提高 7.5 倍的共混物[22]。

(7) 弹性体对 PP 的增韧机理

弹性体作为分散相分散在 PP 基体中，有引发银纹和剪切带的作用。均聚 PP 自身抗冲击强度很低，为脆性基体，增韧机理应以引发银纹为主；共聚 PP 自身抗冲击强度较高，为韧性基体，增韧机理应以引发剪切带为主。

此外，PP 为结晶聚合物，且易于生成大的球晶，这是 PP 脆性的主要原因。弹性体分散相粒子可以抑制 PP 的结晶，使其形成微晶，这也是弹性体使 PP 增韧的重要机理。诸多研究者的工作表明，使 PP 的晶体细微化，可提高其抗冲击性能。马晓燕等[23]采用差示扫描量热仪（DSC）研究了 PP/POE 共混物降温过程的非等温结晶动力学。当相对结晶度相同时，PP/POE 共混物所需要的降温速率比纯 PP 小，这说明弹性体起到了 PP 结晶成核剂的作用。采用偏光显微镜研究了 PP 及 PP/POE 共混物的结晶形貌，结果表明，弹性体改性的共混物的结晶晶粒明显细化。

7.2.2.2 PP/PE 共混体系

PP 为结晶性聚合物，其生成的球晶较大，这是 PP 易于产生裂纹，冲击性能较低的主要原因。若能使 PP 的晶体细微化，则可使冲击性能得到提高。

PP 与 PE 同属聚烯烃，都是产量很大的通用塑料品种，因而，PP 与 PE 的共混成为受到关注的体系。PP 与 PE 共混体系中，PP 与 PE 都是结晶性聚合物，它们之间没有形成共晶，而是各自结晶。但 PP 晶体与 PE 晶体之间发生相互制约作用，这种制约作用可破坏 PP 的球晶结构，PP 球晶被 PE 分割成晶片，使 PP 不能生成球晶。随着 PE 用量增大，PP 晶体进一步被细化[4]。PP 晶体尺寸的变小，使其冲击性能得到提高。

田野春等[24]研究了 PP/LLDPE 共混体系，随着 LLDPE 用量增加，材料的冲击强度增加，而拉伸屈服强度、拉伸模量、维卡软化点降低。

梁基照研究了 PP/LDPE 共混物的加工流动性能，PP/LDPE 共混物熔体流动速率与 LDPE 质量分数的关系如图 7-4 所示[25]。从图中可以看出，LDPE 可提高 PP 的熔体流动速率，改善加工性能。

PP 与 PE 相容性不好。为改善相容性，可以采用添加相容剂的方法。此外，交联也是增进 PP/PE 体系相容性的方法。可在 PP/PE 体系中添加三烯丙基异三聚氰酸酯（TAIC），并进行辐射交联。由于 TAIC 主要分布在 PP/PE 共混物的相界面，所以交联反应可以改善两相间的界面结合，使 PP/PE 共混物性能提高[26]。

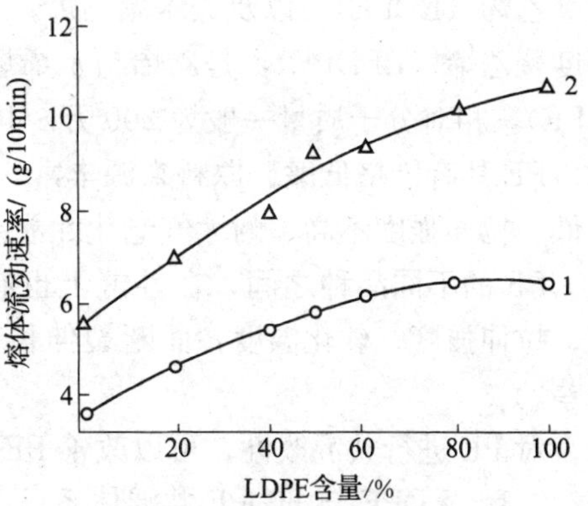

图 7-4　PP/LDPE 共混物的熔体流动速率与 LDPE 含量（质量分数）的关系
1—210℃　2—230℃

庞纯等[27]将交联法应用于 PP/LLDPE/SBS 三元体系，制备出具有优良力学性能的共混物。PP/LLDPE/SBS 交联共混物的冲击强度、拉伸强度和断裂伸长率都大幅度提高。

李炳海等[28]采用不同结构的 PP 分别与不同流动性能的超高分子量聚乙烯（UHMWPE）进行共混，发现流动性较好的 UHMWPE 对熔体质量流动速率较小的嵌段共聚型 PP（即 PPB）增韧增强效果突出，缺口冲击强度可达 74.2kJ/m^2，断裂伸长率大于 700%；同时共混物的强度和刚性也有一定程度的提高。在 PPB/UHMWPE 二元共混物中加入适当线形低密度聚乙烯（LLDPE），抗冲性能进一步提高。

刘功德等[29]研究了不同物料比和加工工艺对 PP/UHMWPE 共混体系性能的影响，当 UHMWPE 的质量分数为 60%时，共混物具有很高的冲击强度。

7.2.2.3　PP 与其它聚合物的共混体系

如前所述，PP 的耐热性、耐磨性和着色性都较差，这些缺点在以 PP 为原料制造纤维时尤为明显。将 PP 与 PA 进行共混，可以改善 PP 的上述性能。为了增进 PP 与 PA 的相容性，可以利用少量的马来酸酐（MAH）接枝 PP 作为相容剂。此外，PP/PA 共混体系的相容剂还有 EPR-g-MAH，SEBS-g-MAH 等。添加有适当相容剂的 PP/PA 共混体系，其冲击强度比 PP 有明显提高，刚性则基本不变。

PP 与 PBT 共混，采用马来酸酐接枝 EVA 作为相容剂，可使力学性能得到提高[30]。此外，PP 还可与 PC 共混，制成具有优良耐热性和尺寸稳定性的共混物。PP 与 EVA 共混，则可得到加工性能、印刷性能优良的共混材料。

7.2.2.4　均聚 PP 与共聚 PP 的共混体系

均聚 PP（PP-H）的冲击强度较低。为适应高抗冲制品的需要，开发了各种共聚 PP，并已经获得广泛应用。共聚 PP 分为无规共聚（PP-R）和嵌段共聚（PP-B）。均聚 PP 与共聚 PP 之间，也可以进行共混。

沈经纬等[31]研究了一种 PP-R 和一种 PP-B 的结构形态及其共混体系，结果表明，PP-R 和 PP-B 都能结晶，但 PP-R 结晶较慢、结晶度较低；PP-B 含有呈球状分散的乙丙橡胶相和乙烯嵌段相；随共混物中 PP-B 含量增加，常温和低温冲击强度显著提高。安峰等[32]研究了 PP-H/PP-R/PP-B 共混体系，其冲击强度随 PPB 用量的增加而增加。

7.2.3 聚乙烯（PE）的共混改性

聚乙烯（PE）是产量最高的塑料品种。PE 有多种品种，包括高压聚乙烯，又称低密度聚乙烯（LDPE），以及低压聚乙烯，又称高密度聚乙烯（HDPE）。此外，还有线形低密度聚乙烯（LLDPE），是乙烯与α-烯烃的共聚物。还有一类超高分子量聚乙烯（UHMWPE），相对分子质量一般为200万～400万，分子结构与HDPE相同。

PE具有价格低廉、原料来源丰富、综合性能较好等优点。但也有一些缺点，如软化点低、拉伸强度不高、耐大气老化性能差、对烃类溶剂和燃油类阻隔性不足，等。

PE的不同品种之间，在性能上也有差别，如HDPE与LDPE相比，具有较高的硬度、拉伸强度、软化温度，而断裂伸长率则较低。此外，LLDPE、UHMWPE的加工性较差。

对PE进行共混改性，可以改善PE的一些性能，使之获得更为广泛的应用。

7.2.3.1　LDPE与HDPE共混体系

LDPE与HDPE在性能上各有所长，也各有不足。将LDPE与HDPE共混，可以在性能上达到互补，使综合性能得到提高。LDPE与HDPE的性能对比如表7-7所示。HDPE硬度大，因缺乏柔韧性而不适宜制造薄膜等制品；LDPE则因强度和气密性较低（气体透过率较高）而不适宜制造容器等。将HDPE与LDPE共混，可以制备出软硬适中的PE材料，适应更广泛的用途。在LDPE中适量添加HDPE，可降低气体透过率和药品渗透性，还可提高刚性，更适合于制造薄膜和容器。不同密度的PE共混可使熔融的温度区间加宽，这一特性对发泡过程有利，适合于PE发泡制品的制备。

表7-7　　LDPE与HDPE的性能对比

性能	LDPE	HDPE
密度/（g/cm³）	0.910～0.925	0.950～0.965
拉伸强度/MPa	4～16	20～40
洛氏硬度	D41～D46	D60～D70
结晶熔点/℃	108～126	126～136
气体透过率	较高	较低

7.2.3.2　PE/EVA共混体系

PE为非极性聚合物，印刷性、粘结性能较差，且易于应力开裂。EVA则具有优良的粘结性能和耐应力开裂性能，且挠曲性和韧性也很好。将PE与EVA共混，可制成具有较好的印刷性和粘结性，且柔韧性、加工性能优良的材料。

在PE/EVA共混体系中，EVA中的VAc含量、EVA的相对分子质量、EVA的用量以及共混工艺等因素，都会影响共混物的性能。HDPE/EVA共混体系拉伸强度与组成的关系如图7-5所示[4]。从图7-5中可以看出，EVA的加入会降低HDPE的拉伸强度，而在EVA用量较大时，拉伸强度下降也较为明显。因而，考虑到力学性能，EVA的加入量不宜过多。

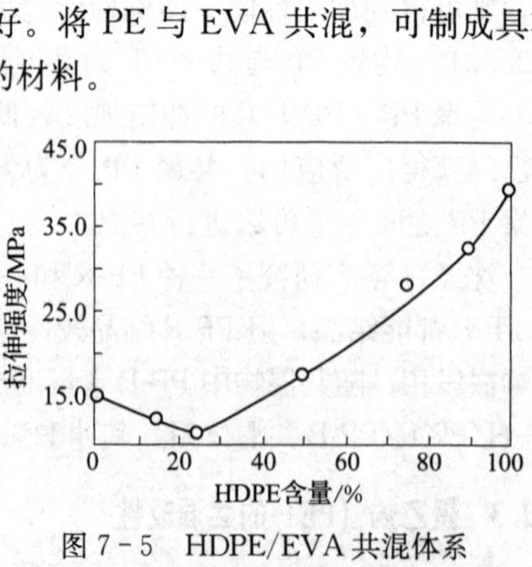

图7-5　HDPE/EVA共混体系拉伸强度与组成的关系

少量添加EVA，可使HDPE的加工流动性明显改善。HDPE/EVA共混物还很适合于制造发泡制品。

7.2.3.3 PE/CPE 共混体系

PE/CPE 共混体系，可用于提高 PE 的印刷性能。所用的 CPE 宜采用氯含量较高的品种。例如，采用氯含量为 55%的 CPE 与 HDPE 共混，当 CPE 用量为 5%时，共混物表面与油墨的粘结力比 HDPE 可提高 3 倍。

PE/CPE 共混物的力学性能也与 CPE 中的氯含量有关。当 CPE 的氯含量为 45%～55%时，与 HDPE 相容性良好，共混物的力学性能与 HDPE 基本相同。

CPE 中因含有氯的成分而具有阻燃性。将 CPE 与 PE 共混，可以提高 PE 的耐燃性。此外，阻燃剂三氧化二锑需在有卤素存在的条件下才能发挥阻燃作用。在 PE/CPE 中加入三氧化二锑，可获得较好的阻燃效果。

此外，CPE 还可改善 HDPE 的耐环境应力开裂性。HDPE 对环境应力开裂极为敏感，与 CPE 共混后，可使其抵抗开裂的能力大为提高。

7.2.3.4 PE/弹性体共混体系

HDPE 与 SBS 共混体系，是颇有应用价值的 PE/弹性体共混体系。SBS 是一种用途广泛的热塑性弹性体。HDPE/SBS 共混体系具有卓越的柔软性和良好的拉伸性能、冲击性能，还具有优良的加工性能和高于 100℃的软化点。HDPE/SBS 共混体系适合于采用常规的挤出吹塑法生产薄膜。

徐定宇等将 HDPE/SBS 共混体系应用于保鲜膜的研究[33]。采用的共混方法为两阶共混法，即先将等量的 HDPE 与 SBS 共混制得母粒，再用母粒与 HDPE 共混，吹塑薄膜。采用两阶共混法制备的 HDPE/SBS 共混物，其分散相分布均匀，具有良好的气体透过性和透湿性，适合于制造果蔬保鲜膜。SBS 加入 HDPE 后，能够提高其透气、透湿性，原因在于 SBS 本身具有良好的透气、透湿性，而且 SBS 加入 HDPE 可降低其结晶度和大分子取向度，也有利于透气、透湿性提高。

除 HDPE/SBS 共混体系外，HDPE/SIS、HDPE/丁基橡胶（IIR）也是重要的 HDPE/弹性体共混体系。SIS 是苯乙烯-异戊二烯-苯乙烯嵌段共聚物。HDPE/SIS 共混体系的伸长率大大高于 HDPE，且加工流动性良好。HDPE/丁基橡胶共混体系可显著提高 HDPE 的冲击性能。

7.2.3.5 PE/PA 共混体系

如前所述，PE 对烃类溶剂的阻隔性较差。为提高 PE 的阻隔性，可采用 PE/PA 共混的方法。

PA 本身具有良好的阻隔性。为使 PE/PA 共混体系也具有理想的阻隔性，PA 应以层片状结构分布于 PE 基体之中。PE/PA 共混体系的阻隔效应示意图如图 7－6 所示。当溶剂分子透过层片状结构的共混物时，透过的路径发生曲折，路径变长。将此具有层片状 PA 分散相的 PE/PA 共混物应用于制造容器，相当于增大了容器壁的厚度，阻隔性能可显著提高。

在 PE/PA 共混体系的共混过程中，为使 PA 呈层片状结构，应使 PA 的熔体黏度高于 PE 的熔体黏度。适当调节共混温度，可以使 PA 的黏度与 PE 的黏度达到所需的比例。此外，PA 的层片状结构是在外界剪切力的作用下形成的。因而，适当的剪切速率也是形成层片结构的必要条件。

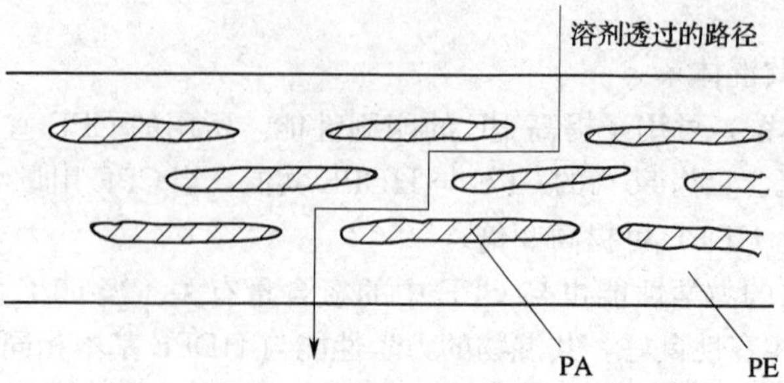

图 7-6 PE/PA 共混物阻隔效应示意图

为改善 PE 与 PA 的相容性，在 PE/PA 共混体系中应添加相容剂。承民联等[34]在 LDPE/PA6 共混体系中，采用 PE-g-MAH 作为相容剂，吹塑制成 LDPE/PA6 共混阻透薄膜，阻透性能与纯 LDPE 薄膜相比提高了 10 倍以上。美国 Du Pont 公司生产的 SELAR-RB树脂，就是加有相容剂的 PA 树脂，用于与 HDPE 共混生产阻隔性材料。SELAR-RB在 HDPE 中的用量一般为 5%～20%，可获得良好阻隔效果。

7.2.3.6 PE 的其它共混体系

罗卫华等[35]将 HDPE 和聚碳酸酯（PC）在双螺杆挤出机中熔融共混挤出，提高对挤出物施加的牵引速度，进行热拉伸，使分散相 PC 在基体 HDPE 中成纤维状，共混物冲击强度有较大提高。

PE 还可以与 PMMA 共混，改善其印刷性能[4]。

7.2.3.7 LLDPE 的共混改性

线形低密度聚乙烯（LLDPE）的分子链基本为线形，有许多短小而规整的支链。与 LDPE 相比，在相对分子质量相同的情况下，LLDPE 的主链较长，分子排列较为规整，结晶也更完整。因而，LLDPE 比 LDPE 有较高的拉伸强度和耐穿刺性。用 LLDPE 制造的薄膜，在强度相同的条件下，膜的厚度可以减少，从而可以使生产单位面积薄膜的成本降低。

但是，LLDPE 也有一些缺点。如熔体在挤出机中易产生高背压、高负荷、高剪切发热，并易于发生熔体破裂等。对于这些弊病，可以通过共混改性加以避免。将 LLDPE 与 LDPE 共混，可以改善 LLDPE 的加工流动性。LLDPE/LDPE 共混体系已在吹塑薄膜中获得广泛应用。当两者以等量之比共混时，吹塑薄膜的力学性能明显优于 LDPE，而接近于 LLDPE。

LLDPE 也可以与 EVA 共混，改善加工流动性能。吴彤等[36]研究了 LLDPE/EVA 共混体系，采用的 LLDPE 是茂金属催化的 mLLDPE。结果表明，EVA 添加到 mLLDPE 中，增加了 mLLDPE 的剪切敏感度（切力变稀的幅度），降低了 mLLDPE 的熔体黏度，改善了 mLLDPE 的加工流动性；在一定的添加比例范围内 mLLDPE 和 EVA 具有很好的相容性，可以在改善 mLLDPE 加工性能、引入极性基团的同时，保持与纯 mLLDPE 相近的拉伸等性能，但会导致材料的刚性下降。

在 LLDPE 中添加低分子聚合物，也可改善 LLDPE 的加工流动性。常用的低分子聚合物有含氟聚合物、有机硅树脂、聚乙烯蜡、聚 α-甲基苯乙烯等。

7.2.3.8 UHMWPE 的共混改性

超高分子量聚乙烯（UHMWPE），相对分子质量一般为 200 万～400 万，具有优越的力学性能，但是加工流动性差，可以采用共混方法加以改善。

李炳海等[37]采用不同熔体流动速率（MFR）的 HDPE 与 UHMWPE 进行共混。结果表明，UHMWPE/HDPE 共混物流动性和力学性能的变化受共混体系组成、熔体黏度比等因素的影响。HDPE 的 MFR 过高、过低，都不利于共混物熔融流动性及综合力学性能的改善。HDPE 的 MFR 过低，显然不利于共混物熔融流动性的改善；而当 HDPE 的 MFR 过高，UHMWPE 与 HDPE 二者熔体黏度比相差过大时，混合效果变差，共混物综合力学性能下降。

7.2.4 聚苯乙烯（PS）及 ABS 的共混改性

聚苯乙烯（PS）具有透明性、电绝缘性能好，刚性强，以及耐化学腐蚀性、耐水性、着色性和良好的加工流动性，且价格低廉，在电子、日用品、玩具、包装、建筑、汽车等领域有广泛应用。PS 最大的缺点是冲击性能较差。提高 PS 的冲击性能，是使其更具应用价值的重要途径。早在 1948 年，DOW 化学公司就开发出了抗冲聚苯乙烯；1952 年，DOW 化学公司又开发出高抗冲聚苯乙烯（HIPS）。此后，关于高抗冲聚苯乙烯的研究不断取得进展，其它 PS 共混体系的研究也取得了成果。此外，ABS、AS 等改性 PS 系列产品也纷纷开发出来。ABS 为丙烯腈-丁二烯-苯乙烯共聚物，是一种改性的 PS，而 ABS 本身也可以通过共混加以进一步改性。

7.2.4.1 PS/聚烯烃共混体系

PS 与聚烯烃共混，可以有助于提高 PS 的冲击性能。但是，PS 与聚烯烃相容性差，需采取措施提高 PS 与聚烯烃的相容性。

在 PS/PE 共混体系中，可以添加 SEBS（即氢化 SBS）作为相容剂，用于制备具有良好冲击性能的 PS/PE 共混物。此外，反应共混也可应用于提高 PS/聚烯烃共混体系的相容性。

PS 与聚烯烃都是通用塑料，在回收废旧塑料时往往难于分拣。因此，研究 PS/聚烯烃的共混，对于废旧塑料的回收再利用也很有意义。

7.2.4.2 高抗冲聚苯乙烯（HIPS）的制备

将 PS 与各种弹性体共混，可以制备高抗冲聚苯乙烯（HIPS）。主要方法有机械共混法、接枝共聚-共混法等。

（1）机械共混法

机械共混法生产 HIPS，所用的弹性体有 SBS、SBR（丁苯橡胶）等。SBR、SBS 与 PS 的相容性较好。在 PS 中加入 15%的 SBR，制成的 HIPS 的冲击强度可达 $25kJ/m^2$ 以上。

（2）接枝共聚-共混法

接枝共聚-共混法生产 HIPS，是以橡胶为骨架，接枝苯乙烯单体而制成的。在共聚过程中，也会生成一定数量的 PS 均聚物。聚合过程中要经历相分离和相反转，最终得到以 PS 为连续相，橡胶粒为分散相的共混体系。接枝共聚-共混法又可分为本体-悬浮聚合与本体聚合两种制备方法。

本体-悬浮法是先将橡胶（聚丁二烯橡胶或丁苯橡胶）溶解于苯乙烯单体中，进行本体预聚，并完成相反转，使体系由橡胶溶液相为连续相转化为 PS 溶液相为连续相。当单体转化率达到 33%～35%时，将物料转入置有水和悬浮剂的釜中进行悬浮聚合，直至反应结束，得到粒度分布均匀的颗粒状聚合物[38]。

本体聚合法首先将橡胶溶于苯乙烯单体中进行预聚，当转化率达 25%～40%时，物料进入若干串联反应器中进行连续本体聚合[38]。

在 HIPS 中，橡胶含量一般在 10%以下，过高的橡胶含量会导致共混物的刚性下降。但因在 HIPS 的橡胶粒子中包藏有微小的塑料粒子，形成包藏结构，使橡胶粒的体积分数大为增加，可超过 20%。这就大大提高了增韧效果，且对刚性的降低较小。

HIPS 具有良好的韧性、刚性、加工性能，可通过注射成型制造各种仪器外壳、纺织用纱管、电器零件、生活用品等，也可采用挤出成型方法生产板材、管材等。

7.2.4.3 HIPS 的共混改性

对于 HIPS，可以进一步进行共混改性，使其性能进一步提高。将 HIPS 与 SBS 共混，可使冲击强度提高，但拉伸强度、硬度等有所下降。

HIPS 与 PP、PPO 共混，可提高其耐环境应力开裂性能。关于 PPO/PS 共混体系，将在 PPO 的共混改性一节中详细介绍。

7.2.4.4 ABS 的共混改性

ABS 作为 PS 的改性产品，以其优良的综合性能，已经获得了广泛的应用。ABS 还可与其它聚合物共混，制成具有特殊性能和功能的塑料合金材料，以满足不同应用领域的不同要求。如 ABS/PC、ABS/PVC、ABS/PA、ABS/PBT、ABS/PET、ABS/PMMA 等共混体系。ABS 有许多牌号，力学性能、流变性能各有差异。例如，其丁二烯含量不同，会使冲击强度不同，因而有高抗冲 ABS、中抗冲 ABS 等品种。在研究 ABS 共混物时，采用不同性能的 ABS，共混的效果也会有差别的。

以 ABS/PMMA 共混体系为例。ABS 和 PMMA 都可以用于制作板材等装饰、装修材料，ABS 的冲击强度优于 PMMA，而 PMMA 的表面光洁度优于 ABS。金敏善等[39]研究了 ABS/PMMA 共混体系，结果表明，ABS、PMMA 的品种及配比对共混体系的性能很有影响。有选择地采用 ABS、PMMA 品种，当 PMMA 含量达到 40%时，共混物的表面光洁度提高，拉伸强度由 44.8MPa 提高到 55.3MPa，冲击强度则有所下降。

ABS 与其它聚合物的共混体系可参见本章有关各节，ABS/PVC 体系见 PVC 共混体系，ABS/PA 体系见 PA 共混体系，ABS/PC 体系见 PC 共混体系。

7.3 工程塑料的共混改性[40]

工程塑料按档次分类，可分为通用型工程塑料和高性能工程塑料。通用型工程塑料的品种有 PA、POM、PPO、PC、PET、PBT 等。高性能工程塑料包括 PPS、PEK、PEEK、PES、PSF、PAR 等。以工程塑料为主体的共混物通常称为主体塑料的合金，如 PA 合金、PPO 合金等。本节对各种工程塑料的共混改性体系分别进行介绍。

7.3.1 聚酰胺（PA）的共混改性

聚酰胺（PA）通常称为尼龙，主要品种有尼龙 6、尼龙 66、尼龙 1010 等，是应用最广泛的通用型工程塑料。

PA为具有强极性的结晶性聚合物，它有较高的抗弯强度、拉伸强度，耐磨、耐腐蚀，有自润滑性，加工流动性较好；其缺点是吸水率高、低温冲击性能较差。其耐热性也有待提高。

PA共混改性的主要目的之一是提高冲击强度。一般认为，改性尼龙的缺口冲击强度小于50kJ/m^2的为增韧尼龙，缺口冲击强度大于50kJ/m^2的则称为超韧尼龙[41]。

此外，PA共混体系还包括增强体系、阻燃体系等。这些体系也可以相互组合，形成增韧增强体系、增韧阻燃体系等，以满足相应的应用需求。

7.3.1.1 PA共混体系的组成

不同PA共混体系，根据改性的需要，有不同的组成。包括增韧剂、相容剂、增强剂、阻燃剂等，分述如下。

(1) 增韧剂

PA增韧体系所用的增韧剂，主要是弹性体。常用的弹性体为三元乙丙橡胶（EPDM）。1975年，美国DuPont公司开发出超韧尼龙，开发的品种中包括EPDM增韧PA，此后，世界各大公司相继开发出增韧、超韧PA产品。

热塑性弹性体，如SBS，也可以用于PA的增韧。此外，近年来在PP增韧获得广泛应用的POE，作为新兴的热塑性聚烯烃弹性体，也可以在PA增韧中应用。

另一类应用于PA的弹性体增韧剂，是具有“核-壳”结构的弹性体。这种增韧剂是通过共聚的方法制备的，以微小的弹性体粒子为核，以塑料（如PMMA）为壳。由于弹性体粒子的粒径在聚合中已控制在适宜的范围内，可以不受共混工艺的影响，因而，有利于获得较好的增韧效果。

除弹性体增韧剂外，PA的非弹性体增韧剂，包括有机刚性粒子增韧和无机纳米粒子增韧，也在研究之中。

(2) 其它聚合物组分

除弹性体之外，PA还可以与其它聚合物组分共混，以改善有关性能。常见的PA共混体系，包括PA/PP、PA/ABS、PA/PET、PA/PPO等，详见下面的介绍。

(3) 相容剂

PA的共混体系，如PA/弹性体、PA/PP等，相容性较差，因而需添加相容剂以改善相容性。用于PA共混体系的相容剂，其分子上应含有能与PA的极性基团反应的基团，主要有如下类型。

① 马来酸酐接枝共聚物，如EPDM-g-MAH、PP-g-MAH、PE-g-MAH等，分别用于PA/EPDM、PA/PP等共混体系。马来酸酐接枝聚合物目前是PA共混体系中应用最为普遍的相容剂。

② 丙烯酸（AA）、甲基丙烯酸（MAA）等接枝共聚物，如EPDM-g-AA、PP-g-AA等。例如，PP-g-AA可用于PA/PP共混体系，可显著提高相容性；PS-g-AA可用于PA/PS共混体系。

③ 甲基丙烯酸缩水甘油醚（GMA）接枝共聚物，由于这类环氧型接枝共聚物具有很高的反应活性，已越来越多地应用于聚合物共混体系的相容剂，在PA共混体系中也有应用。

此外，也可以采用接枝率较低的马来酸酐接枝共聚物（或其它接枝共聚物），不是作为第三组分（相容剂）使用，而是直接作为增韧剂添加。这样的经接枝改性的增韧剂，与PA基体有良好的相容性。

（4）增强剂、阻燃剂

增强尼龙复合材料，主要采用玻璃纤维增强。此外，碳纤维、芳纶纤维，也可用于增强尼龙复合材料。

阻燃尼龙所用的阻燃剂，可以采用卤素阻燃剂、磷系阻燃剂、氮系阻燃剂，以及氢氧化镁阻燃剂。由于卤素阻燃剂对于环境的不利影响，无卤阻燃体系的开发正在深入进行。可参见第8章关于聚合物共混体系阻燃性能的介绍。

7.3.1.2 PA/聚烯烃弹性体共混体系

PA与聚烯烃弹性体的共混，主要目的在于提高PA的冲击强度。PA与聚烯烃的相容性不佳，因而要添加相容剂。目前主要采用马来酸酐（MAH）接枝共聚物作为相容剂。所用的弹性体一般为聚烯烃共聚物，如EPDM。

图7－7所示为PA6与马来酸酐接枝聚烯烃弹性体（E-g-MAH）共混物的冲击强度与组成的关系[42]。这里，是直接采用马来酸酐接枝聚烯烃弹性体作为增韧剂。从图中可以看出，经改性的聚烯烃弹性体可以显著提高PA的冲击强度，且在弹性体用量为20%时，冲击强度达到峰值。

DuPont公司以马来酸酐改性的聚烯烃弹性体对PA66进行改性，制得的超韧尼龙的冲击强度可达PA66的17倍，同时还保留了PA的耐磨性、抗挠曲性和耐化学药品性[43]。

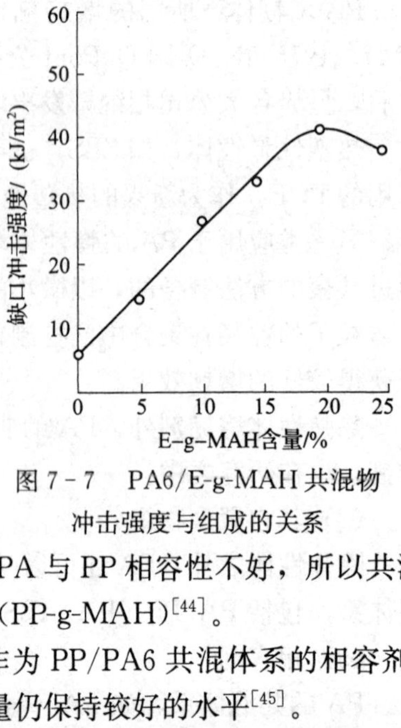

图7－7 PA6/E-g-MAH共混物冲击强度与组成的关系

7.3.1.3 PA/PP共混体系

PA/PP共混体系，也是常见的PA共混体系。由于PA与PP相容性不好，所以共混中要添加相容剂，常用的相容剂为马来酸酐接枝聚丙烯（PP-g-MAH）[44]。

马来酸酐接枝热塑性弹性体（TPE-g-MAH）也可作为PP/PA6共混体系的相容剂，使PP/PA6共混物的韧性大大提高，同时拉伸强度及模量仍保持较好的水平[45]。

李海东等[46]用甲基丙烯酸环氧丙酯（GMA，即甲基丙烯酸缩水甘油醚）对PP进行接枝，以改善PP/PA1010共混体系的相容性。将接枝PP与PA1010共混，力学性能比普通PP/PA1010共混物有明显的改善。

7.3.1.4 PA/苯乙烯系共聚物共混体系

多种苯乙烯系共聚物，如苯乙烯-丙烯腈共聚物（SAN）、ABS、苯乙烯-马来酸酐共聚物等，都可以与PA共混。

PA与ABS之间有一定的相容性。为进一步提高ABS与PA的相容性，可先用丙烯酰胺接枝改性PA，再与ABS共混。PA/ABS共混物具有良好的耐热性，热变形温度明显高于PA。此外，ABS还对PA有增韧作用。

7.3.1.5 PA与其它聚合物的共混体系

PA与聚酯（PET、PBT）共混[47]，共混物具有良好的耐热性、耐溶剂性和尺寸稳定性。

以 PP-g-MAH 为相容剂，可将 PA6 与 SEBS 进行共混改性，当 SEBS 加入量达到 20 份时，共混物冲击强度大幅度提高[48]。PA 与聚苯醚（PPO）共混，采用聚苯乙烯接枝马来酸酐作为相容剂，共混物冲击强度高，尺寸稳定性优良，且具有突出的耐热性，以及较低的吸湿性。

张世杰等[49]在 PA6 中混入 3%～10%的聚乙烯吡咯烷酮（PVP），研究了共混物的吸湿性。丁永红等[50]研究了 PA66/HDPE 共混体系，将 PA66、HDPE、马来酸酐以及引发剂加入双螺杆挤出机进行反应共混，PA66 的韧性可以得到明显改善。

PA 合金在汽车、纺织机械零件及电子、体育器械等领域有广泛的应用。

7.3.2 聚碳酸酯（PC）的共混改性

聚碳酸酯（PC）是指主链上含有碳酸酯基的一类高聚物。通常所说的聚碳酸酯是指芳香族聚碳酸酯，其中，双酚 A 型 PC 具有更为重要的工业价值。现有的商品 PC 大部分为双酚 A 型 PC。

PC 是透明且冲击性能好的非结晶型工程塑料，且具有耐热、尺寸稳定性好、电绝缘性能好等优点，已在电器、电子、汽车、医疗器械等领域得到广泛的应用。

PC 的缺点是熔体黏度高，流动性差，尤其是制造大型薄壁制品时，因 PC 的流动性不好，难以成型，且成型后残余应力大，易于开裂。此外，PC 的耐磨性、耐溶剂性也不好，而且售价也较高。

通过共混改性，可以改善 PC 的加工流动性。PC 与不同聚合物共混，可以开发出一系列各具特色的合金材料，并使材料的性能/价格比达到优化。

7.3.2.1 PC/ABS 共混体系

PC/ABS 合金是最早实现工业化的 PC 合金。这一共混体系可提高 PC 的冲击性能，改善其加工流动性及耐应力开裂性，是一种性能较为全面的共混材料。

PC/ABS 共混物缺口冲击强度与组成的关系如图 7-8所示[51]。可以看出，在配比为 PC/ABS＝60/40 时，共混物冲击性能明显优于纯 PC。

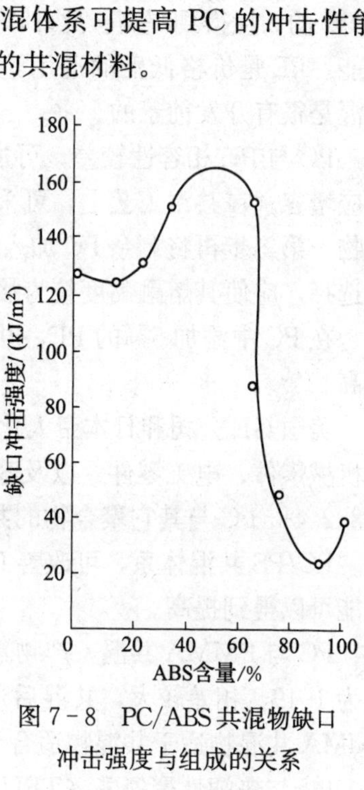

图 7-8 PC/ABS 共混物缺口冲击强度与组成的关系

PC/ABS 共混物的性能还与 ABS 的组成有关。PC 与 ABS 中的 SAN 部分相容性较好，而与 PB（聚丁二烯）部分相容性不好。因此，从相容性方面考虑，在 PC/ABS 共混体系中，不宜采用高丁二烯含量的 ABS。但是，高丁二烯含量的 ABS 对 PC 的增韧效果较好。所以，两方面的因素应综合加以考虑，选择适宜的 ABS 品种。为改善 PC/ABS 共混体系的相容性，可以添加马来酸酐接枝 ABS 作为增容剂。

ABS 本身具有良好的电镀性能，因而，将 ABS 与 PC 共混，可赋予 PC 以良好的电镀性能。日本帝人公司开发出电镀级的 PC/ABS 合金，可采用 ABS 的电镀工艺进行电镀加工。

ABS 具有良好的加工流动性，与 PC 共混，可改善

PC 的加工流动性。GE 公司已开发出高流动性的 PC/ABS 合金。

PC/ABS 合金还有阻燃级产品，可用于汽车内装饰件、电子仪器的外壳和家庭用具等。

7.3.2.2 PC/PET、PC/PBT 共混体系

PC 为非结晶聚合物，PET、PBT 为结晶性聚合物，PC 与 PET 或 PBT 共混，可以在性能上互相补充。PC/PET、PC/PBT 共混物可以改善 PC 在成型加工性能、耐磨性和耐化学药品性方面的不足，同时又可以克服 PET、PBT 耐热性差、冲击强度不高的缺点。PC/PET、PC/PBT 合金可用于汽车保险杠、车身侧板等用途。在 PC/PET、PC/PBT 体系中，可以适当添加弹性体作为增韧剂，以提高抗冲击性能。

在 PC 与 PBT 或 PET 进行熔融共混时，易于发生酯交换反应。酯交换反应是在两种聚合物的主链之间进行的，会导致共混物的耐热性等性能下降。因此，在 PC 与 PBT、PET 共混中，应避免酯交换反应的发生。特别是以本体聚合法生产的 PBT，其聚合催化剂残存于 PBT 中，对酯交换反应有促进作用。

一些助剂可以对酯交换反应起抑制作用。白绘宇、张隐西等[52]研究了亚磷酸三苯酯（TPP）和焦磷酸二氢二钠（DSDP）对 PBT/PC 共混体系中酯交换反应的抑制作用和对共混物性能和结构的影响。结果表明，TPP 和 DSDP 均能提高共混物的维卡软化点；但是在有增韧剂的 PBT/PC 共混体系中，TPP 会降低其冲击性能，DSDP 则不会降低其冲击性能。对抽提分离物做的 FTIR 和 DSC 分析结果，证实了 DSDP 是酯交换反应有效的抑制剂。

7.3.2.3 PC/PE 共混体系

在众多 PC 共混体系中，PC/PE 颇为引人注意。PE 可以改善 PC 的加工流动性，并使 PC 的韧性得到提高。此外，PC/PE 共混体系还可以改善 PC 的耐热老化性能和耐沸水性能。PE 是价格低廉的通用塑料，PC/PE 共混也可起降低成本的作用。因此，PC/PE 共混是很有开发前景的。

PC 与 PE 相容性较差，可加入 EPDM、EVA 等作为相容剂，也可采用马来酸酐进行反应增容。在共混工艺上，可采用两步共混工艺。第一步制备 PE 含量较高的 PC/PE 共混物，第二步再将剩余 PC 加入，制成 PC/PE 共混材料。此外，PC、PE 品种及加工温度的选择，应使其熔融黏度较为接近。

在 PC 中添加 5%的 PE，共混材料的热变形温度与 PC 基本相同，而冲击强度可显著提高。

美国 GE 公司和日本帝人化成公司分别开发了 PC/PE 合金品种。PC/PE 合金适于制作机械零件、电工零件，以及容器等。

7.3.2.4 PC 与其它聚合物的共混体系

PC/PS 共混体系，可改善 PC 的加工流动性。在 PS 用量为 6～8 份时，共混物的冲击性能可以得到提高。

PC 与 PMMA 共混，产物具有珍珠光泽。由于 PC 的折射率为 1.59，PMMA 的折射率为 1.49，相差较大，共混后形成的两相体系，因光的干涉现象而产生珍珠光泽。PC/PMMA 共混物适于共混物适合于制作装饰品、化妆品容器等。

PC 与热塑性聚氨酯（TPU）共混，可获得具有优异的低温冲击性能、良好的耐化学

药品性及耐磨性的材料，可用作汽车车身部件。

7.3.3 PET、PBT的共混改性

聚对苯二甲酸乙二醇酯（PET）的早期用途主要是制造涤纶纤维。在塑料用途方面，PET 主要用于制造薄膜和吹塑瓶。在塑料薄膜中，PET 薄膜是力学性能最佳者之一。但是，PET 的结晶速度较慢，因而不适合于注射和挤出加工成型。对于 PET 进行共混改性，可使上述性能得到改善。此外，PET 共混体系还可用于制备共混型纤维等用途。

聚对苯二甲酸丁二醇酯（PBT）是美国在 20 世纪 70 年代首先开发的工程塑料，具有结晶速度快、适合于高速成型的优点，且耐候性、电绝缘性、耐化学药品性、耐磨性优良，吸水性低，尺寸稳定性好。PBT 的缺点是缺口冲击强度较低。另外，PBT 在低负荷（0.45MPa）下的热变形温度为 150℃，但在高负荷（1.82MPa）下的热变形温度仅为 58℃。PBT 的这些缺点可通过共混改性加以改善。

此外，PET、PBT 都适合于以纤维填充改性，大幅度提高其力学性能。

7.3.3.1 PET/PBT 共混体系

PET 与 PBT 化学结构相似，共混物在非晶相是相容的，因而 PET/PBT 共混物只有一个 T_g。但是二者在晶相是分别结晶，而不生成共晶，于是，共混物就出现了两个熔点。PET/PBT 共混物 T_g及 T_m与组成的关系如图 7-9 所示[53]。

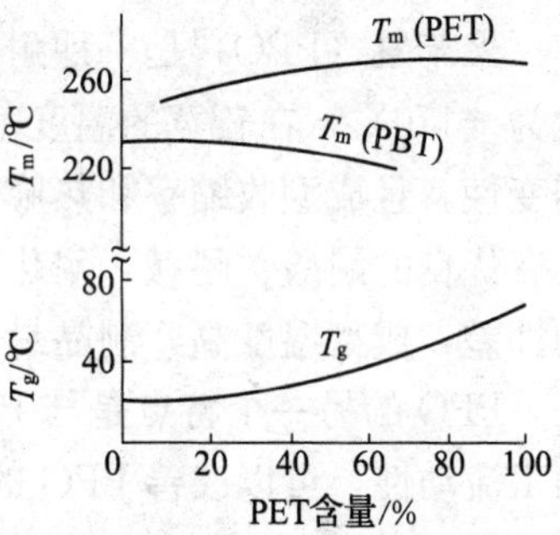

图 7-9 PET/PBT 共混物 T_g及 T_m与组成的关系

PET 与 PBT 共混，对于 PET 而言，可以使结晶速度加快。对于 PBT 而言，在 PET 用量较高时，可提高冲击性能。此外，共混物具有较好的表面光泽。

PBT/PET 共混过程中易发生酯交换反应，最终可生成无规共聚物，使产物性能降低。因此，PBT/PET 共混物应避免酯交换反应发生。可采取的措施包括预先消除聚合物中残留催化剂（可促进酯交换反应），控制共混时间（避免时间过长），外加防止酯交换的助剂，等等。

美国 GE 等公司有 PET/PBT 共混物商品树脂。PET/PBT 共混物价格较 PBT 低，表面光泽好，适于制造家电把手、车灯罩等。

7.3.3.2 PET/PE 及 PBT/PE 共混体系

LDPE 或 LLDPE 可以与 PET（或 PBT）共混，对 PET（或 PBT）起增韧的作用。PET、PBT 与 PE 为不相容体系，需要对 PE 进行接枝改性，才能与 PET、PBT 进行共混。通常用马来酸酐（MAH）对 PE 进行改性。

经 MAH 接枝改性的 PE 与 PET 共混，可以显著提高 PET 的结晶速度，并使冲击强度提高[54]。经改性的 LLDPE 与 PBT 共混，可使冲击强度提高[41]。

除 PE 外，EVA、PP 也可用于与 PET 共混[54]。

7.3.3.3 PET/弹性体共混体系

采用 EPDM 对 PET 增韧改性，加入烷基琥珀酸酐改善两者的相容性，可制成高抗冲 PET 合金，可用于制造电子仪器外壳、汽车部件等。采用 EPR 与 PET 共混，添加少量的 PE-g-MAH 接枝共聚物，也可获得良好的增韧效果。PE-g-MAH 不仅起到相容剂的作

用，还可提高 PET 的结晶速度。此外，PET 与 PC 及弹性体（EPDM）共混，也可制成高抗冲 PET 合金。

7.3.3.4 PBT 的共混改性

如前所述，PBT 的主要缺点是冲击强度不高。将 PBT 与乙烯类共聚物共混，可以提高 PBT 的冲击强度。

EVA 与 PBT 有一定的相容性，与 PBT 共混，在 PBT/EVA 的比例为 85∶15 时，冲击性最佳，且 PBT 原有的优良性能保持率也较高[55]。

PBT 与马来酸酐接枝的乙烯-丁烯共聚物共混，在共聚物添加量为 20%（质量分数）时，共混物的冲击强度可比 PBT 提高 2 倍以上。但采用上述共聚物改性 PBT，PBT 的刚性损失较大，表现为弯曲模量和抗弯强度有较大降低。

任华等[56]选用适当品种的 ABS 对 PBT 进行改性，用含环氧官能团的聚合物作为相容剂，使共混体系分散良好，能有效地改善 PBT 的性能，得到性能稳定的共混物。

7.3.4 聚苯醚（PPO）的共混改性

聚苯醚（PPO）是一种耐热性较好的工程塑料，其玻璃化转变温度为 210℃，脆化温度为−170℃，在较宽的温度范围内具有良好的力学性能和电性能。PPO 具有高温下的耐蠕变性，且成型收缩率和热膨胀系数小，尺寸稳定，适于制造尺寸精密的制品。PPO 还具有优良的耐酸、耐碱、耐化学药品性，水解稳定性也极好。PPO 的主要缺点是熔体流动性差，成型温度高，制品易产生应力开裂。

PPO 的另一个特点是与 PS 相容性良好，可以以任意比例与 PS 共混。PS 具有良好的加工流动性，可以改善 PPO 的加工性能。

由于 PPO 本身在加工性能上的不足，必须进行改性才能应用；又由于 PPO 与 PS 相容性好，易于进行改性，所以，工业上应用的 PPO 绝大部分是改性产品。除了 PPO/PS 共混体系外，PPO 还可以与 PA、PBT、PTFE 等共混。

7.3.4.1 PPO/PS 共混体系

PPO 与 PS 相容性良好，PPO/PS 共混体系是最主要的改性 PPO 体系。为提高 PPO/PS 共混体系的冲击性能，要加入弹性体，或采用 HIPS 与 PPO 共混。

PPO/PS/弹性体共混物的力学性能与纯 PPO 相近，加工流动性能明显优于 PPO，且保持了 PPO 成型收缩率小的优点，可以采用注射、挤出等方式成型，特别适合于制造尺寸精确的结构件。改性 PPO 的代表性品种有美国 GE 公司的 Noryl。Noryl 有适应不同用途的品级牌号达 30 余种。

PS 改性 PPO 的耐热性比纯 PPO 低。纯 PPO 热变形温度（1.82MPa 负荷下）为 173℃，改性 PPO 的热变形温度因不同品级而异，一般在 80℃～120℃之间[57]。

PS 改性 PPO 主要用于制造电器、电子行业中。

7.3.4.2 PPO/PA 共混体系

将非结晶性的 PPO 与结晶性的 PA 共混，可以使两者性能互补。但是，PPO 与 PA 的相容性差。因此，制备 PPO/PA 合金的关键是使两者相容化。

PPO/PA 合金主要采用反应型相容剂，如 MAH-g-PS。如果加入的相容剂本身又是一种弹性体，则可以进一步提高 PPO/PA 共混物的冲击强度。这样的弹性体相容剂有

SEBS-g-MAH、SBS-g-MAH 等。

孙皓等[58]在双螺杆挤出机中，将 PPO 与 MAH 接枝反应，然后与 PA66、SEBS 挤出共混，制成的合金具有较高的抗冲击性能。

国外一些公司已商品化的 PPO/PA 合金具有优异的力学性能、耐热性、尺寸稳定性。热变形温度可达 190℃，冲击强度达到 20kJ/m^{2}以上，适合于制造汽车外装材料。

PPO/PBT 也是非结晶聚合物与结晶聚合物的共混体系。PPO/PBT 共混物在潮湿环境中仍能保持其物理性能，更适合于制造电器零部件。

7.3.4.3　PPO/PTFE 共混体系

PPO 可与聚四氟乙烯（PTFE）共混。PPO/PTFE 合金吸收了 PTFE 的耐磨性、润滑特性，适合于制造轴承部件。由于 PPO/PTFE 合金尺寸稳定性好，成型收缩率小，更适合于制造大型的轴承部件。

PTFE 具有极好的自润滑性能，可以和 PPO、POM 等多种工程塑料共混，以改善摩擦性能。但添加 PTFE 的共混体系也要面对一些问题。其一，PTFE 的熔点高、熔融黏度很大，难以采用常规的熔融共混。因而，通常是采用 PTFE 粉末与基体聚合物（如 PPO、POM）熔融混合的方法，制备共混材料。其二，PTFE 极低的表面活性和不黏性限制了其与其它聚合物的复合，因此必须对 PTFE 进行一定的表面改性，以提高其表面活性。常用技术有表面活化技术等。可以采用高能射线的辐射使其表面脱氟，在一定装置和条件下进行接枝改性；或用低温等离子法处理 PTFE 材料，发生碳-氟或碳-碳键的断裂，生成大量自由基以增加 PTFE 的表面自由能。

7.3.5　聚甲醛（POM）的共混改性

聚甲醛（POM）是高密度、高结晶性的聚合物，其密度为 1.42g/cm^3，是通用型工程塑料中密度最高的。POM 具有硬度高、耐磨、自润滑、耐疲劳、尺寸稳定性好、耐化学药品等优点。但是，POM 的冲击性能不是很高，冲击改性是 POM 共混改性的主要目的。

由于 POM 大分子链中含有醚键，与其它聚合物相容性较差，因而 POM 合金的开发有一定难度，开发也较晚。

与 POM 共混的聚合物为各种弹性体。其中，热塑性聚氨酯（TPU）是 POM 增韧改性的首选聚合物。

7.3.5.1　POM/TPU 共混体系

POM/TPU 的共混，关键问题是相容剂选择。徐卫兵等以甲醛与一缩乙二醇缩聚，缩聚物经 TDI 封端，再经丁二醇扩链，制成 POM/TPU 共混物的相容剂[59]。将该相容剂应用于 POM/TPU 共混物，在 POM/TPU 的比例为 90/10，相容剂用量为 TPU 用量的 5% 时，共混物的冲击强度可达 18kJ/m^2，如图 7-10所示。

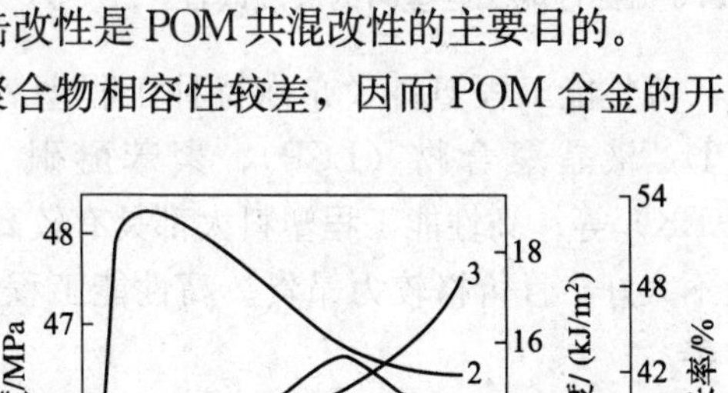

图 7-10　相容剂用量对 POM/TPU 共混物冲击强度及其它力学性能的影响

（相容剂用量为占 TPU 用量的质量分数，POM/TPU=90/10）

1—拉伸强度　2—缺口冲击强度　3—断裂伸长率

美国 Du Pont 公司于 1983 年开发成功

超韧聚甲醛，牌号为 Derlin 100ST（S 表示超级，T 表示增韧）。Derlin 100ST 是采用 TPU 增韧的 POM，其悬臂梁冲击强度比未增韧的 POM 提高了 8 倍，达到了 907J/m[60]。

7.3.5.2　POM 与其它聚合物的共混体系

POM 可与聚四氟乙烯（PTFE）共混，用于制造滑动摩擦制品。POM 本身有一定的自润滑性，但在高速、高负荷的情况下作为摩擦件使用时，其自润滑性难以满足需要，制品会因摩擦发热而变形。POM/PTFE 共混物可克服上述缺点。

国外通过共混法制成多种 POM/PTFE 共混物，具有优异的自润滑性能。典型品种有 DuPont 公司的 Derlin100AF 等。

超高分子量聚乙烯（UHMWPE）是自润滑性能仅次于 PTFE 的材料，也可用于与 POM 共混，改善 POM 的自润滑性能。陈金耀等[61]用 3 种不同的 UHMWPE 与 POM 共混，制成 POM 自润滑材料，并研究了共混物的摩擦磨损性能。结果表明，采用经改性的 UHMWPE 与 POM 共混，能有效地提高 POM 的摩擦磨损性能；当 UHMWPE 质量分数为 5%时，POM/UHMWPE 共混物的摩擦因数从纯 POM 的 0.32 降低到共混物的 0.16。SEM 分析表明，在摩擦过程中，UHMWPE 向磨损界面转移形成磨屑，有效地隔离了两摩擦面的接触，明显降低了 POM 树脂的摩擦因数，提高了 POM 的耐磨损性能。

此外，国内研究过共聚尼龙（Co-PA）等聚合物对 POM 的增韧作用[62]。张秀斌等[63]研究了 POM/Co-PA、POM/LDPE 和 POM/HDPE 三种共混体系，结果表明，Co-PA对 POM 的增韧效果最佳，且 Co-PA 与 POM 分子间有氢键作用；EVA 可在 POM/LDPE 及 POM/HDPE 共混体系中起相容剂的作用；对 HDPE 进行紫外线辐射，在其分子链上引入了极性羰基，可以大大提高其对 POM 的增韧效果。

国内还研究过 POM/EPDM 共混物，以 EPDM-g-MMA 作为相容剂，使拉伸强度、缺口冲击强度提高[64]。

7.3.6　高性能工程塑料的共混改性

高性能工程塑料（亦称特种工程塑料）的品种，包括聚苯硫醚（PPS）、聚酰亚胺（PI）、液晶聚合物（LCP）、聚苯醚砜（PES）、聚芳酯（PAR）、聚芳醚酮（PEK、PEEK）等。高性能工程塑料大都具有较高的力学性能，较高的耐热性，但加工流动性一般不太好，且价格较为昂贵。高性能工程塑料往往也需要通过共混改性，使其性能得到改善。

7.3.6.1　PPS 共混体系

聚苯硫醚（PPS）为含硫的芳香族聚合物，是一种耐高温的工程塑料，具有卓越的刚性、耐化学药品性、电绝缘性能，以及粘接性能。PPS 为半结晶性塑料，结晶熔点 287℃，结晶度约为 65%。PPS 不溶于 170℃以下的绝大多数溶剂。由于优良的耐腐蚀性，PPS 广泛用作防腐材料。PPS 电绝缘性能好，也被应用于制造电机、电器零部件。在高性能工程塑料中，PPS 价格最低，性价比较高。PPS 的主要缺点是冲击强度较低。

将 PPS 与 PA 共混，可以显著提高 PPS 的冲击强度。PPS 与 PA 溶解度参数相近，相容性较好。PPS/PA 共混配比为 60/40 时，共混物冲击强度可比纯 PPS 提高 1 倍以上，拉伸强度、抗弯强度也有提高，热变形温度仅略有下降[41]。

PPS 与 PC 共混，也可提高 PPS 的冲击强度。PPS/PC 共混物还可具有优良的表面光洁度。国外采用PPS/PC共混物注射成型的制品，表面如镜面般光洁。

PPS与PS、ABS等苯乙烯类聚合物共混，可以改善PPS的成型加工性能。ABS还可以提高PPS的冲击强度[41]。此外，PPS还可以与PTFE共混，制成优良的耐磨和低摩擦因数材料。

PPS的增强材料，主要采用玻璃纤维增强，也可以使用无机填充剂。

7.3.6.2 液晶聚合物（LCP）共混体系

液晶聚合物是一类耐高温、具有高强度和高模量的高性能工程塑料。液晶聚合物与其它聚合物共混，可起到显著的增强作用。在共混中，LCP中的刚性大分子在熔融状态下，会沿外界剪切力的方向取向，形成液晶微纤。这种在共混过程中“原位”形成的微纤可对基体聚合物起增强作用，可使共混物力学性能大幅度提高。与传统的纤维增强相比，LCP原位生成微纤在工艺上省去了预先制造纤维的工作，简便易行。LCP的熔体黏度一般低于作为基体的特种工程塑料，因而添加LCP可改善加工流动性。特别是在高剪切条件下，LCP刚性大分子充分取向，黏度降低尤为明显。

LCP可与PES、POM、PBT、PC、PA、PET等多种工程塑料制成塑料合金，制品性能都有显著提高。现以LCP/PES合金为例，介绍LCP共混体系的性能。

LCP可分为全芳香聚酯型（简称聚酯型）、聚酯酰胺型等类型。将两类LCP分别与聚苯醚砜（PES）共混，所得LCP/PES合金性能如表7-8所示[65]。

表7-8　　LCP/PES合金性能

材料	拉伸强度/MPa	断裂伸长率/%	拉伸弹性模量/GPa	弯曲弹性模量/GPa
PES	64	122	2.5	2.6
PES/聚酯型LCP	127	3.8	5.0	4.1
PES/聚酯酰胺LCP	175	2.6	8.9	6.8

注：表中PES/LCP配比为70/30（质量分数）。

PES是一种耐热性良好、力学强度适中的工程塑料。从表7-8可以看出，LCP可以对PES起显著的增强作用。其中，聚酯酰胺LCP的增强效果更高一些。LCP/PES共混物的成型加工条件如表7-9所示[65]。可以看出，LCP可以有效地提高熔体的流动性，改善共混物的挤出、注射等成型加工性能。

表7-9　　LCP/PES共混物成型加工条件

材料	挤出压力/MPa	注射压力/MPa	成型温度/℃
PES	5.5	110	350
PES/聚酯型LCP	2.1	55	350

7.3.6.3 其它高性能工程塑料的共混体系

（1）PI共混体系

聚酰亚胺（PI）为芳杂环聚合物之一，具有突出的耐高温性能。芳杂环聚合物是伴随着航空、航天和火箭技术的发展而开发研究的。在各种耐高温芳杂环聚合物中，PI的应用最为广泛。PI的品种有聚醚酰亚胺（PEI）、聚酰胺-酰亚胺（PAI）等。PI有极好的耐热性，在260℃的空气中可长期使用。PI制成的薄膜在250℃条件下可连续使用70 000h

以上。此外，PI 的力学性能、难燃性、尺寸稳定性、电性能也都良好。

近年来，PI 新品种的开发，解决了其难于成型加工的问题。如聚醚酰亚胺（PEI）就具有良好的熔融加工性能。PEI 的共混体系也受到关注。PEI 与未固化的环氧树脂有很好的相容性，被用于环氧树脂的增韧。PEI 还可与 PC 或 PA 共混。

（2）聚芳酯（PAR）共混物

PAR 为透明性、耐候、耐冲击的高性能工程塑料。由于熔体黏度高，难于成型薄壁制品。PAR 与 PET、PBT 等有较好的相容性，可制成共混材料。例如，将 PAR 与 PET 共混，在保留了 PAR 耐热、耐紫外线的优越品质的情况下，改善了加工流动性。PAR 还可与 PA 共混，对 PAR 而言，可改善加工流动性；对 PA 而言，则可大幅度提高热变形温度[65]。

（3）聚醚醚酮（PEEK）共混物

PEEK 是结晶性耐高温工程塑料，具有优良的综合性能，特别是耐辐射性能优良。PEEK 可应用于航天、原子能工程部件，以及矿山、油田、电器工业等。PEEK 可以注射成型，也可制成单丝。于全蕾等[66]研究了 PEEK 与聚苯醚砜（PES）的共混物，结果表明，PEEK/PES 相容性良好，改性后的 PEEK 玻璃化转变温度提高，加工流动性明显改善，加工温度可降低 100℃。

（4）聚砜的共混物

聚砜分为双酚 A 型聚砜（PSF）、聚苯醚砜（PES）、聚芳砜（PASF）等类型。

PSF 为透明树脂，韧性、电绝缘性能、耐热水性、耐蠕变性优良。它的缺点是加工流动性差。PSF 与 ABS 共混，可改善 PSF 的成型加工性能，且具有优良的抗冲击性能；对 ABS 而言，则可大幅度提高耐热性。PSF 也可以与 PET、PBT 共混。

PES 可与 LCP、PEEK、PPS[67]、PC 等共混。江东等[68]以双酚-S 型聚芳酯为增容剂，对聚苯醚砜/聚碳酸酯（PES/PC）共混体系的形态结构及力学性能进行了研究，结果表明，双酚-S 型聚芳酯可有效地增加两相间的界面结合，改善两组分间的相容性。

7.4 橡胶的共混改性

本节主要介绍以橡胶为主体的共混体系。橡胶可以分为通用橡胶和特种橡胶。通用橡胶包括天然橡胶（NR）、顺丁橡胶（BR）、丁苯橡胶（SBR）、三元乙丙橡胶（EPDM）、丁腈橡胶（NBR）、氯丁橡胶（CR）、丁基橡胶（IIR）等。特种橡胶包括氟橡胶、硅橡胶、丙烯酸酯橡胶等。

以橡胶为主体的共混体系包括橡胶与橡胶的共混，通常称之为橡胶并用；橡胶与塑料的共混，通常称之为橡塑并用。橡胶的共混，可以实现橡胶的改性，也可以降低产品成本。因此，橡胶的共混已成为橡胶制品生产的重要途径。

7.4.1 橡胶共混的基本知识[69,70]

7.4.1.1 助剂在共混物两相间的分配

在橡胶共混中，需添加许多助剂，如硫化剂、硫化促进剂、补强剂、防老剂等等。这些助剂在聚合物两相间如何分配，对橡胶共混物的性能影响很大。

(1) 硫化助剂在两相间的分配

橡胶共混改性的一个重要问题是橡胶的交联（硫化）问题。对于两种橡胶共混形成的两相体系，两相都要达到一定的交联程度，这就是两相的同步交联，或称为同步硫化。为实现同步硫化，就要求硫化助剂在两相间分配较为均匀。否则，就会造成一相过度交联，一相交联不足，严重影响共混物的性能。

硫化助剂在两相间的分配，主要影响因素是硫化助剂在橡胶中的溶解度。而这又与硫化助剂的溶解度参数及橡胶的溶解度参数有关。一般来说，可以用溶解度参数来初步判定硫化助剂在橡胶中的溶解度。譬如，硫磺的溶解度参数较高，在高溶解度参数的橡胶（如BR）中的溶解度就较高，而在低溶解度参数的橡胶（如 EPDM）中的溶解度就较低。根据共混橡胶的品种，适当选用硫化助剂，以调节硫化助剂在两相橡胶中的溶解度，可以控制硫化助剂在两相间的分配。此外，温度对于硫化助剂的溶解度也有影响。硫化助剂从一相中向另一相的迁移也会影响其在两相间的分配。

(2) 补强剂在两相间的分配

炭黑等补强剂在两相间的分配，也会影响橡胶共混物的性能。其影响因素首先是炭黑与橡胶的亲和性。由于炭黑与橡胶大分子中的双键有很强的结合力，所以含双键较多的橡胶与炭黑的亲和力较大。在橡胶共混物中，炭黑与丁基橡胶亲和力最小，其次是 EPDM，亲和力较大的则是天然胶和丁苯胶。因此，如果一种对炭黑亲和力很强的橡胶与一种对炭黑亲和力很弱的橡胶共混时，炭黑将大部分存留于前者中。补强剂在两相间分布不匀，显然会损害橡胶共混物的性能。

橡胶共混物两相的熔融黏度对补强剂的分配也有影响，补强剂倾向于进入黏度低的一相（参见第 4 章 4.5.3 节）。

为了调整补强剂在两相间的分配，可以采用如下方法：其一，适当选择补强剂品种，或对补强剂进行表面处理，以调节补强剂对橡胶的亲和性。其二，通过改变混炼温度等方式，调节两相的黏度。其三，改变加料顺序，先将补强剂与亲和性较弱的橡胶共混，再与另一种橡胶共混。这样，补强剂在第二步共混中会自动向亲和力较强的橡胶中迁移，以达到最终的较为均匀的分布。

其它助剂在两相间的分配也会影响共混物的性能，可以参照以上方法进行调节。

7.4.1.2 橡胶共混物两相的共交联

为提高橡胶共混物两相间的界面结合力，最有效的方法是在两相间实现交联，这就是共交联（又称共硫化，或界面交联）。界面交联实际上是不同聚合物之间的交联反应。界面交联可使共混物形成统一的交联网络结构，可获得更好的改性效果。

两相共混物能否实现共交联，主要取决于交联活性点的特征。如果参与共混的聚合物具有相同性质的交联活性点，可选用共同的交联助剂；如果共混组分的交联活性点的性质不同，应采用多官能团交联剂，也可以对聚合物进行化学改性，使其具有新的活性点。

在 NR、BR、SBR、NBR 等通用橡胶的共混中，由于这些橡胶具有相同性质的交联活性点，可采用相同的硫化体系。但是，由于硫化助剂在不同橡胶中溶解度不同，所以在实际应用中还需精心设计配方，才能达到较好的共硫化。

其它橡胶共混体系，可选用适宜的硫化体系。如 EPDM/IIR 可采用硫磺促进剂体系，氟橡胶、丙烯酸酯橡胶共混体系可选用胺类交联剂，乙丙橡胶与硅橡胶共混可选用过氧化物交联剂等。

7.4.2 通用橡胶的共混改性

7.4.2.1 橡胶并用共混体系[69,70]

(1) NR/BR 共混物

天然橡胶（NR）具有良好的综合力学性能；顺丁橡胶（BR）则具有高弹性、低生热、耐寒性、耐屈挠和耐磨耗性能优良的特点。NR 与 BR 相容性较好，两者共混后，可以在性能上得到互补。将 BR 与 NR 共混，可提高 NR 的耐磨性，在轮胎工业中广泛应用于胎面胶和胎侧胶中。

NR 与 BR 的硫化机理相同，硫化速度也相差不大。但不同的硫化助剂体系应用于 NR/BR 体系，交联速度是不同的。如选用 CZ（N-环己基-2-苯并噻唑次磺酰胺）体系交联，则 NR 的交联速度与 BR 相差就要大一些；选用 DM（二硫化二苯并噻唑）交联体系，交联速度相差就甚小。

(2) NR/SBR 共混物

丁苯橡胶（SBR）是最早实现工业化生产的合成橡胶，其加工性能、力学性能接近于 NR，耐磨性、耐热老化性能还优于 NR。在 NR/SBR 共混体系中若采用 DM 交联体系，则交联反应速度相差较小。

NR/SBR 共混物可应用于制造轮胎、输送带等用途中。

(3) 其它 NR 共混物

NR 还可与 NBR 共混。NR 与 NBR 的相容性较差，但由于两相间的界面交联，力学性能下降并不太大。NR 还可改善 NBR 的耐寒性。

在橡胶轮胎的使用过程中，抗臭氧老化和抗日光老化是需要解决的重要问题。氯化丁基橡胶（CIIR）具有丁基橡胶的优良的耐臭氧老化和耐天候老化性能，同时又具有较快的硫化速度和较好的黏合性。采用 NR 与 CIIR 共混，对 NR 而言，可改善其耐老化性能；对 CIIR 而言，则可进一步提高其黏合性和抗撕裂性能。

(4) BR/1，2-聚丁二烯橡胶共混物

1，2-聚丁二烯橡胶（1，2-PB）具有优良的抗滑、低生热、耐老化等性能，但耐低温性、弹性、耐磨耗和压出工艺性能较差。BR 的耐老化、耐湿滑性能较差。将二者共混，可以互相取长补短。

1，2-PB 的脆性温度为−38℃，而 1，2-PB/BR 配比为 80/20（质量比）时，脆性温度可降至−70℃。BR/1，2-PB 共混还可明显改善 BR 的耐湿滑性和耐热老化性，并可使其生热降低。对 1，2-PB 而言，则可提高其弹性和耐磨性。

BR 还可与 CIIR 共混，以提高其耐老化性能。

(5) EPDM/IIR 共混物

丁基橡胶（IIR）具有优异的气密性、耐热老化和耐天候老化性能，适用于制造内胎。但在使用中会出现变软、粘外胎及尺寸变大等问题。这些缺点可通过与 EPDM 共混来解决。EPDM 有完全饱和的主链，耐臭氧和耐氧化性能优良。EPDM 老化后会产生交联而变硬。所以，EPDM 与 IIR 共混不仅具有极好的耐老化性能，而且能互相弥补缺陷。

在 EPDM/IIR 共混体系中，EPDM 品种的选择很重要。宜选用 ENB 型（第三单体为

亚乙基降冰片烯）的 EPDM，且乙烯含量在 45％～55％为宜。EPDM 相对分子质量分布宽一些的，较为容易混炼。

（6）EPDM/聚氨酯橡胶共混物

EPDM 具有优良的耐候性和良好的低温性能。但是，由于 EPDM 大分子链中缺少极性基团，其黏附性较差，影响了 EPDM 制品的黏合性能。为提高 EPDM 的黏附性，可选用强极性的聚氨酯橡胶（PU）与 EPDM 共混。EPDM/PU 共混可选用 DCP 作为交联剂。

EDPM 中混入 PU 后，可使黏着力得到明显提高。在 EPDM 中加入 PU 的量为 10 份时，即可使黏着力明显提高。而在这一配比下，EPDM/PU 共混物的拉伸强度与 EPDM 基本相同。EPDM/PU 共混物的耐老化性也很好。

7.4.2.2　橡塑并用共混体系

（1）NBR/PVC 共混物

丁腈橡胶（NBR）是丁二烯和丙烯腈的共聚物，耐油性好，耐磨性和耐热性也较好。其缺点是耐臭氧性差，拉伸强度也较低。丁腈橡胶主要用于制造耐油橡胶制品，如耐油密封制品。

NBR 与 PVC 相容性较好，其共混体系应用颇为广泛。以 PVC 为主体的 PVC/NBR 共混物已在通用塑料的共混改性中作了介绍。在以丁腈橡胶为主体的 NBR/PVC 共混体系中，PVC 可对丁腈橡胶产生多方面的改性作用，可提高 NBR 的耐天候老化、抗臭氧性能，提高耐油性，使共混物具有一定的自熄阻燃性和良好的耐热性，还可提高 NBR 的拉伸强度、定伸应力。

NBR 中的丙烯腈含量对 NBR/PVC 共混物的相容性影响较大。一般来说，中等丙烯腈含量（含量为 30％～36％）的 NBR，与 PVC 共混有较好的综合性能。NBR/PVC 多采用硫磺硫化体系，只对 NBR 产生硫化作用，促进剂多用促进剂 M。NBR/PVC 共混物并用比对共混物硫化后的力学性能的影响如图 7-11 中（a）、（b）、（c）所示[69]。

从图 7-11 中可以看出，在 NBR/PVC 共混物中，随 PVC 用量增大，拉伸强度、定伸应力、撕裂强度、硬度都呈上升之势；在 PVC 用量少于 35％时断裂伸长率为增长；永久变形有所减少；磨耗也下降。图 7-12 所示为 NBR/PVC 共混硫化胶耐油性与并用比的关系。从图中可以看出，PVC 可明显提高 NBR 的耐油性。

NBR/PVC 共混物可广泛应用于制造耐油的橡胶制品，如油压制动胶管、输油胶管、耐油胶辊、耐油性劳保胶鞋等。

（2）其它橡胶/PVC 共混物

氯丁橡胶（CR）与 PVC 共混，可提高 CR 的耐油性，并改善 CR 的加工性能。CR/PVC 的定伸应力和硬度也比 CR 有较大提高。CR/PVC 共混物可用于制造各种耐油橡胶制品。

聚氨酯（PU）橡胶也可与 PVC 共混，两者有一定的相容性。PVC 可提高 PU 橡胶的弹性模量。氯磺化聚乙烯弹性体也可以与 PVC 共混。PVC 可显著改善氯磺化聚乙烯的加工性能。

（3）橡胶/PE 共混物

丁基橡胶（IIR）与 PE 有良好的相容性。IIR/PE 共混硫化胶的拉伸强度、定伸应力、撕裂强度、硬度都随 PE 用量增大而增加，断裂伸长率则随之下降。在 IIR 中并用 PE，还可改善 IIR 的电绝缘性能。IIR/PE 共混胶可采用硫磺体系硫化。

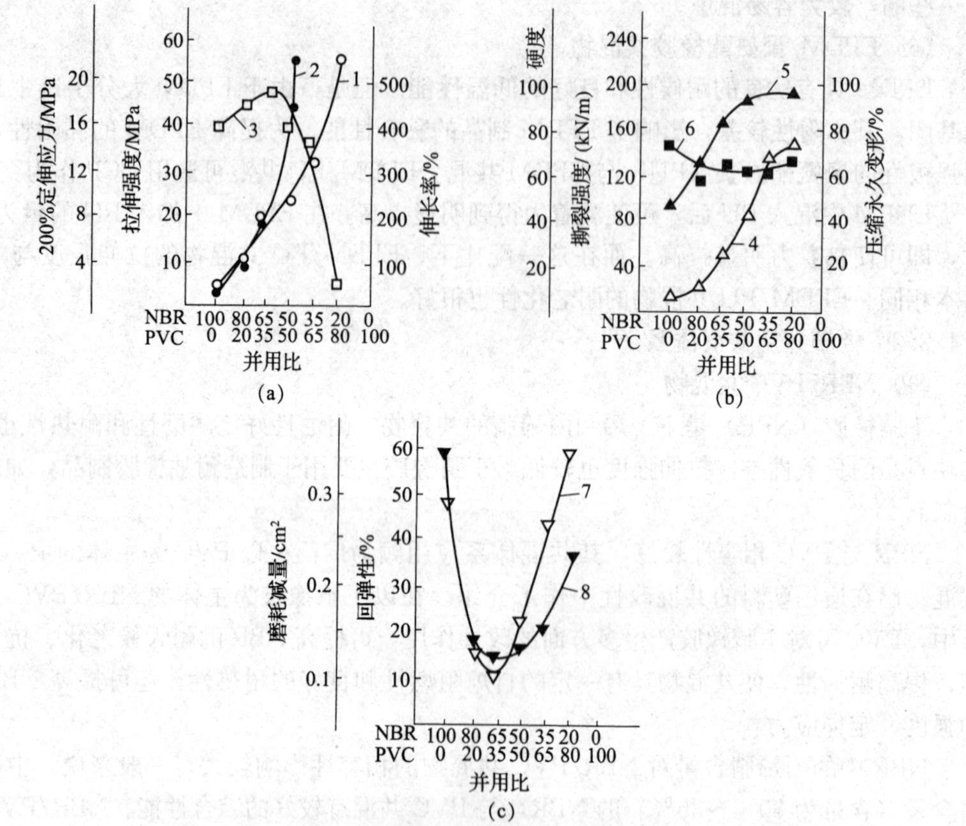

图 7-11 NBR/PVC 共混胶硫化后的力学性能与并用比的关系

1—拉伸强度 2—定伸应力 3—伸长率 4—撕裂强度 5—硬度 6—压缩永久变形 7—回弹性 8—磨耗减量

(a) NBR/PVC 共混物并用比与定伸应力、拉伸强度、伸长率的关系

(b) NBR/PVC 共混物并用比与硬度、撕裂强度、压缩永久变形的关系

(c) NBR/PVC 共混物并用比与磨耗减量、回弹性的关系

乙丙橡胶与 PE 也有良好的相容性，可制成性能良好的并用硫化胶。PE 对乙丙橡胶有明显的补强作用，还可提高其耐溶剂性能。除了制备硫化胶之外，乙丙橡胶还可与 PE 制成共混型热塑性弹性体。

丁苯胶（SBR）与 PE 的并用，应用颇为广泛。PE 对 SBR 有优良的补强作用。在 SBR 中并用 15 份的 PE，可显著提高 SBR 的抗多次弯曲疲劳性能。PE 还可显著提高 SBR 的耐臭氧性能以及耐油性。

此外，PE 还可与 NR、BR 等橡胶并用。

(4) 橡胶/PP 共混物

EPDM/PP 共混体系是相容性良好的并用体系。PP 对 EPDM 有良好的补强作用。在 PP/EPDM 中加入 3～5 份的丙烯酰胺，有更显著的补强作用，并降低了永久变形。EP-

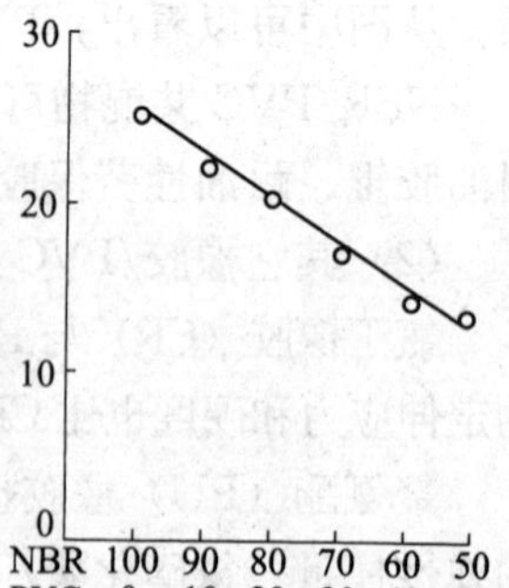

图 7-12 NBR/PVC 共混硫化胶耐油性与并用比的关系

（实验条件：苯/汽油＝1/3，98℃，60min）

DM/PP 并用体系可采用硫磺硫化体系，或者马来酰亚胺化合物。EPDM/PP 共混物还可制成热塑性弹性体（参见 7.4.4 节）。

在橡胶中还可并用无规聚丙烯（APP），可降低成本。一些非极性橡胶（如 BR）与 APP 共混，明显地改善了橡胶的加工性能。APP 对橡胶没有补强作用，随 APP 用量增大，橡胶力学性能有所下降。所以，APP 用量不宜太大。APP 可改善 NR、EPDM 的耐油性或耐溶剂性。

（5）橡胶与其它塑料的共混物

非极性的二烯类橡胶（如 NR、SBR、BR）可与 PS 共混，显著地改善橡胶的加工性能。对于 BR/PS 并用体系，PS 有良好的补强作用。

NBR 可与 PA 共混，两者有较好的相容性。PA 对 NBR 有较明显的补强作用，且可改善 NBR 的耐热、耐油及耐化学腐蚀性。

橡胶还可与各种合成树脂（如酚醛树脂、氨基树脂、环氧树脂）等共混。

7.4.3 特种橡胶的共混改性[69]

7.4.3.1 氟橡胶共混物

氟橡胶是指主链或侧链的碳原子上连接有氟原子的高分子弹性体。氟橡胶具有优异的耐热性（200～250℃），耐候性、耐臭氧性、耐油性、耐化学药品性都很好，气体透过性低，且属自熄型橡胶。氟橡胶的缺点是耐寒性差，而且价格颇为昂贵。将氟橡胶与一些通用橡胶共混，目的在于获得性能优异而成本较低的共混物。

氟橡胶与 NBR 共混，宜选用与氟橡胶相容性较好的高丙烯腈含量的 NBR，氟橡胶可选用偏氟乙烯-六氟乙烯-四氟乙烯三元共聚物。对 NBR 而言，氟橡胶可明显提高其耐热性、耐油性。

将四丙氟橡胶（四氟乙烯-丙烯共聚物）与 EPDM 共混，可改善四丙氟橡胶的耐寒性，同时降低其成本。四丙氟橡胶的脆性温度为－26℃，四丙氟橡胶/EPDM 配比为 50/50 时，脆性温度降至－40℃。该共混体系需选用 DCP 和 TAIC 作为交联剂和交联助剂。

7.4.3.2 硅橡胶共混物

硅橡胶是指主链以 Si—O 单元为主，以单价有机基团为侧基的线形聚合物弹性体。硅橡胶耐寒性极好，耐热性则仅次于氟橡胶。

将硅橡胶与氟橡胶共混，可以改善氟橡胶的耐寒性，且成本降低。当硅橡胶与氟橡胶的适当品种共混时，硅橡胶用量为 20%，脆性温度可降低 10℃。

硅橡胶的力学性能较低，耐油性差。将硅橡胶与 EPDM 共混，共混物兼具硅橡胶的耐热性和 EPDM 的力学性能。共混中添加硅烷偶联剂，以白炭黑补强，可得到耐热优于 EPDM，而力学性能优于硅橡胶的共混物。

7.4.3.3 丙烯酸酯橡胶共混物

丙烯酸酯橡胶（ACM）是以丙烯酸酯为主单体经共聚而得的弹性体，其主链为饱和碳链，侧基为极性酯基。由于特殊结构赋予其许多优异的特点，如耐热、耐老化、耐油、耐臭氧、抗紫外线等，力学性能和加工性能优于氟橡胶和硅橡胶，其耐热、耐老化性和耐油性优于丁腈橡胶。ACM 具有高温下的耐油稳定性能，一般可达 175℃。ACM 已成为近年来汽车工业着重开发的一种密封材料。ACM 的缺点是耐寒性差，可通过共混加以改善。

对 ACM 可进行如下共混改性。

（1）ACM/硅橡胶共混物

ACM 的耐寒性较差；硅橡胶具有优良的耐高、低温性能，但是耐油性不佳。将硅橡胶与 ACM 共混，可以使 ACM 的耐寒性得到提高。采用的硫化剂为 1，4-双叔丁基过氧化异丙苯，助硫化剂为 N，N'-间亚苯基双马来酰亚胺[69]。

（2）ACM/丁腈橡胶（NBR）共混物

ACM 和 NBR 均为耐热、耐油橡胶，通过共混改性可以改善 ACM 的拉伸性能、加工性能并降低成本。但是，由于 ACM 和 NBR 的硫化机理、硫化剂种类和用量均不相同，共混的主要困难是硫化不同步，NBR 的硫化速度明显快于 ACM。国内外都对此进行过研究[71]。

（3）ACM/氯醚橡胶（CHC）共混物

氯醚橡胶（CHC）又称氯醇橡胶，为环氧氯丙烷和环氧乙烷共聚而成。CHC 具有良好的耐油性、耐高性和优异的化学稳定性，耐低温也良好（−45℃）。ECO 与 ACM 相容性较好。ACM/ECO 共混可以改善 ACM 的耐寒性。

7.4.4 共混型热塑性弹性体

共混型热塑性弹性体是采用动态硫化方法生产的新型热塑性弹性体材料。所谓动态硫化，是指共混体系在共混过程中的剪切力作用下进行的硫化反应。在动态硫化过程中，橡-塑共混体系中的橡胶组分在机械共混的同时就完成了硫化。动态硫化是一种反应性共混过程。

动态硫化又分为部分硫化型和全硫化型。1972 年，美国 Uniroyal 公司推出经动态硫化制出的部分交联的三元乙丙橡胶与聚丙烯的共混型热塑性弹性体，这是部分动态硫化型的最早工业产品。在这类产品中，橡胶相有少量交联结构存在。在 1980 年，美国孟山都公司又生产出全交联型的聚烯烃热塑性弹性体，又称全动态硫化热塑性弹性体。在这种热塑性弹性体中，橡胶相是完全交联的。

全动态硫化型热塑性弹性体比其它类型的热塑性弹性体（如 SBS）有优越的力学性能。与传统橡胶相比，又具有可用挤出、注塑等方式成型，加工方便、能耗低、边角料可重复利用等优点。

全动态硫化热塑性弹性体的生产，可采用密炼机或双螺杆挤出机。双螺杆挤出机的炼胶速度明显快于密炼机，制成的共混型热塑性弹性体的性能，也优于密炼机的产物。

共混型热塑性弹性体的形态，是以橡胶为分散相，塑料为连续相。一般来说，橡胶相粒子粒径较小时，弹性体的性能较好。橡-塑两组分的配比、橡胶粒子的交联程度，都对共混型热塑性弹性体的性能产生重要影响。

7.4.4.1 全动态硫化热塑性弹性体品种简介

全动态硫化型热塑性弹性体又被称为热塑性动态硫化橡胶（TPV）。在众多 TPV 中，乙丙橡胶的 TPV 受到格外重视。其中，EPDM/PP 体系制备的 TPV 又是进行了最为广泛研究的一种[72]。

EPDM/PP 体系的 TPV 具有优良的力学性能。一种硬度（邵 A）为 73 的 EPDM/PP

热塑性动态硫化橡胶，其拉伸强度为 9.31MPa，100%定伸应力为 3.53MPa，断裂伸长率为 510%，撕裂强度为 34.3kN/m，拉伸永久变形（伸长 100%）为 8%，回弹性为 53%，脆性温度为−60℃[69]。EPDM/PP 热塑性动态硫化橡胶的耐热老化性能、耐臭氧老化性能、耐溶剂性能、耐化学药品性能、电绝缘性能也很好。

除 EPDM/PP 体系的 TPV 外，EPDM 还可与 PE 等塑料共混，制成 TPV。美国孟山都公司生产了 EPDM/PE 热塑性动态硫化橡胶的商业产品，牌号为 Santoprene。

此外，TPV 的品种还有 NBR/PP 体系、NR/HDPE 体系、NR/PP 体系、SBR/HDPE 体系、NBR/PA 体系、EPR/PA 体系等。

7.4.4.2 TPV 的主要用途

TPV 可广泛应用于除轮胎以外的各种橡胶制品，具有广阔的发展前景。这里以 EPDM/PP 体系为例，介绍 TPV 的主要用途。

（1）汽车配件

许多原采用热固性硫化橡胶的汽车配件，在国外已为 TPV 所替代。如以前用 EPDM 生产的净化空气通风管已改用 Santoprene 生产。此外，高硬度的 EPDM/PP 体系 TPV 可生产方向盘、保险杠等，较低硬度的则可生产风挡、密封条等。

（2）建筑材料

在国外，EPDM/PP 体系的 TPV 正在代替氯丁橡胶，用于制造门窗密封条。TPV 还可代替硅橡胶、EPDM 等，用作建筑物的膨胀接头。此外，TPV 还可用于制造防水卷材。

（3）医疗领域

由于 EPDM/PP 体系的 TPV 在制造过程中较少有化学药品残留，且可用高压蒸汽消毒，因而在医疗领域有广泛的应用前景。

（4）电子、电器领域

可用来生产洗衣机配件及导管、电线电缆绝缘护套、吸尘器软管等。此外，还可生产农业及园艺灌溉用管道。

TPV 是一种新型的共混材料，它的研究开发尚在进行之中。随着研究的深入进行，更多的 TPV 品种和更多的用途将会被开发出来。

习　题

1. PVC 的弹性体增韧剂有哪些种类，各有什么特点？
2. PP 的弹性体增韧剂有哪些种类？
3. PPO 最常用的共混体系是什么？有什么特点？
4. 液晶聚合物的共混体系有何特点？
5. 简述影响橡胶硫化助剂在橡胶两相间分配的因素。

参考文献

[1] 刘晓明，赵华山等．PVC/CPE 体系的形态-加工条件-冲击性能之间的关系．聚氯乙烯，1984（5）：6

[2] 杨文君等．PVC/CPE 共混物的结构与性能．现代塑料加工应用，1993（4）：17

[3] 罗伟，王国全. 废旧塑料回收用助剂的研究. 塑料助剂，1997（3）：15
[4] 吴培熙，张留城. 聚合物共混改性. 北京：中国轻工业出版社，1998
[5] 华幼卿等. 高聚合度 PVC/部分交联粉末丁腈橡胶热塑性弹性体的亚微相态与力学性能研究. 北京化工大学学报，1999（3）：12
[6] 何光波. 聚丙烯酸酯类对 PVC 改性的研究. 塑料科技，1991（4）：30
[7] 邵军，张桂荣. 注塑用 ABS/PVC 合金的研究. 现代塑料加工应用，1994（3）：21
[8] 乔巍巍，王国英. ABS/PVC/CPE 共混体系的力学性能. 塑料工业，2004，32（6）：20～21
[9] 张金柱，陈弦等. 电视机壳用 ABS/PVC 塑料合金. 塑料科技，1995（5）：1
[10] 黄成棣等. 热塑性聚氨酯和聚氯乙烯共混材料的研制. 塑料工业，1991（1）：39
[11] 叶成兵，张军等. 热塑性聚氨酯与聚氯乙烯共混改性研究. 中国塑料，2004，18（8）：48～52
[12] 许晓秋，常津. PVC/PU 共混改性的研究. 塑料工业，1999，27（4）：9～11
[13] 付东升，朱光明. PVC 的共混改性研究进展. 塑料科技，2003（3）：60～64
[14] 叶福根. HPVC 与 PVC 共混技术的应用研究. 聚氯乙烯，1992（3）：16
[15] 王国全. S-PVC/MS-PVC 共混体系的研究. 聚氯乙烯，1992（5）：7
[16] 解磊，王国全，陈建峰等. PP/POE/纳米 $CaCO_3$ 复合材料力学性能研究. 中国塑料，2006，20（1）：36～39
[17] 张增民，赵丹心等. PP/HDPE/SBS 三元共混物的研究. 现代塑料加工应用，1996（6）：1
[18] 邱桂学，崔丽梅. 高韧性高流动性 PP/POE 复合材料的制备及其形态分析. 青岛科技大学学报，2004，25（2）：139～143
[19] 赵永仙，黄宝琛等. 聚丙烯/聚丁烯热塑性弹性体共混物力学性能的研究. 中国塑料，2004，18（7）：28～31
[20] 蒋焘，杨红. 聚丙烯与氯化聚乙烯共混体系的研究. 中国塑料，1995（2）：32
[21] 樊敏，陈金周等. PP/EPDM-g-MAH/TPU 共混物流变行为的研究. 塑料工业，2004，32（11）：43～45
[22] 郦华兴，张祥成. SBS 及 HDPE 共混改性 PP 粉料的研究. 中国塑料，1989（3）：20
[23] 马晓燕，梁国正等. 聚丙烯/聚烯烃弹性体共混物非等温结晶动力学及力学性能研究. 中国塑料，2004，18（7）：11～15
[24] 田野春，杨其等. PP/LLDPE 共混体系的研究. 塑料工业，2003，31（8）
[25] 梁基照. PP/LDPE 共混物熔体流动特性的研究. 合成树脂及塑料，1995（1）：19
[26] 宣兆龙，易建政等. 聚丙烯的共混改性研究. 塑料科技，1999（6）：17
[27] 庞纯，张世杰等. PP/LLDPE 交联共混物的力学性能研究. 塑料工业，2004，32（3）：33～35
[28] 李炳海，陈勇等. PP/UHMWPE 共混物力学性能的研究. 塑料工业，2003，31（7）：9～13
[29] 刘功德，李惠林等. 聚丙烯/超高摩尔质量聚乙烯共混物的结构与性能研究. 塑料工业，2003，31（1）：20～23
[30] 何慧，杨波等.（E/VAC）-g-MAH 对 PP/PBT 共混体系的增容改性. 工程塑料应用，2004，32（8）：5～8
[31] 沈经纬，阮文红. 无规共聚 PP 与嵌段共聚 PP 共混的研究. 中国塑料，2001，15（7）：21～24
[32] 安峰，李炳海等. PPH/PPR/PPB 共混体系力学性能的研究. 塑料工业，2003，31（11）：39～41
[33] 徐定宇，常秀贞等. HDPE/SBS 共混方式对薄膜形态结构及性能的影响. 高分子材料科学与工程，1990（6）：44
[34] 承民联，斐峻峰. LDPE/PA6 共混阻透薄膜的研制. 中国塑料，2001，15（7）：43～46
[35] 罗卫华，周南桥. HDPE/PC 分散相纤维化及其原位复合材料的研究. 塑料工业，2004，32（4）：

16～18
[36] 吴彤，郜华萍等．乙烯-醋酸乙烯酯共聚物对茂金属聚乙烯的改性研究．中国塑料，2003，17（3）：25～31
[37] 李炳海，陈勇等．UHMWPE/HDPE 共混物的流动性及力学性能的研究．塑料工业，2003，31（9）：9～12
[38] 许长清．合成树脂及塑料手册．北京：化学工业出版社，1991．178
[39] 金敏善，洪重奎等．ABS/PMMA 合金组成与性能的研究．塑料，2003，32（1）：82～85
[40] 王国全．塑料合金研究概况．塑料加工，1996（2）：7
[41] 邓如生．共混改性工程塑料．北京：化学工业出版社，2003．227～232，397，561
[42] 杜强国，王荣海等．增韧尼龙 6 的力学性质和形态．高分子材料科学与工程，1991（1）：53
[43] 王勇，黄劲．聚酰胺-聚烯烃共混体系的进展．合成树脂及塑料，1993（3）：63
[44] 张良均，童身毅．PP-g-MAH 增容 PP/PA66 共混物形态结构和性能．塑料科技，2004，161（3）：35～36
[45] 贺爱华，欧玉春等．马来酸酐接枝热塑性弹性体在 PP/PA6 共混物中的作用．高分子学报，2004（4）：534～540
[46] 李海东，程凤梅等．聚丙烯的官能化及与尼龙 1010 相容性研究．塑料科技，2004，161（3）：1～3
[47] 张新颖，谢建军等．酯交换反应对 PET/PA6 共混体系性能的影响．中国塑料，2004，18（5）：19～22
[48] 周伟平，刘先珍等．PA6/SEBS/PP-g-MAH 的共混改性．高分子材料科学与工程，2004，20（6）：203～206
[49] 张世杰，杨得志等．吸湿性 PA6/PVP 共混物的结构及性能研究．塑料工业，2003，31（1）：33～36
[50] 丁永红，俞强等．一步法反应性共混制备 PA66/HDPE 合金．中国塑料，2003，17（3）：64～67
[51] 张金根，杨晓慧等．PC/ABS 塑料合金的研制．工程塑料应用，1987（2）：6
[52] 白绘宇，张勇，张隐西等．酯交换反应稳定剂对 PBT/PC 共混物性能和结构的影响．中国塑料，2004，18（3）：23～26
[53] 董建华，苗荣正等．PET 塑料改性进展．工程塑料应用，1985（3）：21
[54] 宋学智，改性 PET 工程塑料的研究进展．工程塑料应用，1992（1）：50
[55] 金日光，杨宏．PBT/EVA 共混合金的物机性能研究．北京化工学院学报，1989（2）：37
[56] 任华，张勇等．PBT/ABS 共混体系研究进展．中国塑料，2001，15（11）：6～9
[57] 丁浩．塑料工业实用手册．北京：化学工业出版社，1995．493
[58] 孙皓，丁胜飞等．PPO/PA 合金的研制．塑料工业，2003，31（9）：13～15
[59] 徐卫兵，周正发等．POM/PU 共混物增容剂的合成与应用．塑料工业，1995（2）：39
[60] 马瑞申，黄秀云等．增韧聚甲醛的研究．工程塑料应用，1987（1）：7
[61] 陈金耀，曹亚等．POM/UHMWPE 共混物摩擦磨损性能研究．塑料工业，2004（11）：39
[62] 徐卫兵等．共聚尼龙增韧改性聚甲醛的研究．塑料工业，1994（3）：21
[63] 张秀斌，房桂明．POM 共混增韧改性研究．塑料科技，2004（6）：9
[64] 徐卫兵等．EPDM-g-MMA 对 FOM/EPDM 的增容作用．现代塑料加工应用，1995（3）：7
[65] 梅庆祥．高性能工程塑料合金．现代塑料加工应用，1992（3）：49
[66] 于全蕾，于笑梅等．聚醚醚酮/聚醚砜共混物的研究．塑料工业，1990（3）：25
[67] 杨晨，曾汉民．PPS/PES 共混物动态力学行为的研究．工程塑料应用，1990（4）：45
[68] 江东，张丽梅．聚醚砜与聚碳酸酯增容共混物及性能．吉林大学学报（理学版），2005，43（5）：673～676

[69] 邓本诚，李俊山. 橡胶塑料共混改性. 北京：中国石化出版社，1996
[70] 于清溪. 橡胶原材料手册. 北京：化学工业出版社，1996
[71] 吴福生，王真琴. 丙烯酸酯橡胶与丁腈橡胶并用研究. 弹性体，2001，11 (6)：27～30
[72] 张中岳，乔金梁. 动态全硫化乙丙橡胶/聚烯烃共混型热塑性弹性体. 合成橡胶工业，1986，9 (5)：361～363

第 8 章　聚合物填充体系与短纤维增强体系

内容提要：首先介绍填充剂与增强纤维的种类、性能，填充剂的表面改性与界面特性，然后分别介绍聚合物增强体系、填充阻燃体系和天然材料/聚合物复合体系。

聚合物的填充体系，是指在聚合物基体中添加与基体在组成和结构上不同的固体添加物制备的复合体系。这样的添加物称为填充剂，也称为填料。“填充”一词有增量的含义。某些填充剂，确实是主要作为增量剂使用的。但随着材料科学的发展，越来越多的具有改性作用或特殊功能的填充剂被开发出来并获得了应用。

由于聚合物填充改性在工艺、设备上与共混改性相似，乃至在原理上也可以借鉴一些聚合物共混的理论，因而，聚合物填充体系可以视为广义的共混体系。

聚合物中添加填充剂的目的，有的仅仅是为了降低成本，但更多的是为了改善性能。例如，有的填充体系是为增强或改善加工性能，有的可以具有提高耐热性或耐候性；有一些填充剂可以改善聚合物的质感，还有一些填充剂具有阻燃或抗静电等作用。

纤维增强是提高聚合物力学性能的重要手段。短纤维增强聚合物复合材料的制备方法与共混方法接近，也将在本章进行简介。

用于聚合物改性的无机粒子的粒径，随着制备技术的进展，呈现出细微化的趋势。无机纳米粒子/聚合物复合材料日益受到关注。本书将在第 9 章介绍无机纳米粒子/聚合物复合材料。

8.1　填充剂与增强纤维简介

8.1.1　填充剂的种类[1, 2, 3]

填充剂的种类繁多，可按多种方法进行分类。按化学成分，可分为无机填充剂和有机天然材料填充剂两大类。目前实际应用的填充剂大多数为无机填充剂，而天然材料填充剂（如木粉等天然纤维类填充剂）亦展示出发展前景。

将无机填充剂进一步划分，可分为碳酸盐类、硫酸盐类、金属氧化物类、金属粉类、金属氢氧化物类、含硅化合物类、碳素类等。其中，碳酸盐类包括碳酸钙、碳酸镁、碳酸钡，硫酸盐包括硫酸钡、硫酸钙等，金属氧化物包括二氧化钛（钛白粉）、氧化锌、氧化铝、氧化镁、三氧化二锑等，金属氢氧化物如氢氧化铝，金属粉如铜粉、铝粉，含硅化合物如二氧化硅（白炭黑）、滑石粉、陶土、硅藻土、云母粉、硅灰石等，碳素类如炭黑。

填充剂按形状划分，有粉状、粒状、片状、纤维状等。

8.1.2　无机填充剂

现将一些主要无机填充剂品种简介如下[1~4]。

(1) 碳酸钙

碳酸钙（$CaCO_3$）是用途广泛而价格低廉的填充剂。因制造方法不同，可分为重质碳酸钙和轻质碳酸钙。重质碳酸钙是石灰石经机械粉碎而制成的，其粒子呈不规则形状，粒径在10μm以下，相对密度2.7～2.95。轻质碳酸钙是采用化学方法生产的，粒子形状呈针状，粒径在10μm以下，其中大多数粒子在3μm以下，相对密度2.4～2.7。近年来，超细碳酸钙、纳米级碳酸钙也相继研制出来。将碳酸钙进行表面处理，可制成活性碳酸钙。活性碳酸钙与聚合物有较好的界面结合，可有助于改善填充体系的力学性能。轻质碳酸钙的显微照片如图8-1所示。

图8-1　轻质碳酸钙的电镜照片

在塑料制品中采用碳酸钙作为填充剂，不仅可以降低产品成本，还可改善性能。例如，在硬质PVC中添加5～10份的超细碳酸钙，可提高冲击强度。碳酸钙广泛应用于PVC中，可制造管材、板材、人造革、地板革等，也可用于PP、PE等塑料中，在橡胶制品中也有广泛的应用。

(2) 陶土

陶土，又称高岭土，是一种天然的水合硅酸铝矿物，经加工可制成粉末状填充剂，相对密度2.6。

作为塑料填充剂，陶土具有优良的电绝缘性能，可用于制造各种电线包皮。在PVC中添加陶土，可使电绝缘性能大幅度提高。

陶土在橡胶工业上也有应用，可用作NR、SBR等的补强填充剂。

(3) 滑石粉

滑石粉是天然滑石经粉碎、研磨、分级而制成的。滑石粉的化学成分是含水硅酸镁，为层片状结构，相对密度为2.7～2.8。

滑石粉用作塑料填充剂，可提高制品的刚性、硬度、阻燃性能、电绝缘性能、尺寸稳定性，并具有润滑作用。滑石粉常用于填充PP、PS等塑料。

粒度较细的滑石粉可用作橡胶的补强填充剂。超细滑石粉的补强效果可更好一些。

(4) 云母

云母是多种铝硅酸盐矿物的总称，主要品种有白云母和金云母。云母为鳞片状结构，具有玻璃般光泽。云母经加工成粉末，可用作聚合物填充剂。云母粉易于与塑料树脂混合，加工性能良好。

云母粉可用于填充PE、PP、PVC、PA、PET、ABS等多种塑料，可提高塑料基体的拉伸强度、模量，还可提高耐热性，降低成型收缩率，防止制品翘曲。云母粉还具有良好的电绝缘性能。

云母粉呈鳞片状形态，在其长度与厚度之比为100以上时，具有较好的改善塑料力学性能的作用。在PET中添加30%的云母粉，拉伸强度可由55MPa提高到76MPa，热变形温度也有大幅度提高。

云母粉在橡胶制品中应用，主要用于制造耐热、耐酸碱及电绝缘制品。

(5) 二氧化硅（白炭黑）

用作填充剂的二氧化硅大多为化学合成产物，其合成方法有沉淀法和气相法。二氧化硅为白色微粉，用于橡胶可具有类似炭黑的补强作用，故被称为“白炭黑”。白炭黑是硅橡胶的专用补强剂，在硅橡胶中加入适量的白炭黑，其硫化胶的拉伸强度可提高 10～30 倍。白炭黑还常用作白色或浅色橡胶的补强剂，对 NBR 和氯丁胶的补强作用尤佳。气相法白炭黑的补强效果较好，沉淀法则较差。

在塑料制品中，白炭黑的补强作用不大，但可改善其它性能。白炭黑填充 PE 制造薄膜，可增加薄膜表面的粗糙度，减少粘连。在 PP 中，白炭黑可用作结晶成核剂，缩小球晶结构，增加微晶数量。在 PVC 中添加白炭黑，可提高硬度，改善耐热性。

(6) 硅灰石

天然硅灰石的化学成分为 β 型硅酸钙，具有针状结构。经加工制成硅灰石粉，为针状填充剂。天然硅灰石粉化学稳定性和电绝缘性能好，吸油率较低，且价格低廉，可用作塑料填充剂。硅灰石可用于 PA、PP、PET、环氧树脂、酚醛树脂等，对塑料有一定的增强作用。

硅灰石粉白度较高，用于 NR 等橡胶制品，可在浅色制品中代替部分钛白粉。硅灰石粉在胶料中分散容易，易于混炼，且胶料收缩性较小。

(7) 二氧化钛（钛白粉）

二氧化钛俗称钛白粉，在高分子材料中用作白色颜料，也可兼作填充剂。根据结晶结构不同，二氧化钛可分为金红石型（Ruite）和锐钛型（Anatase）等晶型，金红石型着色力高、遮盖力好、耐光性好；锐钛型在紫外线照射下会发生反应，一般不应用到塑料着色中。钛白粉不仅可以使制品达到相当高的白度，而且可使制品对日光的反射率增大，保护高分子材料，减少紫外线的破坏作用。添加钛白粉还可以提高制品的刚性、硬度和耐磨性。钛白粉在塑料和橡胶中都有广泛应用。

(8) 氢氧化铝

氢氧化铝为白色结晶粉末，在热分解时生成水，可吸收大量的热量。因此，氢氧化铝可用作塑料的填充型阻燃剂，与其它阻燃剂并用，对塑料进行阻燃改性。作为填充型阻燃剂，氢氧化铝具有无毒、不挥发、不析出等特点。还能显著提高塑料制品的电绝缘性能。经过表面处理的氢氧化铝，可用于 PVC、PE 等塑料中。氢氧化铝还可用于氯丁胶、丁苯胶等橡胶中，具有补强作用。除氢氧化铝外，填充型阻燃剂还有氢氧化镁等。8.6 节将对填充型阻燃剂作专门的介绍。

(9) 炭黑

炭黑是一种以碳元素为主体的极细的黑色粉末。炭黑因生产方法不同，分为炉法炭黑、槽法炭黑、热裂法炭黑和乙炔炭黑。

在橡胶工业中，炭黑是用量最大的填充剂和补强剂。炭黑对橡胶制品具有良好的补强作用，且可改善加工工艺性能，兼作黑色着色剂之用。

在塑料制品中，炭黑的增强作用不大，可发挥紫外线遮蔽剂的作用，提高制品的耐光老化性能。此外，在 PVC 等塑料制品中添加乙炔炭黑或导电炉黑，可降低制品的表面电阻，起抗静电作用。炭黑也是塑料的黑色着色剂。

(10) 粉煤灰

粉煤灰是热电厂排放的废料，化学成分复杂，主要成分为二氧化硅和氧化铝。粉煤灰中含有圆形光滑的微珠，易于在塑料中分散，因而可用作塑料填充剂。可将经表面处理的粉煤灰用于填充 PVC 等塑料制品。粉煤灰在塑料中的应用具有工业废料再利用和减少环境污染的作用，对于塑料制品则可降低其成本。

(11) 玻璃微珠

玻璃微珠是一种表面光滑的微小玻璃球，可由粉煤灰中提取，也可直接以玻璃制造。由粉煤灰中提取玻璃微珠可采用水选法，产品分为“漂珠”与“沉珠”。漂珠是中空玻璃微珠，相对密度为 0.4～0.8。

直接用玻璃生产微珠的方法又分为火焰抛光法与熔体喷射法。火焰抛光法是将玻璃粉末加热，使其表面熔化，形成实心的球形珠粒。熔体喷射法则是将玻璃料熔融后，高压喷射到空气中，可形成中空小球。

实心玻璃微珠具有光滑的球形外表，各向同性，且无尖锐边角，因此没有应力高度集中的现象。此外，玻璃微珠还具有滚珠轴承效应，有利于填充体系的加工流动性。玻璃微珠的膨胀系数小，且分散性好，可有效地防止塑料制品的成型收缩及翘曲变形。实心玻璃微珠主要应用于尼龙，可改善加工流动性及尺寸稳定性。此外，也可应用于 PS、ABS、PP、PE、PVC 以及环氧树脂中。玻璃微珠一般应进行表面处理以改善与聚合物的界面结合。

中空玻璃微珠除具有普通实心微珠的一些特性外，还具有密度低、热导率低等优点，电绝缘、隔音性能也良好。但是，中空玻璃微珠壳体很薄，不耐剪切力，不适用于注射或挤出成型工艺。目前，中空玻璃微珠主要应用于热固性树脂为基体的复合材料，采用浸渍、注模、压塑等方法成型。中空玻璃微珠与不饱和聚酯复合可制成“合成木材”，具有质量轻、保温、隔音等特点。

(12) 金属粉末

金属粉末包括铜粉、铝粉等，可用于制备抗静电或导电高分子材料。

8.1.3 增强纤维及晶须

用于纤维增强复合材料的纤维品种很多，主要品种有玻璃纤维、碳纤维、芳纶纤维，此外还有尼龙、聚酯纤维以及硼纤维。晶须也可用于增强复合材料的制备。

8.1.3.1 增强纤维[1, 2, 5, 6]

(1) 玻璃纤维

玻璃纤维增强塑料是已获得颇为广泛应用的纤维增强复合材料。玻璃纤维按化学组成可分为无碱铝硼硅酸盐（简称无碱纤维）和有碱无硼硅酸盐（简称中碱纤维）。玻璃纤维可用于增强 PP、PET、PA 等热塑性塑料，也广泛应用于热固性塑料。

玻璃纤维增强塑料具有比强度高、耐腐蚀、隔热、介电、容易成型等优点。玻璃纤维与基体塑料的界面结合情况对复合材料的力学性能影响很大，一般应用偶联剂处理。

(2) 碳纤维

碳纤维是由聚丙烯腈纤维、黏胶或沥青原丝经碳化而制成的。由于原料不同和制造方法不同，碳纤维的强度和模量也不相同。碳纤维的相对密度为 1.3～1.8，而玻璃纤维的相对密度则为 2.5 左右；采用碳纤维增强的复合材料，其模量明显高于采用玻璃纤维增强的复合材料。碳纤维增强复合材料是一种质轻、高强的新型复合材料，不仅在航空、航天工业中有广泛用途，而且已在体育、生活用品中获得应用。碳纤维还具有耐高温、导电等特性。碳纤维可用于PC、PA、PP、PE等热塑性塑料，以及环氧树脂等热固性塑料。

(3) 芳纶纤维

芳香族聚酰胺纤维，简称芳纶纤维，是一种高强度、高模量且质轻的新型合成纤维。其代表性品种是美国Du Pont公司开发的Kevlar纤维，化学组成为聚对苯二甲酰对苯二胺。Kevlar纤维的比强度为钢丝的5倍，相对密度仅为1.43～1.45，且具有良好的耐热性。

(4) 其它纤维

硼纤维也是一种新型纤维，模量高于玻璃纤维，主要应用于航空领域。

聚酯纤维和尼龙纤维，主要应用于汽车轮胎和胶带、胶管的骨架材料。

8.1.3.2 晶须

晶须（whiskers）是以单丝形式存在的小单晶体。晶须的种类很多，代表性品种有碳化硅晶须和硫酸钙晶须等。晶须具有很高的强度和模量。譬如，碳化硅晶须的模量为钢丝的4倍，拉伸强度约为钢丝的3倍。与其它增强纤维材料相比，晶须具有更微细的尺寸和较大的长径比。譬如，硫酸钙晶须的长度为100～200μm，直径仅为1～4μm[7]。因此，将晶须添加到聚合物中，不仅很少增加熔体黏度，而且还可以使加工流动性得到改善。晶须还具有卓越的耐热性，质量也较轻。硫酸钙晶须的形态照片如图8-2所示。硫酸钙晶须具有很高的强度，且价格与其他品种晶须相比较低，有较高的性能价格比[8]。

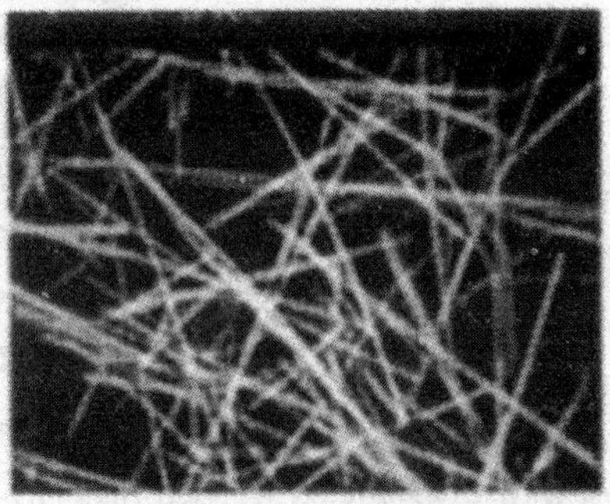

图8-2 硫酸钙晶须的形态

利用晶须对聚合物进行增强或增韧，在国外已得到广泛应用，主要用于汽车、机器制造、电子仪器以及航空航天等。国内自20世纪80年代以来也已开展对于晶须的研究。

8.1.4 天然材料填充剂

天然材料填充剂包括木粉、竹纤维、麻纤维、秸秆纤维、果壳粉、淀粉等。

木粉是采用木材生产中的下脚料（如枝桠、边角废料），经机械粉碎、研磨而制成。木粉的细度通常为50～100目。木粉被大量地用作酚醛、脲醛等热固性树脂的填充剂。近年来，由木粉/热塑性塑料（主要采用废旧塑料）复合制成木塑复合材料的制备技术取得了重大的进展，木塑复合材料也获得了日益广泛的应用。竹纤维、麻纤维、秸秆纤维与聚合物的复合材料，近年来也在进行研究和应用开发。

8.7节将对天然材料填充剂/聚合物复合材料作专门的介绍，重点介绍木塑复合材料。

8.2 填充剂及填充体系的性能

8.2.1 填充剂的基本特性

填充剂的基本特性包括填充剂的形状、粒径、表面结构、相对密度等，这些基本特性对填充改性体系的性能有重要影响。

8.2.1.1 填充剂的细度

填充剂的细度是填充剂最重要的性能指标之一。颗粒细微的填充剂粉末，如能在聚合物基体中达到均匀分散，可获得增韧、增强等作用，或者至少可以有利于保持基体原有的力学性能。而颗粒粗大的填充剂颗粒，则会使材料的力学性能明显下降。填充剂的改性作用，如补强、增韧、提高耐候性、阻燃、电绝缘或抗静电等，也要在填充剂颗粒达到一定细度且均匀分散的情况下，才能实现。

填充剂的细度可用目数或平均粒径来表征。对于超细粉末填充剂和纳米级填充剂，亦常用比表面积表征其细度。

8.2.1.2 填充剂的形状

填充剂的形状多种多样，有球形（如玻璃微珠）、不规则粒状（如重质碳酸钙）、片状（如陶土、滑石粉、云母）、针状（如硅灰石），以及柱状、棒状、纤维状等。

对于片状的填充剂，其底面长径与厚度的比值是影响性能的重要因素。陶土粒子的底面长径与厚度的比值不大，属于“厚片”，所以提高塑料刚性的效果不明显。云母的底面长径与厚度的比值较大，属于“薄片”，用于填充塑料，可显著提高其刚性。

针状（或柱状、棒状）填充剂的长径比对性能也有较大影响。短纤维增强聚合物体系，也可视作是纤维状填充剂的填充体系，因而，其长径比也会明显影响体系的性能。

8.2.1.3 填充剂的表面特性

填充剂的表面特性，包括填料颗粒的表面自由能、表面形态等。

固体的表面自由能，可用通过固体表面与液体的接触角来测定（参见第 5 章 5.3 节）。但一般的接触角测定仪，不适于测定粉末状填料的接触角。对于粉末状填料，可采用浸润速度法和相应的接触角测定仪测定其接触角[9]。

浸润速度法又称动态法，其基本原理如图 8 - 3 所示，是将固体粉末装入一根管子中（管子一端有微孔板封闭），将管子垂直放置，下端与液体接触；液体浸润粉末后，在粉末空隙的毛细作用下，会在管内上升。

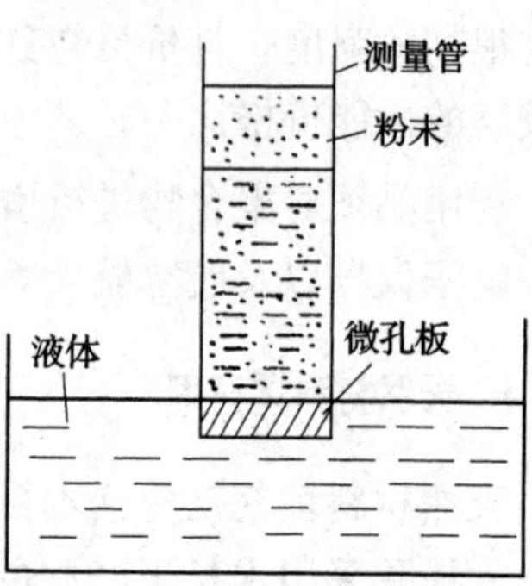

图 8 - 3 浸润速度法的基本原理图

采用浸润速度法，记录不同时间（t）对应的液体浸润粉末的高度（h），可测定粉末状填料的接触角。采用 Washburn 方程：

$$h^2 = \frac{r\sigma_L \cos\theta}{2\eta} t \tag{8-1}$$

式中 h ——时间 t 时液体浸润粉末的高度；

r——等效毛细半径，表征粉末试样颗粒间空隙的大小；

σ_L——液体的表面张力；

η——液体的黏度；

θ——液体与粉末的接触角。

对于同一种液体与试样粉末的数据，用 h^2 对 t 作图，可得一直线。由直线的斜率 σ_L、η 值，可以得到 $r\cos\theta$ 值。对于确定的粉末试样而言，如果在管子中装填的密实程度相同，则 r 值应为定值。但是，r 值不易确定。通常的做法，是对于指定的粉末试样采用不同的液体测定，在测定结果中，选取最大的 $r\cos\theta$ 值，取该值为 r 值（即假定该液体对该粉末的接触角为 0，相应地 $\cos\theta=1$）。这样获取的 r 值称为“形式半径”。此法虽有些勉强，但有实用意义[10]。“形式半径”确定后，可求得该试样对不同液体的不同接触角的值。

也可用浸润粉末的液体的质量替代浸润高度，对 Washburn 方程进行修改，并形成相应的测试方法。质量法比高度法更为精确和方便，因此许多商品化的测试仪器采用该方法测定。

填充剂表面的化学结构各不相同，影响其表面特性。譬如，炭黑表面有羧基、内酯基等官能团，对炭黑性能有一定影响。许多无机填充剂的表面具有亲水性，与聚合物基体的亲和性不佳，因而，需要通过表面处理，使表面包覆偶联剂等助剂，以改善其表面特性（填充剂的表面处理见 8.3 节）。

填充剂的表面形态也多种多样，有的光滑（如玻璃微珠），有的则粗糙，有的还有大量微孔。

8.2.1.4　其它特性

填充剂的密度不宜过大。密度过大的填充剂会导致填充聚合物的密度增大，不利于材料的轻量化。硬度较高的填充剂可增加填充聚合物的硬度。但硬度过大的填充剂会加速设备的磨损。

填充剂的含水量和色泽也会对填充聚合物体系产生影响。含水量应控制在一定限度之内。色泽较浅的填充剂可适用于浅色和多种颜色的制品。填充剂特性还包括热膨胀系数、电绝缘性能等。

8.2.2　填充剂对填充体系性能的影响

8.2.2.1　力学性能

在第 6 章 6.2 节中，曾介绍了 Nielsen 提出的关于两相体系结构形态与性能的预测关系式。其中，式 6－4 及其相关公式可适用于填充体系。从力学性能的 K_E 中可以看出（参见表 6－1），填充剂的形状、取向状态、界面结合状况等，都会影响填充体系的力学性能。对于棒形或纤维状填充剂，长径比也是影响性能的重要因素。

对于许多填充体系而言，特别是对于粒径较大或未经表面处理的颗粒状填充剂填充塑料体系，随着填充量增大，体系的拉伸性能、冲击性能等力学性能下降。对填充剂进行表面处理，可以减少力学性能下降的幅度。当填充剂的粒径足够细，且进行了适当的表面处理时，还会有一定的增强效果。关于超细填充剂对聚合物的增强作用的机理，一般认为，这是因为随着填充剂粒子变细，比表面相应增大，填充剂与聚合物基体之间的相互作用（如吸附作用）也随之增大，使力学性能得到提高。此外，云母（薄片状）、硅灰石（针状）等填料对聚合物也有增强效果。

填充体系的弯曲弹性模量（刚性），通常会得到提高。无机纳米粒子还会对塑料基体产生增韧作用，将在第 9 章中介绍。

8.2.2.2　结晶性能

填充剂颗粒可以起结晶性塑料的结晶成核剂作用。以 PP 为例，等规 PP 有 α、β 等晶型，其中，α 晶型最稳定也最常见，β 晶型的 PP 则具有较高的冲击强度。在 PP 中添加碳酸钙等无机颗粒，可以促成 PP 的 β 晶型的形成[11]。碳酸钙作为 PP 结晶成核剂的作用，与碳酸钙的粒径和表面改性剂的种类都有关系。选择适当粒径和适当表面改性剂（如特定品种的铝酸酯偶联剂）改性的碳酸钙，可以增加β晶型在PP结晶总量中所占的比例，同时使PP的冲击强度提高。

超细的填充剂颗粒可以使结晶性塑料的结晶细化。添加了纳米碳酸钙的PP与纯PP的结晶结构的偏光显微镜照片如图8-4所示，纳米碳酸钙作为结晶成核剂，使PP的球晶明显细化。PP的球晶细化后，冲击强度会有提高，成型收缩率会降低。

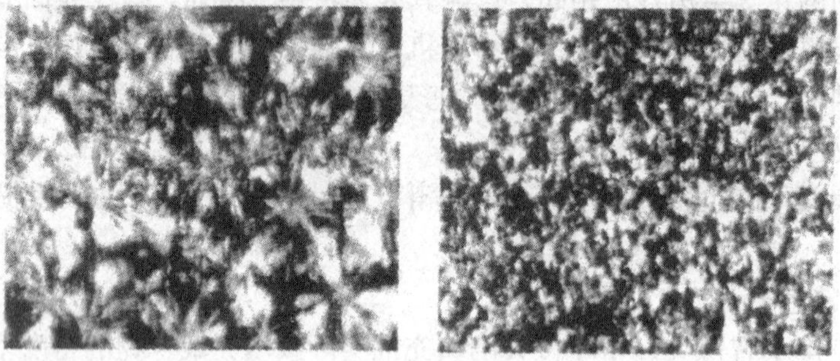

(a)　　　　(b)

图8-4　纳米碳酸钙对PP结晶结构的影响（偏光显微镜照片）

(a) 纯PP的球晶结构　(b) 添加了纳米碳酸钙的PP的球晶结构

8.2.2.3　热学性能

对于PP、PBT等结晶性聚合物，添加填充剂可使其热变形温度提高。例如，纯PP的热变形温度为90～120℃，填充滑石粉（填充量为40%）的PP的热变形温度可达130～140℃。

一般无机填充剂的热膨胀系数只有聚合物的20%～50%，所以填充改性聚合物的热膨胀系数会比纯聚合物的热膨胀系数小，提高了尺寸稳定性。

8.2.2.4　熔体流变性能

一般来说，由于填充剂的加入，聚合物熔体黏度会增大，影响加工流动性。当填充量较大时，这一现象尤为明显。另一方面，聚合物熔体的弹性会因填充剂的加入而降低[12]。

填充聚合物体系的熔体也表现出切力变稀行为。例如，在滑石粉填充PP体系中，在较高剪切速率条件下，滑石粉对PP熔融流动性的影响变得不明显了[12]，这正是切力变稀的结果。

可通过添加加工流动改性剂来改善加工流动性。对填充剂进行表面改性，也可以改善加工流动性。此外，利用填充聚合物熔体的切力变稀行为，在较高剪切速率下加工，也是改善加工流动性的途径。

除上述性能外，填充体系还有一些特殊性能。由于填充剂品种多样，性能特点各异，就为聚合物的各种改性提供了有效的途径。譬如，氢氧化铝等填充剂具有阻燃效果，中空玻璃微球可隔音隔热，陶土可提高电绝缘性，炭黑（特别是导电炭黑）可赋予填充体系一定的导电性等。

8.3　填充剂的表面改性

为改善填充剂颗粒与聚合物基体的界面结合，通常需要对填充剂颗粒进行表面改性，或称为表面处理。经适当表面处理的填充剂，用于聚合物填充材料，与采用未经改性的填充剂相比，力学性能可以显著提高，成型加工过程中的熔融流动性也可以得到明显改善。表面改性剂种类和改性工艺条件，对聚合物填充体系的性能会有重要影响。

8.3.1 表面改性剂的种类

表面改性剂的种类，包括偶联剂、表面活性剂、有机高分子处理剂、无机处理剂等，分述如下[12]。

8.3.1.1 偶联剂

偶联剂（Coupling agent）在填充剂的表面改性中有广泛应用。偶联剂的化学结构含有两类基团，一类是亲无机填料的基团，一类是亲有机聚合物的基团。借助于偶联剂的作用，可以使表面性质相差悬殊的无机填料和有机聚合物之间获得良好的界面结合。

偶联剂的主要品种有钛酸酯偶联剂、硅烷偶联剂、铝酸酯偶联剂等。

（1）钛酸酯偶联剂

钛酸酯偶联剂的分子结构由中心原子 Ti 和亲无机基团、亲有机基团组成。其亲无机基团为易水解的短链烷氧基或对水有一定稳定性的螯合基，可以与填料表面的单分子层结合水或者羟基的质子（H^+）作用，结合于填料表面。亲有机基团为较长链的酰氧基或烷氧基，可与带羧基、酯基、羟基、醚基或环氧基的聚合物发生化学反应而使填充剂与聚合物偶联。经钛酸酯偶联剂处理的填充剂，可用于 PVC、PP、PE、PA 等多种聚合物的填充体系。不同品种钛酸酯偶联剂亲有机基团的不同结构，可适用于不同的聚合物基体。

钛酸酯偶联剂的品种包括单烷氧基型、单烷氧基焦磷酸酯型、螯合型、配位型 4 种类型。单烷氧基型钛酸酯偶联剂的分子只有一个易水解的短链烷氧基，适合于表面不含游离水而只含单分子层吸附水或者表面有羟基、羧基的无机填料，如碳酸钙等。单烷氧基焦磷酸酯型适合于含水量较高的填料，如陶土、滑石粉等。螯合型钛酸酯偶联剂以对水有一定稳定性的螯合基团取代了易水解的短链烷氧基，可适用于高湿度的填料。配位型钛酸酯偶联剂适合于在环氧树脂、聚酯等中使用。

（2）硅烷偶联剂

硅烷偶联剂是开发最早的一种偶联剂。硅烷偶联剂是一类具有特殊结构的低分子有机硅化合物，其分子结构通式为 $R—SiX_3$，式中 R 代表与聚合物分子有亲和力或反应能力的基团，如乙烯基、环氧基、氨基、酰胺基等，为亲有机聚合物基团；X 代表能够水解的烷氧基（如甲氧基、乙氧基等），为亲无机填充剂基团。

大多数硅烷偶联剂适合于对二氧化硅（白炭黑）及硅酸盐含量较高的填充剂的表面改性，如玻璃纤维、石英粉等，亦可用于陶土、氢氧化铝等的改性。目前，硅烷偶联剂主要用于玻璃纤维的表面改性，应用于环氧树脂、不饱和聚酯等热固性塑料的复合材料。硅烷偶联剂使用时，一般要用水、乙醇等为溶剂，配成一定浓度的溶液来处理填充剂。同时，要设法使处理液维持一定的 pH 值[12]。

（3）铝酸酯偶联剂

铝酸酯偶联剂由福建师范大学章文贡等开发，其空间结构如图 8-5 所示[12]。铝酸酯偶联剂具有与无机填料表面反应活性大、颜色浅，无毒、热分解温度高等优点。铝酸酯偶联剂在常温下是凝固体，使用方便，使用时无须稀释，且适用范围广泛。

铝酸酯偶联剂可以用于处理各种无机填料[12]（包括无机填充型阻燃剂），如碳酸钙[13]、陶土[14]、硅灰石[15]、云母粉、钛白粉、氢氧化铝等；可以应用于 PVC、PE、PP、PS、PA 等各种塑料和一些橡胶之中[16]。

用于填充剂表面处理的偶联剂还有硼酸酯偶联剂、锆类偶联剂等。

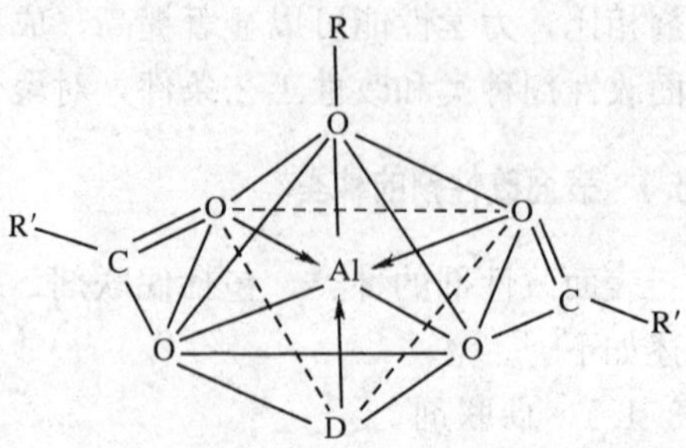

图 8-5　铝酸酯偶联剂空间结构示意图

选择偶联剂品种时，应依据填充剂的性质和聚合物基体的类型进行选用。例如，硅烷偶联剂适合于对二氧化硅、玻璃纤维等的表面改性，主要应用于环氧树脂等热固性塑料的复合材料；不同的钛酸酯偶联剂，亲无机基团的不同结构适用于不同含水情况的填充剂，亲有机基团的不同结构则适用于不同的聚合物基体。

8.3.1.2　表面活性剂

表面活性剂是能够改变材料表面性质的物质。表面活性剂的分子结构包含两个组成部分，其分子的一端为羧基等极性集团，可以与无机填充剂粒子表面发生吸附或化学反应；分子的另一端为长链烷基，结构与聚合物分子相似，因而和聚烯烃等高聚物有一定的相容性。表面活性剂覆盖于填充剂粒子表面，可形成一层亲油性结构，使填充剂和树脂有良好的亲和性，改善填充剂的分散性、提高填充剂的添加量。

表面活性剂分为离子型和非离子型两大类，离子型又包括阴离子、阳离子和两性离子型。其中，脂肪酸及其盐类、酯类，是广泛应用于无机填充剂改性的表面活性剂。

8.3.1.3　有机高分子表面改性剂

采用有机高分子表面改性剂，可在无机填充剂的表面形成高分子包覆层，改变无机填充剂的表面性质。

用于无机填充剂改性的有机高分子表面改性剂，包括高分子表面活性剂（如聚丙烯酸钠等）、高分子溶液或乳液等。此外，也可以采用原位聚合的方法，在无机填充剂表面形成高分子包覆层。如果在刚性的无机填充剂表面包覆弹性的高聚物层，再填充于塑料中，可对塑料起增韧的作用。

某些低熔点的或熔体黏度很低的聚合物（如氧化聚乙烯），应用于无机填充剂改性，也可视为有机高分子表面改性剂。不过，这些低熔点的或熔体黏度很低的聚合物，通常是作为流动改性剂使用的。

在聚合物填充体系中使用的大分子相容剂（如马来酸酐接枝 PP、马来酸酐接枝 EVA 等），具有改善填充剂与聚合物界面结合的作用，也可视为有机高分子表面改性剂。但大分子相容剂对填充剂的"表面改性"，通常不能采用对填充剂进行预处理的方式，而一般是在熔融共混的过程中完成的。

8.3.1.4　无机改性剂

无机改性剂应用于钛白粉等颜料以及云母等填充剂的表面改性。

钛白粉表面经氧化铝、氧化锆等氧化物的包覆处理，可以提高钛白粉的耐候性，适用于户外用途的塑料制品和涂料等。

采用四氯化钛等处理白云母，可制备珠光云母。

8.3.2 表面改性的方法

8.3.2.1 按设备与工艺分类

填充剂的表面改性方法很多，根据表面改性过程中所使用的设备与工艺的不同，可分以下四种改性方法。

(1) 干法改性

干法改性方法是将表面改性剂和填充剂颗粒在高速搅拌机中搅拌，对填充剂颗粒表面进行改性处理。将表面改性剂直接加到高速搅拌机中，或将表面改性剂用少量稀释剂稀释后加到高速搅拌机中，使填充剂颗粒在“干态”的状态下，借助于高速搅拌的高剪切力和高速混合作用，将改性剂包覆于无机颗粒表面，并形成表面处理层。

干法改性的优点是简便易行，是最常采用的表面改性方法。对于微米级无机颗粒的表面改性，干法可以获得较好的效果。但对于纳米级无机颗粒的表面改性，由于纳米颗粒粒径和质量微小，纳米颗粒在高速搅拌运动时获得的动能也很小，不足以带动表面改性剂在纳米颗粒间的分散，也就难以实现表面改性剂在纳米颗粒表面的均匀包覆。

(2) 湿法改性

湿法改性是将填充剂颗粒悬浮分散于液体介质中，将表面改性剂添加并分散于液体介质，使填充剂颗粒在“湿态”的状态下进行表面改性的方法。液体介质可以采用水，也可以采用有机溶剂。采用有机溶剂涉及成本、回收、环境等诸多问题，因此最常采用的介质是水。当以水为介质时，要求改性剂能在水中溶解或乳化成乳液状态，且改性剂要有耐水解性。

湿法改性的优点是改性剂能均匀包覆在填充剂颗粒表面，改性效果好。该法的缺点是需要经过干燥过程，工艺较为复杂，成本也相应提高。而且，湿法改性对改性剂有特殊的要求，因此限制了改性剂的选择范围。只有少数品种的改性剂可以用于水做介质的湿法改性。

(3) 气相法改性

气相表面处理法是采用气态的改性剂进行表面改性。

可以在较高温度下使改性剂汽化，以蒸汽的形式与填充剂颗粒的表面接触，发生化学反应，实现表面改性。采用低温等离子体的方法，也可以进行气相法改性。例如，采用乙烯的低温等离子体处理云母粉，可在云母表面形成很薄的聚乙烯膜层[12]。

与其它方法相比，气相表面处理法效果好、改性剂利用率高。但是，气相表面处理法对改性剂有特殊要求，限制了改性剂的选择范围。对改性设备也有特殊要求。因而，只适用于特殊的品种，不具有普遍适用性。

(4) 加工现场处理法

加工现场处理法是指在塑料制品制备时，在某一操作过程中将表面改性剂加入，在“现场”对填充剂颗粒进行表面改性的一类方法。主要有捏合法、反应共混法（如反应挤出法）和研磨法。捏合法是将表面改性剂与填充剂颗粒和其它物料一起在高速搅拌机中进行混合（捏合），在捏合过程中实现表面改性。反应挤出法是熔融共混过程中，在挤出机中进行改性剂对填充剂颗粒的包覆改性，并完成熔融共混。该方法对设备的要求较高。研磨法是在研磨设备中进行填充剂颗粒的表面改性，一般用于涂料生产中对填充剂和颜料的表面改性。

8.3.2.2 按作用机理分类

表面改性的方法也可按照表面改性的作用机理分类，分为表面涂覆和表面化学改性。表面涂覆是改性剂在填充剂表面的均匀包覆。表面化学改性又分为表面反应和表面聚合。偶联剂与填充剂表面发生化学反应的方法，属于表面反应。采用原位聚合的方法，在无机填充剂表面形成高分子包覆层，则属于表面聚合。

干法和湿法，都可以用于表面涂覆和表面化学改性，包括表面反应和表面聚合。前述采用乙烯的低温等离子体处理云母粉，在云母表面形成很薄的聚乙烯膜层，也属于表面聚合方法。

8.3.3 表面改性工艺条件

表面改性的工艺条件，对改性效果有重要的影响。改性剂的品种和用量、搅拌速度、搅拌时间、改性温度，都是需要选择和调控的因素。

改性剂的品种应依据填充剂的性质和聚合物基体的类型进行选用。改性剂的用量与填充剂的粒径有关：粒径小的填充剂，改性剂的用量相应要大一些。此外，采用“加工现场处理法”，改性剂的用量也相应要大一些。某些改性剂需要稀释后使用。为增进改性剂的分散，对液态或稀释后呈液态的改性剂，可以采用喷雾添加的方法。

对于干法改性，搅拌速度、搅拌时间、改性温度，都是重要的影响因素。搅拌速度、搅拌时间直接影响改性剂在填料颗粒表面的包覆状况，应保证必要的搅拌速度、搅拌时间。控制改性温度可以调节改性剂的黏度，或使某些在一定温度下熔融的改性剂达到熔融，对改性效果也很重要。此外，高速搅拌机内的物料温度，通常要借助于搅拌中的摩擦生热，所以，搅拌速度、搅拌时间是与改性温度相关联的。但是，搅拌时间过长或改性温度过高，会造成能耗提高、生产周期延长，也有可能造成一些物料的分解，对改性是不利的。应通过试验，确定适宜的改性工艺条件。

对于湿法改性，改性剂对填料颗粒表面的包覆和反应也需要一个过程，很多改性剂在液体介质中的状态也与温度有关，因而，搅拌速度、搅拌时间、改性温度也是湿法改性的重要影响因素。特别是当改性剂以悬浮液的状态存在于液体介质中时，这些影响因素就尤为重要。

8.4 聚合物填充体系的界面[12]

聚合物填充体系的界面结合，对填充体系的性能有重要影响。因而，对填充体系界面的形成、界面的结构、界面作用机理，应有基本的了解。

8.4.1 界面的形成与界面结构

填充体系界面的形成分为两个阶段。第一阶段是基体聚合物与填充剂的接触和浸润。基体聚合物与填充剂之间良好地浸润，是获得性能优良的填充材料的前提。第二阶段是基体聚合物的固化。对于热固性树脂，固化过程通过交联反应完成；对于热塑性树脂，固化过程就是聚合物熔体冷却凝固的过程。

由于填料与聚合物分子之间的选择性吸附、固化过程中的物理及化学变化等的作用，在填料与聚合物之间会形成一个界面层，界面层的结构与聚合物本体和填料本体都不相同，是包含两相过渡区的界面相（或称界面区）。

由于在填料粒子表面的吸附作用，界面区聚合物分子的排列通常会较本体紧密，使界面区聚合物的密度较本体高。对于结晶聚合物，填料粒子可起成核剂作用，促进结晶。因而，界面的聚合物结晶结构也会与本体不同。

填充体系经常要使用偶联剂。偶联剂一端与填料粒子表面形成化学键，另一端与聚合物形成化学键或较强的吸附作用。这样，偶联剂就成为界面层的重要组分。聚合物中若含有助剂（如润滑剂、稳定剂、增塑剂等），在界面层也会有与聚合物本体不同的分布。

8.4.2 界面的作用及机理

界面区对填充体系有重要的作用。其一，是通过界面区使填料与基体聚合物成为一个整体，并通过界面区传递应力；其二，界面的存在可阻止裂纹扩展、减缓应力集中；其三，在界面区，填充塑料若干性能（包括力学、热学、光学性能等）产生不连续性，可赋予填充体系特殊的功能。

填充体系有如下界面作用机理。

（1）化学键机理

按化学键机理，界面黏合是通过化学键的建立而实现的。该机理适用于使用适当偶联剂的填充体系。

（2）表面浸润机理

按表面浸润机理，界面的黏合首先要求填料表面与聚合物之间有良好的浸润（物理吸附）。对于填充体系的界面结合，浸润的作用确实很重要。填料与聚合物的浸润作用决定于两者之间的界面自由能，关于界面自由能可参阅第 5 章 5.3 节。表面浸润机理可作为化学键机理的一个重要补充。

（3）酸碱作用机理[17]

填充体系两相间的吸附（浸润）作用，包括色散力和酸碱相互作用。广义的酸碱相互作用（Lewis 酸碱性），已被证实在许多填充体系的界面结合中起重要作用。可以用表面自由能的酸碱分量来表征各种物质的表面酸碱性。当物质表面具有 Lewis 酸碱性时，可以用 γ^{+} 表示酸性分量，即电子接受体或质子给予体对表面自由能的贡献；用 γ^{-} 表示碱性分量，即质子接受体或电子给予体对表面自由能的贡献；两者与表面自由能酸碱分量 γ^{AB} 的关系为：

$$\gamma^{AB} = 2\sqrt{\gamma^{+}\gamma^{-}} \tag{8-2}$$

色散力作用对表面自由能的贡献可用 γ^{LW} 表示。

填料和聚合物的 γ^{+} 值和 γ^{-} 值可以通过接触角法进行实验测定。该方法运用固-液两相之间黏附功的表达式[12]：

$$(1+\cos\theta)\gamma_{L} = 2\sqrt{\gamma_{S}^{LW}\gamma_{L}^{LW}} + \sqrt{\gamma_{S}^{+}\gamma_{L}^{-}} + \sqrt{\gamma_{S}^{-}\gamma_{L}^{+}} \tag{8-3}$$

式中　γ_{L}——液体的表面自由能；

γ_{S}^{LW}、γ_{S}^{+}、γ_{S}^{-}——分别表示固体表面自由能的色散、酸、碱分量；

γ_{L}^{LW}、γ_{L}^{+}、γ_{L}^{-}——分别表示液体表面自由能的色散、酸、碱分量。

填料和聚合物都是固体，可以选用若干种（至少3种）已知表面特性参数的液体，通过测定固-液之间接触角，测定聚合物（或填料）的 γ^+ 值和 γ^- 值。粉末填料的接触角，可以采用浸润速度法测定（浸润速度法可参阅8.2.1节）。

如果填料和聚合物表面的Lewis酸碱性相互匹配，则有利于获得强的界面结合。若两者都呈较强的酸性，或都呈较强的碱性，则不利于界面结合[12]。酸碱作用机理是表面浸润机理的重要补充。

此外，填充体系的界面作用机理还有变形层理论和拘束层理论[12]。还有对界面黏合不良的体系作出解释的弱界面层理论。

(4) 界面作用的类型

根据上述机理，填充体系界面可分为6种类型[12]。

① 界面层两侧都是化学键结合；

② 界面层一侧是化学键结合，另一侧是酸碱作用；

③ 界面层一侧是化学键结合，另一侧是色散作用；

④ 界面层两侧都是酸碱作用；

⑤ 界面层一侧是色散作用，另一侧是酸碱作用；

⑥ 界面层两侧都是色散作用。

这6种类型较全面地涵盖了填充体系界面结合的各种情况。

8.5 聚合物增强体系

获得高强度聚合物材料的主要途径，是制备纤维增强复合材料。在纤维增强复合材料中，短纤维增强热塑性聚合物的方法，与共混法有相近之处，故在此做一简介。此外，晶须增强聚合物体系也很有发展前景。其它一些填充剂，对塑料也有一定的增强作用。

8.5.1 短纤维增强热塑性塑料[18]

纤维增强复合材料，是以聚合物为基体，以纤维为增强材料制成的复合材料。复合材料综合了基体聚合物与纤维的性能，是具有优越性能和广泛用途的材料。复合材料的最大特点是复合后的材料特性优于各单一组分的特性。

纤维增强复合材料可按聚合物基体的不同分为塑料基体和橡胶基体。其中，塑料基体又可分为热固性塑料与热塑性塑料；还可按纤维的长度分类，分为长纤维增强复合材料和短纤维增强复合材料。本书只介绍热塑性塑料基体的短纤维增强复合材料。

短纤维增强热塑性塑料复合材料是采用高强纤维与热塑性塑料通过挤出机等设备进行复合而制成的复合材料。作为复合材料基体的热塑性塑料有PP、PA、PC、PBT等。纤维的品种有玻璃纤维、碳纤维、芳纶纤维等，其中，玻璃纤维增强复合材料应用最广。由于采用热塑性成型方法的增强复合材料中的纤维必为短纤维，所以通常不必加以特别说明，也可称之为纤维增强复合材料。

纤维增强复合材料（包括短纤维增强热塑性塑料）具有轻质高强的优点。衡量材料的承载能力，通常用比强度、比模量来表征。比强度、比模量分别是材料的强度、模量与其密度的比值。以玻璃纤维短纤维增强PP为例，如表8-1所示[18]，随着纤维用量增大，复合材料的拉伸强度、抗弯强度、模量、冲击强度都大幅度上升，热变形温度也明显提高，而其密度只略有增大。可以看出，短纤维增强热塑性塑料复合材料也是一种质轻高强的材料。纤维增强复合材料还可以显著提高基体聚合物的耐热性。

表 8-1　　玻璃纤维短纤维增强 PP 复合材料的性能

性　能	玻璃纤维含量/%			
	0	10	20	30
相对密度	0.91	0.96	1.03	1.12
拉伸强度/MPa	32	55	77	88
伸长率/%	800	4	3	2
抗弯强度/MPa	44	74	98	118
弯曲模量/MPa	1570	2551	3924	5396
缺口冲击强度/（J/m）	20	59	88	88
热变形温度/℃	65	135	150	153

此外，纤维增强复合材料还具有较好的耐腐蚀性。与金属材料相比，纤维增强复合材料的热膨胀系数小，在有温差时产生的热应力远比金属材料低。

制备纤维增强复合材料是获得高强度聚合物材料的主要途径。短纤维增强复合材料的基本原理，是利用纤维与聚合物良好的界面结合，将作用于复合材料的外力传导到纤维上，使纤维的强度得到充分发挥。为达到这一目的，纤维的强度、纤维的长径比、纤维与聚合物基体的界面结合、纤维在聚合物基体中的分布状况，都是重要的影响因素。首先，保持短纤维在复合材料中有一定的长度，是获得良好增强效果的必要条件。但是，随纤维长径比增大，对于加工流动性的不利影响也会增大。

对纤维进行表面处理，以保证纤维与聚合物良好的界面结合，也是获得良好增强效果的必要条件。为改善塑料与纤维的界面结合，应先对纤维进行偶联剂处理。对于玻璃纤维，宜采用硅烷偶联剂。

对于 PP 等非极性高聚物，为与玻璃纤维有良好的界面结合，除对玻璃纤维进行偶联剂处理外，还应对聚合物进行改性，增加极性基团，或添加过氧化物，或添加双马来酰亚胺等，使树脂与玻璃纤维产生一定的化学作用。

短纤维增强热塑性塑料复合材料也可称为热塑性树脂基纤维增强复合材料（FRTP）。FRTP 的成型加工方法与通用型热塑性塑料类似，可以采用挤出、注射、模压等工艺成型。但在工业生产中，大都采用挤出机制成粒料，再注射成型制成 FRTP 制品。FRTP 制品的制造工艺流程图如图 8-6 所示。在 FRTP 制品中，纤维用量一般为 20%～40%。

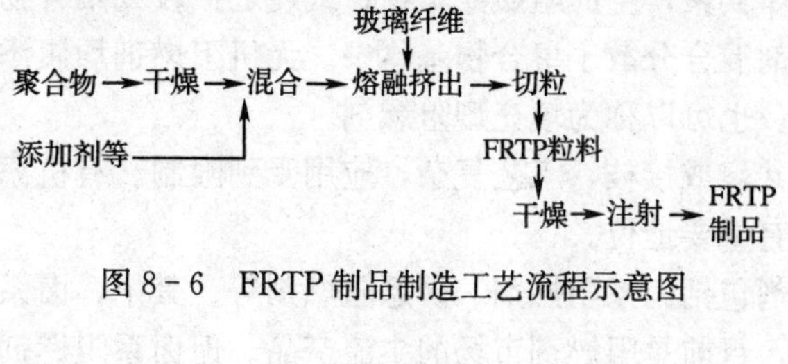

图 8-6　FRTP 制品制造工艺流程示意图

8.5.2 其它增强体系

(1) 云母粉增强体系

云母粉作为薄片状填料，可用于提高塑料的拉伸强度、刚性和耐热性。为达到增强塑料的目的，云母粉应经过适当的表面改性，并在塑料/云母复合体系的成型加工过程中，尽可能保持云母粉的片状形貌（保持其径厚比）。

云母粉填充 PP 体系的拉伸强度如表 8-2 所示[12]。经过适当表面改性的云母粉，可以显著提高 PP 的拉伸强度。

表 8-2　　云母粉填充 PP 体系的拉伸强度

性　能	纯 PP	PP+40%云母（未表面改性）	PP+40%云母（经表面改性）
拉伸强度/MPa	33.99	27.92	42.68

此外，针状的硅灰石经适当表面改性后，也有一定增强效果。

(2) 超细及纳米填料增强体系

聚合物填充体系的力学性能，一般会随填料颗粒的细化而增高。纳米碳酸钙对 PE 等塑料有一定的增强效果，纳米二氧化硅也可增强 PA、PBT 等工程塑料。参见第 9 章。

(3) 晶须增强体系

晶须是以单丝形式存在的小单晶体，具有高强、耐热等优点，晶须增强聚合物体系是很有发展前景的增强材料。晶须的种类很多，代表性品种有碳化硅晶须和硫酸钙晶须等。目前，以晶须填充聚合物提高复合材料力学性能的研究越来越多。在国外，晶须被广泛用在尼龙、聚甲醛、PBT、聚苯硫醚等一些工程塑料中。

8.6 聚合物填充阻燃体系

环境友好是阻燃高分子材料领域一个重要的发展方向。近年来，出于安全性及环境保护方面的考虑，阻燃高分子材料无卤化（或低卤化）、抑烟低毒化已成为阻燃剂开发应用研究的重点。填充型阻燃剂在无卤阻燃高分子材料的研究中具有重要地位。

8.6.1 阻燃剂的基本分类

阻燃剂的品种繁多，按化学组成可分为两大类：有机阻燃剂与无机阻燃剂。有机阻燃剂又分为反应型和添加型两类。其中，反应型阻燃剂是含有阻燃元素且具有反应活性的化合物，可与聚合物单体共聚，生成阻燃共聚物；或使之接枝到聚合物的主链或侧链中。添加型阻燃剂是将阻燃剂混合分散于聚合物基体中。无机阻燃剂均属添加型。由于无机阻燃剂为固体颗粒，所以，也可以称为填充型阻燃剂。

反应型阻燃剂需共聚或接枝，工艺复杂，应用受到限制。有机添加型阻燃剂和无机阻燃剂则在阻燃领域占有重要地位。

有机添加型阻燃剂包括卤系阻燃剂、磷系阻燃剂等。其中，卤系阻燃剂因用量少、阻燃效率高且适应性广，目前是阻燃剂市场的主流产品。但卤系阻燃剂燃烧时生成大量的烟和有毒且具腐蚀性的气体，因而，开发无卤阻燃剂取代卤素阻燃剂已成为阻燃材料领域的发展趋势。

8.6.2 填充型阻燃剂的主要品种

填充型阻燃剂的主要品种包括氢氧化铝、氢氧化镁、硼酸锌等，分述如下[19]。

8.6.2.1 氢氧化铝

氢氧化铝［$Al(OH)_3$］也称为三水合氧化铝（$Al_2O_3 \cdot 3H_2O$）。氢氧化铝在200℃以上即开始热分解，释放出结晶水，吸收大量的热（吸热量为2.09 kJ/g），生成氧化铝。

氢氧化铝/聚合物体系的阻燃机理为：(1) 氢氧化铝热分解吸收大量的热，使聚合物材料温度降低，减慢了分解速度；(2) 氢氧化铝热分解放出的水汽，稀释了可燃性气体和氧气的浓度，可阻止燃烧；(3) 生成的难燃氧化铝沉积在聚合物表面，可以起到阻燃作用；(4) 氢氧化铝填充于聚合物，使可燃高聚物的浓度下降。此外，氢氧化铝还具有良好的抑烟效果。氢氧化铝分解释放出的是水蒸气，不会产生腐蚀性气体。

氢氧化铝作为填充型阻燃剂，除阻燃、消烟的作用外，还具有如下优点。其一是氢氧化铝无毒，不会产生二次污染；其二是氢氧化铝的白度值高，而且对着色剂的遮盖性小，可使制品获得美观的色调；其三是氢氧化铝具有低到中度的耐磨性（莫氏硬度为3），在成型加工过程中具有自洁作用（例如在压延成型中可防止树脂黏附辊筒）；其四是氢氧化铝的价格较为低廉，有利于降低阻燃材料的成本。

由于氢氧化铝具有无毒、阻燃、抑烟、不产生腐蚀性气体、不会产生二次污染等优点，顺应了当前阻燃技术领域发展的无卤化趋势，因而被称为无公害阻燃剂，是最具发展前景的填充型阻燃剂之一。目前，氢氧化铝已成为用量最大的一种无机阻燃剂。

但是，氢氧化铝作为阻燃剂，有两个主要缺点。其一，氢氧化铝在200℃以上即开始热分解，不能适用于需在高温下成型加工的聚合物体系。对氢氧化铝进行改性，提高其耐热温度，可以在一定程度上解决这一问题。国内外都已开发出了耐热温度较高的改性氢氧化铝产品。其二，若单独采用氢氧化铝作为阻燃剂，则添加量需达到40%～60%（质量分数），甚至更高，才能达到较好的阻燃效果。但是，这样高的添加量，使材料的力学性能降低较多。为解决这一问题，需采用协效阻燃剂与氢氧化铝并用，提高阻燃效果，减少阻燃剂用量。氢氧化铝粒径的细微化，也有利于提高阻燃效果，减少用量。氢氧化铝粒径的细微化本身也有利于减少阻燃材料力学性能的损失。近年来，超细氢氧化铝、纳米氢氧化铝的研究与应用，都取得了重要进展。

8.6.2.2 氢氧化镁

氢氧化镁［$Mg(OH)_2$］在340℃～490℃之间分解，发生脱水反应，吸热量为0.77 kJ/g。氢氧化镁的起始分解温度比氢氧化铝高得多，热稳定性好，具有良好的阻燃及消烟效果，特别适宜于加工温度较高的塑料。氢氧化镁用于PP、PE时（添加量大于50%），具有良好的阻燃效果。

氢氧化镁具有良好的抑烟效果。例如，含氢氧化镁的PP试样的发烟开始时间明显延迟，其发烟量也低。因此，在适当添加量的条件下，氢氧化镁是聚合物的高效消烟填充剂。

8.6.2.3 硼酸锌

硼酸锌是一种有效的、多功能阻燃剂、抑烟剂，是开发较早的无机阻燃剂品种，已应用于塑料、橡胶和涂料中。硼酸锌在300℃开始释放出结晶水，这些释放出来的水蒸发吸收热量，并稀释了氧含量；硼酸锌同时可在聚合物表层形成碳化层，还可以与其它金属化合物在材料表面形成硼酸盐隔离层，这些，都可以起到阻燃作用。

硼酸锌与含卤阻燃剂并用，有协同阻燃作用，同时可以抑烟。因而，硼酸锌在某些用途中可与三氧化二锑并用，部分地代替三氧化二锑。

此外，膨胀石墨、蒙脱土等，在填充阻燃高分子材料中也有应用前景。

8.6.3 填充型阻燃剂的表面改性

填充型阻燃剂的表面改性，可以参照填充剂的表面改性进行（参见8. 3节）。现以氢氧化铝的表面改性为例加以介绍。

氢氧化铝具有较强的极性及亲水性，同非极性聚合物材料间难以形成良好的界面结合。为了改善氢氧化铝与聚合物间的界面亲和性，并改善氢氧化铝在聚合物中的分散，应采用偶联剂对氢氧化铝阻燃剂进行表面处理。由于氢氧化铝等填充型阻燃材料是高填充体系，所以，其表面改性就尤为重要。

氢氧化铝常用的偶联剂是硅烷和钛酸酯类。例如，经硅烷处理后的氢氧化铝，应用于不饱和聚酯复合材料，能有效提高材料的抗弯强度[12]。在氢氧化铝填充PVC及NBR/PVC体系中，采用适当品种的硅烷偶联剂对氢氧化铝进行表面处理，与未处理的氢氧化铝相比，可以改善体系的力学性能[20]。适当品种的钛酸酯或铝酸酯偶联剂，也可以用于氢氧化铝等填充型阻燃剂的表面改性[12, 21]。

8.6.4 填充型阻燃剂的协同效应

如前所述，若单独采用氢氧化铝作为阻燃剂，则添加量需达到40%～60%，甚至更高，才能达到较好的阻燃效果，导致材料的力学性能降低较多。其它填充型阻燃剂也同样存在这一问题。利用阻燃剂之间的协同效应，可以在一定程度上提高阻燃效果，减少阻燃剂用量。

8.6.4.1 氢氧化铝/氢氧化镁的协同效应

将氢氧化铝与氢氧化镁复配使用，阻燃效果比单独使用要好。氢氧化铝、氢氧化镁的阻燃机理虽都是脱水反应，但在分解温度和吸热量上有差别。氢氧化铝的吸热量较大，因而其抑制材料温度上升的效果优于氢氧化镁；而氢氧化镁可在更高的温度下脱水，并同时发生碳化，具有较好的抑烟效果；两者复合使用，可相互补充，协同阻燃，阻燃效果比单独使用要好。

8.6.4.2 阻燃增效剂

少量的阻燃增效剂可以显著改善氢氧化铝、氢氧化镁填充阻燃材料的性能，如提高阻燃性、抑制滴落、改善材料的力学性能等。与氢氧化铝等填充阻燃剂起协同作用的阻燃增效剂种类是很多的。

（1）硼酸锌

硼酸锌具有促进材料燃烧时碳化和抑烟的作用，是氢氧化铝（镁）常用的阻燃增效剂。例如，在阻燃EVA材料中将硼酸锌与氢氧化铝并用，可提高阻燃效果。

（2）含磷阻燃剂

含磷阻燃剂包括有机磷阻燃剂（如磷酸酯等）和无机磷阻燃剂（如红磷等），对氢氧化铝都有较好的协同效应[22]。其中，红磷对氢氧化铝的增效效果最为明显。但红磷的颜色，影响了其作为增效剂在白色及浅色制品中的应用。

此外，氢氧化铝等无机阻燃剂的增效剂还有有机硅化合物、含氟化合物等。

（3）阻燃剂、增效剂的复配

氢氧化铝（镁）与某一种阻燃剂发生增效作用是有限的，因而常常是把多种阻燃剂复配在一起，使它们相互增效，取长补短，达到降低阻燃剂的用量，提高材料阻燃性能、加工性能和力学性能的目的。郭锡坤等研究了氢氧化铝、氢氧化镁、红磷复配体系的阻燃增效作用[23]，氢氧化镁、红磷不但能使氢氧化铝阻燃体系在较宽的温度范围内起作用，而且氢氧化铝的用量减少，体系的阻燃性能高，力学性能也较好。

（4）氢氧化铝与含卤阻燃剂的协同效应

卤系阻燃剂具有很强的阻燃效果，但具有可促进高分子材料在火焰下发烟的缺点。氢氧化铝可以有良好的抑烟作用，但单独使用时需较多的添加量，会引起材料力学性能的显著降低。因此，对氢氧化铝与卤系阻燃剂并用进行了较多研究。添加氢氧化铝后，可以起到良好的抑烟作用，且可以减少含卤阻燃剂的用量，制成低卤、低烟的阻燃材料。

8.6.5 填充型阻燃剂在聚合物中的应用

氢氧化铝等无机阻燃剂作为阻燃剂的主要应用领域，包括聚烯烃低烟无卤阻燃电缆料、软质及硬质 PVC 阻燃材料、LDPE 发泡材料等。

在以 PE 或 EVA 为基体的低烟无卤阻燃电缆料中，氢氧化铝等无机阻燃剂是复合阻燃剂体系的主体。在低烟无卤阻燃电缆料中，聚合物基体可以选用 PE、EVA 或 PE/EVA 并用；无机阻燃剂可以选用氢氧化铝、氢氧化镁或氢氧化铝/氢氧化镁并用；协同阻燃剂可以选用红磷、聚磷酸铵等。

在软质 PVC 阻燃材料，如阻燃输送带、阻燃篷布革中，氢氧化铝等无机阻燃剂也是复合阻燃剂体系的重要组分。

氢氧化铝也可应用于 LDPE 发泡材料中。采用粒度为 400 目的氢氧化铝，制备的氢氧化铝/LDPE 发泡材料的阻燃性能如表 8-3 所示[19]。

表 8-3　　氢氧化铝/LDPE 发泡材料的阻燃性能

性能	氢氧化铝含量/%		
	65	70	75
氧指数/%	31	33	40
UL94V 等级	不能自熄	V－2	V－0

表 8-3 中，UL94V 等级为采用垂直燃烧方法测定的阻燃等级，V－0 级为垂直燃烧阻燃性能的最高等级。由于 PE 为易燃高分子材料，发泡材料又比不发泡的材料更为易燃，所以，在氢氧化铝/LDPE 发泡材料中，氢氧化铝含量要达到 75%，才能达到 UL94V 阻燃 V－0 级的指标。在氢氧化铝/LDPE 发泡材料的工业应用中，通常要采用一些协效阻燃剂，以减少氢氧化铝的用量。

将填充型阻燃剂添加于聚合物中，在阻燃性能提高的同时，力学性能通常是下降的。

例如，氢氧化镁/PP复合体系的性能如表8-4所示[12]。可以看出，随氢氧化镁用量加大，氧指数提高，但拉伸强度下降。

表8-4　　氢氧化镁/PP复合体系的性能

性能	氢氧化镁用量/%				
	0（纯PP）	10	20	50	60
拉伸强度/MPa	33.6	35.1	32.4	28.1	23.3
氧指数/%	19.0	19.5	20.0	26.5	29.5

硬质PVC材料本身为难燃高分子材料，但燃烧时发烟量较大。氢氧化铝添加于硬质PVC材料，可以起到消烟的作用。氢氧化铝/PVC复合体系的阻燃抑烟性能如表8-5所示[19]。

表8-5　　氢氧化铝/PVC复合体系的阻燃抑烟性能

性能	PVC/氢氧化铝	
	100/0	60/40
①UL94V等级	V—0	V—0
②最大烟密度/%	99	65
③释烟速率/%	89	50

氢氧化铝等无机阻燃剂还可以用于ABS、PA等聚合物的阻燃体系。

氢氧化铝等填充型无机阻燃剂的粒径与阻燃效果密切相关。无机阻燃剂的粒度越小，比表面积就越大，阻燃效果就愈好。因而，达到相同的阻燃效果，阻燃剂的粒度越小，阻燃剂的用量越小。超细填充剂（含填充型无机阻燃剂）在适量添加时，对材料有增韧、增强作用；在较高填充量的情况下，超细填充剂对力学性能的不利影响也小于粗粒的填充剂。随着无机粒子微细化技术和粒子表面处理技术的发展，纳米级氢氧化铝、氢氧化镁也被开发出来，将具有可观的应用前景。

8.7　天然材料/聚合物复合体系

8.7.1　概述

天然材料/聚合物复合体系，是指采用天然材料填充剂（如木粉）与塑料或橡胶复合制成的材料。其中，塑料基体的有机填充体系，包括热固性塑料基体和热塑性塑料基体两大类。本书重点采用热塑性塑料基体制备的聚合物有机填充体系。主要包括木塑（木粉/塑料复合材料）、竹塑复合材料、秸秆/塑料复合材料等种类。这类制品中，相当一部分是采用废旧塑料作为基体制成的。

随着全球经济发展，近20多年来塑料的用量急速上升，废旧塑料垃圾对环境造成的污染也日益严重。世界各国都对各种废旧塑料污染加大了治理和综合利用力度，同时为了不使生态环境进一步恶化，加强了对森林等资源的保护工作。在这种条件下，用木粉或其它天然植物纤维来填充的塑料的再生料（或新料），经专用设备制成的天然材料填充剂/塑料材料及制品应运而生，并逐渐成为各界关注和开发的热点。

8.7.2 加工工艺概述

在天然材料填充剂/塑料复合材料中，用聚乙烯、聚丙烯树脂和木粉共混生产的塑木板材，因可在多种场合替代木材使用，发展尤为迅速。

该生产工艺的特征，是将废弃的天然纤维材料（如锯末、枝杈、糠壳、花生壳等）粉碎，添加到废旧塑料（如聚乙烯、聚丙烯、聚氯乙烯等）中，经挤出、压制等成型工艺加工成板材或型材。该工艺结合了传统木材加工和塑料加工技术的特点，是目前国内较为普遍采用的生产工艺流程。

目前国内竹塑复合材料、秸秆/塑料复合材料等的生产，实际上主要也是沿用木塑复合材料的生产工艺。

8.7.3 性能与应用

可用于天然材料填充剂/塑料复合材料的天然纤维品种很多，除各种木材废料（如下脚料、枝杈、锯屑）外，还包括稻草、秸秆、糠壳等。这些材料在我国资源丰富，但利用水平很低。除少量农业植物纤维被用于生产饲料和经济作物外，大部分被焚烧处理，不仅造成自然资源严重浪费，还污染了环境。竹子也可用于天然纤维/塑料复合材料。我国竹子资源丰富，但尚有待进一步开发利用。

目前，天然材料填充剂/塑料复合材料的大规模应用以木塑制品为主。木塑复合材料除具有木材制品的特点外，还具有力学性能好、强度高、防腐、防虫、防湿、抗强酸强碱、不易变形、使用寿命长、可重复使用等优点，且主要原料为废旧材料，价格便宜，成本低廉，有利于环保。它还具有传统木材所不及的优越特性，如无木节疤、斜纹；制品表面光滑、平整、坚固，并可压制出各种立体图案和形状，不需要复杂的二次加工等。

木塑制品的应用已相当广泛。例如，在建筑装修和装饰材料中可作护墙板、地板、踢脚板、装饰板、壁板及建筑模板等；在市政交通中可制成标牌、广告板、汽车装饰板材、高速公路噪音隔板等；用于包装材料的搬运垫板和托盘；此外还可用于制成露天桌椅、围墙、防潮隔板等。

天然材料填充剂/塑料复合材料以聚乙烯、聚丙烯、聚氯乙烯等各种废弃塑料为原料，大大提高了废旧资源的综合利用水平，促进了环境综合治理。

8.7.4 研究与开发概况

天然材料填充剂/塑料复合材料备受全球青睐，各国都投入了较大的人力与物力进行开发研究。在国外，早已开始天然材料填充剂/塑料复合材料的研究，主要研究木粉填充塑料。日本、加拿大、奥地利、韩国等国的一些公司先后开发出木塑板材制品，美国的一些公司更是积极开发和推广这类产品。

近年来，我国在此方面的研究也有不少进展，在木粉填充塑料挤出成型的工艺、配方、专用设备、制品模具设计等方面已取得较大突破；还进行了竹塑复合材料和秸秆/塑料复合材料的研发。工业化生产方面，国内已开发出了木塑复合材料技术及成套设备，生产各种木塑复合材料制品，包括木塑托盘、木塑型材等。

资源综合利用技术，将是 21 世纪各个国家重点发展的技术之一。原料来源广泛、价格低廉、综合性能优良的天然纤维/塑料复合材料是新世纪的新型环保材料，加快天然纤维/塑料复合材料的开发生产，一方面会给企业在经济上创造良好的收益，更重要的是对保护生态环境、合理利用资源将起到积极的促进作用。

8.7.5 木塑复合材料

8.7.5.1 技术难点

木塑复合材料制备中，要解决如下技术问题。

(1) 由于木粉中主要成分是纤维素，纤维素中含大量的羟基，极性很强。这些羟基形成分子间氢键或分子内氢键，使木粉具有吸水性，吸湿率可达 8%～12%；而木塑复合材料制备采用的聚烯烃等热塑性塑料多数为非极性的，具有疏水性，两者之间的相容性较差，界面的黏结力很小，会影响木塑复合材料的力学性能。

(2) 纤维素中含大量的羟基，而羟基间可形成氢键，所以植物纤维之间有很强的相互作用，使得其在树脂基体中的分散差，要达到均匀分散较为困难。

(3) 木粉含水量较高，水分对加工过程会产生影响。

(4) 木塑复合材料属高填充体系，成型加工时，物料在强剪切力的作用下会有较强的温升作用；而如果温度过高，木粉易降解，基体聚合物也会热降解。

在木塑复合材料制备中，要通过对原料（木粉）的改性、配方的设计、加工设备的改进和加工工艺的调控，使基体聚合物与木粉之间具有良好相容性，同时使木塑高填充复合体系具有良好的加工流动性，防止物料的降解，生产出具有较高性能的木塑复合制品。

8.7.5.2 原材料

(1) 木粉的选择

由于木粉品种不同，其理化性能有较大的差异。硬木粉材质较硬，热稳定性好，加工性能要求较高的制品，但大多数硬木粉颜色较深，对制品外观有影响；应根据不同需求，选择不同的木粉。如生产木塑门窗、建筑装饰品时，应采用色泽均匀的材料；在生产托盘等结构型材时，则需考虑材料的物理力学性能。

要求各种木粉的粒径在 20～100 目。木粉的粒度越小，其加工制品的物理力学性能也越好。木粉和塑料在混合前要进行烘干处理。一般木粉含水量应控制在3%以内。烘干设备可采用电加热，也可用微波加热烘干或自然干燥。烘干后的木粉应存放在干燥的地方（室内），不可二次吸潮，否则会对加工影响较大。

(2) 木塑复合材料用废旧塑料

木塑复合材料一般采用废塑料作为聚合物基体材料，所用废塑料的种类一般以聚烯烃（聚乙烯、聚丙烯）和聚氯乙烯为主。这是因为这三种塑料占据了塑料的大部分产量和市场，因而也是回收废塑料的主体，对这三种废塑料的开发应用具有极大的经济和社会效益。其中，大力开发废旧聚烯烃和木粉的木塑复合材料最为重要。废旧的聚烯烃制品（如农用地膜、棚膜、包装袋、包装膜等）数量极大，所谓的“白色污染”主要就是指旧聚烯烃地膜、塑料袋等。

进一步的研究，可开发 PS、ABS、PET、PC、TPU、SBS 等废旧塑料及热塑性弹性体用作木塑复合材料的原料。

(3) 助剂

木塑复合材料制备中，要添加表面改性剂和相容剂等助剂。木粉的改性处理是木塑复合材料制备的关键（详见下节）。

此外，还要添加相容剂，改善木粉与塑料基体的相容性。对于多组分废旧塑料和木粉共混合生产塑木制品，多组分的废旧塑料彼此之间的相容性问题也是必须解决的。相容剂可以用氯化聚乙烯（CPE）、马来酸酐改性聚烯烃或丙烯酸酯类聚合物。

使用适当的表面改性剂和相容剂，可以提高木粉与基体树脂之间的界面亲和力，达到提高复合材料强度的作用。

此外，还要添加润滑剂，以改善物料的加工流动性；添加紫外线吸收剂和抗氧剂，提高耐候性；还要添加颜料、防霉剂等。

8.7.5.3　原材料的改性处理

(1) 木质部分的处理

对木质部分的处理，可采用如下方法[24]。

接枝法：可以在木质纤维上接枝马来酸酐等，是一种有效的改性方法。可以在木塑复合前，对木粉进行改性，一般采用干法，在高速混合机中进行；也可以在木塑复合的过程中，原位地进行接枝改性[25]。

偶联剂处理：用偶联剂改性木质纤维，来改变与塑料基体的界面结合性。可采用硅烷偶联剂、钛酸酯偶联剂、铝酸酯偶联剂等处理。

乙酰化处理：木质纤维表面的羟基经乙酸酐处理后，被非极性的乙酰基取代而生成酯，可改善与塑料基体的界面结合。

其它处理方法，包括碱处理法、酸处理法等。其中，碱处理法采用 NaOH 等溶解木粉中的果胶等低分子组分，提高微纤的断裂强度。酸处理法采用低浓度的酸液处理木粉，也主要是除去果胶等影响材料性能的组分。

(2) 基体聚合物的处理

通过在基体聚合物上引入极性基团，改变其极性，可以改善基体聚合物与木粉的界面结合。常用的方法是用马来酸酐接枝处理聚烯烃。改性后，聚烯烃大分子上的极性基团与木纤维的羟基有较强相互作用力，可提高木塑复合材料的整体性能。

8.7.5.4　成型加工工艺及设备简介

木塑复合制品的总体工艺流程，主要包括塑料的粉碎、清洗、干燥和造粒，木粉的干燥、表面处理，塑料、木粉的混配以及制品成型工艺。

木塑复合制品的成型过程，可采用挤出成型、压延成型、注射成型、压制成型等。较为成熟的工艺路线主要有三种，现简介如下。

挤出成型工艺，可采用单螺杆或双螺杆挤出机，适宜生产型材和板材。该工艺又可分为单机挤出、双机（或多机）复合挤出。复合挤出的目的是在塑木制品的外表共挤出一层（或两层）纯塑料表层。

挤压成型工艺，即挤出机和压延机联用的一种边挤出边压制的工艺。该工艺成型的制品主要是板材，板材长度要长于热压成型的板材的长度，板材制品的综合性能要好于挤出工艺的板材制品。

热压成型工艺，可成型一定规格的不连续的木塑制品。

在上述工艺中，挤出成型工艺是最常用的工艺。一般采用双螺杆挤出机，可采用同向平行双螺杆挤出机或异向锥形双螺杆挤出机，后者在木塑制品中更为常用。设备选用中应注意如下问题。其一，锥形双螺杆挤出机的螺杆的加料区应较长，螺杆设计要考虑到对木纤维切断少，在聚合物含量少时仍能使木纤维均匀分散，使物料完全熔融；其二是要有良好的排气功能，以排出木粉中的水气；其三是要有高效的冷却系统，以应对高填充木塑体系加工过程中的温度上升，防止物料降解。

国内外一些知名的挤出机生产企业，已开发出木塑复合材料专用挤出机和成套生产装置。

8.7.5.5 木塑复合材料的力学性能

木塑复合材料中，木粉添加量和材料的力学性能有直接的关系。随着木粉填充份数的增加，木塑复合材料的抗弯强度、弯曲模量提高，冲击强度会有所降低。

一种可制造用于运输业的包装托盘的木塑复合材料的力学性能如表 8-6 所示[26]。

表 8-6 一种可用于包装托盘的木塑复合材料的力学性能

性能	指标
密度/（g/cm^3）	0.96～1.1
线胀系数（20℃）/［（mm/mm）/$℃^{-1}$］	$\leqslant 3.5\times 10^{-5}$
吸水率/%	≤0.3
抗弯强度/MPa	≥40
弯曲模量/MPa	≥2000
压缩强度/MPa	≥25
无缺口冲击强度/（J/m）	≥155

木塑复合材料用于包装托盘，与使用木材相比，在力学性能上与木材相当，使用寿命则较长，每次使用的费用较低；且具有吸水率低、可回收、节约资源方面的诸多优势。

由于木塑复合材料的性能和环保优势，近年来在园艺景观的构建中也获得了应用，应用领域正在向高档设施发展。

8.7.6 麻纤维复合材料

麻纤维复合材料也是具有环保优势的新型复合材料，在汽车内饰件等用途中颇有应用前景。

8.7.6.1 麻纤维及其复合材料的性能优势

麻纤维包括洋麻、大麻、亚麻、黄麻和剑麻等。麻纤维及其复合材料具有如下性能方面的优势。

麻纤维生长期短、生长过程对环境的要求不高；采用麻纤维替代化纤等人造材料，可节约资源；麻纤维焚烧时无毒物排放、填埋后可生物降解，也可再生循环利用。

麻纤维复合材料有优良的隔热、吸音性能，质量较轻，冲击强度高，耐低温性能好，燃烧速率也较低。麻纤维价格低廉，其复合材料在成本方面也有优势。

8.7.6.2 麻纤维复合材料的成型加工

麻纤维复合材料的成型加工可以采用挤出成型、模压成型、注塑成型等工艺。

(1) 挤出成型

采用常规的熔融共混挤出法，在挤出机内将聚合物（如 PP）和麻纤维进行共混，挤出后再压制成形。

(2) 模压成型

模压成型工艺可以有两种方式：其一，模压前使用纤维状的聚合物与麻纤维制成混杂的毡板，然后模压成型；其二，模压前在麻纤维毡上加入聚合物粉末，然后模压成型。

(3) 注塑成型

注塑法是采用麻纤维的短纤维与聚合物共混后，注塑成型。

8.7.6.3 麻纤维复合材料的性能和应用

随着人们保护环境意识的日益增长，麻纤维复合材料已进入汽车部件等应用领域。麻纤维具有隔热、隔声、阻尼功能，特别是作为塑料的增强材料，因在重量和成本方面的优势，在汽车内饰件制造中应用日益普遍。

麻纤维/PP 复合材料的拉伸强度和缺口冲击强度都比无机填充 PP 复合材料高。麻纤维复合材料具有较高的强度/质量比，可替代玻璃纤维填充塑料用于汽车内饰。

张安定等[27]采用注塑成型，研究了黄麻纤维增强聚丙烯的力学性能，使用了不同长度的黄麻短纤维。结果表明，添加黄麻纤维能使聚丙烯的拉伸强度和弯曲模量提高，但冲击强度则有所降低。增加纤维含量或采用较长的纤维，复合材料的拉伸强度和弯曲模量是增加的，而冲击强度则递减。

麻纤维复合材料可用来替代木纤维和玻璃纤维增强的复合片材以及 ABS 塑料件，在相同的重量情况下麻纤维增强材料制成的产品可具有更高的强度。

目前各汽车工业大国都已经开始使用天然纤维（主要是麻纤维）复合材料，生产的产品有：轿车的门内板、行李箱、顶棚、座椅背板、衣帽架、仪表盘；以及卡车和客车的车厢内衬板等。

8.7.7 竹/塑复合材料

利用竹材加工的剩余物与回收的废旧塑料或其它再生塑料进行复合，可生产新型的竹塑人造板，实现竹材剩余物的高附加值利用。目前，国内竹/塑复合材料的生产，采用的是与木塑复合材料相似的工艺。

陈哲等[28]以废旧聚丙烯塑料颗粒和竹材加工剩余物为原料，通过共混粉碎、平压复合技术，制成复合板材。压制的复合板性能良好，复合板在制造和使用过程中无甲醛等有害气体释放，在长期使用报废后仍可再生利用。

8.7.8 秸秆/塑料复合材料

我国每年有大量的农业副产品——麦秆和稻秆产生，对秸秆进行有效的处理和利用是十分重要的。利用天然材料填充剂/聚合物复合材料加工方法和工艺，使秸秆形成一种新型复合材料，用于制造各种用途的建筑装饰材料，既可解决秸秆资源再利用的问题，又可提供一种全新的木材替代品。

秸秆/塑料复合材料的综合性能优于中高密度纤维板，而且还具有阻燃、防虫蛀、吸水率低、不易变形等优点，且成本低廉。可以用一般木工加工方法加工，且加工过程中损失少，废料仍可重复使用。

习　题

1. 填充剂有哪些基本特性？填充剂的细度如何表征？
2. 表面改性剂有哪些种类？
3. 试对表面改性的干法与湿法进行比较。
4. 试述氢氧化铝作为阻燃剂的优点与不足。

参考文献

[1] 段予忠. 塑料改性. 北京：科学技术文献出版社，1988. 4～37

[2] 曾人泉. 塑料加工助剂. 北京：中国物资出版社，1997. 753～799

[3] 于清溪. 橡胶原材料手册. 北京：化学工业出版社，1996. 499～527

[4] 高翔，廖立兵等. 非金属矿物橡塑填料应用现状及发展趋势. 地质科技情报，1999，18 (1)：75～78

[5] 黄家康等. 复合材料成型技术. 北京：化学工业出版社，1999. 3～9

[6] 许长清. 合成树脂及塑料手册. 北京：化学工业出版社，1991

[7] 葛铁军，杨洪毅等. 硫酸钙晶须复合增强聚丙烯性能研究. 塑料科技，1997 (1)：16

[8] 王晓丽，韩跃新等. 硫酸钙晶须的研究进展. 有色矿冶，2005，21 (z1)：77～80

[9] 笪有仙，孙慕瑾. 增强材料的表面处理. 玻璃钢/复合材料，2001 (2)：46～50

[10] 沈钟，王果庭. 胶体与表面化学. 北京：化学工业出版社，1991. 157～158

[11] 窦强. 聚丙烯/碳酸钙复合材料中 β 晶型聚丙烯生成及其作用. 中国塑料，2006，20 (1)：6～11

[12] 刘英俊，刘伯元. 塑料填充改性. 北京：中国轻工业出版社，1998. 139，35～76，121

[13] 章文贡，陈田安等. 铝酸酯偶联剂改性碳酸钙的性能与应用. 中国塑料，1988，2 (1)：22～34

[14] 张文治，章文贡等. 高岭土表面的偶联活化改性研究. 化工矿物与加工，2005 (2)：3～5

[15] 张文治，章文贡等. 硅灰石粉的偶联活化改性研究. 塑料，2005，34 (1)：69～72

[16] 林美娟，章文贡. DL－414 铝酸酯偶联剂的性质及其在天然橡胶中的应用. 特种橡胶制品，2000，21 (1)：16～18

[17] 王庆国，黄元富等. 聚合物-填料间的酸碱相互作用研究. 深圳大学学报（理工版）1994，11 (3～4)：49～54

[18] 丁浩. 塑料工业实用手册. 北京：化学工业出版社，1995. 1003～1043，1386

[19] 徐应麟，王元宏等. 高聚物材料的实用阻燃技术. 北京：化学工业出版社，1987. 158～163

[20] 邵长生，林明德等. 氢氧化铝阻燃剂的研究. 塑料工业，1988 (6)：40

[21] 苑会林，张立新. 软质 PVC 阻燃抑烟的研究. 聚氯乙烯，2005 (5)：21～25

[22] 周正亚. 无卤阻燃聚烯烃电缆料进展. 现代塑料加工应用，1997，9 (5)：56～57

[23] 郭锡坤，杨建英. 红磷、聚磷酸铵增效 $Al(OH)_3/Mg(OH)_2$ 阻燃 HDPE 的研究. 塑料科技，1994，(6)：7～10

[24] 朱德钦，刘希荣等. 聚合物基木塑复合材料的研究进展. 塑料工业，2005，33 (12)：1～4

[25] 张明珠，薛平等. 木粉/再生热塑性塑料复合材料性能的研究. 塑料，2000，29 (5)：39～40

[26] 薛平，丁筠等. 木塑复合材料与包装托盘. 人造板通讯，2002，9 (10)：17～20

[27] 张安定，马胜黄. 麻纤维增强聚丙烯的力学性能. 玻璃钢/复合材料，2004 (2)：3～5

[28] 陈哲，刘德桃等. 废旧塑料原料与竹加工剩余物制作竹塑复合板的试验研究. 人造板通讯，2004，11 (8)：11～13

第 9 章　无机纳米粒子/聚合物复合材料

内容提要：首先简介无机纳米粒子/聚合物复合材料的制备与性能；进而，针对纳米粒子易于团聚的问题，介绍了纳米粒子团聚与分散的基本原理，以及解决团聚问题的途径。以纳米碳酸钙/聚合物复合材料为重点，结合共混理论和方法的应用，介绍了纳米复合材料领域的研究进展。最后，简介了无机纳米粒子增韧机理的研究进展。

纳米复合材料是指复合材料的多相结构中，至少有一相的一维尺度达到纳米级。纳米粒子则是指平均粒径小于 100nm 的粒子。由于纳米粒子尺寸大于原子簇而小于通常的微粉，处在原子簇和宏观物体的过渡区域，因而在表面特性、磁性、催化性、光的吸收、热阻和熔点等方面与常规材料相比较显示出特异的性能，得到极大的重视。

20 世纪 90 年代以来，纳米材料研究的内涵不断扩大，领域逐渐拓宽，所取得的成就及对各个领域的影响和渗透一直引人注目。

无机纳米粒子/聚合物复合材料是纳米材料研究的一个重要领域。制备无机纳米粒子/聚合物复合材料可采用的方法有多种。其中，共混法是最适合于大规模工业化生产的方法。将无机纳米粒子与聚合物共混，制备无机纳米粒子/聚合物共混复合材料，可以对聚合物产生多方面的改性效果。采用的无机纳米粒子有纳米碳酸钙、纳米二氧化硅等诸多品种。

9.1　无机纳米粒子及纳米复合材料的制备

9.1.1　无机纳米粒子的制备方法简介

按纳米材料制备过程的物态分类，可分为气相制备方法、液相制备方法和固相制备方法。下面作简要介绍[1,2]。

(1) 气相法

气相制备法主要包括气相蒸发冷凝法和气相反应法。

气相蒸发冷凝法是一种物理方法。其方法是使原料气化或形成等离子体，然后骤冷，使之凝结成超细粒子。气相蒸发冷凝法适合于制备由液相法和固相法无法合成的非氧化物，如金属单质、氮化物、碳化物的纳米粉体。

气相反应法是通过金属卤化物等的蒸气的气相热分解等反应，合成超细粒子的方法；可用于制备 ZnO、TiO_2、SiO_2、Sb_2O_3、Al_2O_3等氧化物，以及氮化物、碳化物等的纳米粉体。

(2) 液相法

液相法是制备纳米粉体的常用方法。液相法可分为物理法和化学法两大类别。物理法是将溶解度高的盐的水溶液雾化成小液滴，使其中的盐成球状均匀地快速析出，从而得到超细金属盐微粒。将这些超细金属盐微粒进一步加热分解，可得到金属氧化物纳米微粒。

液相化学法，通过在液相进行的化学反应制备纳米粉体的方法。液相化学法可制备的纳米粉体种类很多，包括氢氧化物、碳酸盐、氧化物、氮化物等。液相合成法可以具体地分为沉淀法、水解法、溶胶-凝胶法等。液相化学法是目前广泛采用的制备纳米粒子和超细粒子的方法。

(3) 固相法

固相包括机械化学法、固相反应法等。其中，机械化学法（如机械反应球磨法）可使一种超细粒子包覆在另一种粒子表面，并在机械能作用下发生反应，增加两者的结合力，可制备纳米复合粒子。

近年来，国内外对纳米粒子的制备技术进行了广泛的研究，取得了诸多进展[3,4]。其中，北京化工大学陈建峰[5]等发明了超重力法制备纳米碳酸钙的技术，超重力法纳米碳酸钙已实现了大规模工业化生产。该方法属于液相化学法，是在超重力反应器中进行碳化生产纳米碳酸钙的方法。该方法生产的纳米碳酸钙，平均粒径为15～30nm，具有粒径可调，粒径分布窄等优点。超重力法制备的纳米碳酸钙的形态照片如图 9-1 所示。

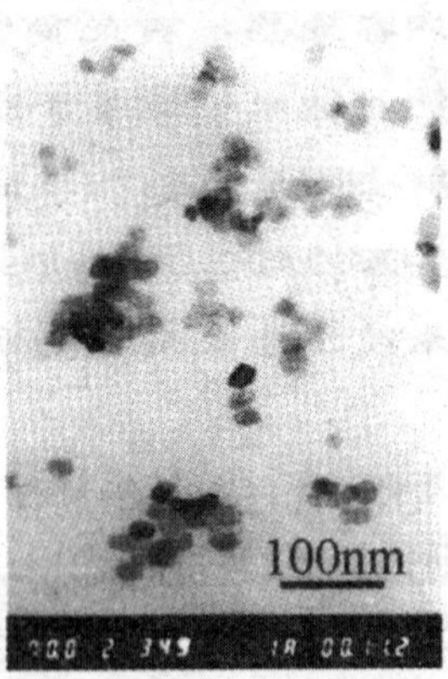

图 9-1 超重力法制备的纳米碳酸钙的形态（TEM 照片）

9.1.2 无机纳米粒子/聚合物复合材料的制备方法

无机纳米粒子具有巨大的比表面积，表面能很高。由于能量趋低的原因，纳米粒子很容易发生团聚。纳米粒子之间相互团聚，形成团聚体，使之难以在聚合物基体中很好地分散，这样就不仅不能发挥纳米粒子改性聚合物的效果，反而可能会降低性能。无机纳米粒子/聚合物复合材料制备方法研究的一个重要内容，就是解决纳米粒子的团聚问题，实现纳米级的分散。目前纳米粒子/聚合物复合材料的主要制备方法介绍如下[6～10]。

9.1.2.1 插层复合法

插层复合法用于制备具有层状结构的无机物（主要是层状硅酸盐，以蒙脱土为代表，参见 9.4.2 节）与聚合物的复合材料。其方法有多种。可以在层状硅酸盐的层间插入插层剂（如烷基季胺盐等），使层间距被撑大；进而将经过上述处理的层状硅酸盐与聚合物单体复合，使聚合物单体插入层间，再在一定条件下使单体聚合，层状硅酸盐以纳米尺度分散于聚合物基体中，形成纳米复合材料。也可采用聚合物熔体、溶液或乳液进行插层的方法。

9.1.2.2 原位聚合法

原位聚合（In Situ Polymerization），又称原位分散聚合。该方法先使纳米粒子在聚合单体中均匀分散，然后在一定条件下聚合，形成纳米复合材料。这一方法制备的复合材料中纳米粒子可均匀分散。原位聚合也有其不足之处，就是某些纳米粒子或纳米粒子的表面改性剂，可能使聚合过程产生不利影响，如阻聚或发生副反应。

9.1.2.3 共混法

共混法是将各种无机纳米粒子与聚合物直接进行机械共混而制得的一类复合材料，有溶液共混、悬浮液或乳液共混、熔融共混等。其特点是过程较简单，容易实现工业化。缺点是要使纳米粒子呈纳米级的均匀分散较困难。目前通过对纳米粒子的表面改性和选择合适的加工工艺，已经可以通过共混法使纳米粒子在聚合物基体中达到纳米级分散。

此外，纳米粒子制备方法还有溶胶-凝胶（Sol-Gel）法。该方法是纳米粒子及复合材料制备中应用最早的一种方法。

比较上述几种方法，共混法最易于实现工业化生产，插层法适于制备具有层状结构的无机物的纳米复合材料，原位聚合法更利于纳米粒子的均匀分散，溶胶-凝胶法也有诸多的应用。这几种方法都有自己发展的广阔空间。本书作为共混理论与应用的专著，将侧重于介绍共混法在制备无机纳米粒子/聚合物复合材料中的基本规律和主要研究结果。插层法在对层状结构无机物进行插层处理后，也要通过共混制成纳米复合材料，本章对相关研究结果也做介绍。

9.2 无机纳米粒子/聚合物复合材料的性能

9.2.1 力学性能

聚合物与无机粒子制备的复合材料，其力学性能会随无机粒子的粒径的降低而提高。当无机粒子的粒径达到纳米级时，对聚合物可以有显著的增韧、增强等作用。熊传溪等[11]研究了不同粒径 Al_2O_3 与聚苯乙烯（PS）的复合材料，提出了如下近似关系式：

$$\tau_{max} = 35\left(1+\frac{2.71}{1+r^2}\right) \quad (9-1)$$

式中 τ_{max}——某一粒径的 Al_2O_3 与 PS 复合能得到的最高拉伸强度；

r——Al_2O_3 的粒径。

由 9-1 式可以看出，在该实验所采用的 Al_2O_3 粒径范围内，PS 拉伸强度可随 Al_2O_3 粒径减小而显著提高。

陈建峰等[5,12]研究了纳米 $CaCO_3$ 与 PP、PVC、ABS 等塑料的复合材料，结果表明，纳米碳酸钙对这些塑料有显著的增韧作用；研究了纳米 $CaCO_3$-SiO_2 复合粒子与 EPDM、SBS 等多种橡胶和热塑性弹性体的共混体系，发现纳米 $CaCO_3$-SiO_2 复合粒子对多种橡胶和热塑性弹性体有显著的增强作用。

无机纳米粒子对于聚合物的增韧、增强等作用能否得到发挥，不仅决定于纳米粒子的品种、粒径和用量，而且决定于纳米粒子在聚合物中的分散状况、纳米粒子与聚合物基体的界面结合。由于纳米粒子比表面积大，表面能高，易于发生团聚。采取措施使纳米粒子在聚合物中均匀分散，并与聚合物基体有良好的界面结合，无机纳米粒子/聚合物复合材料的力学性能才能得到显著提高。

针对纳米粒子/聚合物复合材料的特定性能和特定的作用机理，纳米粒子的粒径有一个适宜的范围，并不一定是越小越好。此外，粒径越小的纳米粒子，分散也会更加困难。

在 9.4 节中，将对不同的无机纳米粒子/聚合物复合材料体系的力学性能做具体介绍。

9.2.2 其它性能

无机纳米粒子/聚合物复合材料体系的性能，还包括阻隔性能、光学性能、电学性能等，现简介如下[8]。

（1）阻隔性能

蒙脱土/聚合物纳米复合材料除具有增韧、增强的作用外，还具有阻隔性能。蒙脱土以纳米级的层片状形态分散于聚合物中，赋予复合材料阻隔性。

（2）光学性能

纳米 TiO_2粒子（粒径 30～40nm）与聚合物复合制成薄膜，可制成紫外线吸收材料。无机纳米粒子/聚合物复合材料用于非线性光学材料，也在研究中。某些金属或半导体的纳米颗粒，表现出较大的非线性效应和超快速的时间响应，可用于非线性光学材料。

（3）电学性能

在纳米 SiO_2/炭黑/硅橡胶复合材料中，纳米 SiO_2与炭黑作用，可赋予材料更显著的压敏电阻特性。采用纳米 Al_2O_3与橡胶复合，可显著提高介电常数。无机纳米粒子/聚合物复合材料用于抗静电材料，也在研究之中。

此外，无机纳米粒子对于高分子材料的阻燃、耐老化、抗菌等性能，也有重要的作用。

9.3 无机纳米粒子在聚合物基体中的分散

纳米粒子的应用中，会遇到两个问题：一是纳米粒子易于团聚，难以在聚合物基体中均匀地分散；二是纳米 $CaCO_3$等无机纳米粒子的表面性质是亲水疏油的，与聚合物基体的界面结合较弱。

如前所述，从无机纳米粒子/聚合物复合材料的大规模工业应用的角度考虑，熔融共混法是方便可行的技术路线。但是，采用共混法制备无机纳米粒子/聚合物复合材料，首先要研究和解决无机纳米粒子在聚合物基体中的分散问题，实现纳米级分散，并改善无机纳米粒子与有机聚合物基体之间的界面结合性，才能使纳米粒子的作用得以发挥，使复合材料的性能得到大幅度的提高。目前主要采用的是进行表面改性和制备母料的方法。

9.3.1 纳米粒子团聚与分散的基本原理

9.3.1.1 关于纳米粒子的团聚现象

微细粒子（包括纳米粒子）的团聚可分为软团聚和硬团聚两种形式。软团聚主要是由粒子间的静电力和范德华力所致，其作用力相对而言较小；硬团聚除了静电力和范德华力之外，还存在化学键作用等，粒子间相互作用力比软团聚更大，更难分散[13]。

纳米粒子团聚的形成，以最常用的液相化学制备法为例，有可能发生在如下 4 个过程中。

（1）纳米粒子在液体介质中形成的过程中；

（2）液体介质挥发脱除的过程中（即纳米粉体干燥的过程）；

（3）纳米粉体成品的贮存过程中；

（4）纳米粒子与聚合物复合的过程中。

其中，前两项属于纳米粒子的制备过程。关于后两项，纳米粉体成品的贮存过程中，由于吸附水分等，也可能引发团聚。纳米粒子与聚合物共混的过程中，一方面是纳米粒子在剪切力的作用下分散，另一方面纳米粒子彼此碰撞，也有团聚的倾向。

防止纳米粒子团聚的举措，包括两个方面：首先，在纳米粒子制备过程中防止其团聚，特别是防止发生硬团聚；然后，采取措施，使纳米粒子可以在与聚合物复合的过程中均匀地分散。

关于纳米粒子形成团聚的可能原因有多种，对于软团聚的体系，团聚的主要原因有如下两点。

(1) 纳米粒子的表面积大，表面能高，处于能量的不稳定状态，倾向于发生团聚而达到稳定状态；

(2) 纳米粒子之间因范德华力导致粒子相互吸引而团聚。纳米颗粒的团聚倾向决定于范德华引力与静电斥力的相互抗衡。

下面的讨论，将围绕这两个原因展开。

9.3.1.2　溶胶体系的稳定性原理与纳米粒子的团聚问题

在纳米粒子表面特性与团聚问题的研究中，可以运用溶胶体系的一些研究结果。胶体颗粒是指粒径在 1～100nm 的粒子，与纳米粒子的尺度相同。溶胶是指胶体颗粒分散在液体介质中的胶体体系。溶胶体系中的胶体颗粒若发生团聚，就会从溶胶中沉出，称为“聚沉”。防止胶体颗粒的团聚，才能保持溶胶体系的稳定性[14]。纳米颗粒的团聚，类似溶胶体系的“聚沉”现象。因而，参照溶胶体系的稳定性原理，有助于解决纳米颗粒的团聚问题。

溶胶体系的稳定性，可以用扩散双电层理论来说明。该理论的基本观点是胶体粒子带电（形成 zeta 电势），使粒子间产生静电斥力，可以阻止粒子的团聚。此后，又注意到粒子间的范德华力的作用，从而在扩散双电层理论基础上发展起了溶胶稳定性的理论，通常称为 DLVO 理论。DLVO 理论可以用于研究纳米颗粒的团聚问题（特别是制备过程中的团聚），探讨解决团聚问题的途径。

9.3.1.3　纳米粒子的相互作用能

按 DLVO 理论，纳米粒子之间的相互作用能与范德华力和静电力有关。范德华力表现为引力；而纳米粒子表面的双电层使粒子间的静电力表现为斥力。纳米粒子之间的相互作用能可由 9-2 式表示[8]：

$$E = E_a + E_r \tag{9-2}$$

式中　E——纳米粒子之间总的相互作用能；

E_a——纳米粒子之间的引力势能，决定于范德华力；

E_r——纳米粒子之间的斥力势能，决定于静电力。

对于球形的粒子，由范德华力产生的引力势能 E_a 可由 9-3 式表示：

$$E_a = \frac{AR}{12L} \tag{9-3}$$

式中　A——Hamaker 常数；

R——粒子的半径；

L——粒子间的距离。

由 9-3 式可以看出，当粒子间的距离很小时，E_a 的数值会很大。由于纳米粒子比表面积大、表面能大，因能量趋低而有团聚倾向，导致粒子间彼此接近；粒子接近后，范德华力使粒子间引力大幅度增加，更促进了团聚。这就是纳米粒子易于团聚的主要原因。

按 DLVO 理论，纳米粒子之间的斥力势能 E_r决定于纳米粒子表面的 zeta 电势、粒子的粒径和粒子间的距离等因素[13]。zeta 电势越高，斥力势能 E_r越大。

将 9－3 式带入 9－2 式，可以得到：

$$E = E_r - \frac{AR}{12L} \tag{9-4}$$

从 9－4 式可以看出，当 E_r的数值大于 E_a的数值时，E 为正值，静电斥力作用能大于范德华引力作用，由于势垒阻碍，粒子团聚速度很慢；反之，当 E_r的数值小于 E_a的数值时，E 为负值，静电斥力作用能小于范德华引力作用，则很容易发生团聚[13]。

由于 DLVO 理论是针对溶胶体系提出的，而液相法纳米粒子的制备过程要形成纳米粒子的溶胶体系，所以 DLVO 理论直接适用于在液相法纳米粒子制备过程中防止纳米粒子团聚。对于纳米粒子与聚合物共混过程中的分散问题，上述理论有间接的借鉴意义。

9.3.1.4　防止团聚的途径

如前所述，防止纳米粒子团聚的举措包括两个方面：其一在纳米粒子制备过程中防止其团聚，特别是防止发生硬团聚；其二是采取措施，使纳米粒子可以在与聚合物复合的过程中均匀地分散。其中，在纳米粒子制备过程中防止团聚（特别是防止硬团聚）是很重要的，可以为纳米复合材料的制备创造较好的基础条件。但是，纳米粒子的团聚不可能完全避免。因而，采取措施，促成纳米粒子在与聚合物复合的过程中均匀地分散，就极为重要了。

在共混法的范畴内，促成纳米粒子与聚合物共混过程中均匀分散的基本方法可分为两类：其一是对纳米粒子进行表面改性，其二是制备纳米粒子母料。

根据前述分析，防止纳米粒子在共混过程中的团聚可有如下途径。

（1）纳米粒子由于表面能大而有团聚倾向，设法降低表面能可以减低团聚倾向。采用一些表面活性剂对纳米粒子进行表面改性，可以降低纳米粒子的表面张力，即降低纳米粒子的表面能。

（2）按 DLVO 理论，纳米粒子表面的 zeta 电势越高，斥力势能 E_r就越大，可以有助于减低团聚倾向。采用表面活性剂对纳米粒子进行改性，可以改变纳米粒子的 zeta 电势。但在水介质中测得的纳米粒子的不同的 zeta 电势，对于非水介质中纳米粒子分散性的影响，尚待进一步研究。

（3）按 9－3 式，当粒子间的距离增大时，E_a的数值会减小，有利于分散。在纳米粒子表面包覆聚合物，可以从空间上阻碍纳米粒子相互接近，进而阻碍了它们的团聚。这一类防止团聚、促成胶体体系稳定的作用，被称为空间稳定作用。

（4）采用制备母料的方法，也可在纳米粒子表面包覆聚合物和其它助剂，增大纳米粒子之间距离，形成空间位阻，有利于纳米粒子的分散。

此外，纳米粒子还有可能由于如下原因而团聚：有些纳米粒子表面吸附水分或其它介质，导致粘连与团聚；有些纳米粒子由于水解作用，可通过羟基和配位水分子缩合，生成硬团聚[13]，等等。对这些情况，可针对原因，采取适当措施。

下面分别介绍进行表面改性和制备母料两种方法。

9.3.2　表面改性

无机纳米粒子表面改性通常的做法是在纳米粒子的表面包覆一层有机物，即表面改性剂。通过表面改性能够增加无机纳米粒子和高聚物之间的界面结合力，同时降低无机纳米粒子的表面能，使得纳米粒子团聚的倾向被削弱。也可在无机纳米粒子表面包覆无机物，改变表面特性。

9.3.2.1　表面改性的方法

无机纳米粒子表面改性的方法很多，现介绍几种。

(1) 湿法改性

无机粉体表面改性的方法有干法和湿法等。由于无机纳米粒子粒径微小，难于用常规的干法进行改性。特别是粒径 50nm 以下的无机纳米粒子，一般都采用湿法改性。考虑到湿法改性的成本问题，所以通常以水为介质。

用于无机粉末表面处理的钛酸酯、硅烷、铝酸酯等偶联剂、表面活性剂等，都可试用于无机纳米粒子的表面改性。但是在采用以水为介质的湿法改性时，要选用不易水解的改性剂类型。

如果条件允许，无机纳米粒子的湿法表面改性可以在纳米粒子的制备过程中，在粒子形成之后，脱水干燥之前进行。这样“嵌入”到制备过程中的表面改性，不仅较为便利，而且可以防止纳米粒子在制备后期的团聚，因而被普遍采用。

(2) 原位聚合法

在纳米粒子表面，可以采用原位聚合的方法，包覆聚合物层。原位聚合法可以改善无机纳米粒子与聚合物的界面结合，使复合材料性能提高。

(3) 插层法

插层复合法用于制备具有层状结构的无机物（主要是层状硅酸盐，以蒙脱土为代表）与聚合物的复合材料。插层法在层状硅酸盐的层间插入插层剂（如烷基季胺盐等），使层间距被撑大，进而插入单体后聚合（或采用其它插层方法），使层状硅酸盐以纳米尺度分散于聚合物基体中。

插层法既是一种制备纳米复合材料的方法，同时，插层过程也是表面改性的过程。例如，采用烷基季胺盐类对蒙脱土进行处理，烷基季胺盐可与蒙脱土层间的阳离子进行离子交换。在蒙脱土的层间插入聚合物单体，再在一定条件下使单体聚合，也具有用聚合物对蒙脱土进行表面改性的作用。

当然，插层法本身就是一种促成纳米粒子（层状）均匀分散的方法。

(4) 转移法

由于无机纳米粒子粒径微小，运动时的动能也很微小，难于通过粒子之间的相互碰撞使改性剂均匀分布在粒子表面，因而难于用常规的干法进行改性。如果采用以水为介质的湿法改性，改性剂的选择又会受到耐水解性条件的制约。

转移法是经过改进的干法改性方法[15]。其方法是在干法改性无机纳米粒子时加入适当品种的“大粒子”。譬如，准备应用于 PVC 复合材料的无机纳米粒子，改性时可加入适量的 PVC 粉末。PVC 粉末为微米级颗粒，粒径远大于纳米粒子，因而在高速搅拌时运动的动能也远大于纳米粒子。将改性剂先包覆在大粒子表面，再在干法改性中由大粒子转移到纳米粒子，这就是转移法。

9.3.2.2　表面改性实例

无机纳米粒子表面改性的实例很多，现介绍几个实例，包括偶联剂、表面活性剂处理，聚合物包覆、无机包覆等。

胡圣飞等[16]采用钛酸酯偶联剂处理纳米$CaCO_3$，用于PP复合材料，使PP的球晶明显细化，并促进了β晶生成。纳米$CaCO_3$用量为10～12份时，改性PP获得较好的综合性能。

Zhang等[17]采用一种非离子表面活性剂——聚氧化乙烯壬基苯酚，对平均粒径为44nm的纳米$CaCO_3$进行表面改性，改善了纳米$CaCO_3$在PP中的分散性。发现随聚氧化乙烯壬基苯酚用量增加，纳米$CaCO_3$在PP中的团聚体尺寸下降，PP中β晶的含量增高，PP复合材料的冲击强度提高。

张雪琴等[18,19]将苯乙烯（St）、丙烯酸丁酯（BA）在纳米$CaCO_3$粒子存在下的水相悬浮液中进行乳液聚合，制备了纳米$CaCO_3$/聚合物复合微粒。通过透射电镜（TEM）、红外光谱（IR）等研究表明，该方法可以实现聚合物在纳米$CaCO_3$表面的包覆。该复合微粒对ABS有良好的改性作用。

郭涛等[20]采用液相化学沉积法，在40nm粒径的纳米$CaCO_3$表面包覆La（OH）$_3$，发现镧化物处理纳米$CaCO_3$可以诱发PP中的β晶型。刘润静等[21]采用溶胶-凝胶法，研制了核-壳结构的纳米$CaCO_3$-SiO_2复合粒子。

9.3.3 纳米粒子的母料

解决无机纳米粒子在聚合物基体中的分散，有两个基本的方法：其一是对无机纳米粒子进行表面改性，其二是制备母料。适当的表面改性，能够在一定程度上改善纳米粒子在聚合物基体中的分散，并改善纳米粒子与聚合物的界面结合；但对于熔融共混法制备纳米复合材料，如果仅采用表面改性的方法，往往尚不足以充分解决分散问题。因此，表面改性和制备母料两种方法应配合使用。

母料技术在塑料行业已经有广泛的应用历史。代表性产品有填充母料和色母粒。填充母料的采用，是为了解决在塑料中添加微米级填料的问题。色母粒则是为解决着色剂在聚合物中的分散。母料的组分，由填充剂（或着色剂）、载体、分散剂、润滑剂等。

但是，无机纳米粒子的母料体系与普通填充母料和色母粒是有区别的。普通填充母料用于微米级填料，微米级粒子是较易分散的；而纳米粒子表面能大，极易团聚，难于分散。色母粒在塑料中应用，只考虑着色剂的均匀分散，而并不要求提高其它性能（如力学性能）。

与普通填充母料和色母粒不同，无机纳米粒子母料不仅要解决纳米粒子的分散问题，而且要提高纳米复合材料的性能（如力学性能）。

无机纳米粒子母料的制备方法，是采用熔融共混，使纳米粒子分散于适当的聚合物载体和分散剂、润滑剂中。在加工设备的剪切力作用下，纳米粒子原有的团聚被分散开，并使纳米粒子表面包覆聚合物和其它助剂，增大纳米粒子之间距离，形成空间位阻，有利于纳米粒子的分散。将纳米粒子母料应用于制备无机纳米粒子/聚合物共混复合材料，纳米粒子较易在聚合物中分散，易于形成均匀的分散体系。

无机纳米粒子母料的制备，要综合考虑共混体系物料组成、流变学、分散过程、形态学等诸多方面的因素。主要包括：聚合物载体与无机纳米粒子有较好的界面结合；母料混合体系有良好的熔融流动性；母料制备中，应使无机纳米粒子受到较强的剪切力；此外，将母料应用于聚合物中，要防止母料的分散介质降低聚合物的性能。

陈建峰等采用母料法[22]制备的纳米 $CaCO_3$/PP 共混体系的透射电镜照片如图 9-2 所示，可以看到，采用母料法，纳米 $CaCO_3$ 粒子在 PP 基体中，实现了较为均匀的分散。

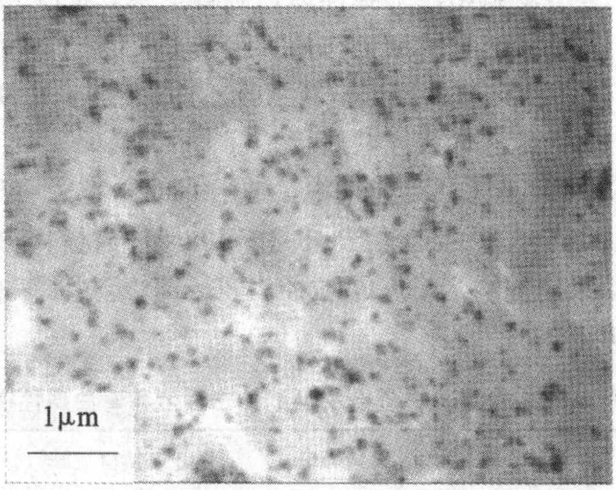

图 9-2 纳米 $CaCO_3$/PP 共混体系的透射电镜照片

9.4 无机纳米粒子/聚合物共混体系研究进展

无机纳米粒子/聚合物复合材料的研究与应用，为聚合物共混研究提供了新的课题和广阔的拓展空间；而业已历经数十年发展的聚合物共混理论和应用经验，又为无机纳米粒子/聚合物复合材料的研究开发和工业化，提供了可行而便捷的技术通道。

无机纳米粒子/聚合物复合材料中可采用的无机材料种类很多，包括纳米 $CaCO_3$、蒙脱土、纳米 SiO_2、纳米 Al_2O_3、纳米 TiO_2、纳米 ZnO 等。可采用的聚合物基体则包括各种塑料和弹性体。

无机纳米粒子/聚合物复合材料的研究目前还在进行之中[23]，本节对这一研究的进展情况做一介绍。

9.4.1 纳米 $CaCO_3$/聚合物共混体系

由于纳米 $CaCO_3$ 价格较为低廉，且 $CaCO_3$ 作为填充剂在塑料领域已有长期的广泛应用，所以纳米 $CaCO_3$/聚合物共混体系的研究受到较多关注，取得多方面的进展，且已获得工业应用。

9.4.1.1 纳米 $CaCO_3$/聚合物共混体系的力学性能

无机纳米粒子在塑料中应用，最重要的作用之一是提高材料的韧性，即抗冲击性能。纳米 $CaCO_3$ 由于应用广泛且价格低廉，是在塑料增韧中最有应用前景的无机刚性粒子之一。无机纳米粒子增韧塑料属于非弹性体增韧体系，可应用于 PP、PVC、ABS 等塑料的增韧改性。弹性体增韧在提高材料韧性的同时，会使其刚性降低，而无机纳米粒子作为一种刚性粒子，则可使韧性和刚性同时提高。

无机纳米粒子对脆性塑料和准韧性塑料都有增韧作用。但是，无机纳米粒子对准韧性塑料基体的增韧效果更为显著。因而，与有机刚性粒子增韧体系相似，无机纳米粒子增韧体系通常也要求被增韧的塑料基体本身有一定韧性。为了增加被增韧的塑料基体的韧性，可以在共混体系中添加一些弹性体，组成无机纳米粒子/弹性体/塑料三元共混体系。

（1）纳米 $CaCO_3$/PP 复合材料

在纳米 $CaCO_3$/PP 复合材料中添加弹性体，制备纳米 $CaCO_3$/弹性体/PP 三元复合材料，纳米 $CaCO_3$粒子可发挥较显著的增韧作用。纳米 $CaCO_3$/弹性体/PP 复合材料中的弹性体，可以选用 EPR（乙丙橡胶）、EPDM（三元乙丙橡胶）、POE（乙烯-1-辛烯共聚物）、SBS（苯乙烯-丁二烯-苯乙烯嵌段共聚物）等[12,24~26]。

在纳米 $CaCO_3$/POE/PP 三元共混体系中，纳米 $CaCO_3$粒子有显著的增韧作用。王国全等[24]采用母料法，制备了纳米 $CaCO_3$/POE/PP 共混复合材料，缺口冲击强度和弯曲弹性模量如表 9-1 所示。采用的纳米 $CaCO_3$粒径为 30nm，经过了表面改性。制样方法为双螺杆挤出机造粒，注塑制样。

表 9-1　　纳米 $CaCO_3$/POE/PP 复合材料的冲击强度和弯曲弹性模量

序号	组分配比/质量份			简支梁缺口冲击强度/（kJ/m^2）	弯曲弹性模量/MPa
	PP	POE	纳米 $CaCO_3$		
1	100	12	—	28.6	677
2	100	12	12	58.5	864

从表 9-1 可以看出，采用母料法制备的纳米 $CaCO_3$/POE/PP 复合材料的缺口冲击强度达 58.5kJ/m^2，比 POE/PP 二元体系高 105%。弯曲弹性模量则提高了 27.6%。如果采用弹性体增韧，冲击强度（韧性）提高的同时，弯曲弹性模量（刚性）是要下降的。而采用纳米 $CaCO_3$增韧，韧性和刚性可以同时提高，这正是纳米粒子增韧的优势。

由于 PP 和弹性体都是粒料，所以在工业生产中难以直接添加纳米 $CaCO_3$粉体。采用母料法，在 PP 共混体系中添加纳米 $CaCO_3$母料，可以解决纳米 $CaCO_3$粉体难以直接添加的问题，并解决了纳米 $CaCO_3$粒子的分散问题（参见图 9-2），因而可以显著地发挥增韧效果。关于纳米粒子的增韧机理，可见 9.5 节。

王文一等[25]研究了纳米 $CaCO_3$/EPR/PP 三元共混体系，测定的缺口冲击强度和弯曲弹性模量如图 9-3 所示。从图中可以看出，在纳米 $CaCO_3$用量为 8 份之内时，纳米 $CaCO_3$有显著的增韧作用，弯曲弹性模量也同时提高了。添加 8 份纳米 $CaCO_3$的纳米 $CaCO_3$/EPR/PP 共混复合材料的缺口冲击强度达到 50kJ/m^2，与未添加纳米 $CaCO_3$的试样（缺口冲击强度 27kJ/m^2）相比，提高了 85%。无机纳米粒子的增韧效果是很明显的。弯曲弹性模量则由 660MPa 提高到 820MPa，提高了 24%。纳米 $CaCO_3$/EPR/PP 共混复合材料的低温缺口冲击强度，在纳米 $CaCO_3$用量为 8 份之内时，也是提高的，如图 9-4 所示。

在纳米 $CaCO_3$/SBS/PP 三元共混体系中，纳米 $CaCO_3$粒子也有显著的增韧作用。俞江华等[26]研究了纳米 $CaCO_3$/SBS/PP 共混复合材料，其缺口冲击强度如图 9-5 所示。可以看出，在纳米 $CaCO_3$用量为 16 份时，缺口冲击强度达到最高值，由 44kJ/m^2 提高到 56kJ/m^2，表明纳米 $CaCO_3$有显著的增韧作用。

纳米 $CaCO_3$/弹性体/PP 三元共混的拉伸性能一般与 PP/弹性体二元体系持平。

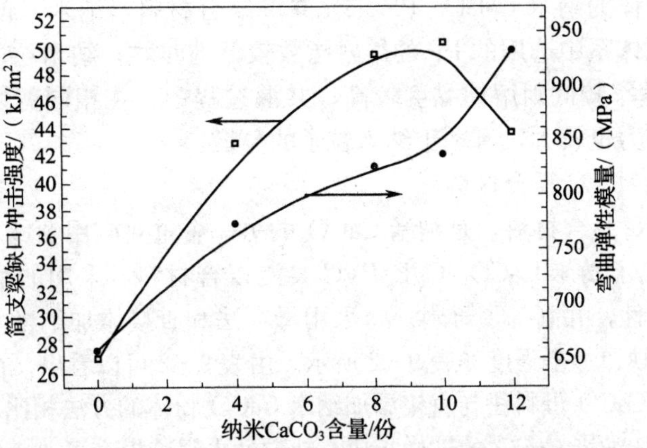

图 9-3　纳米 $CaCO_3$/EPR/PP 共混体系的简支梁缺口冲击强度和弯曲弹性模量（23℃）

（PP/EPR＝100/20，纳米 $CaCO_3$ 为变量）

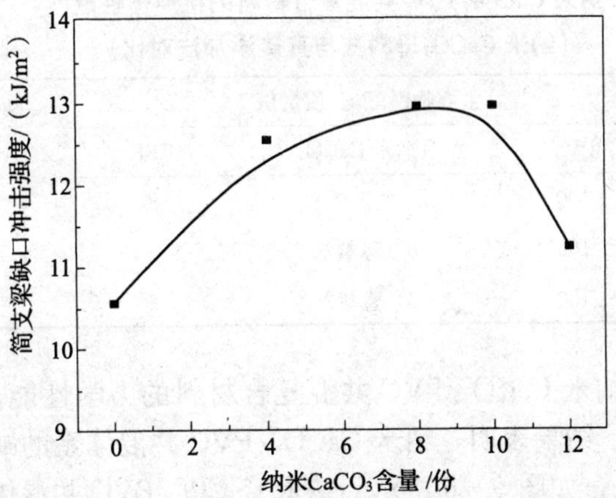

图 9-4　纳米 $CaCO_3$/EPR/PP 共混体系的低温缺口冲击强度（－20℃）

（PP/EPR＝100/20，纳米 $CaCO_3$ 为变量）

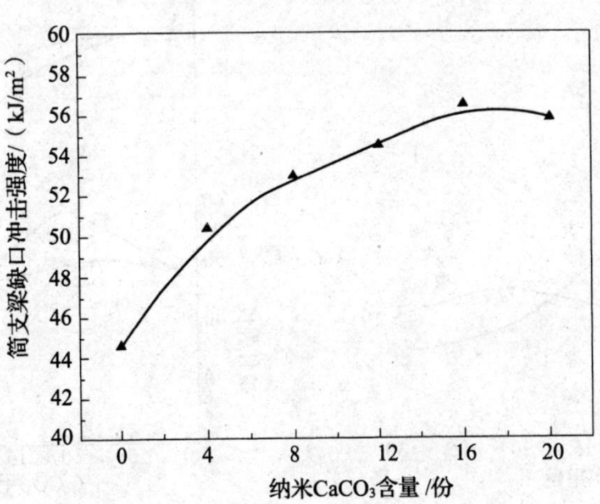

图 9-5　纳米 $CaCO_3$/SBS/PP 共混体系的简支梁缺口冲击强度

（PP/SBS＝100/20，纳米 $CaCO_3$ 为变量）

对于未添加弹性体的纳米 $CaCO_3$/PP 二元共混复合材料，纳米 $CaCO_3$ 也有一定的增韧作用。当二元共混体系中选用的 PP 的熔融指数较低的时候，纳米粒子的增韧作用较为明显[27]。熔体流动速率较低则熔体黏度较高；共混过程中，在相同剪切速率条件下，施加于共混体系的剪切力也较大，有利于纳米粒子的分散。

（2）纳米 $CaCO_3$/PVC 复合材料

纳米 $CaCO_3$/PVC 复合材料，是纳米 $CaCO_3$ 的另一个重要应用领域。

曾晓飞等[28]研究了纳米 $CaCO_3$/CPE/PVC 共混复合材料，采用的纳米 $CaCO_3$ 粒径为 30nm，经过了表面改性，并制备了母料。将采用母料法和直接添加纳米 $CaCO_3$ 粉体的方法对比，测定的简支梁缺口冲击强度如表 9-2 所示。由表 9-2 可以看出，在 CPE 用量为 8 份的条件下，采用纳米 $CaCO_3$ 母料法与直接添加纳米 $CaCO_3$ 粉体的方法相比，缺口冲击强度提高约 2.8 倍，与未添加纳米 $CaCO_3$ 的试样相比，缺口冲击强度提高了 4.4 倍。显然，采用母料法制备的纳米 $CaCO_3$/PVC 共混复合材料的抗冲击性能得到了显著的提高。

表 9-2　纳米 $CaCO_3$/PVC 共混复合材料的抗冲击性能（纳米 $CaCO_3$ 母料法与直接添加法对比）

样品编号	主要物料配比/质量份			缺口冲击强度/（kJ/m^2）
	PVC	纳米 $CaCO_3$	CPE	23℃
0	100	—	8	14.9
1	100	8（母料法）	8	81.4
2	100	8（直接加）	8	21.0

胡圣飞等[29]研究了纳米 $CaCO_3$/PVC 共混复合材料的力学性能，并与微米 $CaCO_3$/PVC 共混体系做了对比。结果表明，纳米 $CaCO_3$/PVC 共混体系的缺口冲击强度明显高于微米 $CaCO_3$/PVC 体系，如图 9-6 所示。纳米 $CaCO_3$/PVC 共混体系的拉伸强度，也明显高于微米 $CaCO_3$/PVC 体系，如图 9-7 所示。

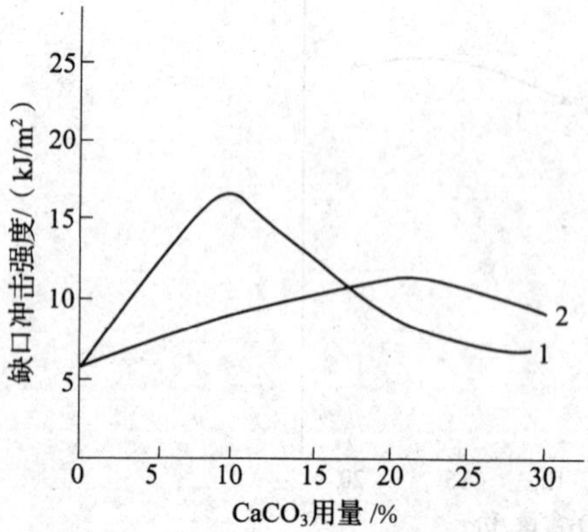

图 9-6　$CaCO_3$/PVC 共混体系的缺口冲击强度

1—30nm $CaCO_3$/PVC 共混体系

2—1μm $CaCO_3$/PVC 共混体系

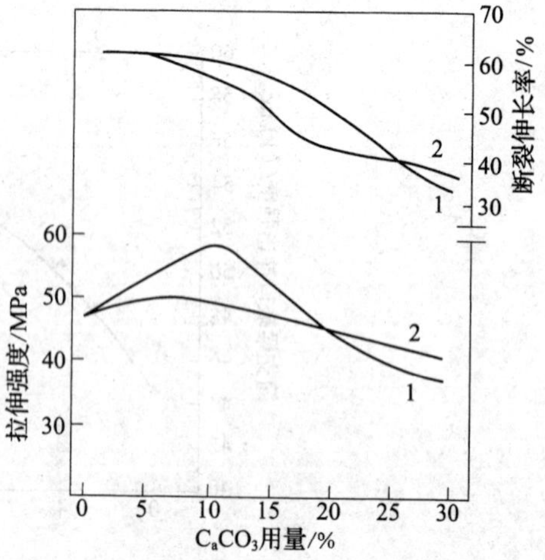

图 9-7　$CaCO_3$/PVC 共混体系的拉伸强度

1—30nm $CaCO_3$/PVC 共混体系

2—1μm $CaCO_3$/PVC 共混体系

图 9-6 所示实验曲线 1，是采用纳米 $CaCO_3$增韧 PVC，而没有添加弹性体。类似的增韧作用也见于纳米 $CaCO_3$增韧均聚 PP 的体系。这就表明，无机纳米粒子在没有弹性体存在的情况下，是可以增韧 PVC 等脆性塑料的，无机纳米粒子对脆性塑料基体有增韧作用。但是，对于准韧性基体（包括添加了弹性体的脆性塑料），无机纳米粒子的增韧作用更为显著，可以将材料的抗冲击性能提高到更高的水平上，因而，无机纳米粒子增韧通常更适用于准韧性基体。

9.4.1.2 纳米 $CaCO_3$/聚合物共混体系的流变性能

无机纳米粒子/聚合物共混体系的流变性能影响因素很多，不同的聚合物体系、不同的纳米粒子、不同的实验温度、不同的剪切速率，都有可能对流变性能产生影响。

采用 Brabender 转矩流变仪（双转子混炼器）测定的纳米 $CaCO_3$/EPR/PP 共混体系的最大转矩与平衡转矩如表 9-3 所示[30]。试验条件为 180℃，30r/min。可以看出，对于纳米 $CaCO_3$/EPR/PP 三元共混体系，纳米 $CaCO_3$使平衡转矩仅略有增高，却使最大转矩产生了较大的增高。最大转矩反映的是共混过程中体系的流变性能。这一实验结果说明，纳米 $CaCO_3$在聚合物中的分散过程，需要较大外力的作用，因而使共混体系的熔体黏度（转矩）显著增大。纳米 $CaCO_3$在聚合物中均匀分散后，平衡转矩与未加纳米 $CaCO_3$的试样相差很小。

表 9-3　纳米 $CaCO_3$/EPR/PP 复合体系的最大转矩与平衡转矩

编号	组成配比/质量份			最大转矩/N·m	平衡转矩/N·m
	PP	EPR	纳米 $CaCO_3$		
1	100	8	0	9.8	7.1
2	100	8	8	14.7	7.4

类似的情况还可以见于纳米 $CaCO_3$/SBS/PP 三元共混体系[30]，如表 9-4 所示。结果表明，当纳米 $CaCO_3$用量为 4 份时，最大转矩由 28.2N·m 提高到 32.1N·m；当纳米 $CaCO_3$用量为 16 份时，更是进一步提高到 39.9N·m。

表 9-4　纳米 $CaCO_3$/SBS/PP 复合体系的最大转矩与平衡转矩

编号	组成配比/质量份			最大转矩/N·m	平衡转矩/N·m
	PP	SBS	纳米 $CaCO_3$		
1	100	8	0	28.2	27.0
2	100	8	4	32.1	31.1
3	100	8	16	39.9	31.4

张芳等[31]采用配置单螺杆挤出机和毛细管口模的转矩流变仪，研究了 PP/POE/纳米 $CaCO_3$复合体系的流变性能，根据 Hagen-poiseuille 方程[32]计算出剪切应力、剪切速率、表观黏度等数据。实验中，PP/POE/纳米 $CaCO_3$复合体系先由双螺杆挤出机进行共混、造粒，再由转矩流变仪测定流变性能，因而，测定的是共混产物的流变性能（不是共混过

程中的流变性能）。结果表明，在低剪切速率的条件下，PP/POE/纳米$CaCO_3$三元复合体系的表观黏度高于 PP/POE 二元体系；而在高剪切速率的条件下，三元体系的表观黏度低于二元体系，如图 9-8 所示。产生这一实验现象的原因，是经偶联剂处理过的纳米 $CaCO_3$ 粒子与聚合物大分子的相互作用，形成物理结点；在低剪切速率的条件下，物理结点被破坏的较少，因而三元体系的表观黏度高于二元体系；随剪切速率提高，物理结点被破坏的增多，表观黏度降低。PP/POE/纳米 $CaCO_3$ 三元复合体系与 PP/POE 二元体系相比，表现出更显著的切力变稀倾向。

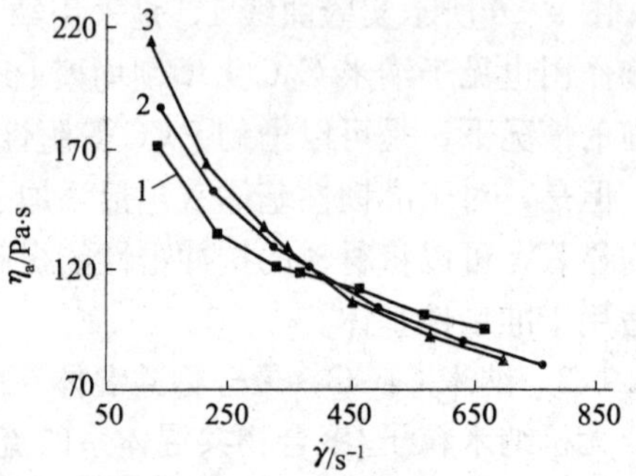

图 9-8　不同纳米 $CaCO_3$ 用量的 PP/POE/纳米 $CaCO_3$ 复合体系的表观黏度（η_a）与剪切速率（$\dot{\gamma}$）的关系（实验温度 200℃）

PP/POE/纳米 $CaCO_3$：1—100/10/0　2—100/10/5　3—100/10/10

9.4.1.3　纳米 $CaCO_3$/聚合物共混体系的形态

关于纳米 $CaCO_3$/聚合物共混体系的形态问题，尚在研究中。这里介绍有关纳米 $CaCO_3$粒子在塑料和弹性体两相间的分布，以及纳米 $CaCO_3$ 对弹性体分散相粒径的影响的研究结果。

（1）纳米 $CaCO_3$ 粒子在塑料和弹性体两相间的分布

当纳米 $CaCO_3$/聚合物复合体系中的聚合物基体为塑料，添加弹性体作为分散相的时候，对于这样的纳米 $CaCO_3$/塑料/弹性体三元复合体系，纳米 $CaCO_3$ 粒子在塑料和弹性体两相间的分布对复合体系的性能会有一定的影响。

无机纳米粒子在塑料和弹性体两相间的分布，有 3 种可能的情况：其一，无机纳米粒子主要分布在塑料相（连续相）；其二，无机纳米粒子主要分布在弹性体相（分散相）；其三，无机纳米粒子分布在塑料和弹性体两相。

① 无机纳米粒子主要分布在塑料相的研究实例

王国全[24]等在纳米 $CaCO_3$/POE/PP 三元复合体系研究中观测的 TEM 电镜照片如图 9-9 所示。图中，较大分散相颗粒为 POE，连续相为 PP。较小的粒子为纳米 $CaCO_3$ 粒子。可以看出，纳米 $CaCO_3$ 粒子基本上都分布在连续相 PP 中。

这一现象与 PP、POE 两者熔体黏度的差异有关。按聚合物共混理论，在两种聚合物与无机粒子的熔融共混过程中，无机粒子倾向于进入聚合物两相中熔体黏度较低的那一相（参阅第 4 章 4.5.3 节）。

上述研究中采用的 PP 的熔体流动速率为 20g/10min，采用的 POE 的熔体流动速率为 2g/10min。在相同的熔融温度下，POE 的熔体黏度会显著低于 PP。这就会导致纳米 $CaCO_3$粒子主要分布于 PP 相中。

俞江华等[26]在纳米 $CaCO_3$/SBS/PP 共混体系研究中，观察了纳米 $CaCO_3$粒子在 SBS 和 PP 两相间的分布，如图 9-10 所示。图中，较大的狭长的分散相颗粒为 SBS，立方形小粒子为纳米 $CaCO_3$，连续相为 PP。可以看出，纳米 $CaCO_3$粒子也基本上都分布在连续相 PP 中。

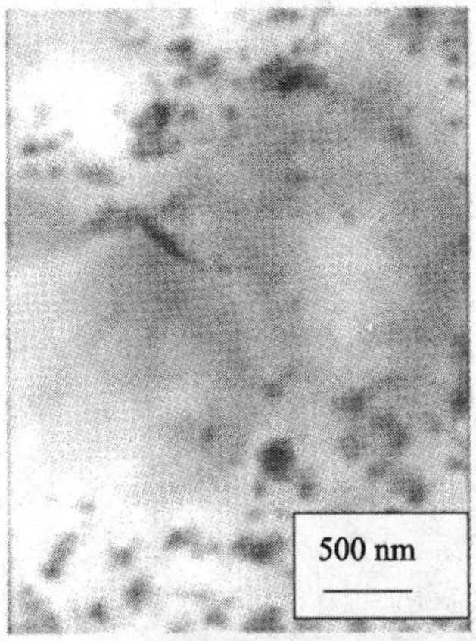

图 9-9　纳米 $CaCO_3$ 粒子在 POE 和 PP 两相间的分布（TEM 照片）

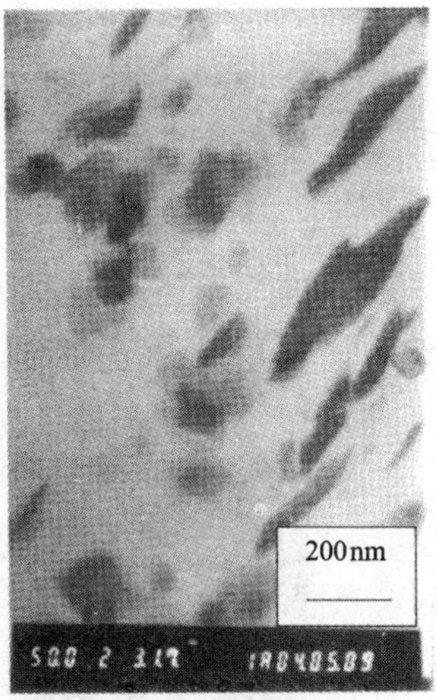

图 9-10　纳米 $CaCO_3$ 粒子在 SBS 和 PP 两相间的分布（TEM 照片）

上述研究结果表明，聚合物共混理论关于无机粒子倾向于进入聚合物两相中熔体黏度较低的那一相的论点，也适用于熔融共混法制备的纳米 $CaCO_3$/弹性体/塑料三元复合体系。

② 无机纳米粒子主要分布在弹性体相的研究实例

熔体黏度只是影响无机粒子在聚合物两相间分配的因素之一。无机粒子在聚合物两相间分配还要受无机粒子与聚合物的亲和性及加料顺序的影响。钟明强等[33]采用不同混合方式（加料顺序），研究了 PP/POE/纳米 $CaCO_3$ 共混复合材料，并指出，纳米 $CaCO_3$ 在 PP 和 POE 两相中的分配是影响性能的重要因素。

如果无机粒子与弹性体聚合物之间有很好的界面结合，则无机粒子也可以较多保留在弹性体相中。先将无机粒子与弹性体共混，再添加塑料，且无机粒子与弹性体聚合物界面结合良好，更有利于无机粒子保留在弹性体相中。

陈俊等[34]研究了纳米 $CaCO_3$/PET/马来酸酐接枝 POE 三元复合体系，马来酸酐接枝 POE 为弹性体分散相。采用了 3 种不同的加料顺序。其中，先将纳米 $CaCO_3$ 与马来酸酐接枝 POE 共混，再与 PET 共混的方式获得的共混试样，纳米 $CaCO_3$ 粒子基本上都存在于弹性体相（马来酸酐接枝 POE）中，形成了沙袋结构（关于沙袋结构，可参见 9.5.4 节）。马来酸酐接枝 POE 与纳米 $CaCO_3$ 之间较强的界面结合，以及采用的先将纳米 $CaCO_3$ 与马来酸酐接枝 POE 共混的方法，共同促成了沙袋结构的形成。

(2) 纳米 $CaCO_3$ 对弹性体分散相粒径的影响

在上述纳米 $CaCO_3$/塑料/弹性体三元复合体系中，对于无机纳米粒子主要分布在塑料相的情况，纳米 $CaCO_3$ 可以对弹性体分散相的粒径产生影响，使弹性体分散相的粒径减小。

俞江华等[26]采用透射电镜，观察了纳米 $CaCO_3$/SBS/PP 三元共混体系的形态，并与不添加纳米 $CaCO_3$ 的二元共混体系的形态对比，如图 9-11 所示。该实例中，无机纳米粒子主要分布在塑料相。

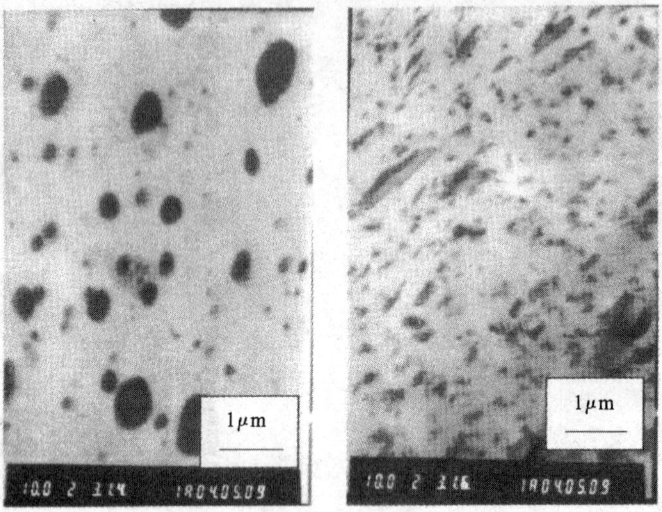

（a）　　　　　　（b）

图 9-11　PP 共混体系的形态

（a）PP/SBS=100/20　（b）PP/SBS/纳米 $CaCO_3$=100/20/16

从图 9-11 中可以看出，添加了 16 份纳米 $CaCO_3$ 的试样中，SBS 分散相的粒径，与未添加纳米 $CaCO_3$ 的试样相比，是显著变小了。这种形态的变化，是与共混过程中共混体系熔体黏度增大相关的。如前所述，在 PP/SBS/纳米 $CaCO_3$ 共混体系中，纳米 $CaCO_3$ 的添加使最大转矩增大（见表 9-4），亦即共混过程中共混体系的熔体黏度增大。而 PP/弹性体的共混体系中，弹性体的熔体黏度是显著大于 PP 的，按共混理论的熔体黏度相近原则（参见第 3 章 3.4.1 节），弹性体熔体黏度显著大于 PP 是不利于弹性体分散的。而添加纳米 $CaCO_3$ 使共混过程中共混体系熔体黏度增大，则有利于弹性体分散相的破碎和分散。

与图 9-5 的冲击强度数据对比，可以发现，添加了 16 份纳米 $CaCO_3$ 的试样恰是冲击强度最高的点。SBS 分散相粒径的降低，是冲击强度提高的原因之一。

此外，纳米粒子还会影响结晶聚合物的结晶性能。纳米 $CaCO_3$ 对 PP 可以起结晶成核剂的作用，使 PP 的球晶细化，诱发 β 晶型或增加 β 晶型所占的比例，使 PP 的冲击强度提高[35]。经过适当表面改性，并且在结晶聚合物中分散良好，是纳米粒子对结晶性能产生显著影响的必要条件。

9.4.1.4　纳米 $CaCO_3$ 的助分散作用

添加纳米 $CaCO_3$ 的共混体系，纳米 $CaCO_3$ 粒子在共混过程中，可对体系中的其它组分起助分散的作用。上述纳米 $CaCO_3$ 粒子使弹性体粒子细化的作用，就是纳米 $CaCO_3$ 助分散作用的一个实例。

纳米 $CaCO_3$ 助分散作用的另一个实例，是对塑料颜料的助分散作用[36,37]。

塑料的着色，是一个受到普遍关注的问题。着色剂的分散，会直接影响着色效果。郭志强等[36]研究了纳米 $CaCO_3$ 对钛白粉在 PP 中分散性及对 PP 白度的影响，以及用纳米 $CaCO_3$ 部分替代钛白粉的效果。将不同含量的纳米 $CaCO_3$、钛白粉和其它助剂按配方混合，制备出色母粒，然后加入到 PP 树脂中对其进行着色，测试材料的白度，结果如图 9－12 所示。图 9－12 中，横坐标为纳米$CaCO_3$替代钛白粉的百分数（纳米 $CaCO_3$ 与钛白粉的总用量为 4 份；横坐标为 0，表示钛白粉用量为 4 份，未添加纳米 $CaCO_3$；横坐标为 10，表示纳米 $CaCO_3$ 与钛白粉用量分别为 0.4 份和 3.6 份）。

从图 9－12 中可以看出，纳米 $CaCO_3$ 部分替代钛白粉可以提高 PP 复合材料的白度。纳米 $CaCO_3$ 替代 10％钛白粉时白度值最高。

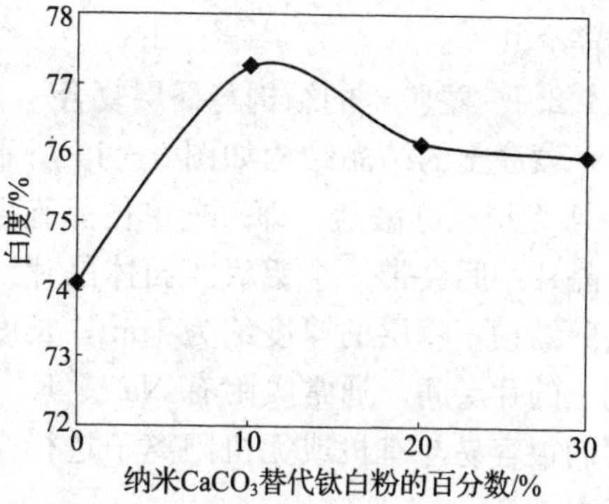

图 9－12 纳米 $CaCO_3$ 部分替代钛白粉对 PP 复合材料白度的影响

上述研究中 PP 复合材料的透射电镜照片如图 9－13 所示。图 9－13（a）是不添加纳米 $CaCO_3$的试样（PP/钛白粉＝100/4），从图中可以看出，钛白粉粒子有明显的团聚现象；图 9－13（b）为纳米 $CaCO_3$替代 10％钛白粉的试样（PP/钛白粉/纳米 $CaCO_3$＝100/3.6/0.4）。相比可以看出，加入纳米 $CaCO_3$的试样，钛白粉的分散较好。塑料着色要求颜料粒子充分细化并均匀分散到塑料相中，从图 9－13 中可见，纳米 $CaCO_3$对钛白粉有明显的助分散作用。

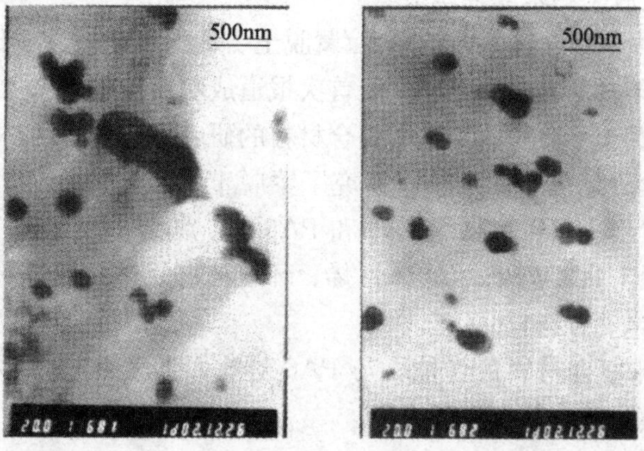

(a) (b)

图 9－13 纳米 $CaCO_3$部分替代钛白粉的 PP 试样的透射电镜照片

（a）PP/TiO_2＝100/4 （b）$PP/TiO_2/CaCO_3$＝100/3.6/0.4

综合图 9－12、图 9－13 的结果，添加纳米 $CaCO_3$，使钛白粉团聚减少，着色效率提高，因而 PP 复合材料的白度值提高。

纳米粒子助分散作用产生的原因，尚待进一步研究。纳米粒子使共混过程中共混体系的熔体黏度提高，是原因之一（参阅 9.4.1.2 节）。在纳米粒子/聚合物体系的熔融共混过程中，纳米粒子作为流动单元，其单元流动的相关效应与助分散作用的关系，也是很值得关注的。

9.4.2 蒙脱土/聚合物纳米复合材料

层状硅酸盐/聚合物纳米复合材料是采用插层复合法制备的新型复合材料。目前研究较多的层状硅酸盐是黏土类矿物，主要是蒙脱土。本节对蒙脱土/聚合物纳米复合材料做一简介。

9.4.2.1　蒙脱土的结构与插层复合

蒙脱土的结晶结构如图 9－14 所示[8]。蒙脱土属 2：1 型层状硅酸盐，即每个单位晶胞由两个硅氧四面体晶片中间夹带一个铝氧八面体晶片，构成“三明治状”结构。每层的厚度约为 1nm，长度约 100nm。蒙脱土的片层间，通常吸附有 Na^+、K^+ 等水合阳离子，它们很容易与有机或无机阳离子进行交换，使层间距扩大。

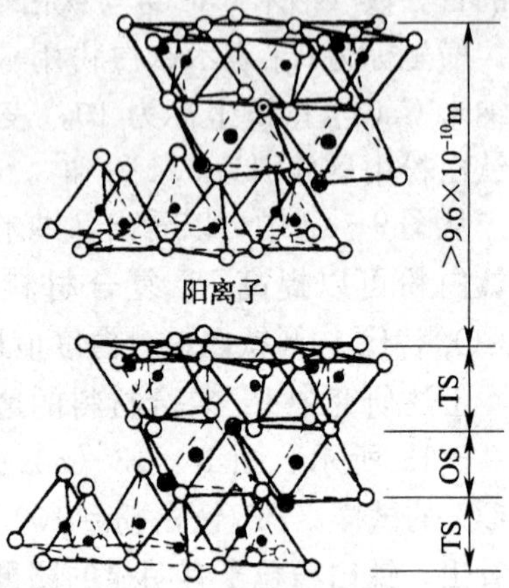

图 9－14　蒙脱土的结晶结构
TS—四面体层　OS—八面体层

蒙脱土特殊的结晶结构，使其适合于采用插层复合法制备纳米复合材料。插层法是在蒙脱土的层间插入插层剂（如烷基季胺盐等），烷基季胺盐等插层剂与蒙脱土的片层间的阳离子进行交换，使层间距被撑大；进而插入聚合物单体后进行聚合（或采用熔融、溶液等其它插层方法），使蒙脱土的层片结构发生剥离，以纳米尺度分散于聚合物基体中。

9.4.2.2　聚合物/蒙脱土纳米复合体系

聚合物/蒙脱土纳米复合体系包括尼龙/蒙脱土、聚酯/蒙脱土、PE/蒙脱土、PP/蒙脱土等体系。自 1987 年日本丰田中央研究所首次报道成功制备尼龙 6/黏土插层型纳米复合材料以来，聚合物/黏土（蒙脱土）纳米复合材料的研究引起了国内外的广泛关注。

中国科学院化学研究所漆宗能等[38]研究了蒙脱土的插层聚合、熔融插层方法制备的纳米复合材料，开发出了以聚酰胺（PA6 和 PA66）、聚酯（PET 和 PBT）、聚乙烯（包括超高分子量聚乙烯 UHMWPE）、聚苯乙烯、环氧树脂、硅橡胶等聚合物为基体的一系列聚合物/蒙脱土纳米复合材料。

PA6/蒙脱土纳米复合材料的性能，与 PA6 对比，如表 9－5 所示[39,40]。拉伸强度、热变形温度、弯曲模量等，都有显著提高。

表 9－5　　PA6/蒙脱土纳米复合材料的性能与 PA6 的对比

性　能	PA6	PA6/蒙脱土
熔点/℃	215～225	213～223
拉伸强度/MPa	75～85	95～105
热变形温度/℃（1.85MPa）	65	135～160
弯曲模量/GPa	3.0	3.5～4.5
悬臂梁缺口冲击强度/（J/m²）	40	35～60

9.4.2.3　聚合物/蒙脱土纳米复合材料的结晶行为

李强等[41]用广角 X 射线衍射（WAXD）、差示扫描量热仪（DSC）、小角激光散射（SALS）等手段，研究了 PA6/蒙脱土纳米复合材料的结晶行为。结果表明，分散在 PA6

基体中的蒙脱土起成核剂的作用。蒙脱土的表面改性增加了蒙脱土和 PA6 分子之间的界面粘接，使结晶活化能增加。

刘力敏等[42]对 PA6/蒙脱土纳米复合材料进行了等温结晶的研究，发现 PA6 的结晶活化能随蒙脱土含量的增加而增加，但增加到一定程度后，结晶活化能又缓慢下降。这是因为在蒙脱土含量低时，结晶生长占主导作用地位，PA6 与蒙脱土之间的作用阻碍了结晶生长所需的链段运动，所以结晶活化能随蒙脱土含量的增加而增加；蒙脱土含量增加到一定程度后，成核机制占主导地位，蒙脱土含量继续增加，结晶活化能就会趋于下降。

马继盛等[43]用 DSC 等研究了 PP/蒙脱土纳米复合材料的结晶行为，发现蒙脱土的加入使 PP 的 DSC 的放热峰的位置提前出现，放热峰的宽度明显变窄；随着蒙脱土含量的增加，PP/蒙脱土纳米复合材料的平衡熔点提高，蒙脱土异相成核作用使结晶更为完善。

9.4.3 纳米 SiO_2/聚合物复合材料

纳米 SiO_2/聚合物复合材料也是有广泛应用前景的聚合物/无机纳米粒子复合材料，可以大幅度提高聚合物材料的强度、耐磨性、耐水性、光稳定性和热稳定性。纳米 SiO_2 可用于塑料的改性，也可以用于橡胶的改性。

已进行过研究的纳米 SiO_2/塑料复合体系中的基体聚合物，既包括 PP 等通用塑料，也包括聚醚砜酮这样的高性能工程塑料。

吴唯等[44]研究了 PP/纳米 SiO_2/EPDM 体系，探讨了纳米 SiO_2 和 EPDM 共同对 PP 的增韧效果。纳米 SiO_2 粒径为 20nm。结果表明，当 PP/纳米 SiO_2/EPDM 配比为 80/3/20 时，增韧效果最佳。

江涛等[45]采用熔融共混法制备 PP/纳米 SiO_2/POE 复合材料，当 PP/纳米 SiO_2/POE 配比为 100/4/15 时，综合力学性能最优。纳米 SiO_2 的成核作用提高了 PP 的结晶温度和结晶速率。

王平华等[46]研制了 PMMA 接枝包覆纳米 SiO_2，并与 PP 共混制备复合材料。结果表明，PMMA 接枝包覆纳米 SiO_2 与 PP 复合，使 PP 的力学性能有较大幅度的提高。

王东等[47]用毛细管流变仪研究了 PP/纳米 SiO_2 复合体系熔体的熔融流变性能。结果表明，PP/纳米 SiO_2 复合体系的熔体黏度随纳米 SiO_2 含量的增加而增大，非牛顿指数则随纳米 SiO_2 含量的增加而减小；在恒定剪切应力下，膨胀比随纳米 SiO_2 含量的增加而减小。

邵鑫等[48]研究纳米 SiO_2/聚醚砜酮（PPESK）复合材料，在摩擦磨损试验机上考察了不同载荷、速度及不同纳米 SiO_2 含量对 PPESK 复合材料摩擦磨损性能的影响，并用扫描电子显微镜观察分析 PPESK 及纳米 SiO_2/PPESK 复合材料磨损表面形貌及磨损机理。结果表明，纳米 SiO_2 可以显著提高 PPESK 的耐磨性。

9.4.4 其它无机纳米粒子/聚合物复合材料

无机纳米粒子/聚合物复合材料还包括纳米 Al_2O_3、纳米 TiO_2、纳米 ZnO、纳米 Al（OH）$_3$、纳米 Mg（OH）$_2$，以及各种纳米级金属粉末等。

纳米 Al_2O_3 可用于 PS、PA 等复合材料，也可与炭黑并用于橡胶补强。

纳米 TiO_2 用于 PP 复合材料，可以增韧和提高耐光老化性能；也可用于 PA 复合材料的增强、增韧。

纳米 ZnO 可用于制备抗菌塑料，也可用于橡胶补强。

采用纳米 Al（$OH)_3$、纳米 Mg（$OH)_2$等纳米级阻燃剂应用于阻燃高分子材料，材料的阻燃性能和力学性能都优于微米级阻燃剂。

凤雷等[49]研究了平均粒径约为 10nm 的非晶纳米 Si_3N_4对聚甲醛（POM）的改性。加入 3%的纳米 Si_3N_4后，聚甲醛的冲击强度和拉伸强度达到最大值，分别为聚甲醛的 260%和 125%。

9.5 无机纳米粒子增韧机理的研究进展

塑料增韧一直是高分子材料科学的重要研究领域。通常，塑料增韧是通过共聚或共混在体系中引入弹性体组分来实现的，但同时带来了刚性下降的问题。近十几年，非弹性体（刚性粒子）增韧的研究和应用，克服了传统弹性体增韧的上述缺陷，成为具有广泛引用前景的新的增韧体系。无机刚性粒子（Rigid Inorganic Filler，RIF）增韧体系，是继有机刚性粒子（Rigid organic Filler，ROF）增韧体系之后出现的新型增韧体系。

聚合物增韧的根本问题是通过引入某种机制，使材料在形变、损伤与破坏过程中耗散更多的能量。对于聚合物共混两相（或多相）体系，影响韧性的因素很多，包括基体的性质，分散相的特性及含量，分散相粒子的粒径、粒径分布、粒子形状及粒子间的相互作用（包括粒子的团聚），以及基体与分散相的界面结合，等等。

聚合物多相复合体系的增韧机理应当是多种能量耗散机制的综合。聚合物共混体系中引入无机纳米粒子，更增加了能量耗散机制的复杂性。对于特定的复合体系，某一种耗散机制可能会居主导地位。

在第 6 章中，介绍了有机刚性粒子的增韧机理。关于无机刚性粒子（包括无机纳米粒子）增韧机理的研究，尚在进行之中。本节介绍一些有代表性的研究成果。

与无机刚性粒子（包括无机纳米粒子）增韧聚合物相关的机理，主要有如下几种。

9.5.1 逾渗模型与无机刚性粒子增韧理论

Wu[50]在分析橡胶增韧尼龙的脆韧转变时首先应用了逾渗分析理论模型（参阅第 6 章 6.5.4 节）。由于分散相橡胶粒子与塑料基体模量、泊松比及膨胀系数等的不同，在冲击断裂过程中，橡胶粒子与其周围 $\tau_c/2$（τ_c 为临界基体层厚度）厚的基体球壳形成平面应力体积球。当基体层厚度 $\tau>\tau_c$，材料表现为脆性。当基体层厚度 $\tau\leqslant\tau_c$ 时，出现贯穿整个剪切屈服区域的逾渗通道，共混体系发生脆-韧转变。

逾渗模型对无机纳米粒子的增韧机理的发展也有着指导作用，也有相关的研究报告。

傅强等[51]研究了 $CaCO_3$粒子浓度及大小对 HDPE/$CaCO_3$共混物冲击强度的影响，发现当 $CaCO_3$的体积分数增加到某一临界值时，复合材料体系会发生脆-韧转变。用冲击强度对基体层厚度 τ 作图，得到脆-韧转变曲线，可求得临界基体层厚度（τ_c）。对于 HDPE/$CaCO_3$共混体系而言，$\tau_c=5.2\mu m$。证明 Wu 的 τ_c 判据不仅适用于弹性体增韧，也同样适用于无机刚性粒子增韧。在此基础上，傅强等提出了基于临界基体层厚度的无机刚性粒子增韧理论。

9.5.2 微观力学机理的综合分析

无机刚性粒子（含纳米粒子）增韧塑料的各种机理，都会涉及微观力学分析。而这些分析都与被增韧的塑料基体的性质有关。如第 6 章所述，被增韧基体为脆性塑料基体时，增韧剂主要引发银纹；被增韧塑料基体为有一定韧性的基体时，增韧剂主要引发剪切带。这一规律也适用于无机刚性粒子增韧。

从微观力学角度看，由于塑料基体性质的不同，无机刚性粒子增韧塑料会有不同的主导机理，可做如下综合表述：(1) 无机刚性粒子的存在产生应力集中，可引发基体产生银纹或剪切屈服，吸收一定的形变功；(2) 无机刚性粒子的存在，又会使银纹的扩展受阻和钝化，不至发展成破坏性开裂；(3) 随着无机刚性粒子的微细化（乃至纳米化），粒子的比表面积增大，与基体的接触面积增大，材料受冲击时会产生更多的银纹或达到 $\tau \leqslant \tau_c$ 而发生剪切屈服；(4) 但无机刚性粒子的用量过大，粒子过于接近，易发展成宏观开裂，体系性能反而会变差。

由于无机纳米粒子对准韧性基体有较好的增韧效果，故常用于被增韧基体为准韧性基体的体系，因而以诱发剪切屈服为主。但是，无机纳米粒子也可增韧脆性塑料。此外，准韧性基体也包括由弹性体增韧脆性塑料构成的基体。所以，无机纳米粒子增韧塑料的机理应针对不同体系进行具体研究。

张金柱等[52]提出的“裂缝与银纹相互转化”机理，石璞[53]等提出的纳米 SiO_2 增强增韧 PP 的“枝-爪”模型，也是从微观力学角度对纳米无机粒子增强增韧机理的探讨。

9.5.3 无机刚性粒子团模型

无机刚性粒子在聚合物中的分布情况，也影响增韧作用。无机刚性粒子团模型和沙袋结构增韧理论，都是对此的探讨。

吴永刚等[54]选择硫酸钡（$BaSO_4$）作为无机刚性粒子增韧 PP，研究了其增韧机理，建立了新的模型——无机刚性粒子团模型。对 $BaSO_4$/PP 共混体系的 SEM 照片分析发现，$BaSO_4$/PP 体系中存在 $BaSO_4$ 刚性粒子团，刚性粒子团内又有亚级刚性粒子团；刚性粒子团与周围区域之间存在着界面带，界面带中 $BaSO_4$ 粒子的含量明显低于刚性粒子团，如图 9-15 所示。当 $BaSO_4$/PP 复合材料受到外力冲击时，刚性粒子团、界面带和相邻的刚性粒子团之间的 PP 基体都可以发生形变，吸收冲击能，使 $BaSO_4$/PP 体系的韧性得到提高。

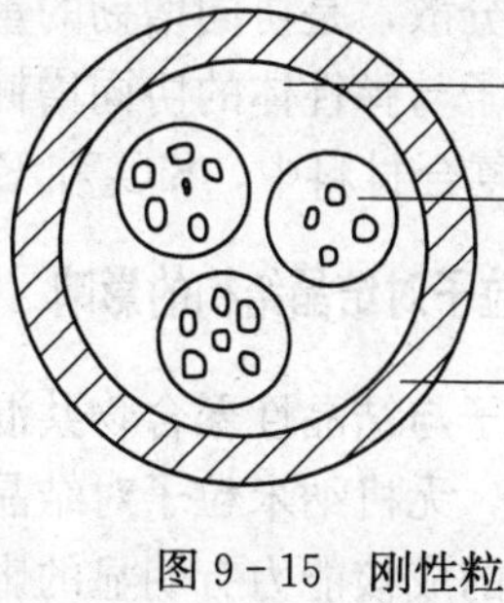

图 9-15　刚性粒子团模型

9.5.4 沙袋结构增韧理论

黄锐等[55]在研究无机刚性粒子/弹性体/塑料三元共混体系时发现，将无机刚性粒子尽可能包裹在弹性体中，可形成“沙袋结构”，分散于塑料基体中。例如，在纳米$CaCO_3$/PET/马来酸酐接枝 POE 三元复合体系制备中，先将纳米 $CaCO_3$ 与马来酸酐接枝 POE 共混，再与 PET 共混，纳米 $CaCO_3$ 粒子基本上都存在于弹性体相（马来酸酐接枝 POE）

中[34]，形成了沙袋结构。当这种具有“沙袋结构”的三元共混复合材料受到外力冲击时，“沙袋结构”可以因变形而吸收能量，提高材料的冲击强度。

9.5.5 无机纳米粒子与弹性体协同增韧

如前所述，无机纳米粒子对准韧性基体有较好的增韧效果，故更适合于被增韧基体为准韧性基体的体系。对于脆性聚合物，通常采用加入弹性体的方法，使基体获得一定韧性。这样，无机纳米粒子增韧塑料的共混体系，常常就成为无机纳米粒子/弹性体/塑料的三元共混体系。研究表明，无机纳米粒子与弹性体之间存在明显的协同增韧效应。

陈建峰等在纳米 $CaCO_3$/PVC/弹性体[28]、纳米 $CaCO_3$/PP/弹性体[17,24~27]、纳米 $CaCO_3$/ABS/弹性体[56]等体系的研究中，都发现了无机纳米粒子与弹性体之间存在明显的协同增韧效应。因而，无机纳米粒子与弹性体的协同增韧效应，对于无机纳米粒子/弹性体/塑料的三元共混体系是具有广泛适用性的规律。

纳米 $CaCO_3$/POE/PP 三元共混体系的冲击强度与 POE/PP 二元共混体系以及纯 PP 的对比，见表 9-6[24]。

表 9-6 纳米 $CaCO_3$/POE/PP 三元共混体系的冲击强度与 POE/PP 二元共混体系以及纯 PP 的对比

序号	组分配比/质量份			简支梁缺口冲击强度/（kJ/m^2）
	PP	POE	纳米 $CaCO_3$	
1	100	—	—	14.4
2	100	12	—	28.6
3	100	12	12	58.5

如表 9-6 所示，弹性体 POE 对 PP 也有增韧作用，而纳米 $CaCO_3$ 与弹性体 POE 对 PP 的协同增韧效果，进一步提高了增韧效果。纳米 $CaCO_3$ 在三元共混体系的共混过程中促进了弹性体的分散，是协同增韧的重要原因。

无机纳米粒子与弹性体的协同增韧机理，得到诸多研究结果的验证。例如，在 SiO_2/EPDM/PP 纳米复合材料中，SiO_2 和 EPDM 对 PP 基体也具有协同增韧作用[44]。

9.5.6 无机纳米粒子对结晶结构的影响

无机纳米粒子与结晶性聚合物共混时，增韧效果还与基体的结晶行为有密切的关系。大量的研究表明，无机纳米粒子对结晶性聚合物具有成核剂的作用。无机纳米粒子的表面处理不仅对粒子的成核能力有明显的影响，而且使结晶的生成和成长过程发生变化。

纳米复合材料的结晶形态、无机纳米粒子与结晶性聚合物的界面相互作用与增韧机理之间有密切的关系。例如，无机纳米粒子对 PP 所具有的成核剂作用，会使 PP 的球晶细化，增加 β 晶型 PP 的生成，因而使 PP 的韧性提高[35]。

9.5.7 无机纳米粒子增韧机理小结

如前所述，聚合物多相复合体系的增韧机理应当是多种能量耗散机制的综合。将无机纳米粒子引入聚合物复合材料，增加了能量耗散机制的复杂性。对于特定的复合体系，某一种耗散机制可能会居主导地位。有关无机纳米粒子增韧的上述不同机理，正是不同研究者基于不同复合体系、不同条件或不同视角，对可能占主导地位的机理的考量。不同机理之间，也是互相关联的。

无机纳米粒子与有机刚性粒子同属于非弹性体增韧，都可以使材料的刚性与韧性同时提高；但是，无机纳米粒子与有机刚性粒子在形态、性能上有显著的差异，所以会有不同的增韧机理。根据前述研究结果，也可以看到无机纳米粒子的一些特殊作用和机理。

无机纳米粒子属于刚性粒子，其作用机理与弹性体粒子当然会有不同。但无机纳米粒子与弹性体粒子可以协同增韧，这又表现出刚性粒子增韧与弹性体增韧的相互关联。

形态学研究是增韧机理研究的重要途径。关于无机纳米粒子助分散作用的研究，是从形态学角度对无机刚性粒子作用机理的探讨；无机刚性粒子团模型和沙袋理论，则提出了关于纳米复合材料形态的新模式。

机理研究对实际应用具有指导性。不同的机理，有可能对应着不同的研究思路和技术路线。无机纳米粒子作为高分子材料的一种新型的添加剂，在聚合物改性中有广泛的应用前景。纳米粒子增韧机理研究对应用的指导作用，将积极地促进无机纳米粒子/聚合物复合材料的研究开发。

习　题

1. 简述纳米复合材料的制备方法。

2. 参考溶胶体系的稳定性理论，解决纳米粒子分散问题有哪些思路？

3. 依照聚合物共混理论关于第三组分在聚合物两相间分配的影响因素，讨论无机纳米粒子在聚合物两相间的分配问题。

参考文献

[1] 李凤生，杨毅等．纳米功能复合材料及应用．北京：国防工业出版社，2003．16～35

[2] 李凤生，杨毅．纳米/微米复合技术及应用．北京：国防工业出版社，2002．43～100

[3] 张金才，王敏．纳米微粒制备技术．无机盐工业，2005，37（11）：7～11

[4] 胡庆福．纳米级碳酸钙生产与应用．北京：化学工业出版社，2004．4

[5] 陈建峰．超重力技术及应用．北京：化学工业出版社，2002

[6] 张立德，牟季美．纳米材料和纳米结构．北京：科学出版社，2001

[7] 张志昆，崔作林．纳米技术与纳米材料．北京：国防工业出版社，2000

[8] 黄锐，王旭等．纳米塑料．北京：中国轻工业出版社，2002．14～73

[9] 贾巧英，马晓燕．纳米材料及其在聚合物中的应用．塑料科技，2001，（2）：6～10

[10] 邬润德，童筱莉等．SOL-GEL 法制有机聚合物/无机纳米粒子复合材料．浙江工业大学学报，2000，28（4）：288～292

[11] 熊传溪，闻荻江等．超微细 Al_2O_3 增强增韧聚苯乙烯的研究．高分子材料科学与工程，1994，（4）：69～71

[12] Jianfeng Chen，Guoquan Wang，Xiaofei Zeng，et al. Toughening of Polypropylene-ethylene Copolymer with Nanosized $CaCO_3$ and Styrene-butadiene-styrene. Journal of Applied Polymer Science,

2004，94 (2)：796～802
[13] 郝顺利，王新等．纳米粉体制备过程中粒子的团聚及控制方法研究．人工晶体学报，2006，35 (2)：342～346
[14] 沈钟，王果庭．胶体与表面化学．北京：化学工业出版社，1991．40～70
[15] 陈建峰，王国全，曾晓飞．用转移法对纳米级无机颗粒表面改性的方法．中国发明专利，申请号：200510008694．4，2005
[16] 胡圣飞，郦华兴等．纳米 $CaCO_3$ 增韧增强 PP 研究．工程塑料应用，2004，32 (9)：19～22
[17] Zhang Qing-xin，Yu Zhong-zhen，et al. Crystallization and Impact Energy of Polypropylene/$CaCO_3$ Nanocomposites with Nonionic Modifier. Polymer，2004，45：5985～5994
[18] 张雪琴，毋伟，陈建峰等．聚苯乙烯/丙烯酸丁酯/纳米碳酸钙复合微粒的制备与表征．北京化工大学学报（自然科学版），2005，(1)：1～4
[19] 张雪琴，毋伟，陈建峰等．纳米 $CaCO_3$ 复合微粒对 ABS 性能的影响．高分子材料科学与工程，22 (1)：107～110
[20] 郭涛，王炼石．镧化物改性超细碳酸钙对聚丙烯结晶性能的影响．塑料工业，2004，32 (8)：45～47
[21] 刘润静，邹海魁，陈建峰等．核壳结构型纳米 $CaCO_3$-$SiO_2 \cdot nH_2O$ 复合粒子的制备．材料研究学报，2001 (1)：61～64
[22] 陈建峰，王国全，曾晓飞等．纳米碳酸钙塑料增韧母料．中国发明专利，ZL 00129696.5，2000
[23] 凤雷，李道火．无机纳米材料对聚合物改性的研究进展．中国粉体技术，1999，5 (5)：31～34
[24] 王国全，曾晓飞，陈建峰等．PP/POE/纳米 $CaCO_3$ 复合材料的制备与性能研究．中国塑料，2006，20 (7)：40～42
[25] 王文一，王国全，陈建峰等．纳米 $CaCO_3$/EPR/PP 复合材料性能与结构研究．复合材料学报，2004，21 (4)：67～70
[26] 俞江华，王国全，陈建峰等．PP/SBS/纳米 $CaCO_3$ 复合材料结构与性能研究．中国塑料，2005，19 (2)：22～25
[27] 赵红英，王国全，陈建峰等．纳米 $CaCO_3$ 增韧聚丙烯的研究．塑料工业，2002，30 (4)：23～24
[28] 曾晓飞，陈建峰，王国全．纳米级 $CaCO_3$ 粒子与弹性体 CPE 微粒同时增韧 PVC 的研究．高分子学报，2002，(6)：738～741
[29] 胡圣飞．纳米级 $CaCO_3$ 粒子对 PVC 增韧增强研究．中国塑料，1999 (6)：25
[30] 俞江华．纳米 $CaCO_3$/弹性体/PP 三元复合材料的研究［学位论文］．北京：北京化工大学，2004
[31] 张芳，夏茹等．PP/POE/纳米 $CaCO_3$ 复合材料流变性能的研究．中国塑料，2005，19 (2)：26～30
[32] 周达飞等．高分子材料成型加工．北京：中国轻工业出版社，2000．128～131
[33] 钟明强，俞延丰．聚丙烯/弹性体 POE/纳米碳酸钙共混复合材料研究．新型建筑材料，2003 (5)：40～41
[34] 陈俊，杨伟，黄锐．纳米 $CaCO_3$ 对 PET/M-POE 体系力学性能的影响．中国塑料，2005，19 (2)：16～21
[35] 窦强．聚丙烯/碳酸钙复合材料中 β 晶型聚丙烯的生成及其作用．中国塑料，2006，20 (1)：6～11
[36] Guo Zhiqiang，Chen Jianfeng，Zeng Xiaofei，et al. Assistant Effect of Nano-$CaCO_3$ Particles on the Dispersion of TiO_2 Pigment in Polypropylene Composites. Journal of Materials Science，2004，39 (8)：2891～2893
[37] 郭志强，曾晓飞，陈建峰．纳米 $CaCO_3$ 在有机颜料塑料着色中的应用．北京化工大学学报（自然科学版），2004，31 (5)：14～17

[38] 漆宗能，张世民，马咏梅．纳米塑料．黄锐，王旭等编．纳米塑料聚合物/纳米无机物复合材料研制、应用与进展．北京：中国轻工业出版社，2002．10～12
[39] 陈光明，李强，漆宗能．聚合物/层状硅酸盐纳米复合材料研究进展．高分子通报，1999，(4)：1～10
[40] 赵竹第，李强，漆宗能等．尼龙 6/蒙脱土纳米复合材料的制备、结构与力学性能的研究．高分子学报，1997，(5)：519～523
[41] 李强，赵竹第，漆宗能等．尼龙 6/蒙脱土纳米复合材料的结晶行为．高分子学报，1997 (5)：188～193
[42] 刘立敏，朱晓光，漆宗能．尼龙 6/蒙脱土纳米复合材料的等温结晶动力学研究．高分子通报，1999，(3)：274～278
[43] 马继盛，漆宗能，李革．聚丙烯/蒙脱土纳米复合材料的等温结晶研究．高分子学报，2001，(5)：589
[44] 吴唯，徐仲德．纳米刚性微粒与橡胶弹性微粒同时增强增韧聚丙烯的研究．高分子学报，2000，(1)：99～104
[45] 江涛，王旭，金日光．PP/纳米 SiO_2/POE 复合材料的研究．塑料，2002，31 (6)：11～14
[46] 王平华，严满清．纳米 SiO_2 粒子对 PP 结晶行为的影响．中国塑料，2003，17 (3)：21～24
[47] 王东，高俊刚等．聚丙烯/纳米 SiO_2 复合材料的流变行为、力学性能和相态学研究．塑料，2003，32 (5)：7～11
[48] 邵鑫，田军等．纳米 SiO_2 对聚醚砜酮复合材料摩擦学性能的影响．材料工程，2002，(2)：38～42
[49] 凤雷，李道火．非晶纳米 Si_3N_4 对 POM 的增强与增韧研究．量子电子学，1994，(4)：70～76
[50] Wu S. A Generalized Criterion for Rubber Toughening：The Critical Matrix Ligament Thickness. J. Appl. Polym. Sci.，1988，35：549～561
[51] Qiang Fu，Guiheng Wang，Jiusi Shen. PolyethyleneToughened by $CaCO_3$ Particle：Brittle-Ductile Transition of $CaCO_3$-Toughened HDPE. Journal of Applied Polymer Science，1993，49 (4)：673
[52] 张金柱，汪信等．纳米无机粒子对塑料增强增韧的“裂缝与银纹相互转化”机理．工程塑料应用，2003，31 (1)：20～22
[53] 石璞，罗卫华等，纳米 SiO_2 增强增韧聚丙烯界面模型的研究，塑料科技，2002，5：34～36
[54] 吴永刚，马懿，李敬泽等．无机刚性粒子增韧 PP 的研究．中国塑料，1999，13 (4)：30～33
[55] 黄锐，王旭．熔融共混法制备聚合物/纳米无机粒子复合材料的研究：纳米粒子的“沙袋结构”对聚合物的增韧．第二届中国塑料产业发展研讨会论文集，2002，86～88
[56] 刘洋，王国全，陈建峰等．纳米 $CaCO_3$/ABS/POE/EVA 复合材料的协同效应及力学性能研究．中国塑料，2005，19 (12)：35～38

第 10 章　聚合物共混工艺与设备

内容简介：首先介绍共混工艺，重点是颇有实用意义的两阶共混分散历程。继而简介共混设备，重点介绍双螺杆挤出机，包括双螺杆挤出机的类型、螺杆元件、挤出过程，以及设备与工艺的调控。

聚合物共混的工业实施，除配方体系的设计外，共混工艺路线的设计与工艺条件的设定，以及设备的选型和设备的调控，都是很重要的。实际上，配方、工艺、设备，三者是互相关联、紧密结合的。

本书以介绍聚合物共混改性原理及应用为宗旨。在实际的工业生产中，共混过程只是整个生产过程的一部分，是总体生产工艺流程的一个环节。共混过程的上游环节应该包括物料的准备（包括计量、输送），下游环节应该包括造粒或制品的成型。本书对共混过程的上游环节和下游环节不做介绍，只介绍共混过程。

10.1　共混工艺路线的设计

共混的工艺路线多种多样。总体而言，共混是要达到分散相的分散和均化。从共混工艺路线的视角，可将分散过程按机理划分为若干类型，每一种类型可称为一种分散历程。共混改性中的分散历程，有些类似高分子聚合中的反应历程。通过对于共混分散历程的研究，能够设计出不同的共混工艺路线。针对不同的共混体系，可以选用适当的共混工艺路线。

10.1.1　共混工艺概述

10.1.1.1　共混分步

聚合物共混，按共混的步骤，总体上可划分为一步法和两步法（或多步法）。一步法是指将各种物料在一次共混过程中进行混合；两步法（或多步法）则是指经过两次（或多次）共混，完成该共混体系的全部共混过程。

由于一步法共混过程是一次完成的，所以具有工艺流程短、生产便捷的优点。对于相容性较好、分散相较易分散的共混体系，应该采用一步法。

两步法包括多种形式。下面将要介绍的两阶共混分散历程，是两步法的一种形式。其它形式的经过两次（或多次）共混的混合工艺，也是两步法（或多步法）。此外，在塑料工业中广泛应用的母料法，也是属于两步法。采用两步法的目的，是通过两步法工艺路线的设计和实施，改善分散相的分散效果。对于采用一步法难于获得良好分散效果的共混体系，可以考虑采用两步法。

随着共混设备的改进和新型设备的出现，一步法和两步法（或多步法）之间也在彼此融合。例如，子母式挤出机的出现，可以实现两步法共混的一次性完成。这样，就既可以获得两步法共混的效果，又避免了多次混合的不利因素。

尽管共混设备方面进行了有益的改进或组合，对于两步法（或多步法）共混过程的研究仍然是必要的，这对于新设备条件下的共混过程仍然有指导或借鉴意义。

此外，新型助剂的出现和配方体系的改进，对于共混工艺也有影响。特别是相容剂的采用和共混体系相容性的改善，使得一些共混体系变得易于共混，因而可以采用一步法进行共混。

10.1.1.2 加料顺序

加料顺序是共混工艺设计中一个重要的因素。不同的加料顺序，对共混结果可能会产生相当大的影响。

如第 4 章 4.5.3 节所述，加料顺序会影响第三组分在聚合物两相间的分配。所以，调整加料顺序，是调节第三组分在两相间分配的途径之一。

在双螺杆挤出机上，如果有多个加料口，就可以进行分段加料，这就为调节加料顺序提供了很有利的条件。某些助剂，会显著降低物料熔体与设备之间的摩擦力，不利于共混过程中力的传递，可以选择作为后加的物料。例如，需要添加硅油的共混体系，通常都会把硅油作为后加的物料。某些粉体（如炭黑）不易在聚合物中分散，也可采用分段加料的方式，将粉体分几次逐步加入，以利于解决分散问题。

从共混机理的角度看，分段加料可以看作是另一种形式的多步法共混。

10.1.1.3 共混工艺条件

对于工业生产中的共混工艺条件，与配方体系和共混设备都有密切关系。不同的共混配方体系，对共混工艺条件会有不同的要求；而设备的选型，以及所选设备的结构参数，也会对共混条件产生重要影响。

在第 3 章中，讨论了影响共混过程的 5 个因素，或者说是 5 个基本条件。但在工业生产的共混过程中，共混工艺条件是与共混设备密切相关的。

考虑到共混工艺条件与共混设备的密切关系，本章将对共混设备进行简介之后，再具体讨论共混工艺条件。

10.1.2 两阶共混分散历程

两阶共混分散历程是理论上很有特色，而且应用中行之有效的分散历程。两阶共混分散历程是我国科技工作者提出的[1]。

两阶共混的方法，是将两种共混组分中用量较多的组分的一部分，与另一组分的全部先进行第一阶段共混。在第一阶段共混中，要尽可能使两相熔体黏度相等，且使两组分物料用量也大体相等，在这样的条件下，制备出具有“海-海”结构的两相连续中间产物。

在两阶共混的第二阶段，将组分含量较多的物料的剩余部分，加入到“海-海”结构的中间产物中，将“海-海”结构分散，可制成具有较小分散相粒径，且分散相粒径大小较为均匀的“海-岛”结构两相体系，如图 10-1 所示[1]。

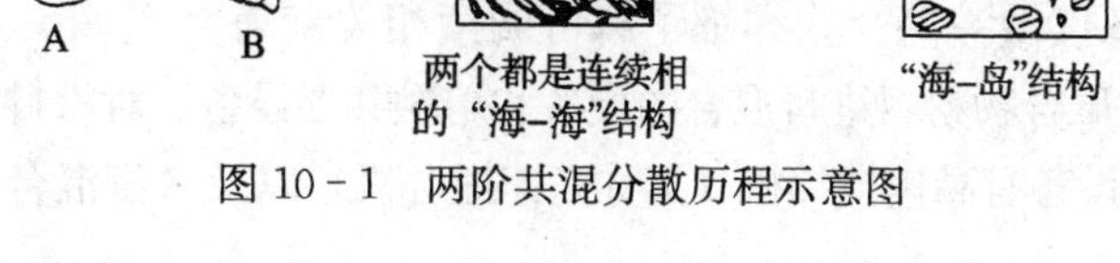

图 10-1 两阶共混分散历程示意图

采用两阶共混分散历程，可以解决降低分散相粒径和使分散相粒径分布较窄的问题。两阶共混历程的关键，是制备具有“海-海”结构的中间产物，这是两阶共混分散历程不同于“母粒共混”的特征所在。在聚合物共混改性中，母粒共混也是一种常用的共混方法，如预先制备的填充母粒、色母粒等。但由于母粒共混并不要求制备“海-海”结构中间产物，所以，与两阶共混分散历程是并不相同的。

两阶共混分散历程已成功地应用于 PP/SBS、PS/SBS 等共混体系之中。在 PP/SBS 与 PS/SBS 共混体系中，SBS 为分散相，对 PP、PS 起增韧改性的作用。通过采用两阶共混分散历程，制成了 SBS 分散相粒径约为 $1\mu m$，且粒径分布不宽的共混材料，使 PP（或 PS）的冲击强度显著提高。

两阶共混分散历程也可应用于以橡胶为主体，用塑料改性橡胶的共混体系。譬如，在 NR/PE 共混体系中，采用一步共混法，与采用两阶共混法的性能数据对比（见表 10－1）中，可以看出，两阶共混法制备的 NR/PE 共混物的拉伸强度明显高于一步共混法。其它力学性能，两阶共混法的产物也较一步法为优[2]。

表 10－1　　不同共混方法制备的 NR/PE 共混物性能对比

性　能	共混方法	
	一步法共混	两阶共混
拉伸强度 /MPa	21.9	33.0
扯断伸长率 /%	803	872
300%定伸应力 /MPa	5.1	6.5
永久变形 /%	38	36

10.1.3　聚合物共混的其它方式

母料法是聚合物共混的常用方式。主要的母料有填充母料、色母料等。采用母料法，可以有效地改善填料、着色剂等在聚合物中的分散。

对于多组分的聚合物体系，如塑料/弹性体/无机纳米粒子的共混体系，可以尝试多种不同的共混方式。例如，将无机纳米粒子先与塑料组分共混，再与弹性体组分共混；或者将无机纳米粒子先与弹性体组分共混，再与塑料组分共混；或者将塑料、弹性体、无机纳米粒子一起共混；然后，可以比较不同共混方式的效果。

聚合物共混的分散历程，是一个很值得进一步探讨的领域。

10.2　共混设备简介

10.2.1　概述

对于共混过程而言，共混设备是共混过程得以实施的支撑条件；而对于共混设备而言，共混物料体系是共混设备运作的对象。共混设备与共混过程及物料体系的关系十分紧密。本书对共混设备仅做一简介，详细了解可阅读相关专著[3,4]。

共混设备包括对聚合物粉料进行混合的设备和熔融共混设备。对粉料进行混合的过程称为“简单混合”。所用的设备有高速搅拌机（又称高速捏合机）以及 Z 型混合机等。粉料的混合设备主要用于使聚合物粉料与各种添加剂均匀混合，以便于进一步的熔融共混。对于PVC粉料，特别是软制品或半硬制品，粉料的混合还要使增塑剂等液体助剂渗透到PVC粉料中。

熔融共混的设备包括开炼机、密炼机、挤出机等。

开炼机的主要工作部件是可加热的两个相向转动的辊筒，又称双辊开炼机。调节两个辊筒的间隙，可以改变物料所受到的剪切力的大小。调节辊筒温度，可以调整共混物料的熔体温度。开炼机结构简单，操作直观，但操作较为繁重，且安全性、卫生性较差，已逐渐被更先进的共混设备所替代。

密炼机具有密闭的混炼室，操作安全，生产效率也较高。密炼机对物料的剪切作用较强，具有较好的共混分散效果。但是，密炼机属于间歇操作，这就给应用带来了不便。

挤出机可分为单螺杆挤出机和双螺杆挤出机两大类。

单螺杆挤出机具有结构简单、易于操作、维修方便等优点。单螺杆挤出机可用于连续实施共混，但是混炼效果不理想，难以使共混体系实现理想的分散效果。对于硬质PVC物料，不能实现粉料的直接加工；对高填充体系、纤维增强改性体系，混合效果也不太好。单螺杆挤出机的设备参数，包括螺杆直径、长径比、螺槽深度、螺杆各段长度等。为增强单螺杆挤出机的混合效果，可以采用屏障型、销钉型等混炼元件。

双螺杆挤出机是目前普遍采用的共混设备。与密炼机相比，双螺杆挤出机具有连续混合的优势；其混合效果则远优于单螺杆挤出机。下面，将具体介绍双螺杆挤出机。

10.2.2 双螺杆挤出机的种类与特性[4~8]

双螺杆挤出机是在单螺杆挤出机的基础上发展起来的。它和单螺杆挤出机都具有传递物料和塑化物料的功能，但双螺杆挤出机的混合、塑化能力和排气效果均比单螺杆挤出机强。此外，双螺杆挤出机还具有强制输送和自洁的能力。双螺杆挤出机已在聚合物共混改性、反应性挤出和制品加工等方面得到越来越多的应用。目前国内外在聚合物混配造粒、共混改性中几乎全部使用了双螺杆挤出机；在管材、板材和型材的成型中，双螺杆挤出机的应用也占了大多数的比例。此外，在PVC的粉料直接成型加工方面，双螺杆挤出机也显示了突出的优越性。

10.2.2.1 双螺杆挤出机的种类

双螺杆挤出机种类很多，总体上有如下几类。

(1) 啮合型与非啮合型双螺杆挤出机

按照螺杆之间的啮合与不啮合，可分为啮合型与非啮合型双螺杆挤出机，如图10-2所示[4]。目前应用的双螺杆挤出机主要为啮合型双螺杆挤出机。这种类型的挤出机，正是依靠两根螺杆之间的啮合，达到对物料的混合和塑化作用。

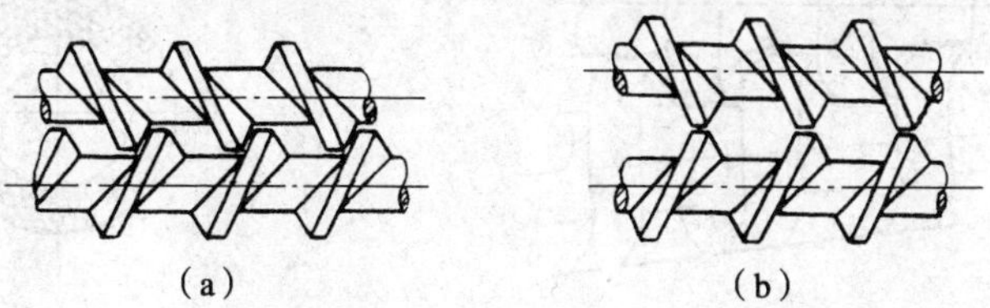

图10-2 啮合型与非啮合型双螺杆挤出机的螺杆相对位置

(a) 啮合型　(b) 非啮合型

（2）同向旋转和异向旋转双螺杆挤出机

按照螺杆旋转的方向，可分为同向旋转和异向旋转双螺杆挤出机，如图 10－3 所示[4]。

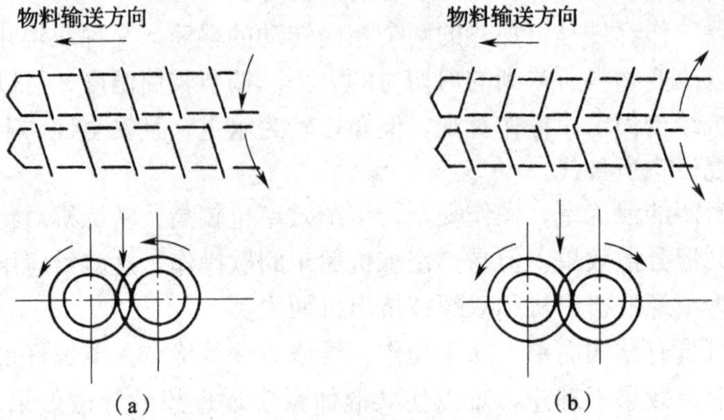

图 10－3　同向和异向旋转双螺杆挤出机螺杆旋转方向示意图

（a）同向旋转　（b）异向旋转

（3）平行和锥形双螺杆挤出机

按照两根螺杆的轴线是否平行，可分为平行和锥形双螺杆挤出机。两根螺杆的轴线平行的，为平行双螺杆挤出机。锥形双螺杆挤出机的螺杆为一端较粗、另一端较细的“锥形”，其两根螺杆的轴线当然就不会平行了。锥形双螺杆挤出机螺杆相对位置的示意图如图 10－4 所示[4]。

双螺杆挤出机应用较多的机型为：啮合型同向旋转（平行）双螺杆挤出机、啮合型异向旋转（平行和锥形）双螺杆挤出机，分别介绍如下。

10.2.2.2　不同类型双螺杆挤出机的特点和用途

（1）啮合型同向旋转（平行）双螺杆挤出机

啮合型同向旋转（平行）双螺杆挤出机目前主要应用于聚合物改性，包括聚合物-聚合物共混、填充、纤维增强等。

啮合型同向双螺杆挤出机的工作原理，是螺杆之间相互啮合的相对运动，使物料受到高剪切力，同时改变物料的流动方向。如图 10－5 所示[9]，在两个螺纹的啮合处，物料受到高剪切力，同时部分物料的流动方向发生改变。物料在沿螺杆向前输送的过程中，会不断受到剪切和改变流动方向。如第 3 章 3.2.1.2 节所述，高剪切力和不断改变物料流动方向，是实现分散混合的必要条件。

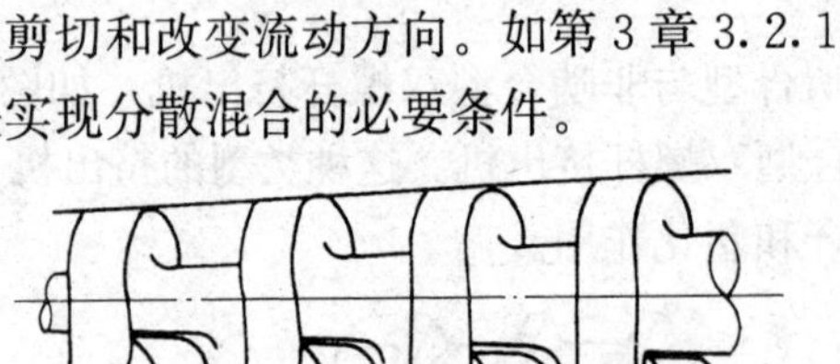

图 10－4　锥形双螺杆挤出机螺杆相对位置示意图

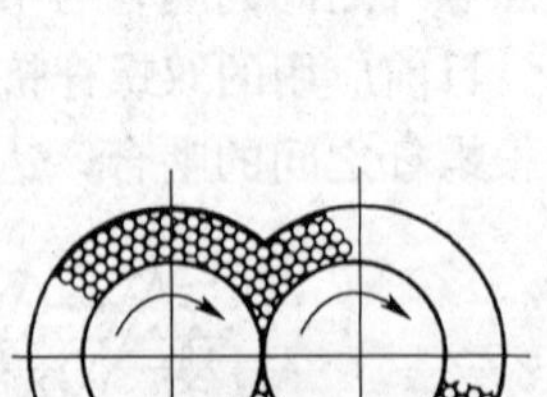

图 10－5　螺杆啮合处物料的运动

同时，如图 10 - 6 所示[9]，从一根螺杆的螺槽输送过来的物料，会在进入（流入）另一根螺杆的螺槽时发生分流。

啮合型同向双螺杆挤出机可实现多点加料和多处排气，因而可适用于有多个加料口的分段加料，以及设置多处排气口。此外，啮合型同向双螺杆挤出机的螺杆和机筒通常是积木式的组合结构。其中，螺杆的积木式组合包括轴芯和若干不同类型的螺杆元件，将螺杆元件按一定类型和顺序插装在轴芯上。采用组合结构螺杆，可以根据物料体系的需要设计和选用不同的螺杆结构（螺杆元件的组合），也可以随时改变和调整螺杆结构。以上这些特点，都使啮合型同向双螺杆挤出机很适合于聚合物共混体系、高填充体系等方面的应用。

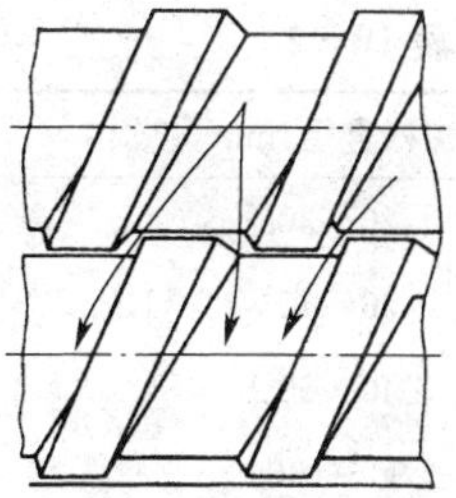

图 10 - 6　啮合型同向双螺杆的分流作用

（2）啮合型异向旋转双螺杆挤出机

啮合型异向旋转双螺杆挤出机可分为平行和锥形两种，两者的特点和工作原理分别简介如下[8]。

① 啮合型平行异向双螺杆挤出机

在此类型挤出机上，物料不能从一根螺杆的螺槽流入另一根螺杆的螺槽；料流是沿着 C 型封闭小室向前推进；其特点是具有比同向双螺杆挤出机的更强的物料输送能力和挤出能力，可形成较高的机头压力，不仅可用于 PVC 造粒，也适于塑料制品的直接挤出成型。

② 锥形双螺杆挤出机

啮合型锥形异向双螺杆挤出机通常简称为锥形双螺杆挤出机，其工作原理与啮合平行异向双螺杆挤出机基本相同；熔体输送能力和机头建压能力都较强。主要用于硬质 PVC 制品（如管、板以及异型材等）的粉料直接挤出成型。与平行双螺杆相比，将螺杆做成锥形，具有以下优点：其一，锥形双螺杆挤出机在靠近加料口的一端螺杆直径较大，相应的，加料段的螺槽容积也较大，这就有利于物料的加入和加料量的提高，具有较好的加料特性；其二，沿挤出方向，螺杆直径逐渐变小，螺槽容积也相应逐渐变小，使物料得以逐渐压缩、压实，并充满螺槽，有利于物料受热和熔融；其三，由于螺杆直径在物料输送方向逐渐变小，螺杆圆周的线速度亦逐渐降低，使得在接近机头的排料端，已处于熔融状态的物料不再承受过高的剪切，可防止易降解物料（如 PVC）的降解，特别适合 PVC 制品的加工，等等。锥形双螺杆挤出机已在粉料直接挤出 PVC 硬制品中获得广泛应用，例如，PVC 门窗异型材的生产，大部分采用锥形双螺杆挤出机。

啮合型异向旋转双螺杆挤出机（包括平行和锥形）的螺杆和机筒通常都是做成整体的，不能随意组合。因而，其对于不同类型的物料体系的适应性，不如啮合型同向旋转双螺杆挤出机好。

10.2.3 双螺杆挤出机的设备参数

双螺杆挤出机的主要设备参数，包括螺杆直径、长径比、螺杆最高转速等[4]。

10.2.3.1 螺杆直径

螺杆直径是决定设备生产能力的主要因素，因而通常将螺杆直径作为挤出机的规格。同向双螺杆挤出机螺杆直径与最高产量（最高挤出量）的关系，如表 10 - 2 所示。

表 10-2　　同向双螺杆挤出机螺杆直径与最高挤出量的关系

螺杆直径/mm	长径比	螺杆最高转速/（r/min）	最高挤出量/（kg/h）
20～30	24～48	≥400	≥24
30～40	24～48	≥400	≥48
40～50	24～48	≥400	≥120
90～100	24～48	≥300	≥500

10.2.3.2　螺杆长径比

螺杆长径比是指螺杆有效长度与直径之比。锥形双螺杆挤出机的长径比的计算，是取螺杆大端直径与小端直径的平均值。

对于单螺杆挤出机，物料塑化和混合效果主要决定于螺杆长径比。双螺杆挤出机靠两根螺杆之间的啮合，达到混合和塑化的目的，而不是像单螺杆挤出机那样，靠加长螺杆长径比。

但是，对于啮合型平行同向双螺杆挤出机，如果采用多个加料口的分段加料，或者有若干个排气口，或者需要较长的物料停留时间，就需要有较长的螺杆长径比。另外，螺杆长径比加大，易于建立起所需的沿程压力分布（参见 10.2.4 节），有利于提高塑化、混合的质量，或者使反应共混的反应过程更为充分。

对于啮合型异向（平行或锥形）双螺杆挤出机，由于双螺杆挤出机塑化能力强，所以其螺杆长径比可以比单螺杆挤出机小。与啮合同向双螺杆挤出机相比，啮合异向双螺杆挤出机的螺杆长径比也要小一些。

10.2.3.3　螺杆最高转速

螺杆最高转速关系着双螺杆挤出机的挤出能力和混合能力。

对于啮合型异向双螺杆挤出机，由于主要用于 PVC 的加工，而 PVC 易于降解，所以啮合型异向双螺杆挤出机的螺杆转速不能太高。此外，啮合型异向双螺杆挤出机的螺杆转速过高时，会引起螺杆、机筒的过度磨损，也限制了螺杆转速的提高。啮合型异向双螺杆挤出机的螺杆转速通常在 60r/min 以内。

啮合型同向双螺杆挤出机用于聚合物共混改性，需要高的剪切速率和剪切力，所以，需要高的螺杆转速。目前，部分厂家生产的啮合型同向双螺杆挤出机的螺杆最高转速已达到 600r/min，甚至更高。

双螺杆挤出机的设备参数还包括最大挤出量、功耗、螺杆中心距、螺杆轴向推力等。

10.2.4　双螺杆挤出机螺杆元件的特性与功能

双螺杆挤出机的螺杆，是不同结构的元件的组合。双螺杆挤出机就是通过不同结构螺杆元件组合的作用，实现物料的输送、熔融、分布及分散混合、脱出挥发性气体，乃至增压挤出等功能的。螺杆元件的组合，可能是积木式的（如在多数的啮合型同向双螺杆挤出机中），也可能是一体式的（如在啮合型异向双螺杆挤出机中）。螺杆元件包括螺纹元件（含正向螺纹元件、反向螺纹元件）、捏合盘元件、齿形盘元件等类型。

10.2.4.1　螺纹元件

按螺纹方向，螺纹元件可分为正向螺纹元件和反向螺纹元件。“正向”是指输送物料的方向与挤出方向相同，正向螺纹元件主要用于物料的输送。正向螺纹元件是双螺杆挤出机最常用的螺杆元件。

“反向”是指输送物料的方向与挤出方向相反，反向螺纹元件向挤出方向的反向输送物料，可在其前方形成高压区，以克服反向螺纹元件造成的阻力。反向螺纹元件的用途之一，是利用其形成的高压区，在其后设置排气口。

螺纹元件的结构参数包括头数、槽深、导程等。

(1) 螺纹头数

螺纹元件按“头数”分为单头、双头、三头（或多头），如图 10-7 所示[9]。对于正向螺纹元件，单头螺纹对物料的输送能力大于多头螺纹，混合效果也优于多头螺纹。

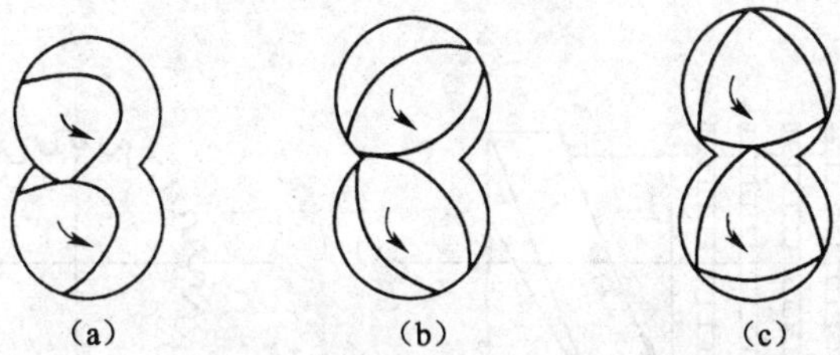

图 10-7　不同头数的螺纹元件的横截面示意图

(a) 单头螺纹　(b) 双头螺纹　(c) 三头螺纹

(2) 螺槽深度

不同螺槽深度的对比示意图如图 10-8 所示[9]。可以看出，螺槽深度增大后，容积也相应增大。对于正向螺纹元件，若螺杆的中心距不变，在一定范围内增大螺槽深度，可以增加挤出量，但是剪切强度相应降低，混合性能降低。

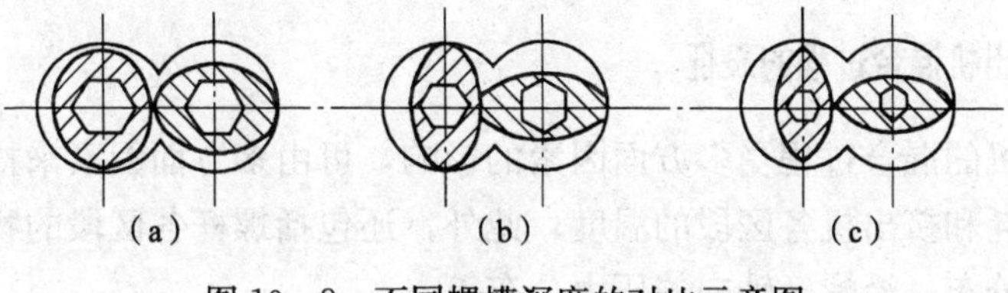

图 10-8　不同螺槽深度的对比示意图

(3) 导程

不同导程的螺纹元件的组合如图 10-9 所示[4]。图中，螺纹元件的导程由右至左递减。导程的大小可以影响物料在螺槽中的充满度、停留时间和建压能力（参见 10.2.4 节）。

由于双螺杆挤出机是计量加料的，所以导程增大就会使物料的充满度降低；反之，导程减小会使物料的充满度增大。在加料段采用大导程的正向螺纹元件，可以有利于物料的加入；之后，采用减小导程的螺纹元件，可以使物料压实。导程还影响建压能力和物料的停留时间。

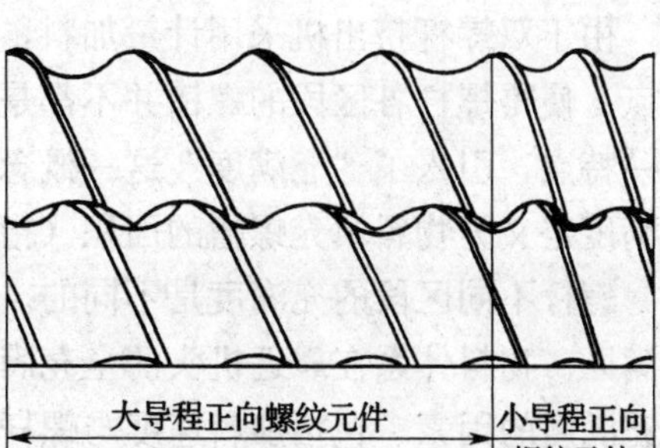

图 10-9　不同导程的螺纹元件对比

10.2.4.2 捏合盘元件

捏合盘元件如图 10-10 所示。捏合盘元件具有优异的混合、熔融性能，在同向双螺杆挤出机中得到广泛应用[3]。物料在捏合盘元件中可受到高剪切的作用，产生良好的分散混合和分布混合的效果。捏合盘元件都是成组组合使用的，成组组合的捏合盘元件称为捏合块。

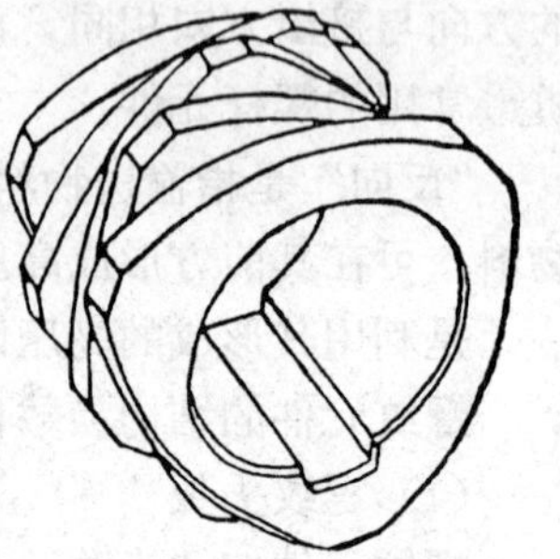

图 10-10 捏合盘元件
（组合成捏合块）

10.2.4.3 齿形盘元件

齿形盘元件的示意图如图 10-11 所示[4]。齿形盘元件是一种很好的混合元件，可以产生分布混合的作用，也可以起分散混合的作用。

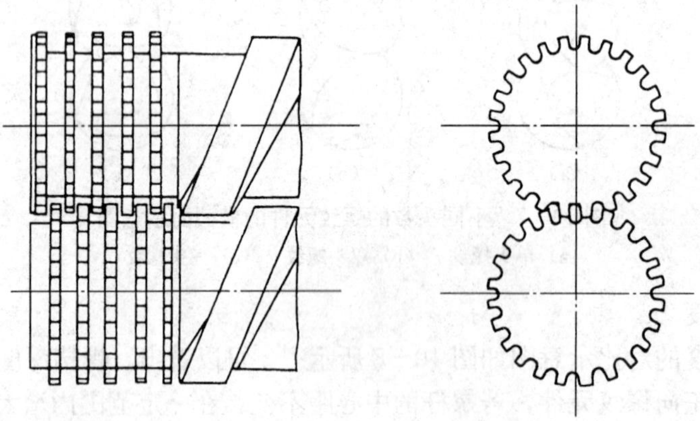

图 10-11 齿形盘元件的示意图

10.2.5 双螺杆挤出机混合过程的表征

双螺杆挤出机的混合过程受多方面因素的影响，可由多方面因素来描述和表征，其中包括挤出机的能耗和挤出机各区段的温度；此外，还包括螺杆各区段的物料充满度、停留时间与停留时间分布、沿螺杆轴向的压力分布等[4]。

(1) 充满度

由于双螺杆挤出机采用计量加料，且常常是“饥饿加料”，以及双螺杆挤出机的结构特点，使得螺杆各区段的螺槽并不都是被物料充满的。为了描述双螺杆挤出机挤出过程的这一特点，引入了“充满度”这一概念。充满度有多种表征方法，其中一种表征方法是将充满度定义为物料填充螺槽的面积（指截面积）与螺槽的总面积之比。

螺杆不同区段的充满度是不同的。靠近加料口一侧为部分充满区；靠近机头一侧为全充满区。物料体系在靠近机头的全充满区建立起压力，以克服机头的阻力而完成挤出。影响充满度的因素，包括加料速度与螺杆转速的相对比较、螺纹元件的导程、反向螺纹元件的采用等。例如，保持螺杆转速不变而提高加料速度，可以使充满区的长度增大；保持加料速度不变而提高螺杆转速，则可以使充满区的长度减小。

(2) 停留时间与停留时间分布

物料在挤出机中的停留时间，是指物料从加料到挤出所经历的总的时间。同时加入挤出机中的物料，会在不同的时间离开挤出机；换言之，物料体系中的不同流体微元（流动单元），在挤出机中的停留时间是不同的，这就是停留时间分布。停留时间分布与挤出机的构造有关。例如，啮合型同向双螺杆挤出机与啮合型异向双螺杆挤出机相比，停留时间分布是有差异的。

此外，物料在挤出机不同螺杆元件或不同区段中的停留时间，也是有差别的。

（3）压力分布

在双螺杆挤出机中，当某一区段的物料达到全充满的时候，即充满度等于1的时候，就可以形成一定的压力（称之为建立压力，或简称为“建压”）。

不同的螺杆元件，建立压力的能力是不同的。例如，反向螺纹元件向挤出方向的反向输送物料，可在其前方形成高压区，以克服反向螺纹元件造成的阻力。对应于一定的螺杆元件组合和挤出机结构，沿螺杆轴线就可以形成一定的压力分布。压力的大小及分布由螺杆构型（组合结构）和物料的黏度等因素所决定。

充满度、停留时间和压力分布，都是影响双螺杆挤出机挤出过程的重要因素。

10.2.6 双螺杆挤出过程的阶段划分

双螺杆挤出机的挤出过程可分为3个阶段：固体输送、熔融、熔体输送（混合）。以下以啮合型同向双螺杆挤出机为例，对双螺杆挤出机挤出过程的3个阶段分述如下。

（1）固体输送阶段

物料从喂料口进入挤出机后，首先进入固体输送阶段。在固体输送阶段，物料的形状、密度差异较大，且通常呈松散状。因此，固体输送阶段（特别是初始段）要有较大的容积（采用有适当的导程和槽深的正向螺纹元件），以容纳物料。固体输送阶段还要通过逐渐减小导程等方式，对物料起压实的作用。在固体输送阶段，可采用如图10－9所示的不同导程的正向螺纹元件，螺纹元件的导程由右至左递减，可起压实物料的作用。

（2）熔融阶段

在熔融阶段，物料实现熔融并发生混合。使物料熔融所需的热量有两个来源，其一是机筒加热提供的外加热，其二是物料在螺杆剪切力作用下的产生的热量（剪切热）。剪切热是靠具有高剪切作用的螺杆元件产生的。因此，在熔融阶段，应设置捏合盘元件等具有高剪切作用的螺杆元件。此外，提高螺杆转速也可以增大剪切力，从而增大剪切热。

在熔融阶段，物料还发生初步的混合（共混）。初始物料中的分散相聚合物粒子一般为毫米级粒径的粒料（或者粒径为数百微米的粉料），经过熔融阶段的共混作用，分散相聚合物尺寸显著变小。

（3）熔体输送（混合）阶段

物料由熔融阶段进入熔体输送（混合）阶段。物料的混合在熔融区就已经开始了。在熔体输送（混合）阶段中，要进一步进行分散混合和分布混合，使分散相物料进一步细化和均化。

熔体输送（混合）阶段的混合作用包括分布混合和分散混合。对于双螺杆挤出机，分布混合的效果与捏合盘的分流作用和回流作用（回流是指与挤出方向反向的物料流动）密切相关；分散混合的效果则与剪切速率、拉伸速率密切相关。

在熔体输送（混合）阶段，以捏合盘元件为主、螺纹元件为辅，组成高剪切捏合区。要使物料在经过此区时，既受到高剪切作用而实现分散混合，又能有一定的停留时间和返混（回流），以利于分布混合。

（4）挤出过程中表征因素的影响

如前所述，挤出过程的表征因素，有充满度、压力分布、停留时间等。这些因素与挤出过程都有密切关系。例如，充满度就是一个重要影响因素。在熔融阶段，充满度的大小会影响到物料所受到的剪切应力的大小，进而影响熔融过程；在熔体输送（混合）阶段，某一螺杆区间的充满度可决定该区间是否建立了压力，也会影响挤出过程。

10.3 挤出共混设备与工艺的调控

由于啮合型同向（平行）双螺杆挤出机是聚合物共混改性中最常采用的设备，所以，本节仅以啮合型同向双螺杆挤出机为例，介绍共混设备与工艺的调控。

采用啮合型同向双螺杆挤出机进行聚合物共混改性时，可调控的因素包括：螺杆组合（即螺杆元件的组合）、螺杆转速、加料速度、挤出机各段温度，以及物料的配方体系。对于采用分段加料的挤出机，要考虑加料顺序。

实际上，在设备的选型阶段，就要根据所需的生产能力和加工物料体系的特性，考虑并确定所需设备的规格、结构等一系列问题，包括螺杆直径、螺杆最大转速、螺杆长径比、加料方式、排气口等，以及基本的螺杆组合方案，这可为设备在聚合物共混改性中的应用创造有利的条件。

10.3.1 主变量与因变量

双螺杆挤出机挤出过程的调控，有主变量（独立操作变量）与因变量之分，如表 10－3 所示。其中，独立操作变量又分为连续可控和非连续可控；连续可控又分为主控制和次级控制。

表 10－3　双螺杆挤出机挤出过程的变量

独立操作变量（主变量）	连续可控	主控制	螺杆速度、加料量
		次级控制	机筒温度、加料温度等
	非连续可控		螺杆构型、加料方式等
因变量	过程参数		熔体温度、充满度、停留时间等
	产物评价指标		产物力学性能、颜色、表面性能等

10.3.2 调控的基本内容

现将采用啮合型同向双螺杆挤出机进行聚合物共混改性时，设备与工艺调控的基本内容简介如下。

（1）螺杆组合

啮合型同向双螺杆挤出机的螺杆通常是组合式的，即不同螺杆元件的积木式组合，因而，可以通过调节螺杆组合（即螺杆元件的组合），来调控共混过程。各螺杆元件的基本功能如前所述。通过调节螺杆组合，可分别对共混过程的固体输送、熔融、熔体输送（混合）三个阶段进行调控，可以调节物料充满度、压力分布、停留时间、剪切应力等因素，进而可以调节分散混合与分布混合的效果。例如，正、反向螺纹元件对充满度、压力分布的影响如图 10-12 所示[4]。可以看到，在反向螺纹元件前方出现了压力递增的高压区，相应地充满度为 1。

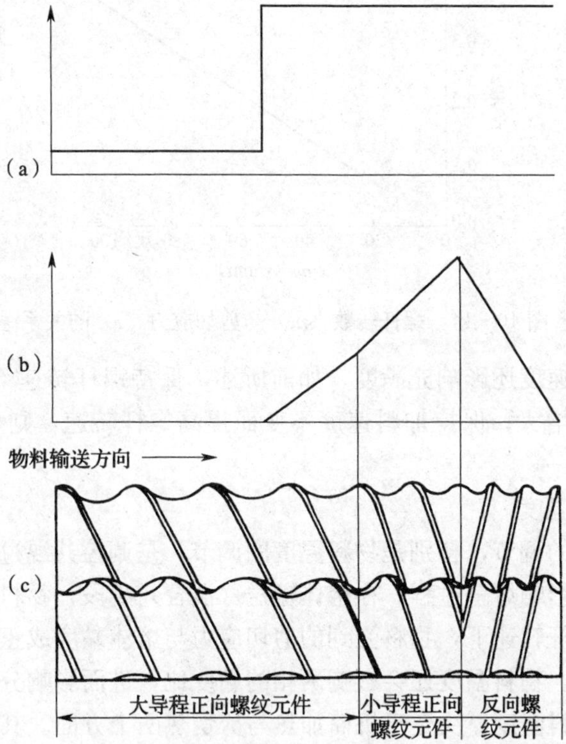

图 10-12　正、反向螺纹元件对充满度、压力分布的影响

(a) 充满度　(b) 压力分布　(c) 螺杆构型

在设计螺杆组合时，要考虑到物料体系的性质，以及相应的加料方式、排气方式等。以采用一次加料法生产色母粒的啮合型同向双螺杆挤出机为例，其螺杆组合和机筒配置的参考示例如图 10-13 所示[4]。

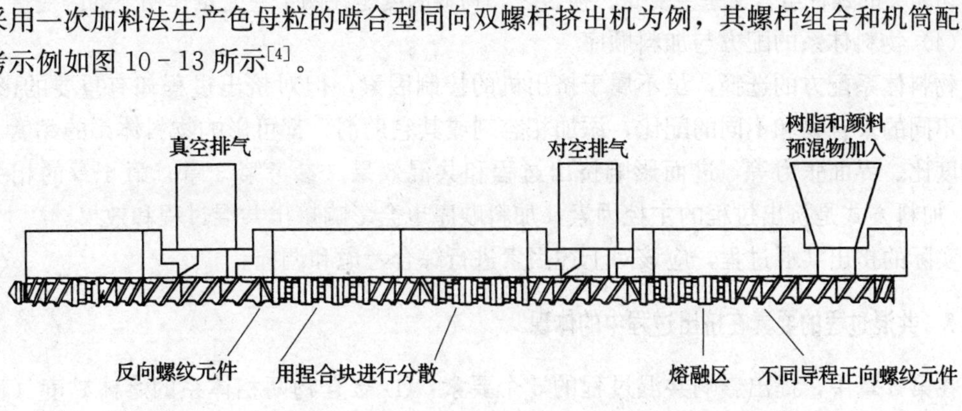

图 10-13　采用一次加料法生产色母粒的螺杆组合和机筒配置

根据物料性质设计了基本的螺杆组合后，应进行试用，参照试用效果对螺杆组合进行调整。在设备加工的物料体系发生了变化时，为满足不同体系性能对设备的需求，也可以调整螺杆组合。调整螺杆组合的具体方法可参阅有关专著[4]。

（2）螺杆转速与加料速度

挤出过程可通过螺杆转速、加料速度等因素来调节。螺杆转速（以转数表征）增大，剪切应力也相应增大，如图 10－14 所示。剪切应力增大有利于分散混合。

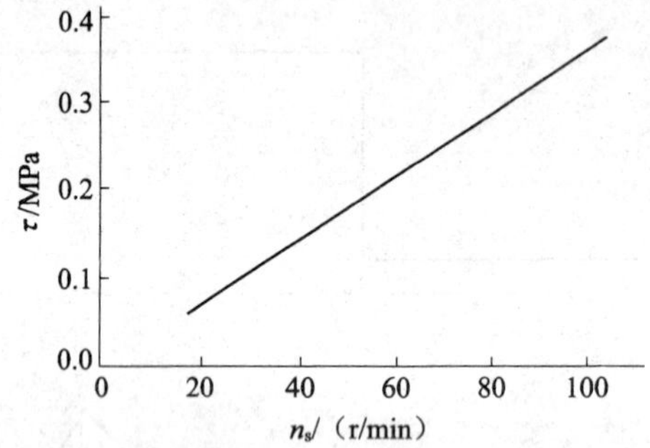

图 10－14　螺杆转数（n_s）与剪切应力（τ）的关系

螺杆转速和加料速度还影响充满度。如前所述，保持螺杆转速不变而提高加料速度，可以使充满区的长度增大；保持加料速度不变而提高螺杆转速，则可以使充满区的长度减小。

（3）挤出机各段温度

挤出机各段温度的调节，特别是物料温度的调节，是调控共混过程的重要内容。在熔融阶段，物料温度会影响熔融过程；在熔体输送（混合）阶段，物料温度会影响物料的熔体黏度；在一定的螺杆转速下，物料受到的剪切应力与熔体黏度成正比；物料的熔体黏度还会显著影响挤出量。物料温度还会影响两相的黏度比，进而影响分散混合的效果。

挤出机各段的物料温度，决定于机筒加热与剪切热两个方面。其中，剪切热的作用很重要。通过调节机筒加热（或冷却），可以在一定程度上调控物料温度。对剪切热的调控，可以调整螺杆组合，或采用其它调控手段。

按主变量与因变量的关系，机筒加热温度属于主变量，物料温度属于因变量，而与剪切热密切相关的螺杆组合又是主变量。换言之，物料温度是在两个主变量作用下的因变量。

（4）物料体系的配方与加料顺序

物料体系配方的选择，虽不属于挤出机的控制因素，但对挤出过程却有重要的影响。采用不同的聚合物和不同的配比，添加相容剂或其它助剂，都可影响物料体系的黏度、两相黏度比、界面张力等，进而影响挤出过程和共混效果（参考第 3 章、第 4 章的相关内容）。加料方式是挤出过程的主控因素，加料顺序也会影响挤出共混过程和效果。

实际的挤出共混过程，应该对上述因素进行综合考虑和调控。

10.3.3　共混过程的要素在挤出过程中的体现

在第 3 章中，提出影响共混过程的 5 个要素：① 聚合物两相体系的熔体黏度（特别是黏度比值），以及熔体黏弹性；② 聚合物两相体系的界面能（界面张力）；③ 聚合物两相体系的组分含量配比，以及物料的初始状态；④ 流动场的形式（剪切流动、拉伸流动）和强度（如剪切流动中的剪切速率）；⑤ 共混时间（具体的共混时间是共混物料在混合设备各个区段的停留时间）。

这 5 个因素中，前 3 个因素主要依赖于物料的配方体系，但也要受设备因素的影响。例如，物料的熔体黏度与物料温度密切相关，且要受设备提供的机筒加热和剪切热的影响。而物料的熔体黏度又会进一步影响剪切应力和共混过程。

后两个因素则主要依赖于混合设备。对于啮合型同向双螺杆挤出机，物料所处的流动场的形式（剪切流动、拉伸流动）与流动场的强度（如剪切流动中的剪切速率）与螺杆元件的结构及组合有关。例如，正向螺纹元件的导程与剪切速率、拉伸速率的关系，如图 10－15 所示。剪切应力与压差、螺杆与机筒之间的间隙的关系，如图 10－16 所示。

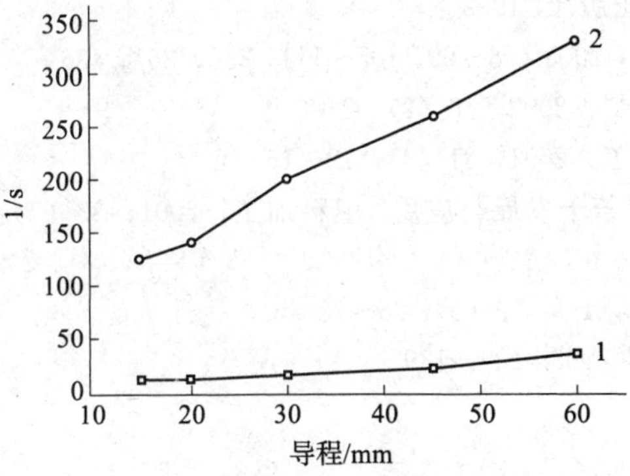

图 10－15　正向螺纹元件的导程与剪切速率、拉伸速率的关系

1—拉伸速率　2—剪切速率

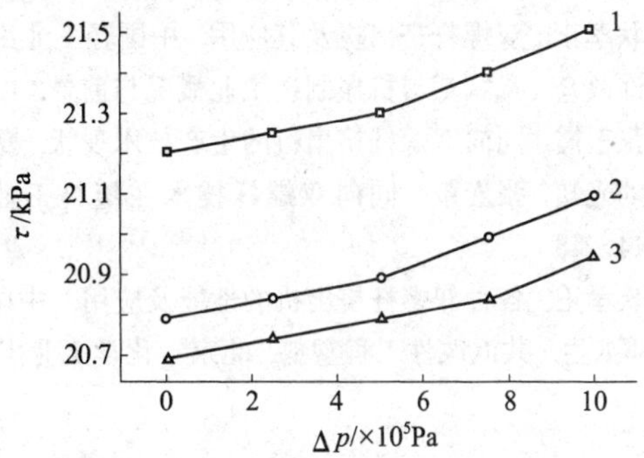

图 10－16　剪切应力（τ）与压差（Δp）、螺杆与机筒之间的间隙（δ）的关系

1—δ=0.1mm　2—δ=0.3mm　3—δ=0.5mm

如第 3 章所述，在聚合物共混过程中，剪切速率是一个很重要的影响因素。在双螺杆挤出机的使用过程中，通过调整螺杆组合和螺杆转速，可以调节剪切速率。

共混时间这一概念，在双螺杆挤出机的挤出过程中，具体地表现为共混物料在挤出机中总的停留时间和停留时间分布，以及物料在挤出机各个区段的停留时间。在相同的剪切作用条件下，停留时间对分散混合的效果会有影响；而强化剪切作用可以缩短共混所需的时间。此外，物料在双螺杆挤出机中的回流会影响停留时间，同时影响分布混合的效果。

结束语

如前所述，对于共混过程而言，共混设备是共混过程得以实施的支撑条件；而对于共混设备而言，共混物料体系是共混设备运作的对象。在聚合物共混理论的范畴内对于共混过程的研究，是基于共混物料体系的诸方面特性而进行的。聚合物共混理论提供了共混过程的基本规律，同时，对共混物的结构与性能进行了全面的探讨。

共混过程的工业性实施是在共混设备中进行的，其涉及的设备因素相当复杂。从聚合物共混的应用角度，无疑应该了解和掌握共混设备的基本原理和调控方法。而共混设备的发展，也将促进聚合物共混的应用。

习　题

1. 简述两阶共混分散历程。
2. 双螺杆挤出机有哪些类型?
3. 双螺杆挤出机有哪些主要的螺杆元件?

参考文献

[1] 陈耀庭. 橡塑并用共混原理及应用系统讲座（二）. 橡胶工业，1982，(11)：30～35

[2] 邓本诚，李俊山. 橡胶塑料共混改性. 北京：中国石化出版社，1996. 61

[3] 耿孝正，张沛. 塑料混合及设备. 北京：中国轻工业出版社，1992

[4] 耿孝正. 双螺杆挤出机及其应用. 中国轻工业出版社，2003. 68～69，105～111，236，361，436

[5] 许政仓. 我国塑料机械制造工业概况与前景. 中国塑料，2002，16 (2)：2～6

[6] 张玉霞. 同向双螺杆挤出机的生产技术现状. 塑料加工，2001，31 (3)：12～16

[7] 刘光知，张宏革. 同向双螺杆技术在塑料工业中的若干发展与应用. 塑料加工，2001，33 (5)：44～48

[8] 耿孝正. 各种双螺杆挤出机的性能及应用. 中国塑料，1995，9 (5)：66～72

[9] 邓如生. 共混改性工程塑料. 北京：化学工业出版社，2003. 129～139